ABB 工业机器人实操与应用

主　编　翟东丽　谭小蔓　周　华

副主编　龙建飞　毕天昊

参　编　叶　晖　黄莉莉　王承勇　罗子健　黄旭胜

重庆大学出版社

内容提要

本书以ABB工业机器人综合实训平台为载体，围绕着从认识ABB工业机器人到熟练操作ABB工业机器人这一主线展开，以项目式教学的方法，用详细的操作步骤及图文对ABB工业机器人示教器的基本操作、坐标系的设定、通信配置、基础编程等进行详细的讲解，让读者了解与ABB工业机器人操作及编程相关的每一种具体的操作方法。

本书适合作为职业院校工业机器人技术专业、机电一体化专业、自动化专业的学生用书，也适合作为从事ABB工业机器人应用的操作及编程人员的学习参考用书。

图书在版编目(CIP)数据

ABB工业机器人实操与应用 / 翟东丽，谭小蔓，周华主编. --重庆：重庆大学出版社，2019.4

ISBN 978-7-5689-1328-7

Ⅰ.①A… Ⅱ.①翟… ②谭… ③周… Ⅲ.①工业机器人—操作—教材 Ⅳ.①TP242.2

中国版本图书馆CIP数据核字(2018)第191225号

ABB工业机器人实操与应用

主　编　翟东丽　谭小蔓　周　华

副主编　龙建飞　毕天昊

责任编辑：周　立　　版式设计：周　立

责任校对：刘　刚　　责任印制：张　策

*

重庆大学出版社出版发行

出版人：易树平

社址：重庆市沙坪坝区大学城西路21号

邮编：401331

电话：(023) 88617190　88617185(中小学)

传真：(023) 88617186　88617166

网址：http://www.cqup.com.cn

邮箱：fxk@cqup.com.cn (营销中心)

全国新华书店经销

重庆俊蒲印务有限公司印刷

*

开本：787mm×1092mm　1/16　印张：18　字数：440千

2019年4月第1版　2019年4月第1次印刷

ISBN 978-7-5689-1328-7　定价：59.50元

前　言

自工业革命以来，人力劳动已经逐渐被机械所取代，而这种变革为人类社会创造出巨大的财富，极大地推动了人类社会的进步。随着“工业 4.0”的到来，中国提出了《中国制造 2025》，其中主要包括了十个重点领域，即新一代信息技术产业、高档数控机床和机器人、航空航天装备、海洋工程装备及高技术船舶、先进轨道交通装备、节能与新能源汽车、电力装备、农机装备、新材料、生物医药及高性能医疗器械等。因此，工业机器人作为自动化技术的集大成者，是其重要的组成单元。当前机器人产业的发展规划是到 2020 年国内工业机器人装机量达到 100 万台，这至少需要 20 万工业机器人应用相关从业人员，并且以每年 20%～30%的速度持续递增。为解决迫切的人才需求问题，中高职、应用型本科院校相继开设了工业机器人专业、工业机器人相关的机电一体化课程。

本书以广东省机械研究所设计生产的 ABB 工业机器人综合实训平台为载体，以 ABB 工业机器人为研究对象，以项目式教学的方法详细介绍了实训平台的各组成部分，工业机器人的本体控制柜的组成，工业机器人的基本操作、通信配置、编程维护等，力求让读者掌握 ABB 工业机器人的基础操作与简单编程。

本书由翟东丽、谭小蔓、周华任主编，龙建飞、毕天昊任副主编，叶晖、黄莉莉、王承勇、罗子健、黄旭胜任参编。本书内容简明扼要、图文并茂、通俗易懂，适合作为职业院校工业机器人技术专业、机电一体化专业、自动化专业的学生用书，也适合作为从事 ABB 工业机器人应用的操作及编程人员的学习参考用书。

由于编者水平有限，难免出现疏漏之处，欢迎广大读者提出宝贵的意见和建议。

编　者

2019 年 1 月

安全警告

在正式学习 ABB 机器人的操作之前，先来了解一下安全操作的注意事项，我们要始终记住的是在操作过程中一定要注意安全。

1. 记得关闭总电源

在进行机器人的安装、维修、保养时切记要将总电源关闭。带电作业可能会产生致命性后果。如果不慎遭高压电击，可能会导致心跳停止、烧伤或其他严重伤害。在得到停电通知时，要预先关断机器人的主电源及气源。突然停电后，要在来电之前预先关闭机器人的主电源开关，并及时取下夹具上的工件。

2. 与机器人保持足够的安全距离

在调试与运行机器人时，它可能会执行一些意外的或不规范的运动。并且，所有的运动都会产生很大的力量，从而严重伤害个人或损坏机器人工作范围内的任何设备。所以要时刻与机器人保持足够的安全距离。

3. 静电放电危险

ESD（静电放电）是电势不同的两个物体间的静电传导，它可以通过直接接触传导，也可以通过感应电场传导。搬运部件或部件容器时，未接地的人员可能会传递大量的静电荷。这一放电过程可能会损坏敏感的电子设备。所以在有此标识的情况下，要做好静电放电防护。

比如说对在电气控制柜内的电气元件进行操作时，要佩戴上柜内配置的静电手环。

4. 紧急停止

紧急停止优先于任何其他机器人控制操作，它会断开机器人电动机的驱动电源，停止所有运转部件，并切断由机器人系统控制且存在潜在危险的功能部件的电源。出现下列情况时请立即按下任意紧急停止按钮：

机器人运行时，工作区域内有工作人员；

机器人伤害了工作人员或损伤了机器设备。

5. 灭火

发生火灾时，应在确保全体人员安全撤离后再进行灭火，优先处理受伤人员。当电气设备（例如机器人或控制器）起火时，使用二氧化碳灭火器灭火，切勿使用水或泡沫灭火。

6. 工作中的安全

如果在保护空间内有工作人员，请手动操作机器人系统。

当进入保护空间时，请准备好示教器，以便随时控制机器人。

注意旋转或运动的工具，例如切削工具。确保在接近机器人之前，这些工具已经停止运动。

注意工件和机器人系统的高温表面。机器人电动机长期运转后温度很高。

注意夹具并确保夹好工件。如果夹具打开，工件会脱落并导致工作人员人身伤害或设备损坏。夹具非常有力，如果不按照正确方法操作，将会导致工作人员伤害。机器人停机时，夹具上不应置物，必须空机。

注意液压、气压系统以及带电部件。即使断电，这些电路上的残余电量也很危险。

7. ⚠ 示教器的安全

小心操作。不要摔打、抛掷或重击，这样会导致示教器破损或故障。在不使用该设备时，应将它挂到专门存放它的支架上，以防意外掉到地上。

示教器的使用和存放应避免被人踩踏电缆。

切勿使用锋利的物体（例如螺钉、刀具或笔尖）操作触摸屏。这样可能会使触摸屏受损。应用手指或触摸笔去操作示教器触摸屏。

定期清洁触摸屏。灰尘和小颗粒可能会挡住屏幕造成故障。

切勿使用溶剂、洗涤剂或擦洗海绵清洁示教器，使用软布蘸少量水或中性清洁剂清洁。

没有连接 USB 设备时务必盖上 USB 端口的保护盖。如果 USB 端口暴露在灰尘中，那么它会中断或发生故障。

8. ⚠ 手动模式下的安全

在手动减速模式下，机器人只能进行减速操作。只要在安全保护空间内工作，就应始终以手动速度进行操作。

在手动全速模式下，机器人以程序预设速度移动。手动全速模式应仅用于所有人员都处于安全保护空间之外时，且操作人必须经过特殊训练，熟知其潜在的危险。

9. ⚠ 自动模式下的安全

控制柜有 4 个独立的安全保护机制，分别为常规模式安全保护停止（GS，在任何操作模式下都有效）、自动模式安全保护停止（AS，在自操作模式下有效）、上级安全保护停止（SS，在任何操作模式下都有效）和紧急停止（ES，在急停按钮被按下时有效）。

自动模式用于在生产中运行机器人程序。在自动模式操作情况下，常规模式安全保护停止（GS）机制、自动模式安全保护停止（AS）机制和上级安全保护停止（SS）机制都将处于活动状态。

10. ⚠ 安全守则

1）紧急情况处理

①万一发生火灾，请使用二氧化碳灭火器。

②急停开关不允许被短接。

③机器人在发生意外或运行不正常等情况下，均可使用急停开关停止运行。

2）关机及停电

①机器人长时间停机时，夹具上不应置物，必须空机。

②在得到停电通知时，要预先关闭机器人的主电源及气源。

③突然停电后，要在再次来电之前预先关闭机器人的主电源开关，并及时取下夹具上的工件。

④维修人员必须保管好机器人钥匙，严禁非授权人员在手动模式下进入机器人软件系统，严禁随意翻阅或修改程序及参数。

3）使用注意

①机器人处于自动模式时，不允许任何人员进入其运动所及的区域。

②因为机器人在自动状态下，即使运行速度非常低，其动量仍很大，所以在进行编程、测试及维修等工作时，必须将机器人置于手动模式。

③在手动模式下调试机器人，如果不需要移动机器人时，必须及时释放使能器。

④调试人员进入机器人工作区域时，必须随身携带示教器，以防他人误操作。

⑤示教器不使用时，必须将其放置于控制柜上固定座内。

⑥在触碰控制柜或驱动柜内电子元件前，请先戴上静电手环。

⑦严禁踩踏电缆，并注意避免尖锐物穿刺及高温对电缆造成的损伤。

目　录

项目一

了解工业机器人

项目目标：

- 了解综合实训平台的机械结构与组成。
- 了解工业机器人的定义和分类。
- 了解工业机器人系统组成及主要技术参数。
- 了解工业机器人使用安全注意事项。

任务描述：

在简单了解综合实训平台机械结构与组成的基础上，了解机器人的定义、分类、主要技术参数及学习这门课程所必备的能力和所需安装的软件，知道在使用机器人的过程中需要注意的安全事项。

任务 1-1　综合实训平台机械结构认知

综合实训平台机械结构认知

任务描述：

了解综合实训平台的机械结构与组成部分，掌握各组成部分的作用，了解综合实训平台使用的相关软件。

知识学习：

1.综合实训平台装置介绍

综合实训平台由 ABB IRB 120 六自由度工业机器人、气压控制单元、轨迹路线功能模块、井式送料和传送带模块、搬运码垛模块、模拟压铸模块、工件检测模块、可编程控制器(PLC)单元、触摸屏等部分组成,可实现码垛应用、压铸取件、轨迹类应用、TCP 标定等教学练习。综合实训平台实物图如图 1-1 所示,各组成装置介绍见表 1-1。

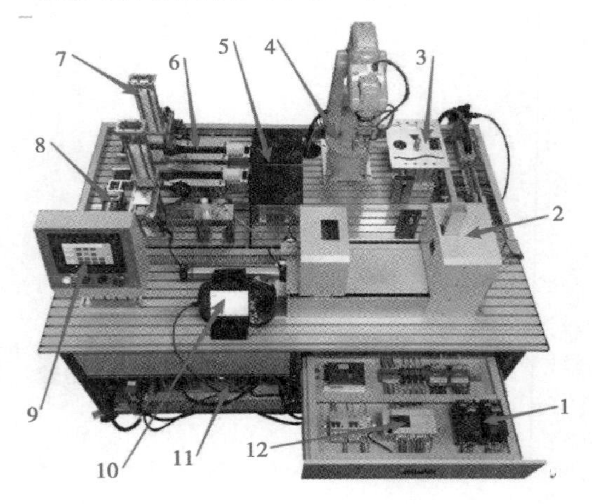

图 1-1　综合实训平台实物图

表 1-1　综合实训平台各组成装置介绍

序号	名称	图片	说明
1	三菱变频器		采用型号为 D700 的变频器,通过改变电机工作电源频率的方式来控制交流电动机实现变频调速,从而控制传送带的运动速度
2	压铸装置		模拟压铸的过程:送料、压铸、脱模、检测、摆放

续表

序号	名称	图片	说明
3	走轨迹平台	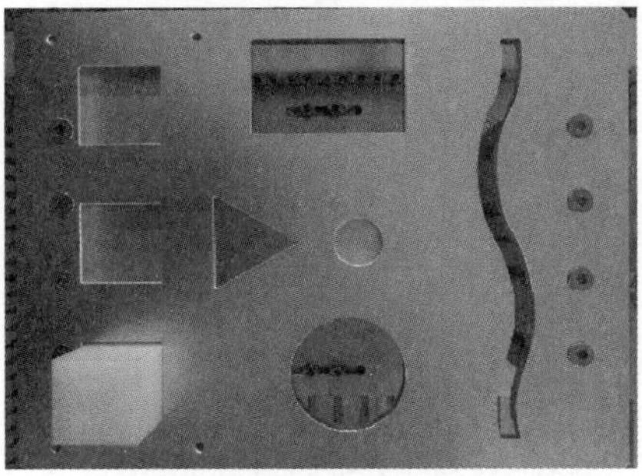	走轨迹平台:模拟机器人完成焊接轨迹:三角形轨迹、方形轨迹、圆形轨迹和曲线轨迹
4	机器人本体		ABB IRB120 机器人,是 ABB 制造的最小的机器人。具有以下优点: ①紧凑轻量 ②精准、敏捷
5	码垛平台		物料码垛摆放平台
6	物料传送带		将物料通过传送带从传送带末端传输到传送带前端,实现机器人完成码垛工序

续表

序号	名称	图片	说明
7	料井		存储物料并能够通过气缸进行推料
8	交流电动机		控制传送带运动
9	操控面板	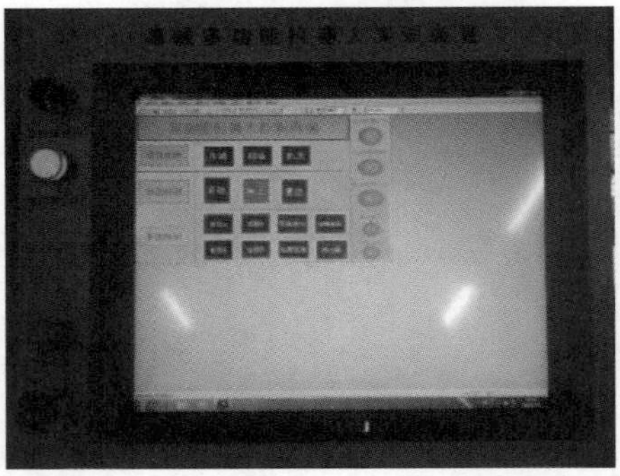	操控面板由人机交互界面、急停、蜂鸣器、指示灯等组成,通过人机交互界面可触发信号控制实训平台的整体运动
10	示教器	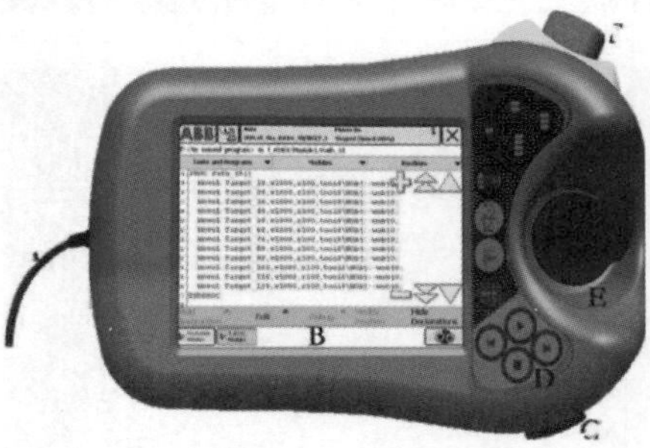	操纵机器人和编写程序

续表

序号	名称	图片	说明
11	IRC5 紧凑型控制柜		工业机器人的控制系统
12	总控系统		总控系统采用型号为 FX3U-48MR/ES-A 的三菱 PLC,用于控制机器人、电机、气缸等执行机构动作,处理各单元检测信号等任务

2.相关软件介绍

综合实训平台使用了 RobotStudio 仿真软件、GX Works2 三菱编程软件、TouchFinder for PC 欧姆龙视觉调试软件等 3 个软件。

(1)RobotStudio

RobotStudio 是 ABB 机器人专用编程调试仿真软件,其功能包括各种常见 CAD 模型导入、自动路径生成、自动分析伸展功能、碰撞检测、在线作业、模拟仿真、行业应用功能包等,覆盖了工业机器人完整的生命周期。同时,该软件提供底层驱动接口函数,可供用户进行二次开发使用及进行深层次机器人控制技术的研究。

(2)GX Works2

GX Works2 是三菱可编程控制器程序编写调试软件,可对设备中的三菱 PLC 进行程序编写和调试。

(3)TouchFinder for PC

TouchFinder for PC 是欧姆龙智能视觉系统专用软件,可对欧姆龙 FQ2 系列智能相机进行程序编写和调试。

任务 1-2　工业机器人的定义和分类

任务描述：

了解工业机器人的定义和分类，了解工业机器人典型的应用。

知识学习：

1.工业机器人的定义

工业机器人是面向工业领域的多关节机械手或多自由度的机器装置。它是自动执行工作的机器装置，靠自身动力和控制能力来实现各种功能的一种机器。它可以接受人类指挥，也可以按照预先编排的程序运行。工业机器人是一门多学科交叉的综合学科，涉及机械、电子、运动控制、传感检测、计算机技术等领域，它不是现有机械、电子技术的简单组合，而是这些技术有机融合的一体化装置。

目前，工业机器人技术的应用非常广泛，可上至宇宙开发，下至海洋探索，各行各业都离不开机器人的开发和应用。工业机器人的应用程度是衡量一个国家工业自动化水平的重要标志。虽然机器人面世已有几十年的时间，但仍然没有一个统一的定义。其原因之一就是机器人还在不断发展，新的机型、新的功能不断涌现。各组织及群体对工业机器人的定义见表 1-2。

表 1-2　各组织及群体对工业机器人的定义

组织及群体	定义
美国机器人协会	一种用于移动各种材料、零件、工具或专用装置的，通过程序动作来执行种种任务的，并具有编程能力的多功能操作机
日本机器人协会	工业机器人是一种带有存储器件和末端操作器的通用机械，它能够通过自动化的动作替代人类劳动
中国科学家	机器人是一种自动化的机器，所不同的是这种机器具备一些与人或生物相似的能力，如感知能力、规划能力，动作能力和协同能力，是一种具有高度灵活性的自动化机器
国际标准化组织	工业机器人是一种仿生的、具有自动控制能力的、可重复编程的多功能、多自由度的操作机械

由此不难发现，工业机器人是由机械结构、伺服电动机、减速机和控制系统组成的，用于从事工业生产，能够自动执行工作指令的机械装置。现代工业机器人还可以根据人工智能技术制订的原则和纲领行动。

一般情况下工业机器人具有以下 4 个特征：

(1)可编程

生产自动化的进一步发展是柔性启动化。工业机器人可随其工作环境变化的需要而再编程，因此它在小批量、多品种具有均衡高效率的柔性制造过程中能发挥很好的功用，是柔性制造系统中的一个重要组成部分。

(2)拟人化

工业机器人在机械结构上有类似人的行走、腰转、大臂、小臂、手腕、手爪等部分，在控制上有计算机。此外，智能化工业机器人还有许多类似人类的“生物传感器”，如皮肤型接触传感器、力传感器、负载传感器、视觉传感器、声觉传感器、语言功能传感器等。

(3)通用性

除了专门设计的专用工业机器人外，一般工业机器人在执行不同的作业任务时具有较好的通用性。比如，更换工业机器人手部末端执行器(手爪、工具等)便可执行不同的作业任务。

(4)智能化

智能机器人不仅具有获取外部环境信息的各种传感器，而且还具有记忆能力、语言理解能力、图像识别能力、推理判断能力等人工智能，这些都是微电子技术的应用，特别是与计算机技术的应用密切相关。工业机器人与自动化成套技术，集中并融合了多项学科，涉及多项技术领域，包括工业机器人控制技术、机器人动力学及仿真、机器人构建有限元分析、激光加工技术、模块化程序设计、智能测量、建模加工一体化、工厂自动化以及精细物流等先进制造技术，技术综合性强。

2.工业机器人的分类

工业机器人的分类没有统一的规定，常见分类方法有按智能程度、按结构坐标系等。

(1)按智能程度分类

按智能程度分类，机器人可以分为以下 3 种：

1)示教再现型机器人

示教再现型机器人具有记忆能力，能够按照人类预先示教的轨迹、行为、顺序和速度重复作业。示教分为两种形式：

①由操作员手把手示教。操作人员握住机器人上的喷枪，沿喷漆路线示范一遍，机器人动作中记住这一连串运动，工作中，自动重复这些运动，从而完成给定位置的涂装工作。

②通过示教器示教。操作人员利用示教器上的开关或按键来控制机器人一步一步运动，机器人自动记录，然后重复。

2)感知机器人

感知机器人具有环境感知装置，对外界环境有一定感知能力，并具有听觉、视觉、触觉等功能。工作时，根据感觉器官(传感器)获得的信息，灵活调整自己的工作状态，保证在适应环境的情况下完成工作。目前已进入应用阶段。例如，具有触觉的机械手可轻松自如地抓取皮球，具有嗅觉的机器人能分辨出不同饮料和酒类。

3)智能机器人

智能机器人具有高度的适应性，能自行学习、推理、决策等，现处于研究阶段。

(2)按机器人结构坐标系分类

按机器人结构坐标系分类可分为直角坐标机器人、圆柱坐标机器人、极坐标机器人和多关节坐标机器人等类型。

1)直角坐标机器人

直角坐标机器人的手部在空间 3 个相互垂直的 X、Y、Z 方向移动，构成一个直角坐标系，运动是独立的(有 3 个独立自由度),其动作空间为一长方体。如图 1-2 所示,其特点是控制简单、运动直观性强、易达到高精度,但操作灵活性差、运动的速度较低、操作范围较小而占据的空间相对较大。

2)圆柱坐标机器人

圆柱坐标机器人机座上具有一个水平转台,在转台上装有立柱和水平臂,水平臂能上下移动和前后伸缩,并能绕立柱旋转,在空间构成部分圆柱面(具有一个回转和两个平移自由度),如图 1-3 所示,其特点是其工作范围较大、运动速度较高,但随着水平臂沿水平方向伸长,其线位移分辨精度越来越低。著名的 Versatran 机器人就是典型的圆柱坐标机器人。

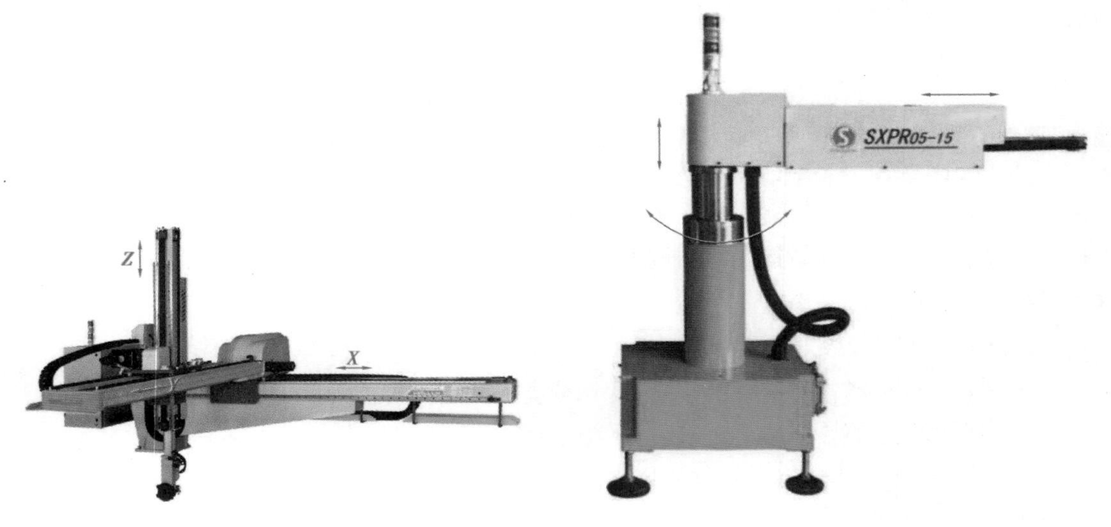

图 1-2　直角坐标机器人

图 1-3　圆柱坐标机器人

3)极坐标机器人(球坐标型)

极坐标机器人工作臂不仅可绕垂直轴旋转,还可绕水平轴做俯仰运动,且能沿手臂轴线做伸缩运动(其空间位置分别有旋转、摆动和平移 3 个自由度),如图 1-4 所示,著名的 Unimate 机器人就是这种类型的机器人。其特点是结构紧凑,所占空间体积小于直角坐标和圆柱坐标机器人,但仍大于多关节坐标机器人,操作比圆柱坐标机器人更为灵活。

4)多关节坐标机器人

多关节坐标机器人由多个旋转和摆动机构组合而成。其特点是操作灵活性好、运动速度高、操作范围大,对喷涂、装配、焊接等多种作业都有良好的适应性,应用范围越来越广。摆动方向主要有铅垂方向和水平方向两种,因此这类机器人又可分为垂直多关节机器人和水平多关节机器人。目前世界工业界装机最多的多关节机器人是串联关节垂直六轴机器人和 SCARA 型四轴机器人,如图 1-5 所示。

①垂直多关节机器人:操作机由多个关节连接的机座、大臂、小臂和手腕等构成,大、小臂既可在垂直于机座的平面内运动,也可实现绕垂直轴的转动。模拟了人类的手臂功能,手腕通常由 2~3 个自由度构成。其动作空间近似一个球体,所以也称为多关节球面机器人。其优点是可以自由地实现三维空间的各种姿势,可以生成各种复杂形状的轨迹。

图 1-4　球面坐标机器人

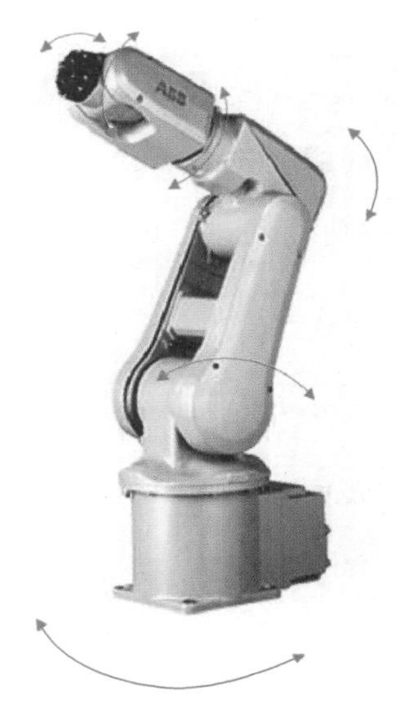

图 1-5　ABB 六轴工业机器人

②水平多关节机器人：在结构上具有串联配置的两个能够在水平面内旋转的手臂，自由度可以根据用途选择 2~4 个，动作空间为一圆柱体。其优点是在垂直方向上的刚性好，能方便地实现二维平面上的动作，在装配作业中得到普遍应用。图 1-6 所示为 ABB 公司的水平多关节机器人。

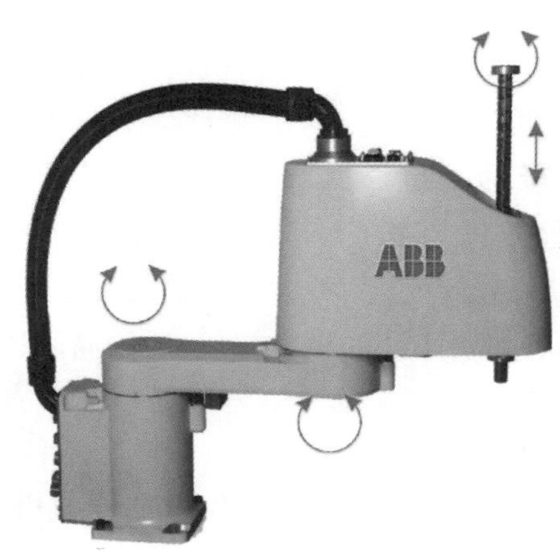

图 1-6　水平多关节机器人

3.工业机器人典型应用

自 20 世纪 50 年代末人类创造了第一台工业机器人以后，机器人就显示出它极强的生命力，机器人技术得到了迅速发展，工业机器人已在工业发达国家的生产中得到了广泛应用。目前，工业机器人已广泛应用于汽车及其零部件制造业、机械加工行业、电子电气行业、橡胶及塑料工业、食品饮料工业、木材与家具制造业等领域中，具体见表 1-3。

表 1-3　工业机器人在各行业中的应用

行业	应用
汽车及其零部件	弧焊、点焊、搬运、装配、冲压、喷涂、切割(激光、离子)等
电子电气	搬运、洁净装配、自动传输、打磨、真空封装、检测、拾取等
化工纺织	搬运、包装、码垛、称重、切割、检测、上下料等
机械加工	工件搬运、装配、检测、焊接、铸件去毛刺、研磨、切割(激光/离子)、包装、码垛、自动传送等
电力核电	布线、高压检查、核反应堆检修、拆卸等
食品饮料	包装、搬运、真空包装等
橡胶塑料	上下料、去毛边等
冶金钢铁	钢或合金锭搬运、码垛、铸件去毛刺、浇口切割等
家电家具	装配、搬运、打磨、抛光、喷漆、玻璃制品切割、雕刻等
海洋勘探	深水勘探、海底维修、建造等
航空航天	空间站检修、飞行器修复、资料收集等
军事	防爆、排雷、兵器搬运、放射性检测等

在工业生产中,焊接机器人、喷涂机器人、搬运机器人、装配机器人和码垛机器人等工业机器人都已被大量采用。工业机器人的使用不仅能将工人从繁重或有害的体力劳动中解放出来,解决当前劳动力短缺问题,而且能够提高生产效率和产品质量,增强企业整体竞争力。工业机器人并不仅是在简单意义上代替人工劳动,它可作为一个可编程的高度柔性、开放的加工单元集成到先进制造系统,适合于多品种大批量的柔性生产,可以提升产品的稳定性和一致性,在提高生产效率的同时加快产品的更新换代,对提高制造业自动化水平起到了很大作用。以下是几种普遍应用于各行业的机器人。

(1)焊接机器人

机器人焊接是目前最大的工业机器人应用领域(如工程机械、汽车制造、电力建设、钢结构等)。其特点是:

①可以稳定提高焊件的焊接质量;

②提高企业的劳动生产率;

③降低工人的劳动强度;

④降低工人操作技术的要求;

⑤缩短产品改型换代的准备周期,减少设备投资。

通常使用的焊接机器人有点焊机器人和弧焊机器人两种,如图 1-7 和图 1-8 所示。

图 1-7　点焊机器人

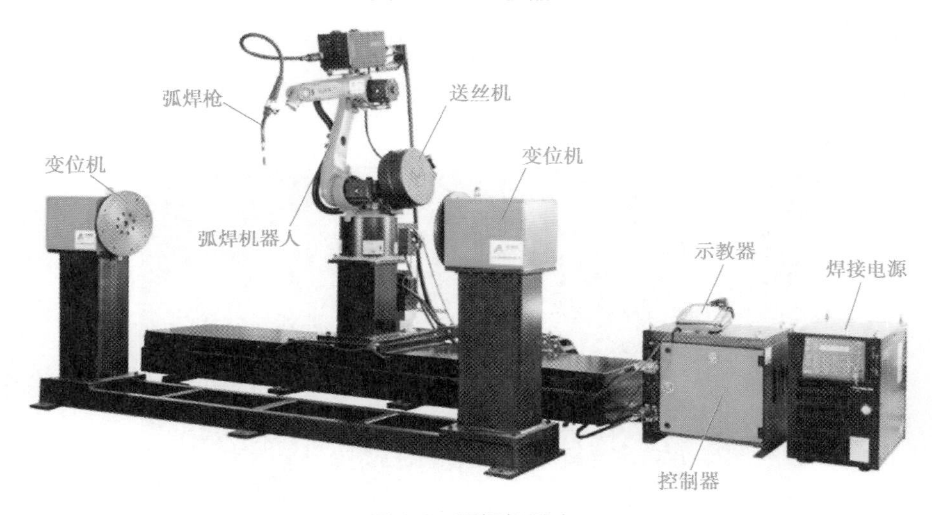

图 1-8　弧焊机器人

(2)喷涂机器人

喷涂机器人又称喷漆机器人,多采用 5 或 6 个自由度关节式结构,手臂有较大的运动空间,并可做复杂的轨迹运动,其腕部一般有 2~3 个自由度,可灵活运动。较先进的喷涂机器人腕部采用柔性手腕,既可向各个方向弯曲,又可转动,其动作类似人的手腕,能方便地通过较小的孔伸入工件内部,喷涂其内表面。

喷涂机器人能在恶劣环境下连续工作,并具有工作灵活、工作精度高等特点,因此喷涂机器人被广泛应用于汽车、大型结构件等喷漆生产线,以保证产品的加工质量、提高生产效率、减轻操作人员劳动强度。喷涂机器人如图 1-9 所示。

(3)搬运机器人

搬运作业是指用一种设备握持工件,从一个加工位置移到另一个加工位置。搬运机器人可安装不同的末端执行器(如机械手爪、真空吸盘、电磁吸盘等)以完成各种不同形状和状态的工件搬运,大大减轻了人类繁重的体力劳动强度。通过编程控制,可以让多台机器人配合各个工序不同设备的工作时间,实现流水线作业的最优化。搬运机器人具有定位准确、工作

图 1-9　喷涂机器人

节拍可调、工作空间大、性能优良、运行平稳可靠、维修方便等特点。目前世界上使用的搬运机器人已超过 10 万台,广泛应用于机床上下料、自动装配流水线、码垛搬运、集装箱等的自动搬运,搬运机器人如图 1-10 所示。

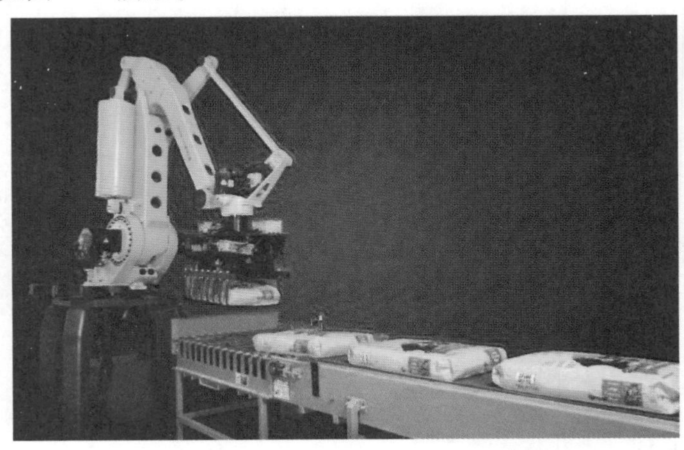

图 1-10　搬运机器人

(4)装配机器人

装配机器人是柔性自动化装配系统的核心设备,由机器人操作机、控制器、末端执行器和传感系统组成。其中操作机的结构类型有水平关节型、直角坐标型、多关节型和圆柱坐标型等;控制器一般采用多 CPU 或多级计算机系统,实现运动控制和运动编程;末端执行器为适应不同的装配对象而设计成各种手爪和手腕等;传感系统用来获取装配机器人与环境和装配对象之间相互作用的信息。装配机器人具有精度高、柔顺性好、工作范围小、能与其他系统配套使用等特点,主要用于各种电气制造行业,装配机器人如图 1-11 所示。

(5)码垛机器人

码垛机器人是研制开发的新机型,质量稳定、性价比高。码垛机器人的程序里所需要定位的只有两点:一个是抓起点,另一个是摆放点。这两点之间以外的轨道全由计算机来控制,计算机自己会寻找这两点的最合理的轨道来移动,所以示教方法极为简单。机械手运动属于

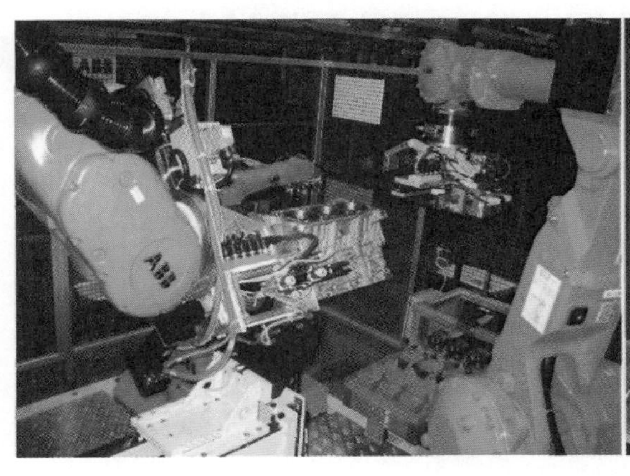

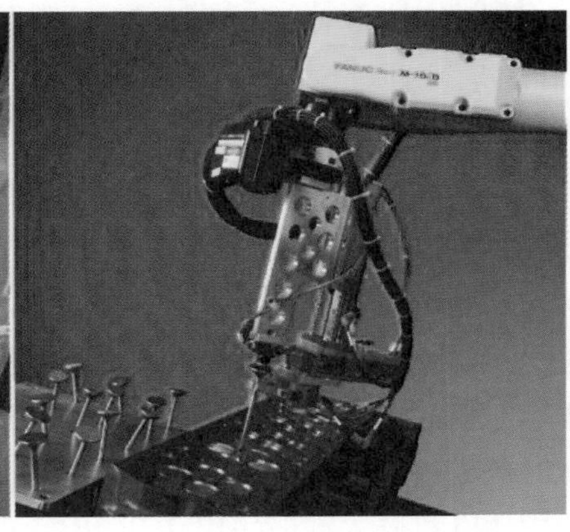

图 1-11　装配机器人

直线运动。码垛机器人适应于化工、饮料、食品、啤酒、塑料等自动生产企业;对箱装、袋装、罐装、瓶装等各种形状的包装都适应。码垛机器人如图 1-12 所示。

图 1-12　码垛机器人

任务 1-3　工业机器人系统组成及主要技术参数

任务描述:

了解工业机器人的系统组成,了解工业机器人的主要技术参数。

知识学习:

1.工业机器人系统组成

工业机器人一般由 3 个部分组成:机器人本体、控制器和示教器。

本书以 ABB 典型产品 IRB 120 机器人为例进行相关介绍和应用分析。

(1)机器人本体

机器人本体又称操作机,是工业机器人的机械主体,是用来完成规定任务的执行机构,主要由机械臂、驱动装置、传动装置和内部传感器组成。对于六轴机器人而言,其机械臂主要包括基座、腰部、手臂(大臂和小臂)和手腕。

IRB 120 六轴机器人的机械臂如图 1-13 所示。

图 1-13 IRB 120 六轴机器人的机械臂

(2)控制器

IRB 120 机器人一般采用 ABB IRC5 Compact 控制柜。

①前面板上的按钮和开关,如图 1-14 所示,控制柜前面板说明见表 1-4。

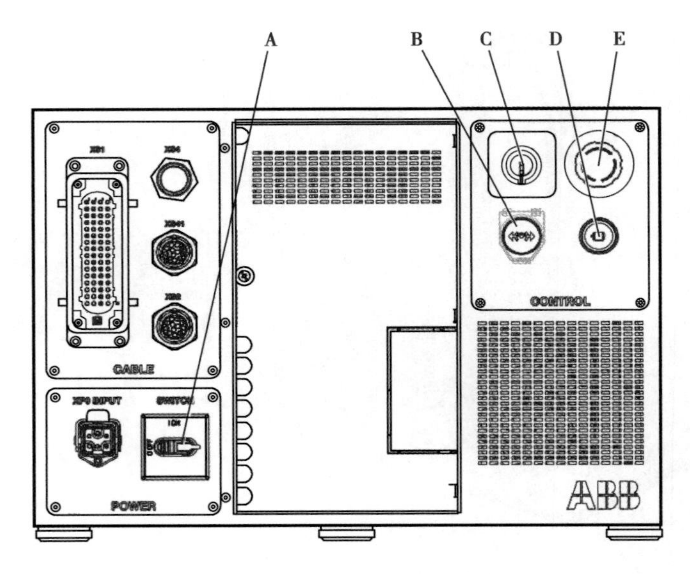

图 1-14 ABB IRC5 Compact 控制柜前面板

表 1-4 控制柜前面板说明

序号	说 明
A	主电源开关:机器人系统的总开关
B	用于 IRB 120 的制动闸释放按钮(位于盖子下)
C	模式选择按钮:一般分为两位选择开关和三位选择开关

续表

序号	说　明
D	电动机上电/失电按钮:表示机器人电动机的工作状态,当按键灯常亮,表示上电状态,机器人的电动机被激活,准备好执行程序;当按键灯快闪,表示机器人未同步(未标定或计数器未更新),但电动机已激活;当按键灯慢闪时,表示至少有一种安全停止生效,电动机未激活
E	紧急停止按钮:在任何模式下,按下该按钮,机器人立即停止动作。要使机器人重新动作,必须使它恢复至原来位置

②运行模式选择开关,如图 1-15 所示,其选择说明见表 1-5。

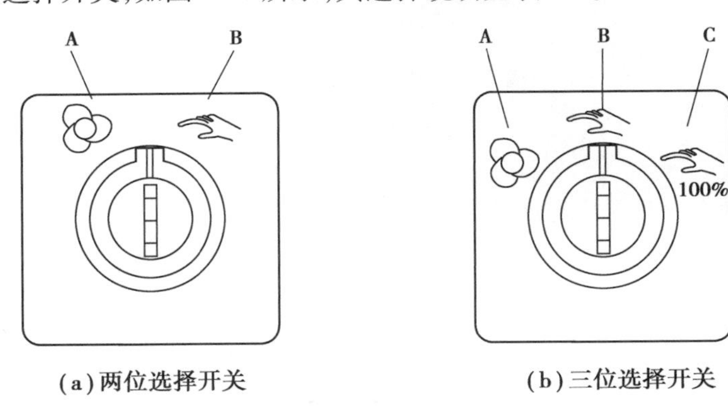

(a)两位选择开关　　(b)三位选择开关

图 1-15　运行模式选择开关

表 1-5　运行模式选择开关说明

序号	说　明
A	自动模式:机器人运行时使用,在此状态下,操纵摇杆不能使用
B	手动减速模式:相应状态为手动状态,机器人只能以低速、手动控制运行,必须按住使能器才能激活电机
C	手动全速模式:用于与实际情况相近的情况下调试程序

(3)示教器

示教器是工业机器人的人机交互接口,机器人的绝大部分操作均可通过示教器来完成,如点动机器人,编写、测试和运行机器人程序,设定、查阅机器人状态设置和位置等。示教器通过电缆与控制器连接。示教器的主要功能是处理与机器人系统相关的操作,如机器人的点动进给,程序创建,程序的测试执行,操作程序,状态确认。ABB 机器人示教器如图 1-16 所示,其说明见表 1-6。

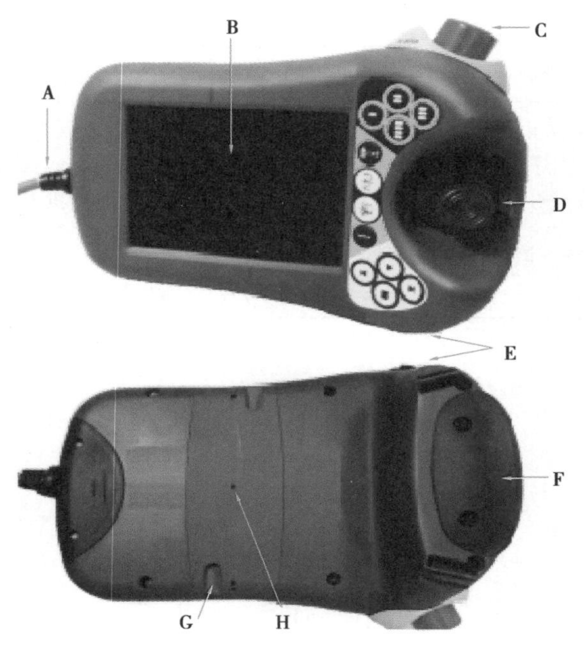

图 1-16　ABB 机器人示教器

表 1-6　ABB 机器人示教器说明

序号	说　明
A	链接电缆
B	触摸屏
C	急停开关
D	手动操纵摇杆
E	USB 端口
F	使能器按钮
G	触摸屏用笔
H	示教器复位按钮

2.工业机器人主要技术参数

每一个工业机器人都有其使用的作业范围和要求,目前工业机器人的主要技术参数有以下几种:自由度、工作范围、最大工作速度、负载能力、定位精度和重复定位精度等。

(1)自由度

自由度是指描述物体运动所需要的独立坐标数。自由物体在空间有 6 个自由度,即 3 个移动自由度和 3 个转动自由度。如果机器人是一个开式连杆系统,而每个关节运动又只有一个自由度,那么机器人的自由度数就等于它的关节数。目前生产中应用的机器人通常具有 4~6 个自由度。

(2)工作范围

机器人的工作范围是指机器人手臂末端或手腕中心运动时所能到达的所有点的集合,工作范围一般指不安装末端执行器时的工作区域。

ABB IRB 120 工业机器人的工作范围如图 1-17 所示,其阴影部分为机器人手臂可以到达的范围。

(3)最大工作速度

机器人的最大工作速度是指机器人主要关节上最大的稳定速度或手臂末端最大的合成速度,因生产厂家不同而标注不同,一般都会在技术参数中加以说明。

(4)负载能力

工业机器人的负载能力又称为有效负载,指机器人在工作时臂端可能搬运的物体质量或所能承受的力。当关节型机器人的臂杆处于不同位姿时,其负载能力是不同的。机器人的额定负载能力是指其臂杆在工作空间中任意位姿时腕关节端部所能搬运的最大质量。

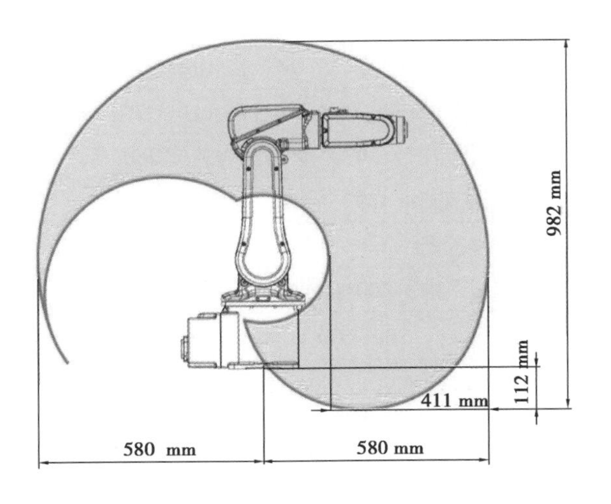

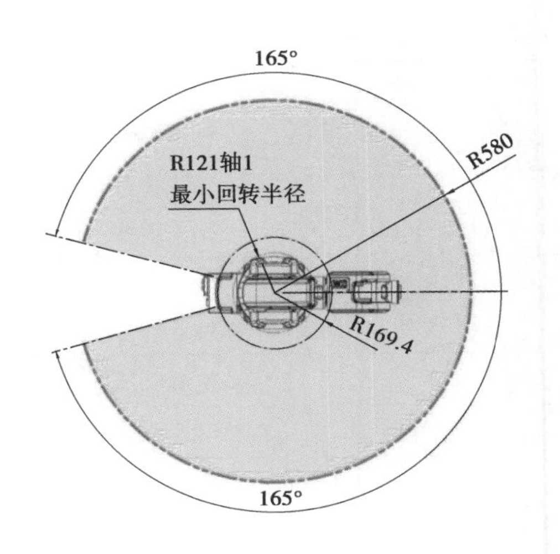

图 1-17　ABB IRB 120 工业机器人工作范围

微型机器人——承载能力为 1 N 以下；小型机器人——承载能力不超过 10^5N；中型机器人——承载能力为 $10^5 \sim 10^6$N；大型机器人——承载能力为 $10^6 \sim 10^7$N；重型机器人——承载能力为 10^7N 以上。

(5)定位精度和重复定位精度

工业机器人的运动精度主要包括定位精度和重复定位精度。

定位精度是指工业机器人末端执行器的实际到达位置与目标位置之间的偏差。

重复定位精度(又称为重复精度)是指工业机器人在同一环境、同一条件、同一目标动作及同一命令下，工业机器人连续运动若干次重复定位至同一目标位置的能力。

表 1-7 为 ABB IRB 120 小型工业机器人的参数示例表。ABB IRB 120 是 ABB 目前最小的六轴机器人，自身质量只有 25 kg，最大负荷 3 kg，结构紧凑几乎可以安装在任何地方，如工作站内部、机械设备上方或生产线上其他机器人的近旁等。ABB IRB 120 可广泛应用于电子、食品饮料、机械、太阳能、制药、医疗、研究等领域。

表 1-7　ABB IRB 120 工业机器人参数示例表

规格	型号	IRB 120-3/0.6
	工作范围	580 mm
	有效载荷	3 kg(4 kg)
	手臂载荷	0.3 kg
特性	集成信号源	手腕设 10 路信号
	集成气源	手腕设 4 路空气(5 bar)
	重复定位精度	0.01 mm
	机器人安装	任意角度
	防护等级	IP30
	控制器	IRC5 紧凑型/IRC5 单柜型

续表

运动范围	轴 1 旋转	工作范围:+165°~-165°;最大速度 250°/s
	轴 2 手臂	工作范围:+110°~-110°;最大速度 250°/s
	轴 3 手臂	工作范围:+70°~-90°;最大速度 250°/s
	轴 4 手腕	工作范围:+160°~-160°;最大速度 320°/s
	轴 5 弯曲	工作范围:+120°~-120°;最大速度 320°/s
	轴 6 翻转	工作范围:+400°~-400°;最大速度 420°/s
电气连接	电源电压	200~600 V,50/60 Hz
	变压器额定功率	3.0 kVA
	功耗	0.25 kW
物理特性	机器人底座尺寸	180 mm×180 mm
	机器人高度	700 mm
	质量	25 kg

任务 1-4　工业机器人使用安全注意事项

任务描述:

工业机器人具有一定的危险性,安全问题需要引起每一个人的注意,在操作工业机器人或进行维护保养之前,一定要明白操作的流程规范及安全注意事项。

知识学习:

1.操作人员安全注意事项

操作人员要尽量避免进入安全栅栏内进行作业。其他安全注意事项如下:

(1)不需要操作机器人时,应断开机器人控制装置的电源,或者在按下急停按钮的状态下进行作业。

(2)应在安全栅栏外进行机器人系统的操作。

(3)为了预防负责操作的作业人员以外者意外进入,或者为了避免操作者进入危险场所,应设置防护栅栏和安全门。

(4)应在操作者伸手可及之处设置急停按钮。

(5)在进行示教作业之前,应确认机器人或者外围设备没有处在危险的状态且没有异常。

(6)在迫不得已的情况下需要进入机器人的动作范围内进行示教作业时,应事先确认安全装置(如急停按钮、示教器的安全开关等)的位置和状态等。

(7)程序员应特别注意,勿使其他人员进入机器人的动作范围。

(8)编程时应尽可能在安全栅栏的外边进行。因不得已情形而需要在安全栅栏内进行时,应注意下列事项:

①仔细查看安全栅栏内的情况，确认没有危险后再进入栅栏内部。

②要做到随时都可以按下急停按钮。

③应以低速运行机器人。

④应在确认清楚整个系统的状态后进行作业，以避免由于针对外围设备的遥控指令和动作等而导致作业人员陷入危险境地。

2.维修人员安全注意事项

(1)在机器人运转过程中切勿进入机器人的动作范围内。

(2)应尽可能在断开机器人和系统电源的状态下进行作业。当接通电源时，有的作业有触电的危险。此外，应根据需要上好锁，以使其他人员不能接通电源。

(3)在通电中因迫不得已的情况而需要进入机器人的动作范围内时，应在按下操作箱/操作面板或者示教器的急停按钮后再入内。此外，作业人员应挂上“正在进行维修作业”的标牌，提醒其他人员不要随意操作机器人。

(4)在进行维修作业之前，应确认机器人或者外围设备没有处在危险的状态并没有异常。

(5)当机器人的动作范围内有人时，切勿执行自动运转。

(6)在墙壁和器具等旁边进行作业时，或者几个作业人员相互接近时，应注意不要堵住其他作业人员的逃生通道。

(7)当机器人上备有工具时，以及除了机器人外还有传送带等可动器具时，应充分注意这些装置的运动。

(8)作业时应在操作箱/操作面板的旁边配置一名熟悉机器人系统且能够察觉危险的人员，使其处在任何时候都可以按下急停按钮的状态。

(9)在更换部件或重新组装时，应注意避免异物的黏附或者异物的混入。

(10)在检修控制装置内部时，如要触摸到单元、印刷电路板等上，为了预防触电，务必先断开控制装置的主断路器的电源，而后再进行作业。在两台机柜的情况下，请断开其各自的断路器的电源。

(11)维修作业结束后重新启动机器人系统时，应事先充分确认机器人动作范围内是否有人，机器人和外围设备是否有异常。

(12)在拆卸电机和制动器时，应采取以吊车吊住手臂后再拆卸，以避免手臂落下来。

(13)伺服电机、控制部内部、减速机、齿轮箱、手腕单元等处会发热，需要注意在发热的状态下因不得已而必须触摸设备时，应准备好耐热手套等保护用具。

(14)在拆卸或更换电机和减速机等具有一定质量的部件和单元时，应使用吊车等辅助装置，以避免给作业人员带来过大的作业负担。

(15)在进行作业的过程中，不要将脚搭放在机器人的某一位置上，也不要爬到机器人上面，这样不仅会给机器人造成不良影响，而且还有可能发生作业人员因为踩空而受伤。

(16)在高地进行维修作业时，请确保脚手台安全且作业人员要穿戴好安全皮带。

(17)在更换拆下来的部件(螺栓等)时，应正确装回其原来的部位。如果发现部件不够或部件有剩余，则应再次确认并正确安装。

(18)在更换完部件后，务必按照规定的方法进行测试运转，此时，作业人员务必在安全栅栏的外边进行操作。

学习检测

自我学习测评表见下表。

学习目标	自我评价			备　注
	掌握	了解	重学	
了解综合实训平台机械结构				
认识工业机器人的定义和分类				
工业机器人的一般组成与技术参数				
认识机器人控制柜				
工业机器人的管理				

练习题

1.简述工业机器人的定义。
2.简述工业机器人的分类。
3.总结工业机器人的组成、主要技术参数及其意义。
4.工业机器人的安全注意事项有哪些?
5.简述 IRC5 控制柜面板各部分组成。

项目二

工业机器人示教器基本操作

项目目标：

- 学会 ABB 工业机器人的开、关机操作。
- 认识工业机器人示教器。
- 掌握设置示教器的语言、备份及恢复等方法。
- 学会查看常用信息与事件日志。

任务描述：

在认识工业机器人之后，我们要学会操作工业机器人。示教器(FlexPendant)是操作工业机器人的必备工具，同时也是对机器人进行手动操纵、程序编写、参数配置以及监控用的手持装置，是我们经常接触到的控制装置。示教编程器主要由液晶屏、操作键和按钮等组成，其目的是能够为用户编制程序、设定变量时提供一个良好的操作媒介，它既是输入设备，也是输出显示设备，同时还是机器人示教的人机交互窗口。

通过本项目的学习，我们可以认识 ABB 工业机器人的示教器，并且能够使用示教器对工业机器人进行简单手动操作、数据备份与恢复等操作。

任务 2-1 工业机器人的开、关机

任务描述：

在了解 ABB 综合实训平台基本构成的基础上，正确且熟练地对机器人进行开关机操作是我们必须要掌握的基本能力。

知识学习：

1.工作站安全状态确认

①检查设备是否都处于默认安全状态；

②机器人在工作范围内，各个气缸在行程范围内、传送带上没有杂物；

③气阀开关打开，调压阀调整进气压力至 0.4 MPa；

④打开总电源及各设备电源，开启除机器人外的所有设备；

⑤打开机器人电源，开启机器人；

⑥检查机器人工作状态良好。

2.工业机器人的开、关机操作

(1)开机

在确认输入电压正常后，在控制柜上找到机器人电源开关，其实物图如图 2-1 所示，将旋钮从“OFF”旋到“ON”状态，即完成开机操作，等待示教器启动完成即可。

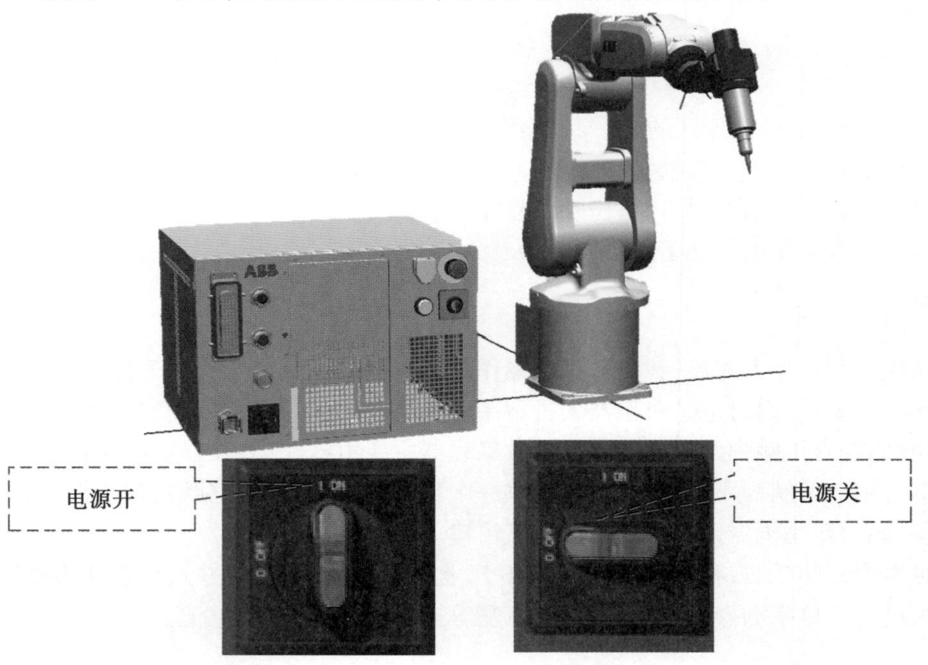

图 2-1　电源开关示意图

(2)关机

工业机器人的关机操作步骤见表 2-1。

表 2-1 工业机器人的关机操作步骤

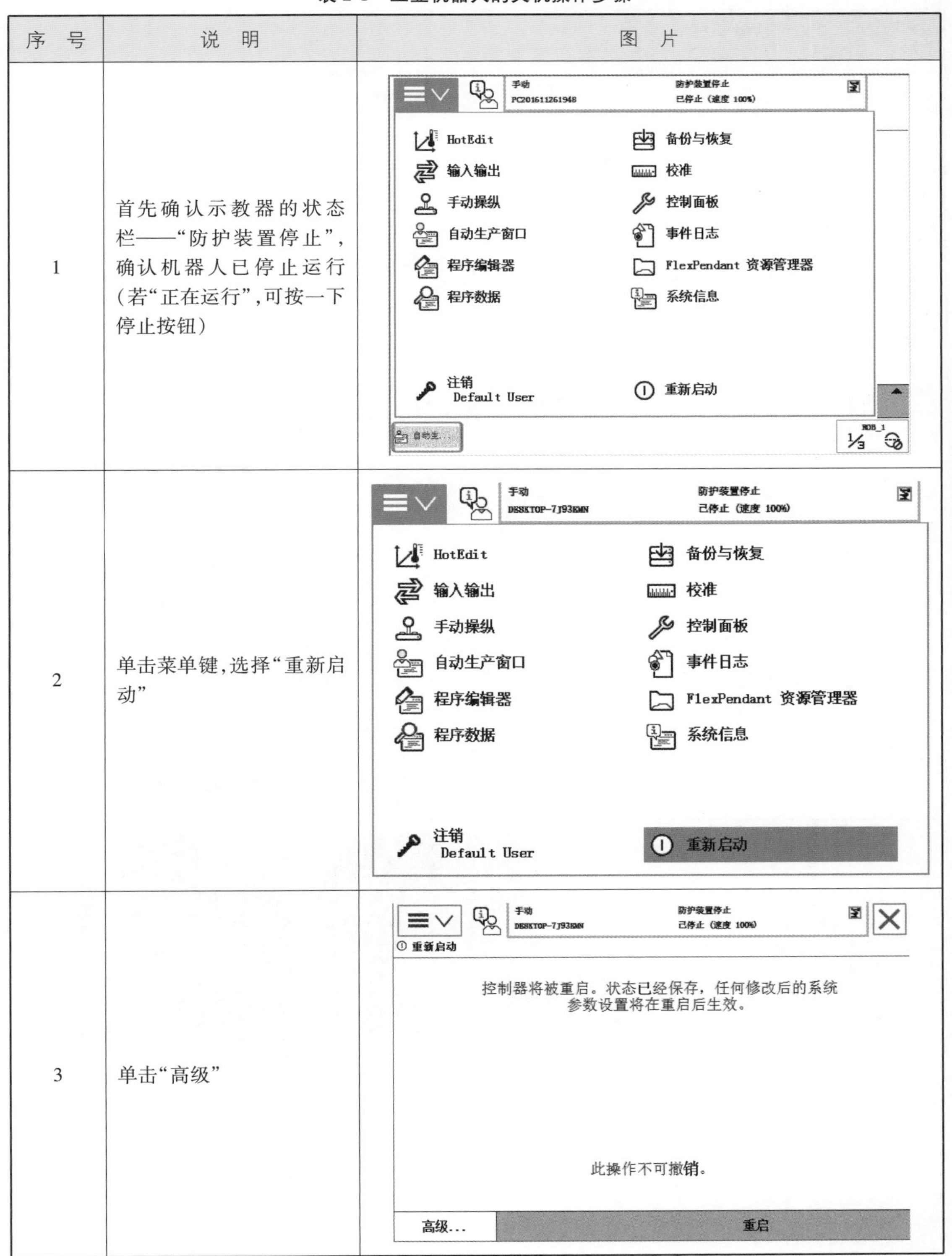

序 号	说 明	图 片
1	首先确认示教器的状态栏——“防护装置停止”，确认机器人已停止运行（若“正在运行”，可按一下停止按钮）	
2	单击菜单键，选择“重新启动”	
3	单击“高级”	

续表

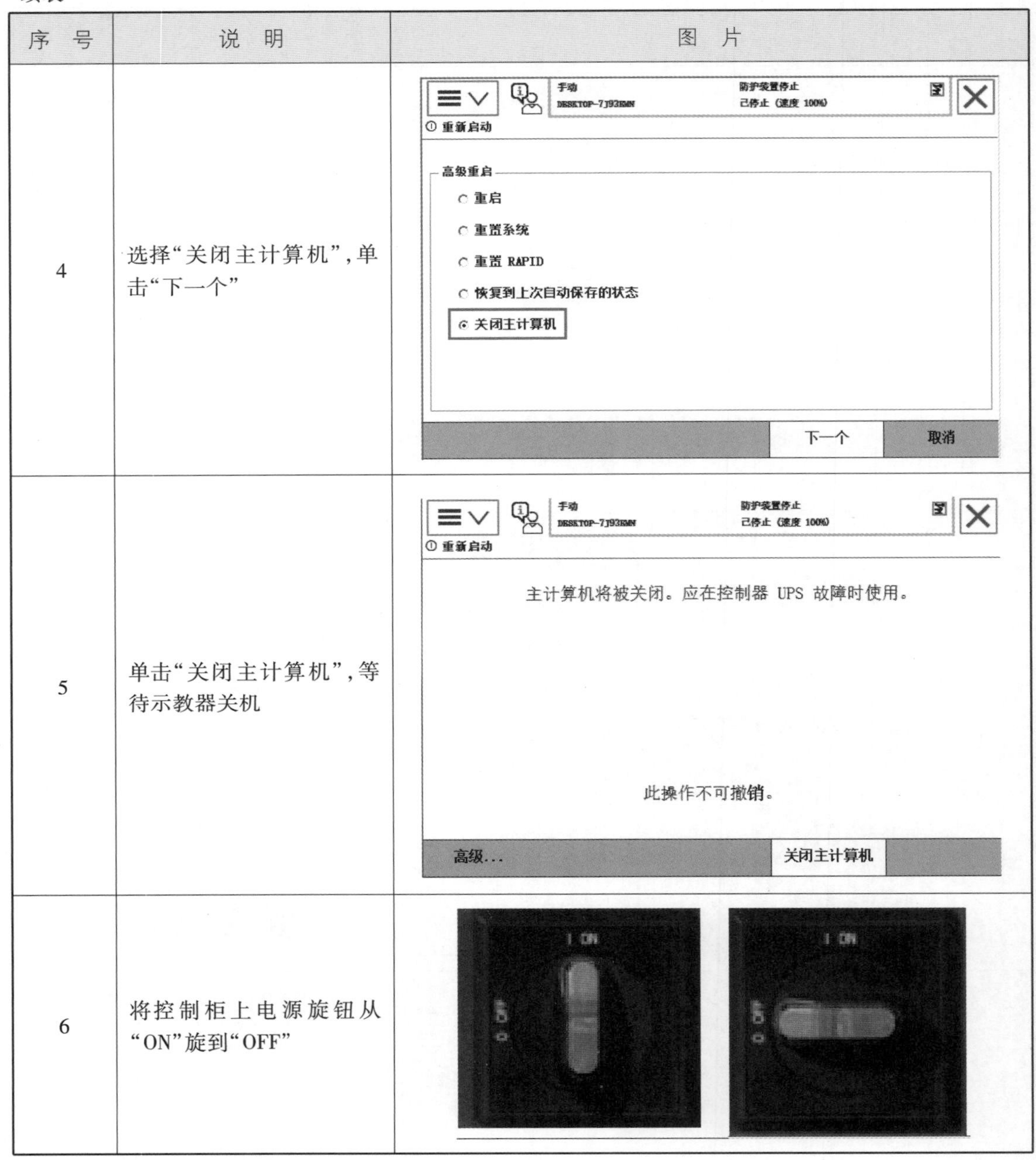

序　号	说　明	图　片
4	选择“关闭主计算机”，单击“下一个”	
5	单击“关闭主计算机”，等待示教器关机	
6	将控制柜上电源旋钮从“ON”旋到“OFF”	

注意：关机后再次开启电源需要等 2 min，以防对系统造成损坏。

任务 2-2　认识机器人示教器

了解机器人示教器

任务描述:

在认识 ABB 机器人示教器的基本组成及界面的基础上,通过使能按键、操作操纵杆控制机器人运动,并了解使能键的作用。

知识学习:

1.认识 ABB FlexPendant

ABB 机器人示教器 FlexPendant 由硬件和软件组成,其本身就是一台完整的计算机,用于处理与机器人系统操作相关的多项功能,包括运行程序、微动控制操纵器、修改机器人程序等。

作为 ABB 机器人控制柜的主要部件,FlexPendant 通过集成电缆和连接器与控制柜连接,FlexPendant 在恶劣的工业环境下具有防护功能。其触摸屏易于清洁,且防水、防油、防溅。ABB 机器人示教器分类见表 2-2。

表 2-2　ABB 示教器分类

FlexPendant		
	尺寸	6.5 寸彩色触摸屏/1.0 kg
	防护等级	标配:IP54
	IRB 机器人支持	非喷涂机器人
FlexPaint Pendant		
	防护等级	标配:IP54,防爆保护
	IRB 机器人支持	喷涂机器人

续表

OmniCore		
	防护等级	标配:IP54
	IRB 机器人支持	非喷涂机器人
防护等级:IP54。 IP(INGRESS PROTECTION)防护等级系统是由 IEC(INTERNATIONAL ELECTROTECHNICAL COMMISSION)所起草,将电器依其防尘防湿气之特性加以分级。 第一个数字 5:电器防尘、防止外物侵入的等级; 第二个数字 4:电器防湿气、防水浸入的密闭程度; 特点:数字越大表示其防护等级越高。		

ABB FlexPendant 示教器,如图 2-2 所示,其各单元功能说明见表 2-3。

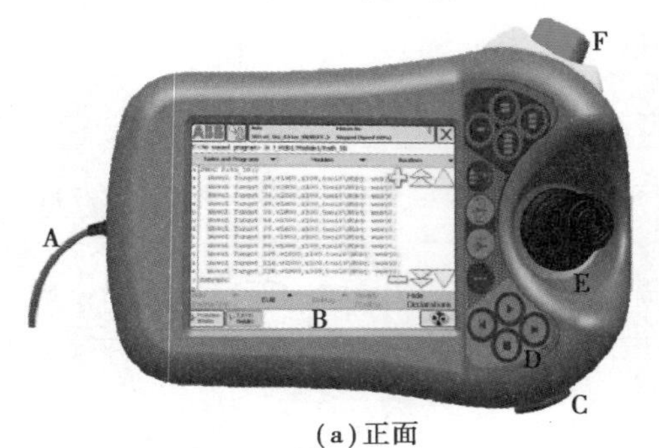

(a)正面

(b)反面

图 2-2 ABB FlexPendant 示教器

A—连接电缆;B—触摸屏;C—USB 接口(数据备份);D—硬件按钮;E—手动操纵摇杆;F—急停开关;G—使能键;H—示教器重置按钮;I—触屏笔

表 2-3 ABB FlexPendant 各单元功能说明

编号	名称	功能说明
A	连接电缆	连接示教器到机器人控制柜
B	触摸屏	进行程序编辑、系统参数配置的交互窗口
C	USB 接口(数据备份)	将 USB 存储器连接 USB 端口以读取或保存文件
D	硬件按钮	包括可编程按键、快捷键和控制程序运行按键
E	手动操纵摇杆	也称微动控制器,可使用操纵杆手动操纵机器人
F	急停开关	用于紧急情况下停止程序运行
G	使能键	在手动模式下,使电机上电,从而控制机器人动作
H	示教器重置按钮	重置按钮会重置 FlexPendant,而不是控制柜上的系统
I	触屏笔	触屏笔放置在 FlexPendant 背面

2.FlexPendant 的硬件按钮

其说明见表 2-4。

表 2-4 示教器硬件按钮说明

说 明	图片
A-D:预设按键,1-4,用于 I/O 信号的快捷操作,或者自定义功能。 E:选择机械单元。 F:切换运动模式,重定位或线性。 G:切换运动模式,轴 1-3 或轴 4-6。 H:增量开关。 J:Step BACKWARD(步退)按钮。按下此按钮,可使程序后退运行至上一条指令。 K:START(启动)按钮。开始连续执行程序。 L:Step FORWARD(步进)按钮。按下此按钮,可使程序前进运行至下一条指令。 M:STOP(停止)按钮。停止程序执行。	A B C D E F G H J K L M

3.FlexPendant 的操作方式

操作 ABB FlexPendant 示教器时,通常会手持该设备。惯用右手者用左手持设备,右手在触摸屏上执行操作,而惯用左手者可以通过 ABB 示教器进行修改,如图 2-3 所示,修改手持方式的步骤见表 2-5。

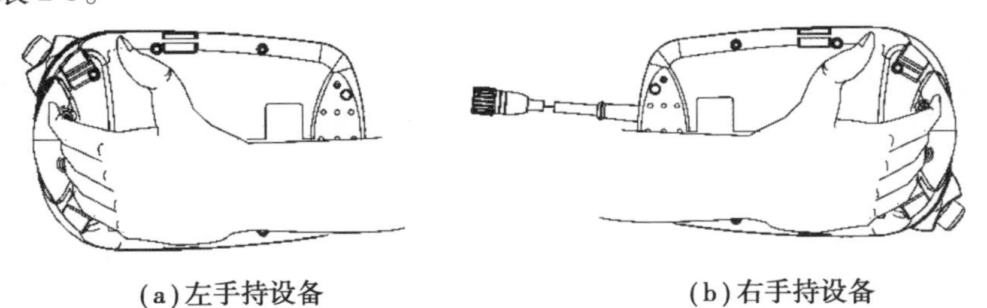

(a)左手持设备 (b)右手持设备

图 2-3 ABB FlexPendant 的手持方式

表 2-5 修改手持方式操作步骤

序 号	说 明	图 片
1	进入 ABB 菜单,单击控制面板	手动 DESKTOP-7J93EMN 防护装置停止 已停止 (速度 100%) HotEdit 备份与恢复 输入输出 校准 手动操纵 控制面板 自动生产窗口 事件日志 程序编辑器 FlexPendant 资源管理器 程序数据 系统信息 注销 Default User 重新启动

续表

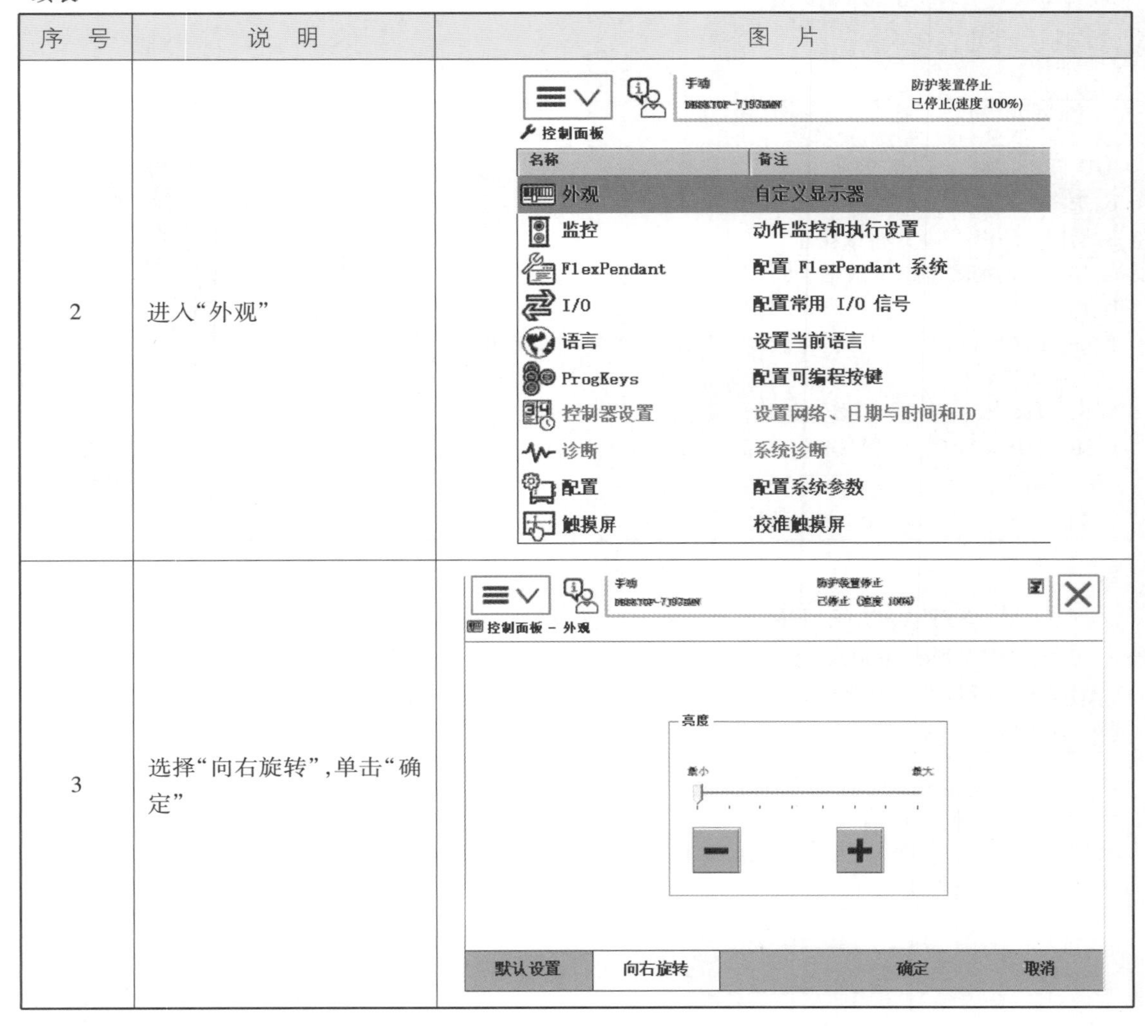

序　号	说　明	图　片
2	进入“外观”	
3	选择“向右旋转”，单击“确定”	

使能器按钮位于示教器手动操作摇杆的右侧，操作 ABB FlexPendant 示教器时，通常会手持示教器，操作者应用左手的 4 个手指对使能键进行操作，如图 2-4 所示。

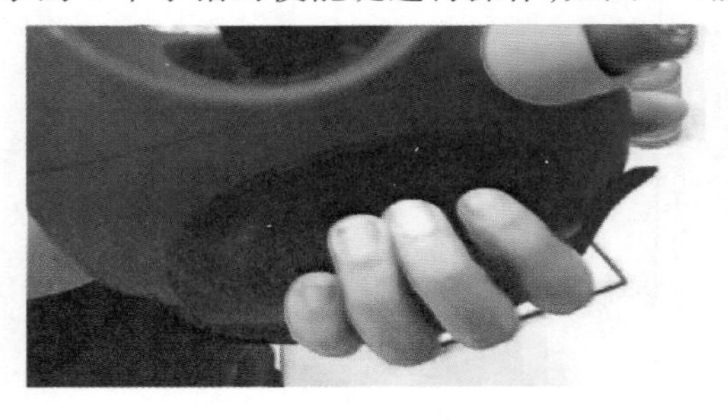

图 2-4　使能键正确操作手势

使能键按钮的作用：

a.使能键按钮是为保证操作人员人身安全而设置的。

b.使能器有 3 个挡位。松开(不按下)、第二挡(用力按到低)均会使机器人伺服电机掉电。第一挡(稍稍用力)才可以给机器人上电。当发生危险时,人会本能地将使能键按钮松开或按紧,则机器人会马上停下来,保证操作员与机器人的安全。

c.在手动模式下,只有在按下使能键按钮并保持,使电机保持开启状态,才可对机器人进行手动操作与程序调试。

d.在手动模式下调试机器人,如果不需要移动机器人时,必须及时释放使能键,使能键使用说明见表 2-6。

表 2-6　使能键使用说明

序号	说　明	图　片
1	在手动状态下,使能键处于第一挡位时,机器人将处于电机开启状态。此状态下才可以手动操作机器人,使机器人动作	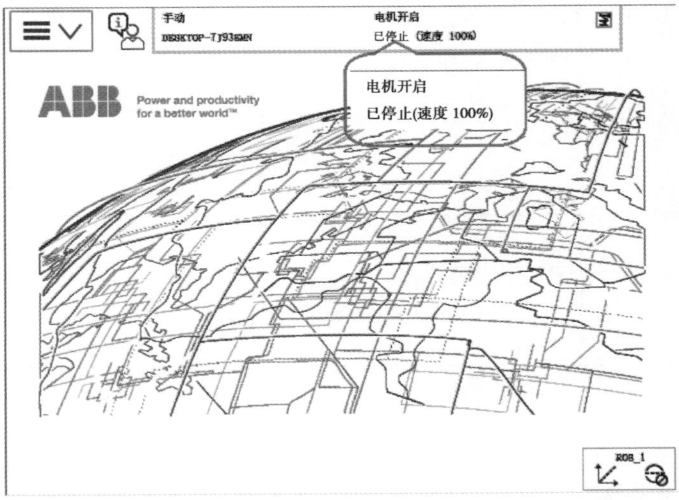
2	使能键处于第二挡位时,机器人就会处于防护装置停止状态。此状态下无法手动操作机器人	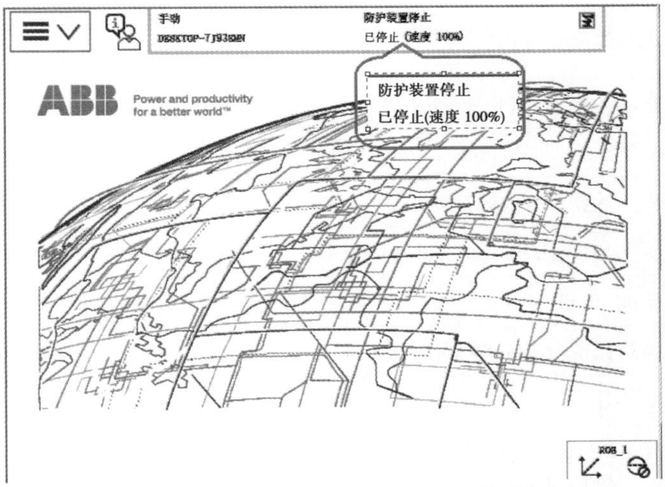

4.FlexPendant 的操作界面

见表 2-7,ABB FlexPendant 示教器的操作界面,包含 ABB 主菜单、操作员窗口、状态栏、关闭窗口按钮、任务栏、快速设置菜单等。

表 2-7　示教器操作界面

说　明	图片
A:ABB 主菜单 B:操作员窗口 C:状态栏 D:关闭窗口按钮 E:任务栏 F:快速设置菜单	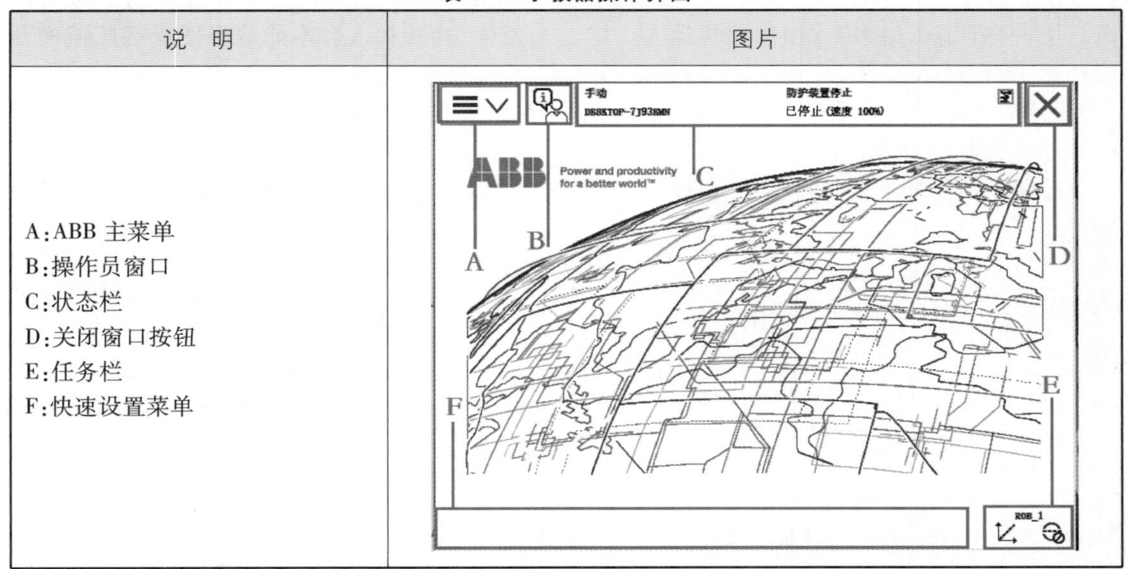

(1)ABB 主菜单

ABB 主菜单包含了表 2-8 所示内容。

表 2-8　ABB 菜单内容

项目名称(中英文对照)	说　明
HotEdit	程序模块下轨迹点位置的补偿设施窗口
输入输出(Inputs and Outputs)	设置及查看 I/O 视图窗口
手动操纵(Jogging)	动作模式设置、坐标系选择、操纵杆锁定及载荷属性的更改窗口,也可显示实际位置
自动生产窗口(Production Window)	在自动模式下,可直接调试程序并运行
程序编辑器(Program Editor)	建立程序模块及例行程序的窗口
程序数据(Program Data)	选择编程所需程序数据的窗口
备份与恢复(Backup and Restore)	可备份和恢复系统
校准(Calibration)	进行转数计数器和电机校准的窗口
控制面板(Control Panel)	进行示教器的相关设定
事件日志(Event Log)	查看系统出现的各种提示信息
Flex Pendant 资源管理器(Flex Pendant Explorer)	查看当前系统的系统文件
系统信息(System Info)	查看控制器及当前系统的相关信息
注销(Log Off Default User)	切换用户
重新启动(Restart)	选择机器人重启方式

(2)操作员窗口

操作员窗口显示来自机器人程序的消息。程序需要操作员做出某种响应以便继续时往往会出现此情况。

(3)状态栏

状态栏显示与系统状态有关的重要信息,如操作模式、电机开启/关闭、程序状态等。

(4)关闭按钮

单击关闭按钮可关闭当前打开的视图或应用程序。

(5)快速设置菜单

快速设置菜单包含微动控制和程序执行进行的设置。

(6)任务栏

透过 ABB 菜单,用户可以打开多个视图,但一次只能操作一个。任务栏显示所有打开的视图,并可用于视图切换。

任务 2-3　示教器语言切换、数据备份恢复及信息查看

任务描述:

设置机器人示教器

在认识 ABB 机器人示教器的基本组成及界面的基础上,学会设置示教器语言、示教器显示的时间日期、数据的备份及恢复、常用信息及事件日志的查看等。

知识学习:

1.设置机器人示教器显示语言

ABB 示教器出厂时,默认的显示语言为英语,为了方便操作,表 2-9 介绍了把显示语言设定为中文的操作步骤。

表 2-9　示教器语言设置操作步骤

序　号	说　明	图　片
1	确认机器人正常开机,确保机器人运动模式为手动模式(只有在手动模式下才可以通过机器人示教器对参数进行修改),单击 ABB 菜单	Manual DESKTOP-ET6F2BJ Guard Stop Stopped (Speed 100%) Production Window : <No named program> in T_ROB1 Program Pointer not available Load Program... PP to Main Debug

续表

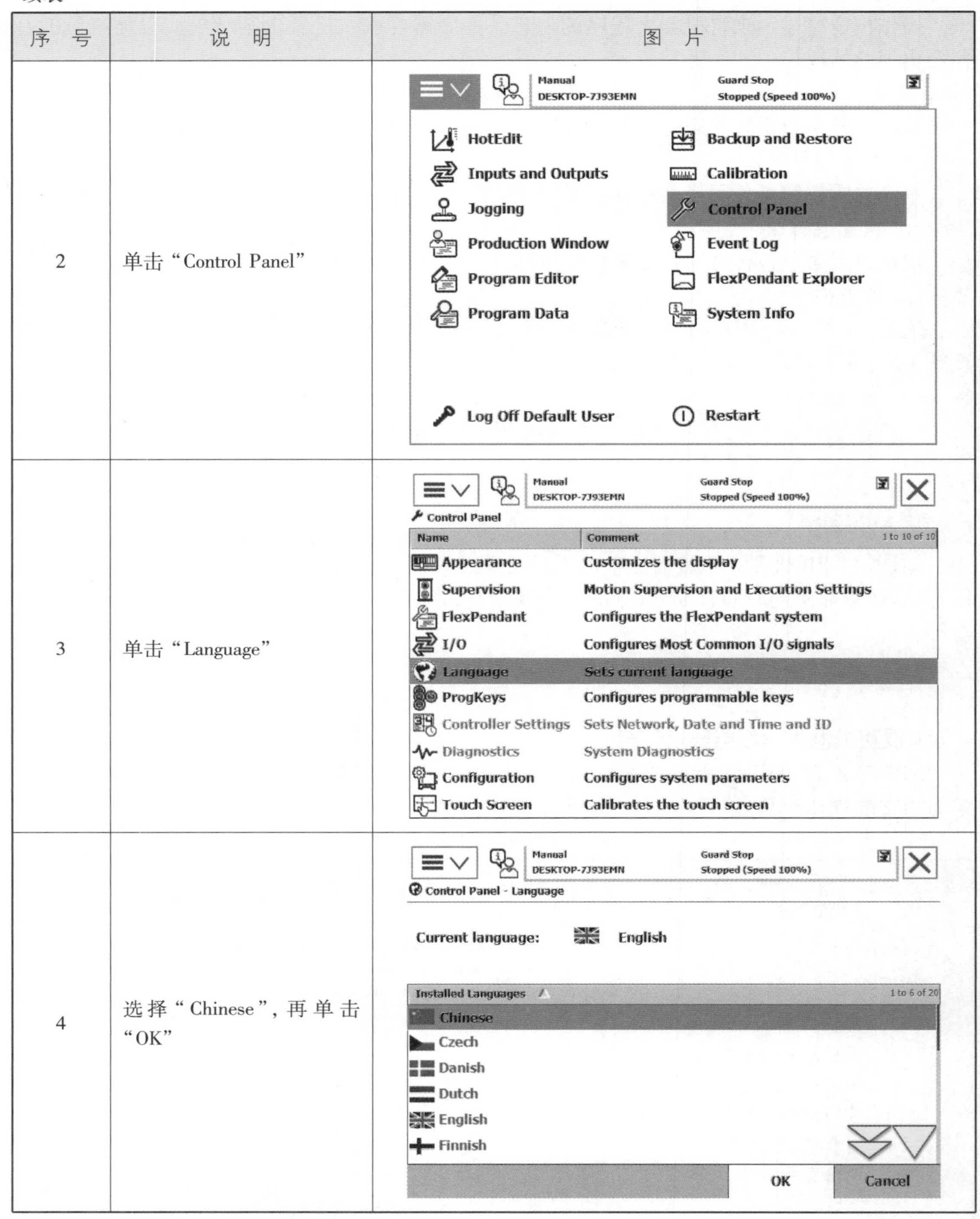

序　号	说　明	图　片
2	单击“Control Panel”	
3	单击“Language”	
4	选择“Chinese”，再单击“OK”	

续表

序　号	说　明	图　片
5	单击“Yes”，等待示教器重启，完成示教器显示语言的设定	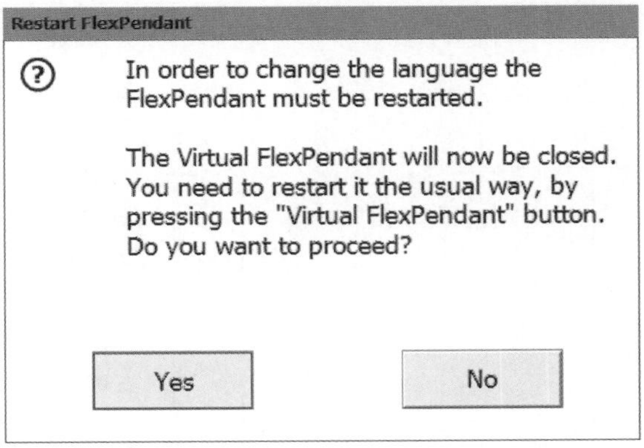 Restart FlexPendant In order to change the language the FlexPendant must be restarted. The Virtual FlexPendant will now be closed. You need to restart it the usual way, by pressing the "Virtual FlexPendant" button. Do you want to proceed? Yes　No

2.ABB 机器人数据的备份与恢复

ABB 机器人数据备份的对象是所有正在系统内运行的 RAPID 程序和系统参数。当机器人系统出现错乱或者重新安装系统以后，可以通过备份快速地把机器人恢复到备份时的状态。

定期对 ABB 机器人的数据进行备份，是保持 ABB 机器人正常动作的良好习惯。

(1)数据备份

为防止操作人员对机器人系统文件误删除，通常在进行机器人操作前备份机器人系统；而当机器人系统无法启动或重新安装新系统时，也可利用已备份的系统文件进行恢复。备份系统文件是具有唯一性的，只能将备份文件恢复到原来的机器人中去，否则将会造成系统故障。

数据备份的具体操作步骤见表 2-10。

表 2-10　数据备份操作步骤

序　号	说　明	图　片
1	单击左上角 ABB 菜单	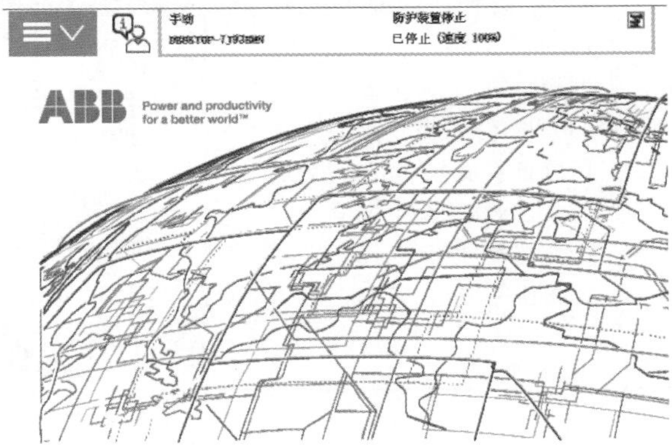 手动 防护装置停止 已停止 (速度 100%) ABB Power and productivity for a better world™

续表

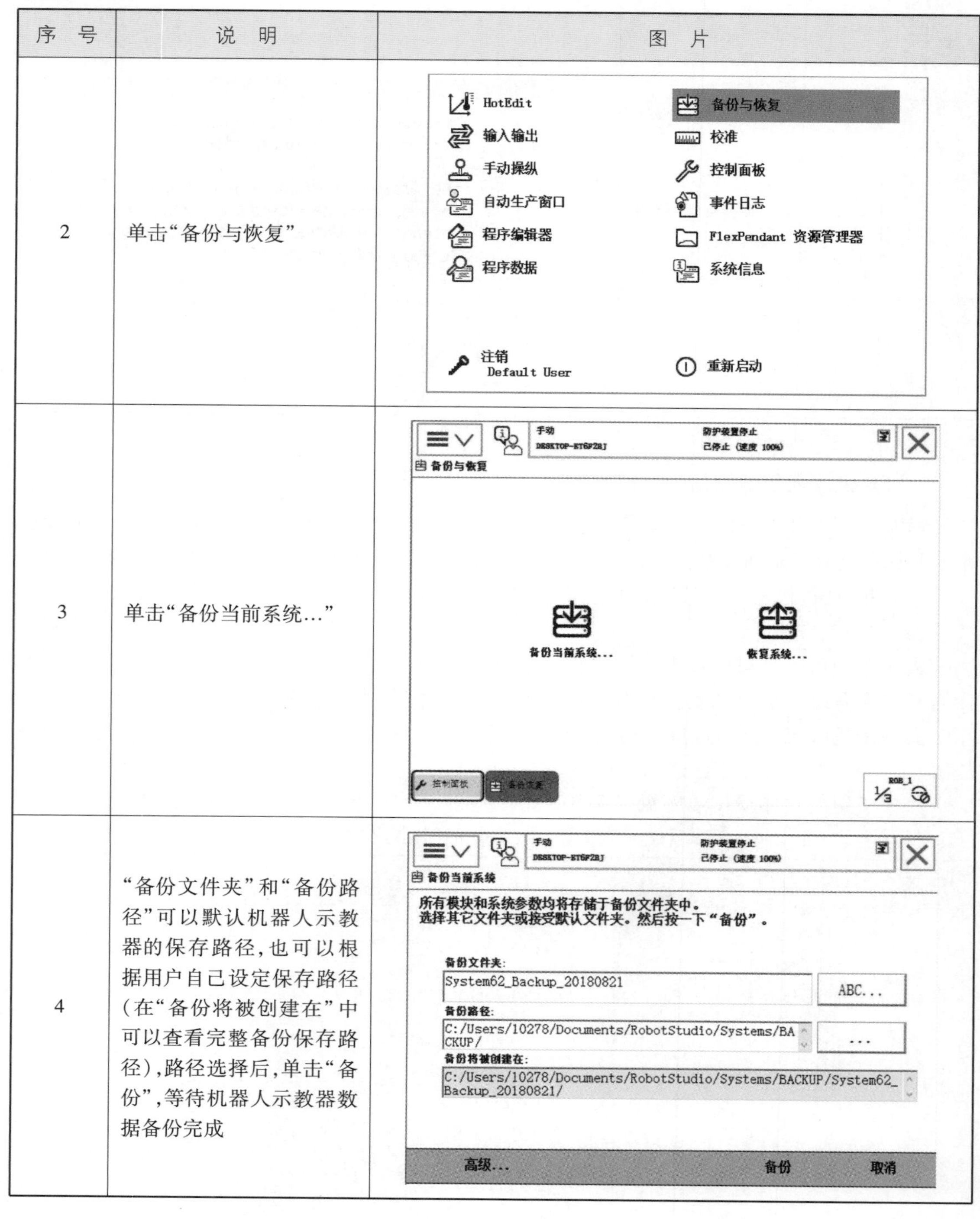

序　号	说　明	图　片
2	单击“备份与恢复”	HotEdit　备份与恢复 输入输出　校准 手动操纵　控制面板 自动生产窗口　事件日志 程序编辑器　FlexPendant 资源管理器 程序数据　系统信息 注销 Default User　重新启动
3	单击“备份当前系统...”	手动 DESKTOP-ST6F2BJ　防护装置停止 已停止（速度 100%） 备份与恢复 备份当前系统...　恢复系统... ROB_1 1/3
4	“备份文件夹”和“备份路径”可以默认机器人示教器的保存路径，也可以根据用户自己设定保存路径（在“备份将被创建在”中可以查看完整备份保存路径），路径选择后，单击“备份”，等待机器人示教器数据备份完成	手动 DESKTOP-ST6F2BJ　防护装置停止 已停止（速度 100%） 备份当前系统 所有模块和系统参数均将存储于备份文件夹中。 选择其它文件夹或接受默认文件夹。然后按一下“备份”。 备份文件夹： System62_Backup_20180821　ABC... 备份路径： C:/Users/10278/Documents/RobotStudio/Systems/BACKUP/　... 备份将被创建在： C:/Users/10278/Documents/RobotStudio/Systems/BACKUP/System62_Backup_20180821/ 高级...　备份　取消

（2）数据恢复步骤见表 2-11。

表 2-11　数据恢复操作步骤

序　号	说　明	图　片
1	单击左上角 ABB 菜单	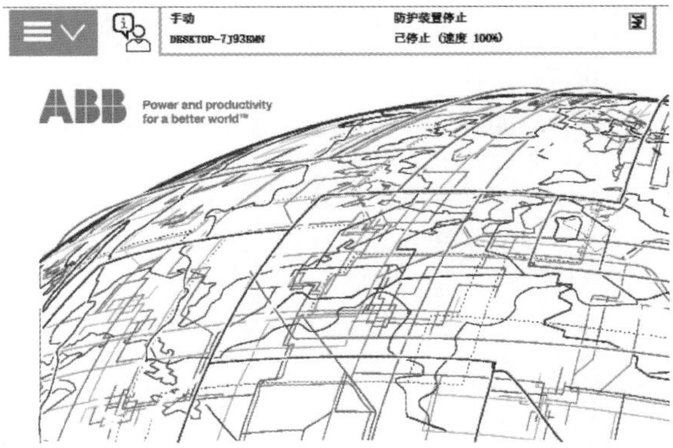
2	单击“备份与恢复”	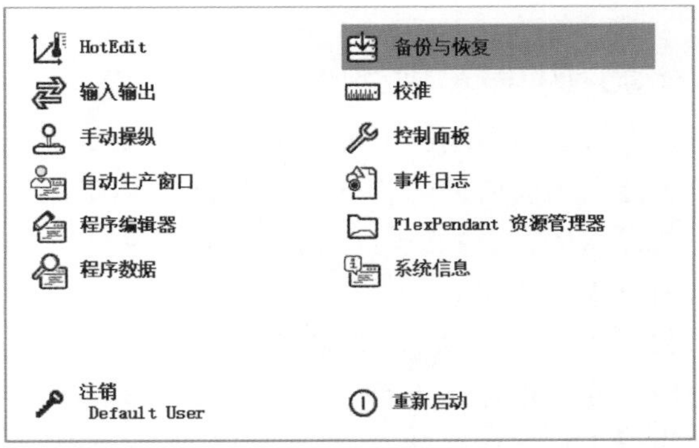
3	单击“恢复系统…”	

续表

序　号	说　明	图　片
4	在“备份文件夹”中找到备份文件（如果数据备份文件在外部存储设备中，可以用示教器上的 USB 接口进行连接，再查找到数据备份文件）单击路径选择备份文件，单击“恢复”，等待 ABB 机器人数据恢复的完成	

3.查看工业机器人的常用信息和日志

可以通过示教器画面上的状态栏进行 ABB 机器人常用信息的查看，通过这些信息就可以了解机器人当前所处的状态及存在的一些问题。

1）机器人的状态：有手动、全速手动和自动 3 种状态；

2）机器人系统信息；

3）机器人电动机状态：如果使能键按下第一挡会显示电动机开启，松开或按下第二挡会显示防护装置停止；

4）机器人程序运行状态：显示程序的运行或停止；

5）当前机器人或外轴的使用状态。

在示教器的操作界面上单击窗口的状态栏，就可以查看机器人的事件日志，会显示出操作机器人进行的事件的记录，包括时间、日期等，为分析相关事件提供准确的时间，见表 2-12。

表 2-12　查看机器人常用信息和日志操作步骤

序　号	说　明	图　片
1	单击触摸屏上方信息栏打开事件日志	

续表

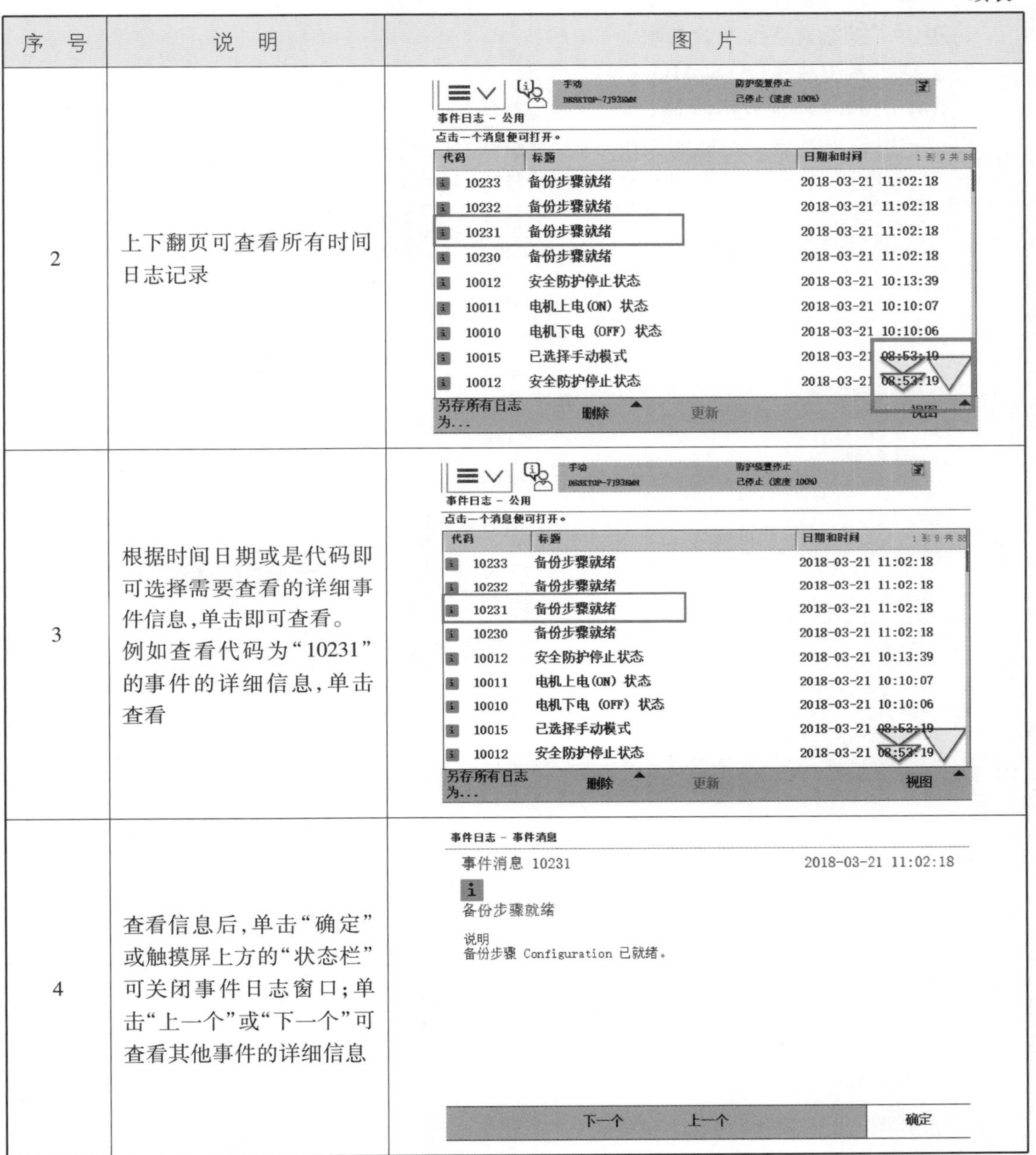

序　号	说　明	图　片
2	上下翻页可查看所有时间日志记录	
3	根据时间日期或是代码即可选择需要查看的详细事件信息，单击即可查看。例如查看代码为“10231”的事件的详细信息，单击查看	
4	查看信息后，单击“确定”或触摸屏上方的“状态栏”可关闭事件日志窗口；单击“上一个”或“下一个”可查看其他事件的详细信息	

任务 2-4　重启机器人系统

ABB 机器人系统可以长时间无人操作，无须定期重新启动运行的系统。但以下情况需要重新启动机器人系统：

1)安装了新的硬件;
2)更改了机器人系统配置参数;
3)出现了系统故障(SYSFAIL);
4)RAPID 程序出现程序故障。
以下是进行重新启动功能的操作步骤及项目说明,见表 2-13、表 2-14。

表 2-13　重启机器人系统操作步骤

序　号	说　明	图　片
1	单击“ABB 菜单”,选择“重新启动”	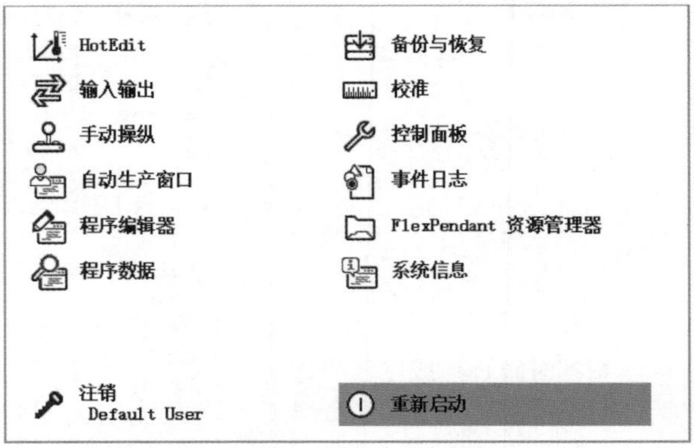 HotEdit　备份与恢复 输入输出　校准 手动操纵　控制面板 自动生产窗口　事件日志 程序编辑器　FlexPendant 资源管理器 程序数据　系统信息 注销 Default User　重新启动
2	单击选择“高级...”	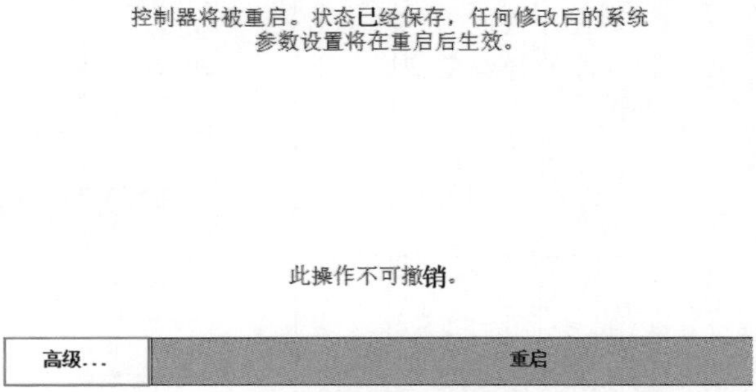 控制器将被重启。状态已经保存,任何修改后的系统参数设置将在重启后生效。 此操作不可撤销。 高级...　重启
3	单击需要重启的启动类型	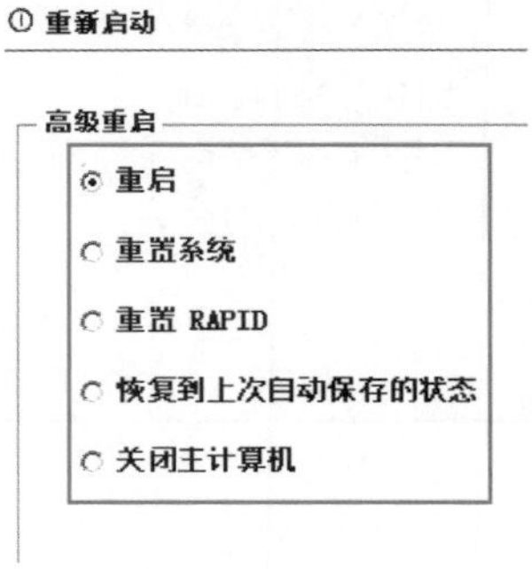 重新启动 高级重启 重启 重置系统 重置 RAPID 恢复到上次自动保存的状态 关闭主计算机

续表

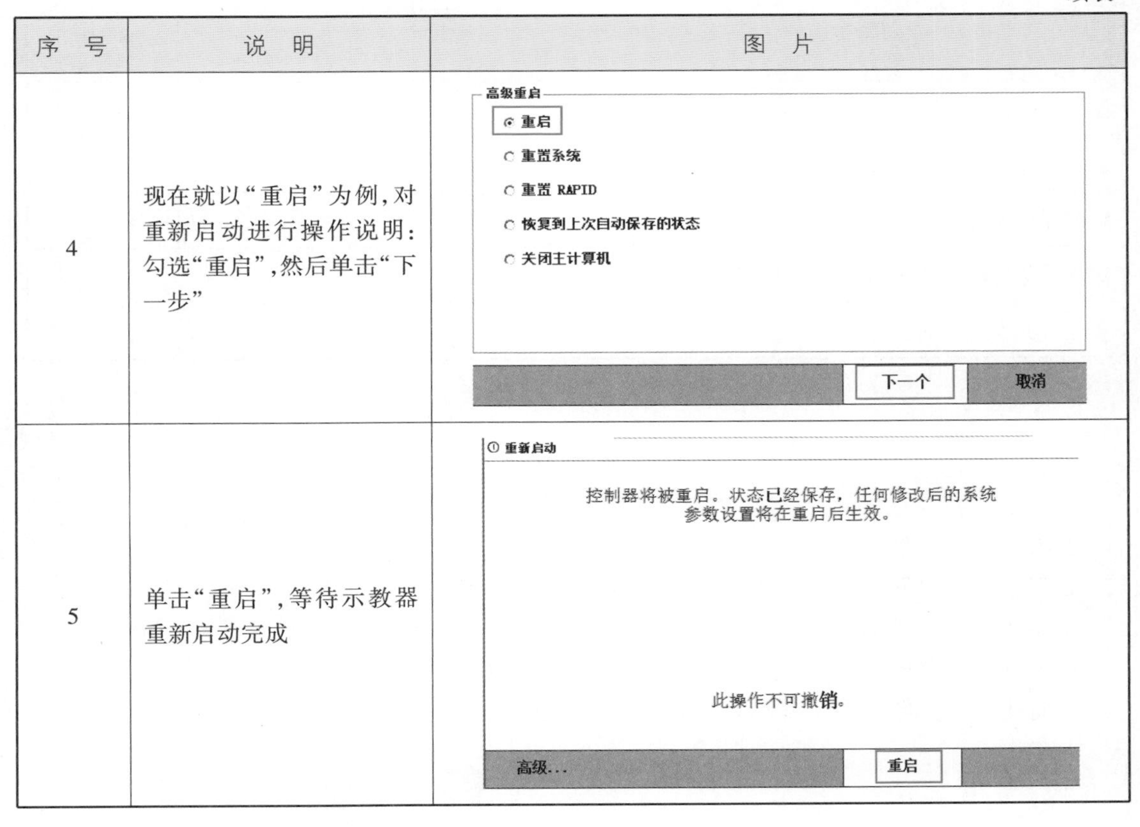

序　号	说　明	图　片
4	现在就以“重启”为例，对重新启动进行操作说明：勾选“重启”，然后单击“下一步”	高级重启 重启 重置系统 重置 RAPID 恢复到上次自动保存的状态 关闭主计算机 下一个　取消
5	单击“重启”，等待示教器重新启动完成	重新启动 控制器将被重启。状态已经保存，任何修改后的系统参数设置将在重启后生效。 此操作不可撤销。 高级...　重启

表 2-14　重新启动项目说明

名称 1	名称 2	说　明
重启	热启动	修改系统参数及配置后使其生效
重置系统	I 启动	重新启动，恢复至出厂设置
重置 RAPID	P 启动	重新启动并删除已加载的 RAPID 程序
恢复到上次自动保存的状态	B 启动	尝试从最后一次无错误状态下启动系统
关闭主计算机	关机	关闭当前系统，同时关闭主机
冷启动	C 启动	删除当前系统并重启进入引导应用重新模式
启动引导应用程序	X 启动	重新启动，装载系统或选择其他系统，修改 IP 地址

学习检测

自我学习测评表见下表。

学习目标	自我评价			备　注
	掌握	了解	重学	
学会工业机器人工作站的开关机				
认识机器人示教器的组成				
学会操作使能按键				
示教器语言切换,数据备份及恢复				
工业机器人系统重启				

练习题

1.简述工业机器人工作站开关机流程。

2.简述工业机器人示教器各部分的组成。

3.简述使能按键的操作及作用。

4.了解示教器语言切换、数据备份及恢复操作步骤。

5.简述重启机器人系统各启动项目的应用情况。

项目三

工业机器人手动操作

项目目标：

- 理解 ABB 机器人的坐标系。
- 学会手动操作机器人。
- 工具坐标系、工件坐标系、有效载荷的设置。
- 转数计数器更新。

项目描述：

在进行手动操作和编程之前，必须要构建起必要的编程环境，要先理解工业机器人的坐标系以及各坐标系的作用，并理解工具坐标系、工件坐标系、有效载荷（又称 3 个重要的程序数据、工具数据 tooldata、工件坐标 wobjdata、负载数据 loaddata）的作用及其设置步骤，并学会对工业机器人进行转数计数器更新。创建并选择合适的坐标系，有利于我们手动操作、编程及示教目标点。通过本项目的学习，认识不同坐标系的方向，操作时合理选择坐标系，学会自己创建工具坐标系和工件坐标系。

任务 3-1　认识 ABB 工业机器人坐标系

任务描述：

手动操作工业机器人时，工业机器人在空间中的运动参考当前所选择的坐标系的方向，在进行编程操作时，首先要确定编程所需的工具坐标系和工件坐标系。

知识学习：

ABB 工业机器人坐标系认知

在进行工业机器人坐标系的学习之前，我们要先理解一些概念。

(1)机器人的位姿

机器人末端执行器相对于基座的位置和姿态。

(2)示教再现机器人

示教再现是一种可重复再现通过示教编程存储起来的作业程序的机器人。

“示教编程”指通过下述方式完成程序的编制:由人工导引机器人末端执行器(安装于机器人关节结构末端的夹持器、工具、焊枪、喷枪等),或由人工操作导引机械模拟装置,或用示教器(与控制系统相连接的一种手持装置,用以对机器人进行编程或使之运动)来使机器人完成预期的动作 。

“作业程序”(任务程序)为一组运动及辅助功能指令,用以确定机器人特定的预期作业,这类程序通常由用户编制。由于此类机器人的编程通过实时在线示教程序来实现,而机器人本身凭记忆操作,故能不断重复再现。

坐标系定义:为确定机器人的位置和姿态而在机器人或空间上进行的位置指标系统。通过不同坐标系可指定工具(工具中心点)的位置,以便编程和调整程序。确定机械臂基于坐标系的位置是必须要做的事项。若未确定坐标系,则可通过基座坐标系确定机械臂的位置,如图 3-1 所示。

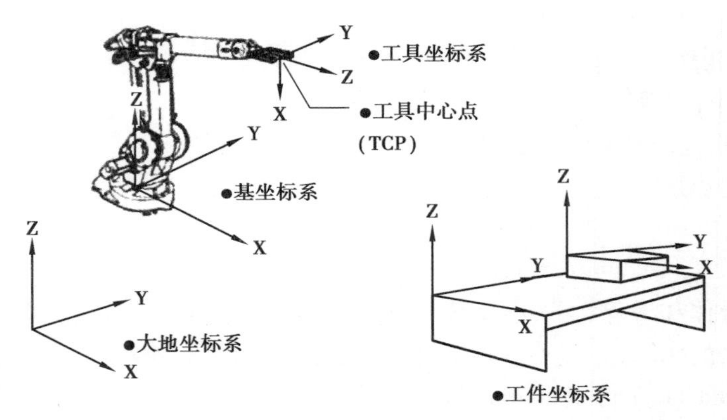

图 3-1　ABB 机器人坐标系组成

①基坐标系:基坐标系是设置在机器人基座中的坐标系,坐标原点一般为基座中心点。如图 3-2 所示,基坐标系遵循右手法则,它是其他坐标系的基础。

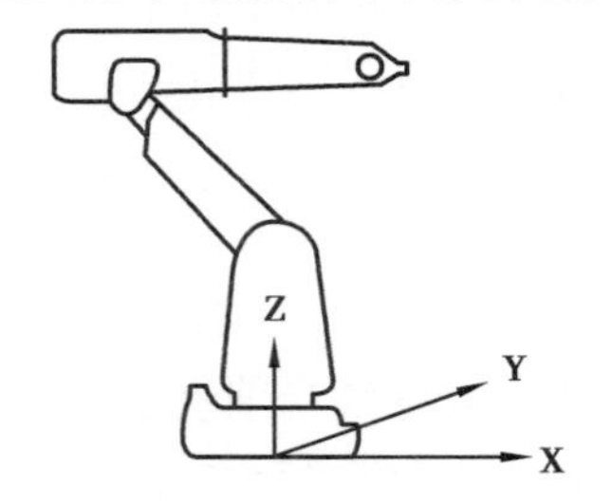

基座坐标系位于机械臂的基座上:
- 原点设于轴1与基座安装面的交点处。
- XY平面就是基座安装面。
- X轴指向前方。
- Y轴指向左边(从机械臂角度来看)。
- Z轴指向上方

图 3-2　基座坐标系

在进行判断时,手臂方向和机器人尾部电缆插头方向一致,用右手定则,大拇指指向 Z 轴正方向,食指指向 X 轴正方向,中指指向 Y 轴正方向。

②大地坐标系:若机械臂是安装在地面上,则通过基座坐标系编程较容易。但如果机械

臂是倒置安装(倒挂安装),会导致通过基座坐标系编程变难。此时,定义一个全局坐标系很有用。全局坐标系将与基座坐标系保持一致,除非另有规定。

有时,在同一工作空间内,会有多个机械臂同时运作。此时,要用公用全局坐标系启用机械臂程序,以便与其他机械臂保持联系,如图 3-3 所示。

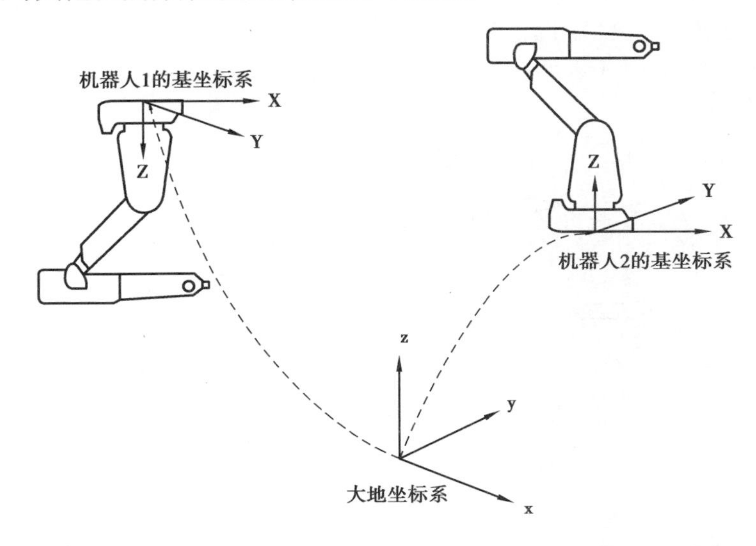

图 3-3　共用一个大地坐标系的两个机械臂(其中一个倒挂安装)

③关节坐标系:关节坐标系是设定在机器人关节中的坐标系。关节坐标系中机器人的位置和姿态,以各关节底座侧的关节坐标系为基准而确定。

④工具坐标系:即安装在机器人末端工具上的坐标系,原点及方向都是随着末端位置与角度不断变化的。该坐标系实际是将基础坐标系(TOOL0)通过旋转及位移变化而来的,如图 3-4所示。

在工具坐标系下机器人动作时:

①重定位运动改变末端工具的姿态,但机器人 TCP (即工具中心点)位置不变,机器人工具沿坐标轴转动,改变姿态。

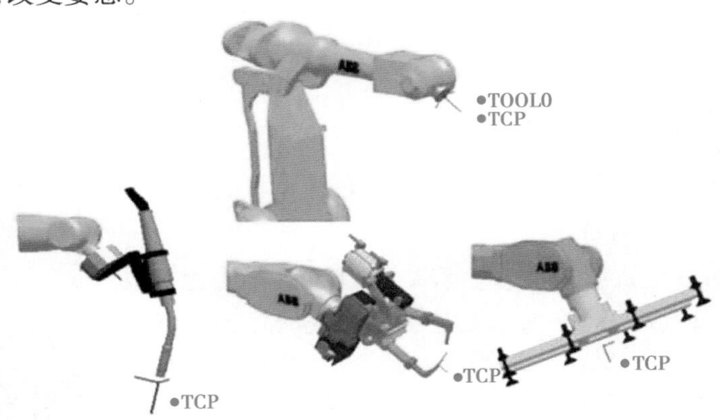

图 3-4　ABB 机器人工具坐标系

②线性运动改变机器人末端工具位置,但机器人 TCP 姿态不变,机器人 TCP 沿坐标轴线性移动。机器人程序可设置多个 TCP,可以根据当前工作状态进行变换。

③工件坐标系：即用户自定义坐标系，一个机械臂可在不同位置、不同方位的各种固定设备或工作面上工作。是用户对每个作业空间进行定义的直角坐标系，该坐标系实际是通过大地坐标系变化而来。

用户坐标系可用于表示固定装置、工作台等设备。可为各固定设备定义一个用户坐标系，则在必须移动或转动该固定设备时，不需要再次编程。按移动或转动固定设备的情况移动或转动用户坐标系，此时所有的已编程位置都将随固定设备变动，因而不需要再次编程，如图 3-5 所示。

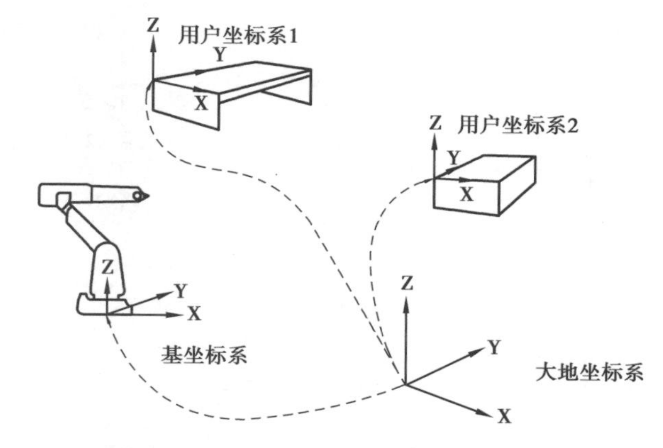

图 3-5　通过两个用户坐标系分别展示两台固定设备的位置

任务 3-2　手动操纵工业机器人

任务描述：

手动操作机器人运动一共有 3 种模式：单轴运动、线性运动和重定位运动。通过本任务的学习，理解单轴运动、线性运行、重定位运行，理解不同模式下的运动模式，以及在不同坐标系下的运动。

知识学习：

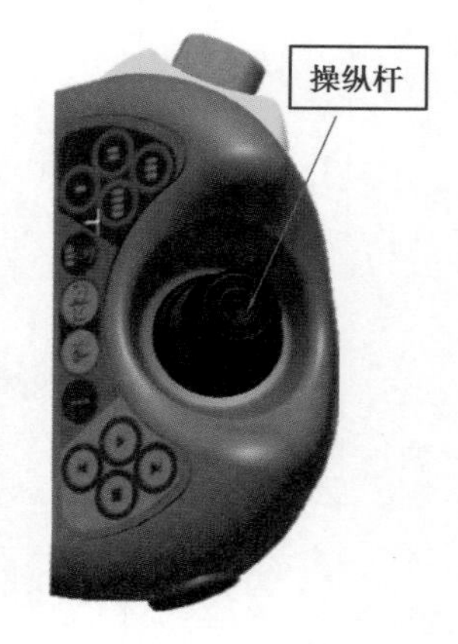

1.ABB 机器人操纵杆使用

在机器人运动时是需要手握使能键，可在电机开启的状态下通过操纵杆对机器人进行操作。

操纵杆（实物如右图）的使用技巧：我们可以将机器人的操纵杆比作汽车的油门，操纵杆的操纵幅度是与机器人的运动速度相关的。操纵幅度较小则机器人运动速度较慢。操纵幅度较大则机器人运动速度较快。所以大家在操作时，尽量以操纵小幅度使机器人慢慢运动，开始我们的手动操纵学习。

如果对使用操纵杆来控制机器人运动的方向不明确，可以先使用“增量”模式来确定机器人的运动方向。在示教目标点时，如果快接近目标点时，可选择增量模式，使运动速度降下来。在增量模式下，操纵杆每位移一次，机器人就移动一次。如果操纵杆持续一秒或数秒钟，机器人就会持续移动，其操作步骤见表 3-1，其增量的移动距离和角度大小见表 3-2。

表 3-1　增量模式选择步骤

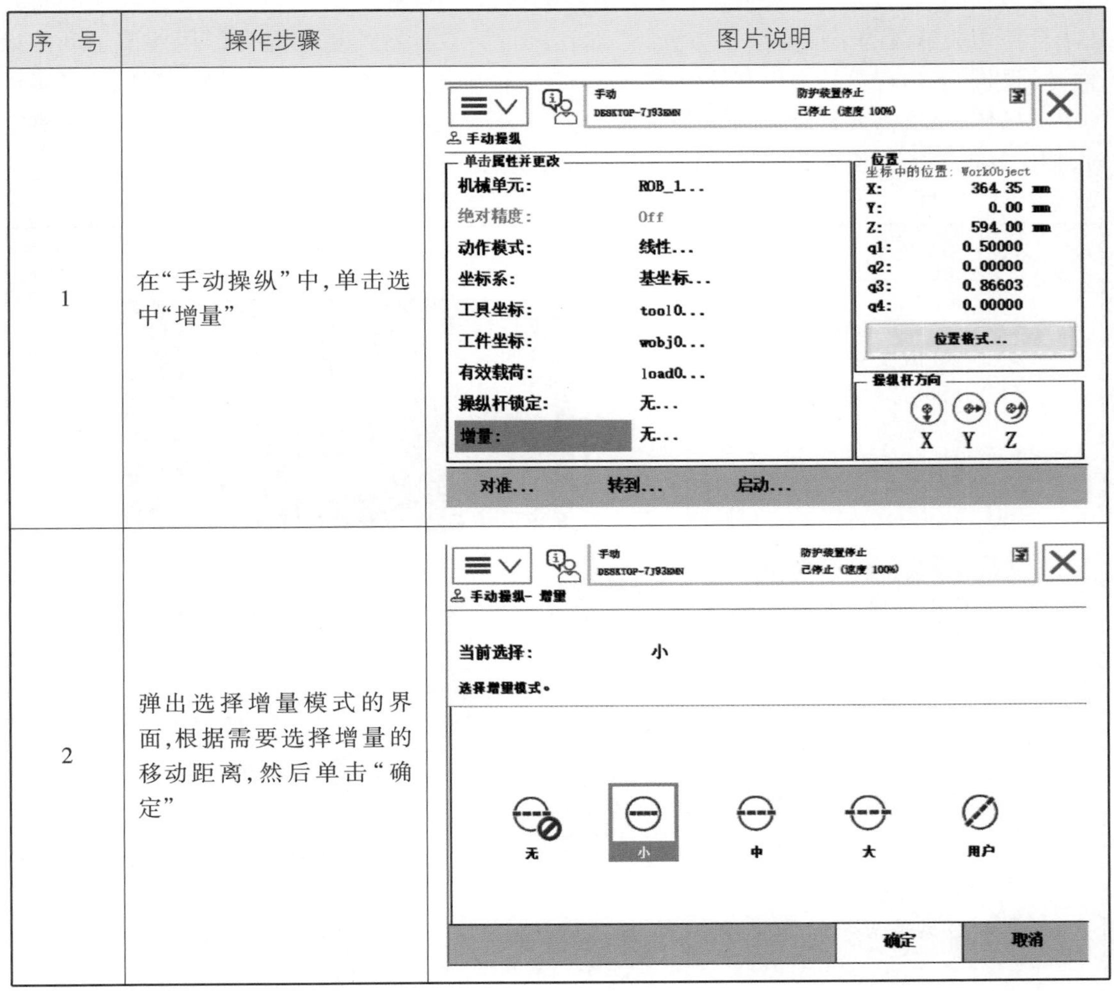

序　号	操作步骤	图片说明
1	在“手动操纵”中，单击选中“增量”	
2	弹出选择增量模式的界面，根据需要选择增量的移动距离，然后单击“确定”	

表 3-2　增量的移动距离和角度大小

序　号	增　量	移动距离/mm	角度/°
1	小	0.05	0.005
2	中	1	0.02
3	大	5	0.2
4	用户	自定义	自定义

2.ABB 工业机器人单轴运动

一般的,ABB 机器人是由 6 个伺服电动机分别驱动机器人的 6 个关节轴,每个手动操作一个关节轴的运动,就称为关节运动。关节运动是每一个轴可以单独运动,所以在一些特别的场合使用关节运动来操作会很方便,比如在进行转数计数器更新时可以用关节运动的操作,还有机器人出现机械限位和软件限位,也就是超出移动范围而停止时,可以利用关节运动的手动操作,将机器人移动到合适的位置。关节运动在进行粗略定位和比较大幅度的移动时,相比其他手动操作模式会方便快捷很多,其步骤见表 3-3。

表 3-3 关节运动操作步骤

序 号	操作步骤	图片说明
1	打开电源开关,等机器人开机后,将机器人控制柜上的机器人状态调整到中间挡位手动限速状态	
2	在示教器触摸屏上的状态栏中,确认机器人的状态当前运动状态为手动状态	手动 DESKTOP-7J93EMN 防护装置停止 已停止 (速度 100%)
3	单击 ABB 菜单,单击选择“手动操纵”	手动 DESKTOP-7J93EMN 防护装置停止 已停止 (速度 100%) HotEdit 备份与恢复 输入输出 校准 手动操纵 控制面板 自动生产窗口 事件日志 程序编辑器 FlexPendant 资源管理器 程序数据 系统信息 注销 Default User 重新启动

续表

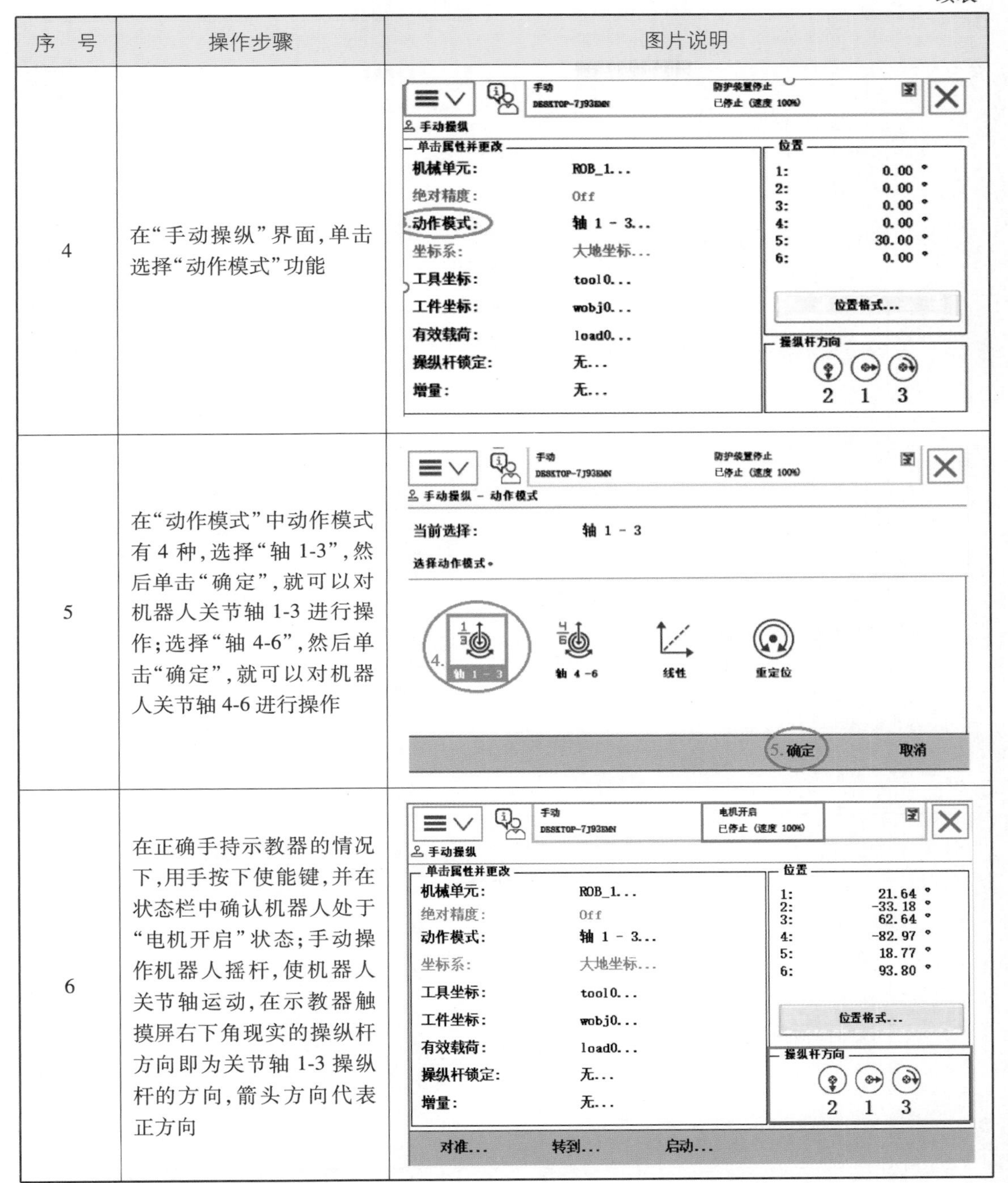

序　号	操作步骤	图片说明
4	在“手动操纵”界面，单击选择“动作模式”功能	
5	在“动作模式”中动作模式有 4 种，选择“轴 1-3”，然后单击“确定”，就可以对机器人关节轴 1-3 进行操作；选择“轴 4-6”，然后单击“确定”，就可以对机器人关节轴 4-6 进行操作	
6	在正确手持示教器的情况下，用手按下使能键，并在状态栏中确认机器人处于“电机开启”状态；手动操作机器人摇杆，使机器人关节轴运动，在示教器触摸屏右下角现实的操纵杆方向即为关节轴 1-3 操纵杆的方向，箭头方向代表正方向	

3.线性运动的手动操作

机器人的线性运动是指安装在机器人第 6 轴法兰盘上工具的 TCP 在空间中作线性运动。线性运动是工具的 TCP 在空间 X、Y、Z 的线性运动，移动的幅度较小，适合较为精确的定位和移动，其操作步骤见表 3-4。

表 3-4　线性运动操作步骤

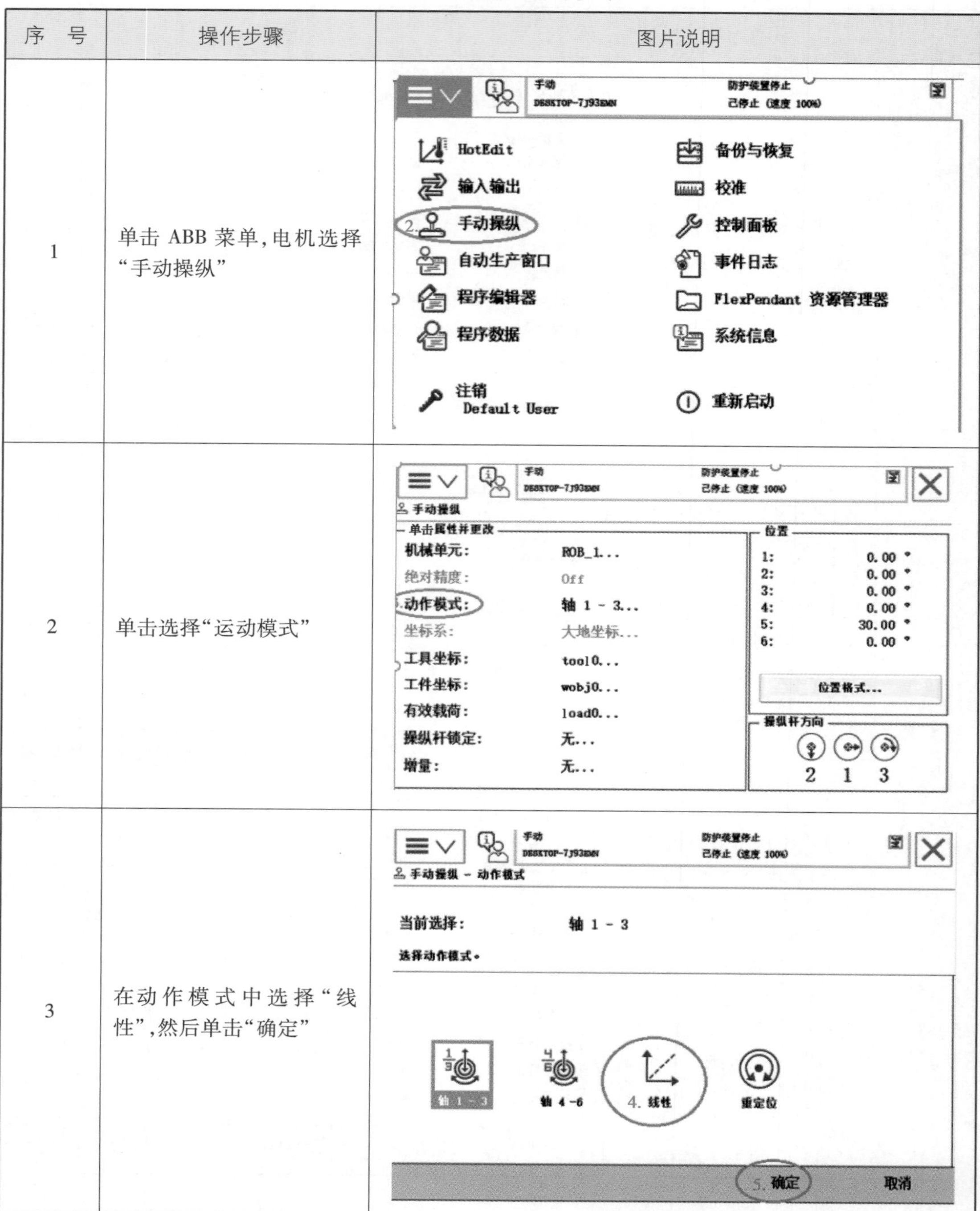

序　号	操作步骤	图片说明
1	单击 ABB 菜单,电机选择"手动操纵"	
2	单击选择"运动模式"	
3	在动作模式中选择"线性",然后单击"确定"	

续表

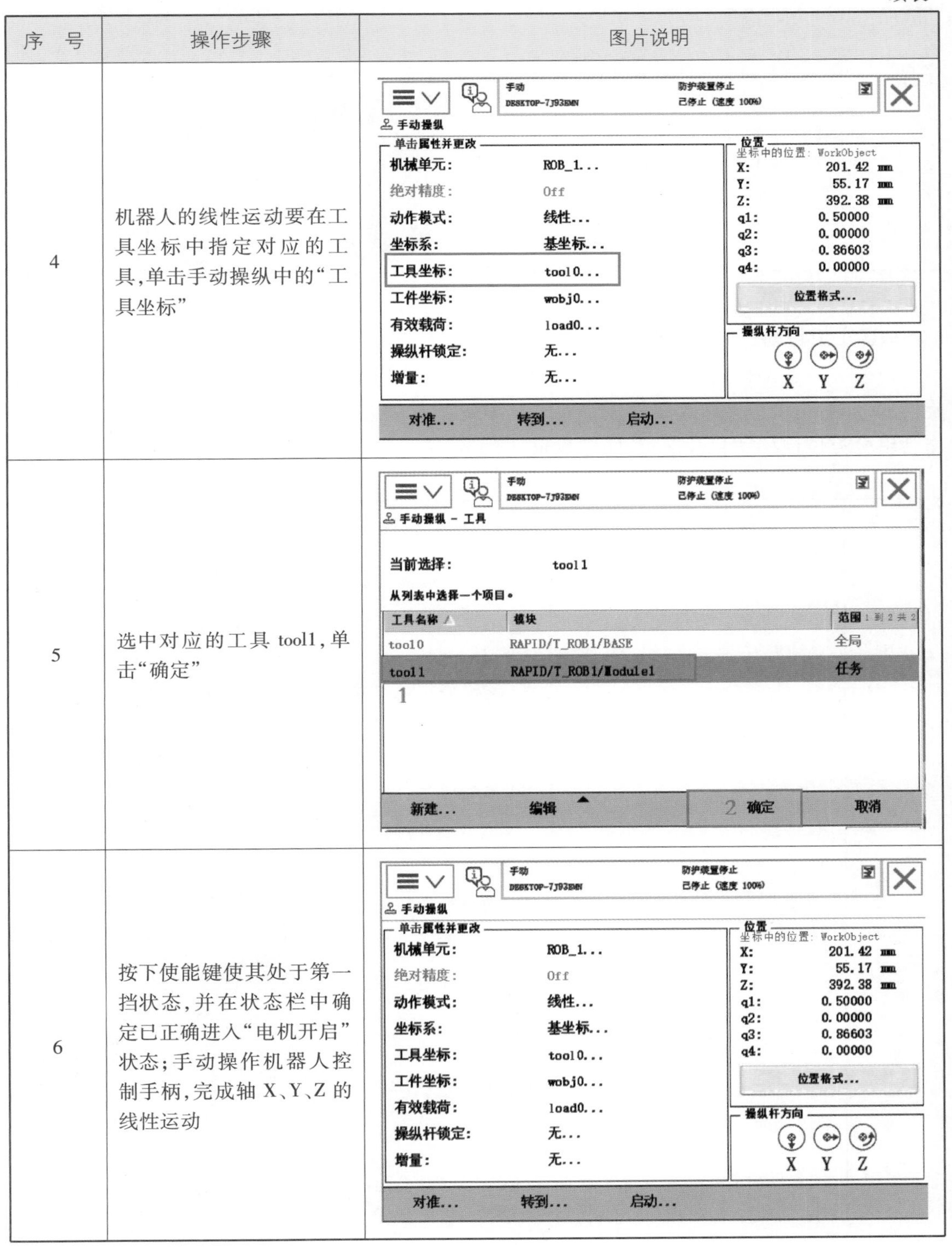

序　号	操作步骤	图片说明
4	机器人的线性运动要在工具坐标中指定对应的工具，单击手动操纵中的“工具坐标”	
5	选中对应的工具 tool1，单击“确定”	
6	按下使能键使其处于第一挡状态，并在状态栏中确定已正确进入“电机开启”状态；手动操作机器人控制手柄，完成轴 X、Y、Z 的线性运动	

续表

序　号	操作步骤	图片说明
7	操纵示教器上的操纵杆，工具的 TCP 点在空间中做线性运动	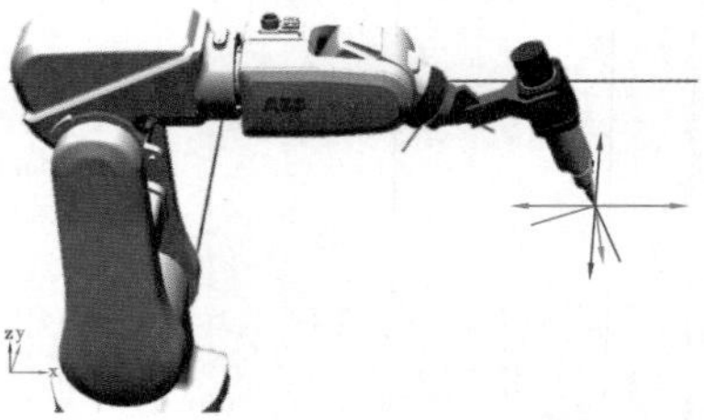

4.重定位运动的手动操作

机器人的重定位运动是指机器人第 6 轴法兰盘上的工具 TCP 点在空间中绕着坐标系轴旋转的运动，也可以理解为机器人绕着工具 TCP 点作姿态调整的运动。重定位运动的手动操作会更全方位地移动和调整，其操作步骤见表 3-5。

表 3-5　重定位运动操作步骤

序　号	操作步骤	图片说明
1	单击选择“手动操纵”	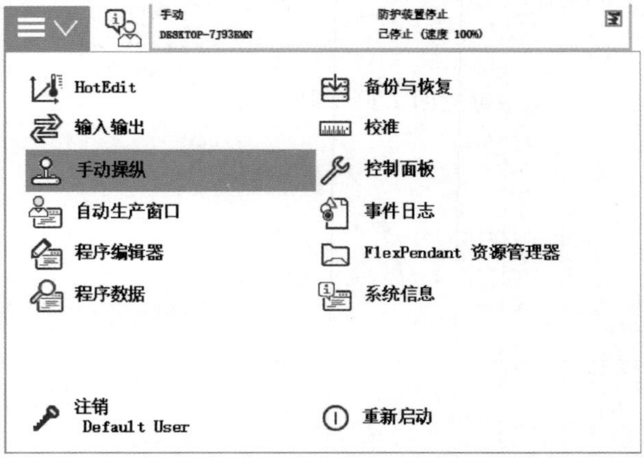
2	单击选择“动作模式”	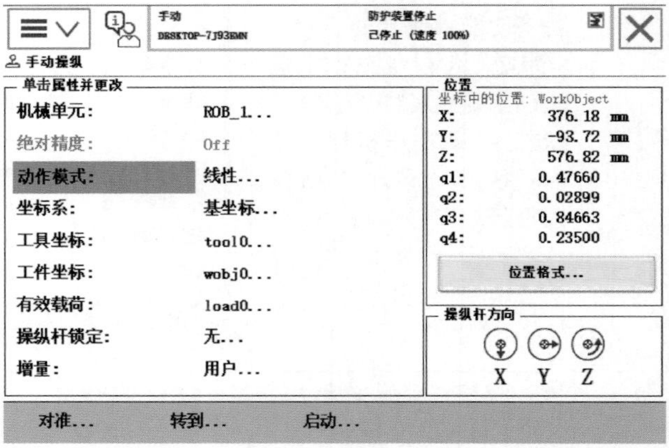

续表

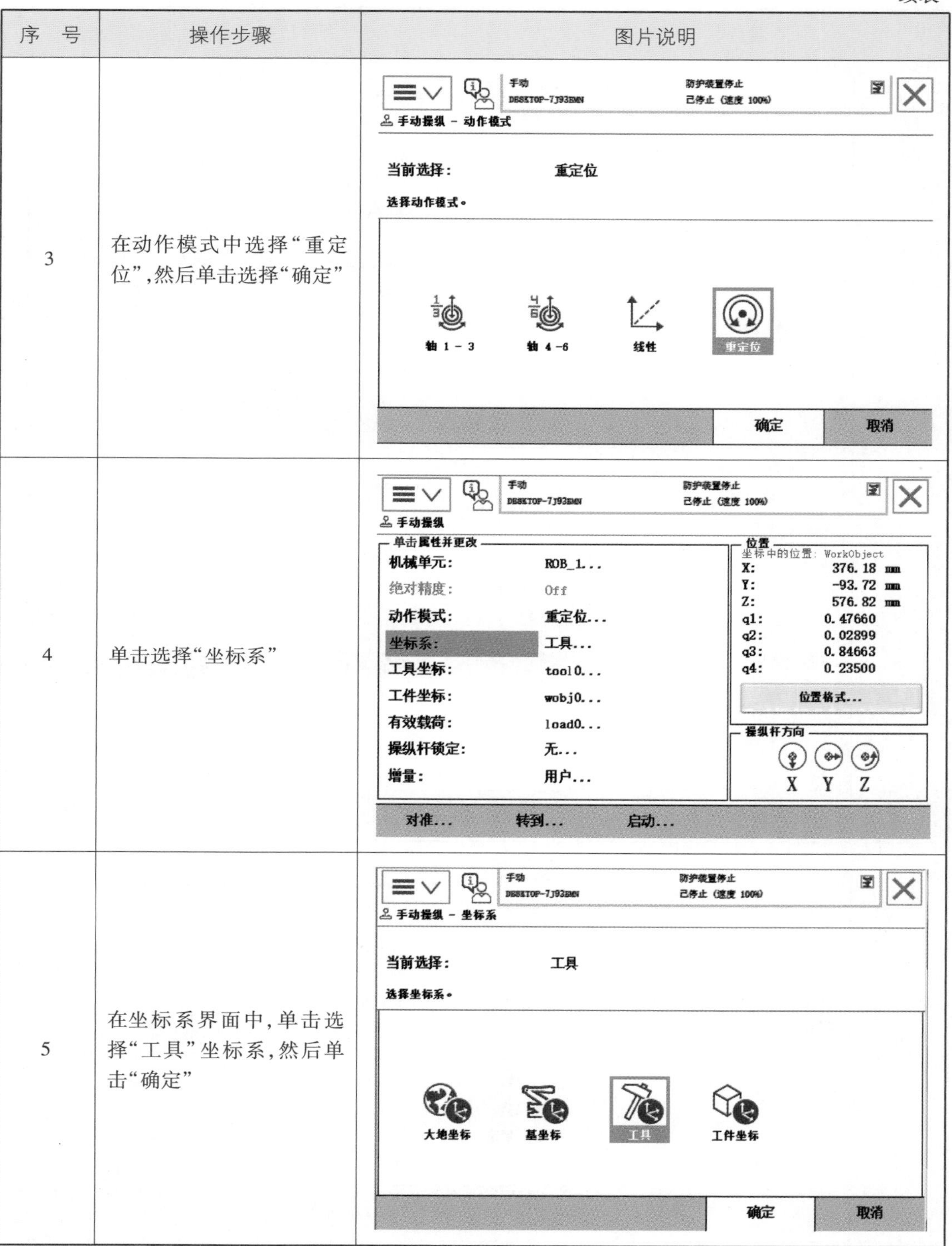

序　号	操作步骤	图片说明
3	在动作模式中选择“重定位”,然后单击选择“确定”	
4	单击选择“坐标系”	
5	在坐标系界面中,单击选择“工具”坐标系,然后单击“确定”	

续表

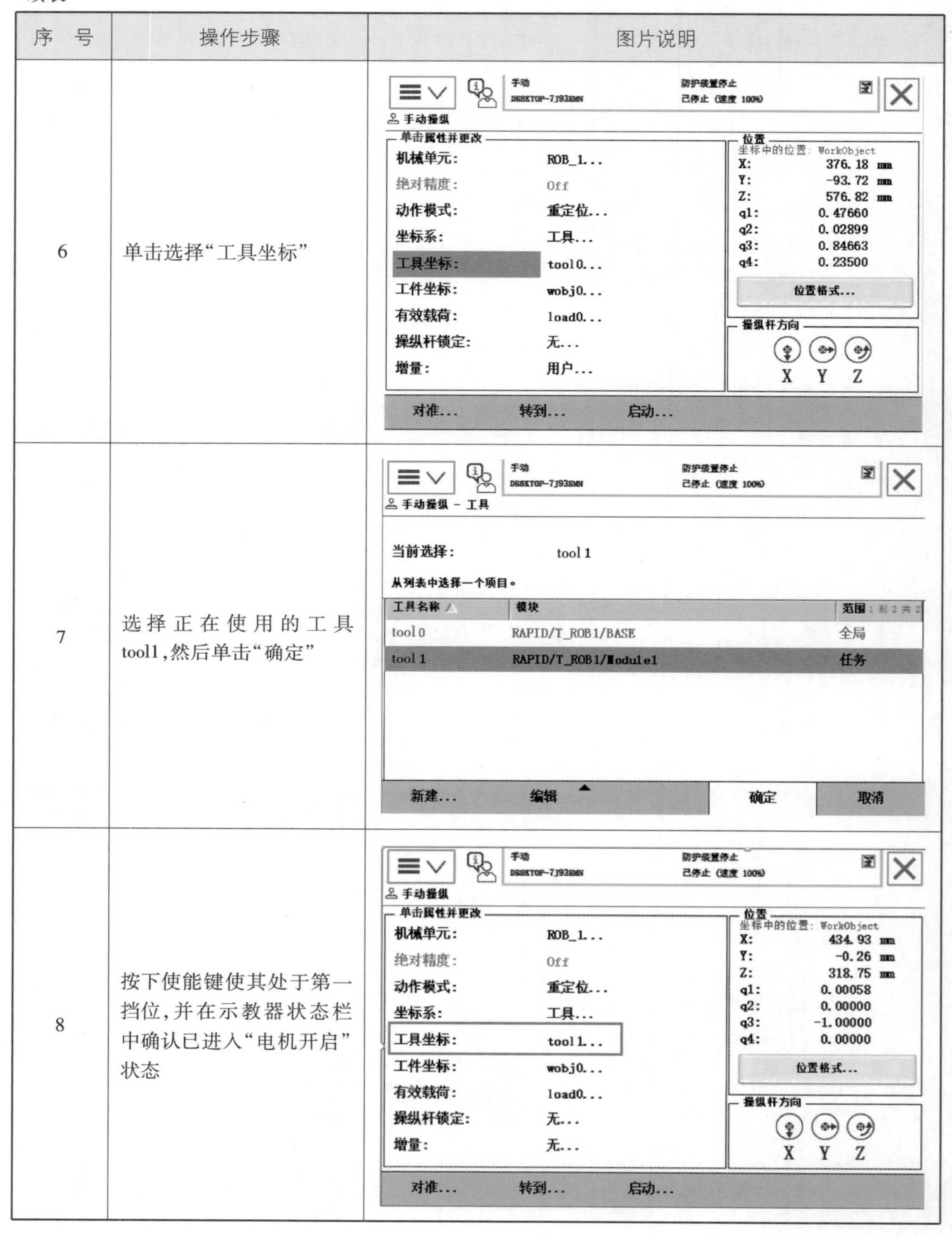

序　号	操作步骤	图片说明
6	单击选择“工具坐标”	
7	选择正在使用的工具tool1,然后单击“确定”	
8	按下使能键使其处于第一挡位,并在示教器状态栏中确认已进入“电机开启”状态	

续表

序　号	操作步骤	图片说明
9	手动操作机器人摇杆，完成机器人绕着工具 TCP 点作姿态调整的运动	

5.手动操纵的快捷操作

在示教器的操作面板上设置有关手动操纵的快捷键，方便在操作机器人运动时可以直接使用，不用返回到主菜单进行设置。手动操纵快捷键见表 3-6，有机器人外轴的切换、线性运动和重定位运动的切换、关节运动轴 1-3 轴和 4-6 轴的切换，还有增量运动的开关，其操作步骤见表 3-7。

表 3-6　机器人快捷键说明

说　明	图　片
A:可编程程序键 B:机器人外轴的切换 C:线性运动重定位运动的切换 D:关节运动轴 1-3 轴和 4-6 轴的切换 E:增量开/关 F:程序运行控制按钮	

表 3-7　手动操纵快捷菜单说明

序　号	操作步骤	图片说明
1	单击屏幕右下角快捷菜单按钮	

续表

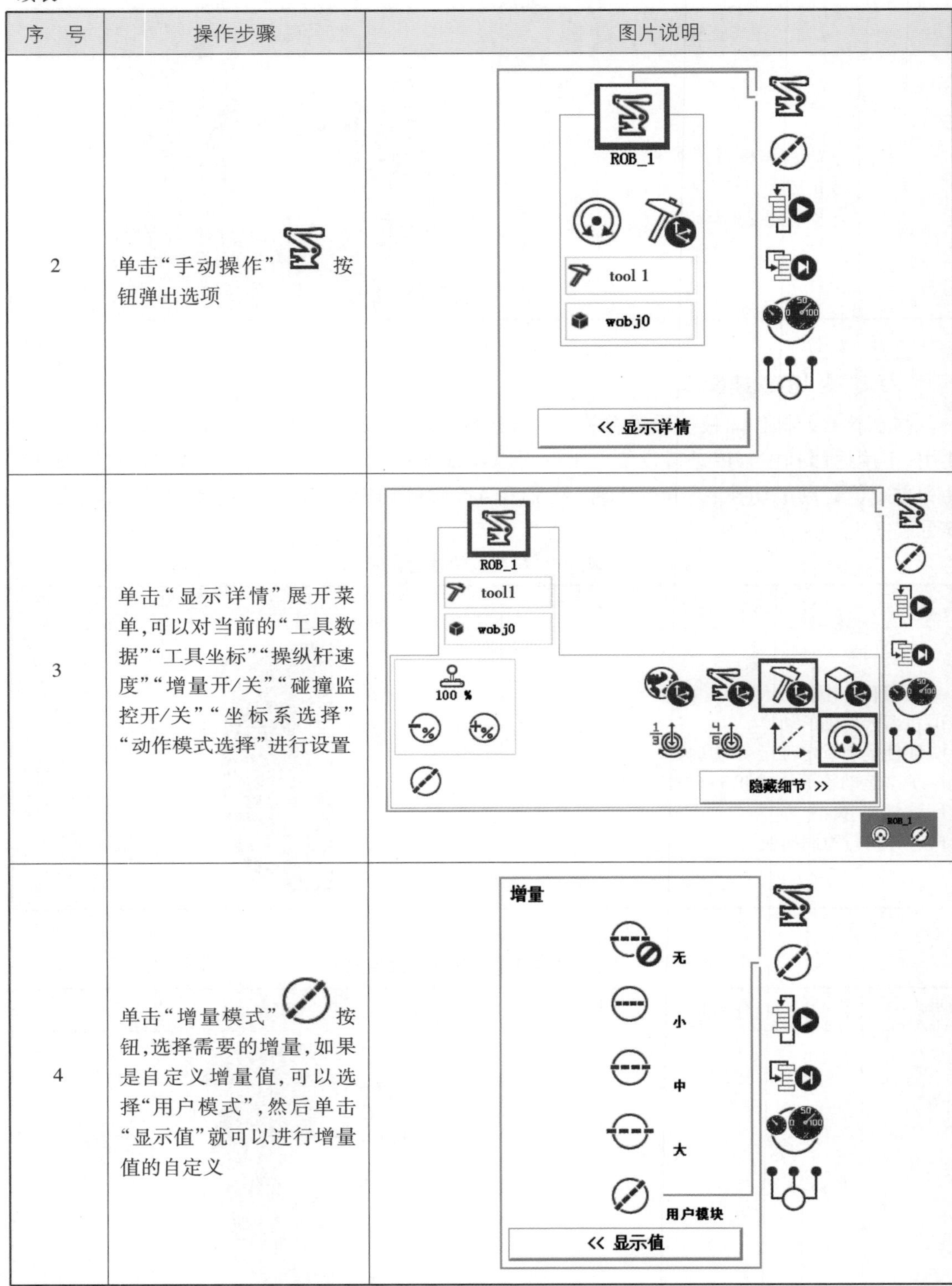

序　号	操作步骤	图片说明
2	单击“手动操作”按钮弹出选项	
3	单击“显示详情”展开菜单，可以对当前的“工具数据”“工具坐标”“操纵杆速度”“增量开/关”“碰撞监控开/关”“坐标系选择”“动作模式选择”进行设置	
4	单击“增量模式”按钮，选择需要的增量，如果是自定义增量值，可以选择“用户模式”，然后单击“显示值”就可以进行增量值的自定义	

任务 3-3 设定工具坐标系

任务描述:

六点法设定
工具坐标系

设定工具坐标系会产生工具数据(tooldata),工具数据是编程时所需要的3个重要的程序数据之一,工具数据用于描述安装在机器人第6轴上的工具坐标TCP、质量、重心等参考数据。工具数据会影响机器人的控制算法(例如计算加速度)、速度和加速度监控、力矩监控、碰撞监控、能量监控等,因此机器人的工具坐标系需要正确设置。通过本任务的学习,认识工具坐标系设定的意义和设定步骤。

知识学习:

1.认识工具坐标系

工具坐标系将工具中心点设为零位,由此定义工具的位置和方向,工具中心点缩写为TCP(Tool Center Point)。执行程序时,机器人就是将TCP移至编程位置。这意味着,如果要更改工具,机器人的移动将随之更改,以便新的TCP到达目标。所有机器人在手腕处都有一个预定义工具坐标系,该坐标系被称为tool0。设定新的工具坐标系其实是将一个或多个新工具坐标系定义为tool0的偏移值。不同应用的机器人应该配置不同的工具,比如说焊接机器人使用焊枪作为工具,而用于小零件分拣的机器人使用夹具作为工具,如图3-6所示。

2.设定工具数据 tooldata

TCP的设定方法包括N(3≤N≤9)点法、TCP和Z法、TCP和Z,X法。

(1)N(3≤N≤9)点法:机器人的TCP通过N种不同的姿态同参考点接触,得出多组解,通过计算得出当前TCP与机器人安装法拉中心点(tool0)相应位置,其坐标系方向与tool0一致。

(2)TCP和Z法:在N点法基础上,增加Z点与参考点的连线为坐标系Z轴的方向,改变了tool0的Z轴的方向。

(3)TCP和Z,X法:在N点法基础上,增加X点与参考点的连线为坐标系X轴的方向,Z点与参考点的连线为坐标系Z轴的方向,改变了tool0的X轴和Z轴的方向。

设定工具数据tooldata的方法通常采用TCP和Z,X法(N=4),又称六点法。其设定原理如下:

1)在机器人工作范围内找一个非常精准的固定点,一般用TCP基准针上的尖点作为参考点,如图3-7所示。

2)在工具上选择确定工具的中心点的参考点。

3)用手动操作机器人的方法去移动工具上的参考点,以4种以上不同的机器人姿态尽可能与固定点刚好碰上,前3个点的姿态相差尽量大些,这样有利于TCP精度的提高,第四点是用工具的参考点垂直于固定点,第五点是工具参考点从固定点向将要设定为TCP的X方向移动,第六点是工具参考点从固定点向将要设定为TCP的Z方向移动。

4)机器人通过这4个位置点的位置数据计算求得TCP的数据,然后TCP的数据就保存在 tooldata 这个程序数据中可被程序调用使用。

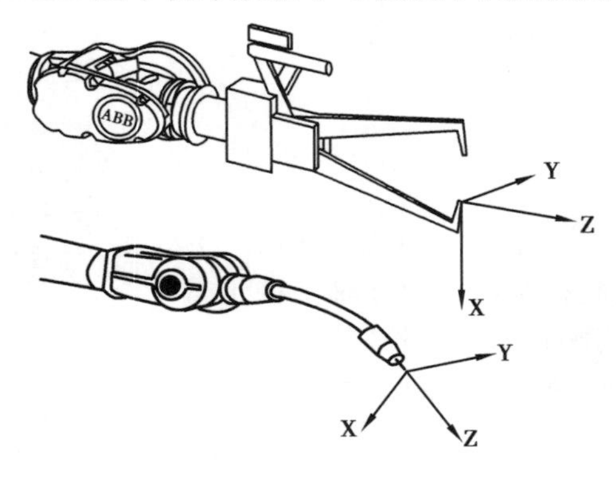

图 3-6　不同工具的 TCP

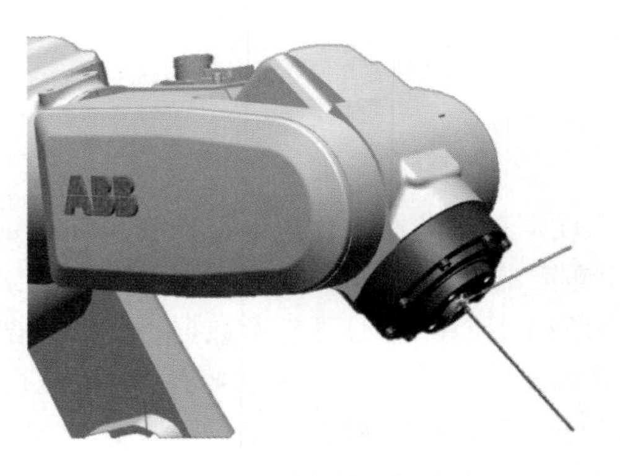

图 3-7　TCP 基准针上的尖点

3.设定工具坐标实操

下面就以 TCP 和 Z,X 法(又称六点法)为例进行工具数据的设定。

一共分为 3 步:新建工具坐标系、TCP 点定义和测试工具坐标系准确性,见表 3-8。

表 3-8　设定工具坐标操作步骤

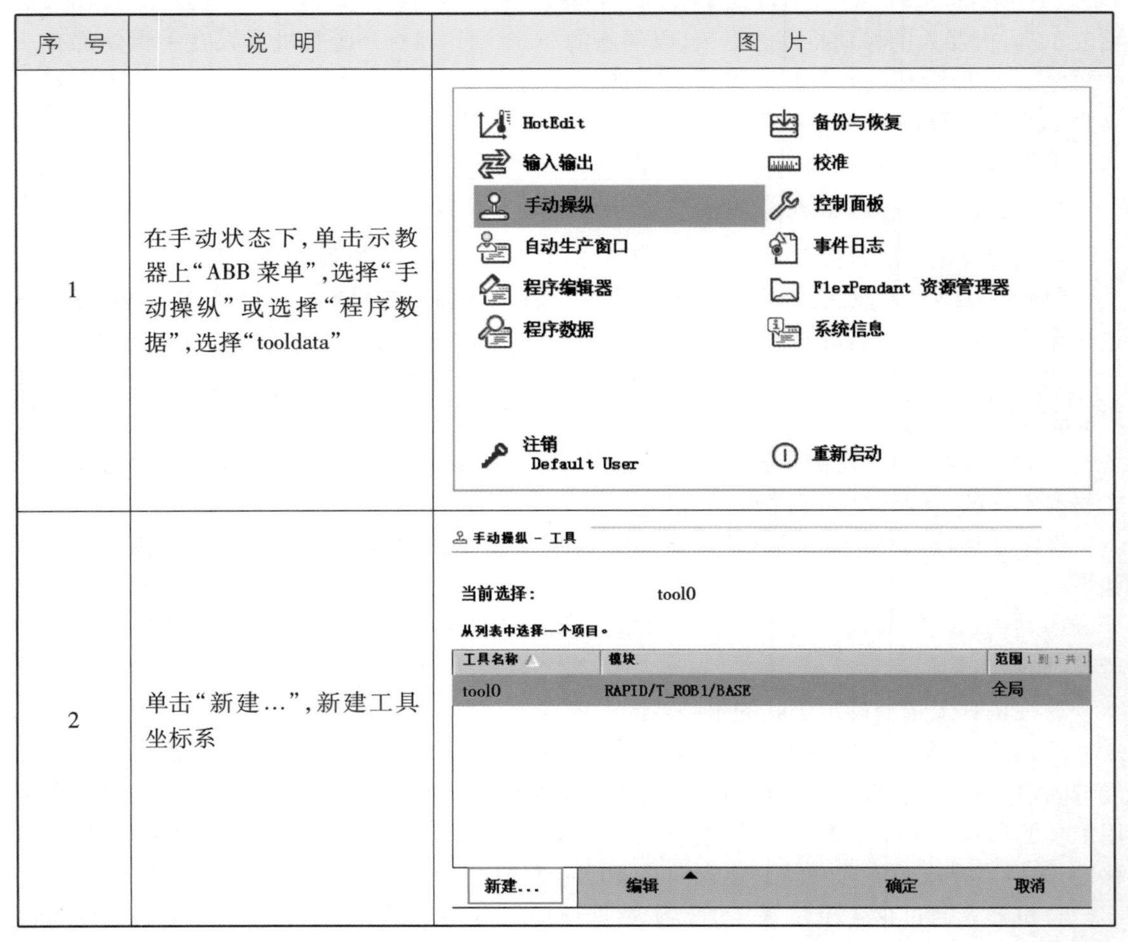

序　号	说　明	图　片
1	在手动状态下,单击示教器上“ABB 菜单”,选择“手动操纵”或选择“程序数据”,选择“tooldata”	HotEdit　备份与恢复 输入输出　校准 手动操纵　控制面板 自动生产窗口　事件日志 程序编辑器　FlexPendant 资源管理器 程序数据　系统信息 注销 Default User　重新启动
2	单击“新建…”,新建工具坐标系	手动操纵 - 工具 当前选择:　tool0 从列表中选择一个项目。 工具名称　模块　范围 1 到 1 共 1 tool0　RAPID/T_ROB1/BASE　全局 新建…　编辑　确定　取消

续表

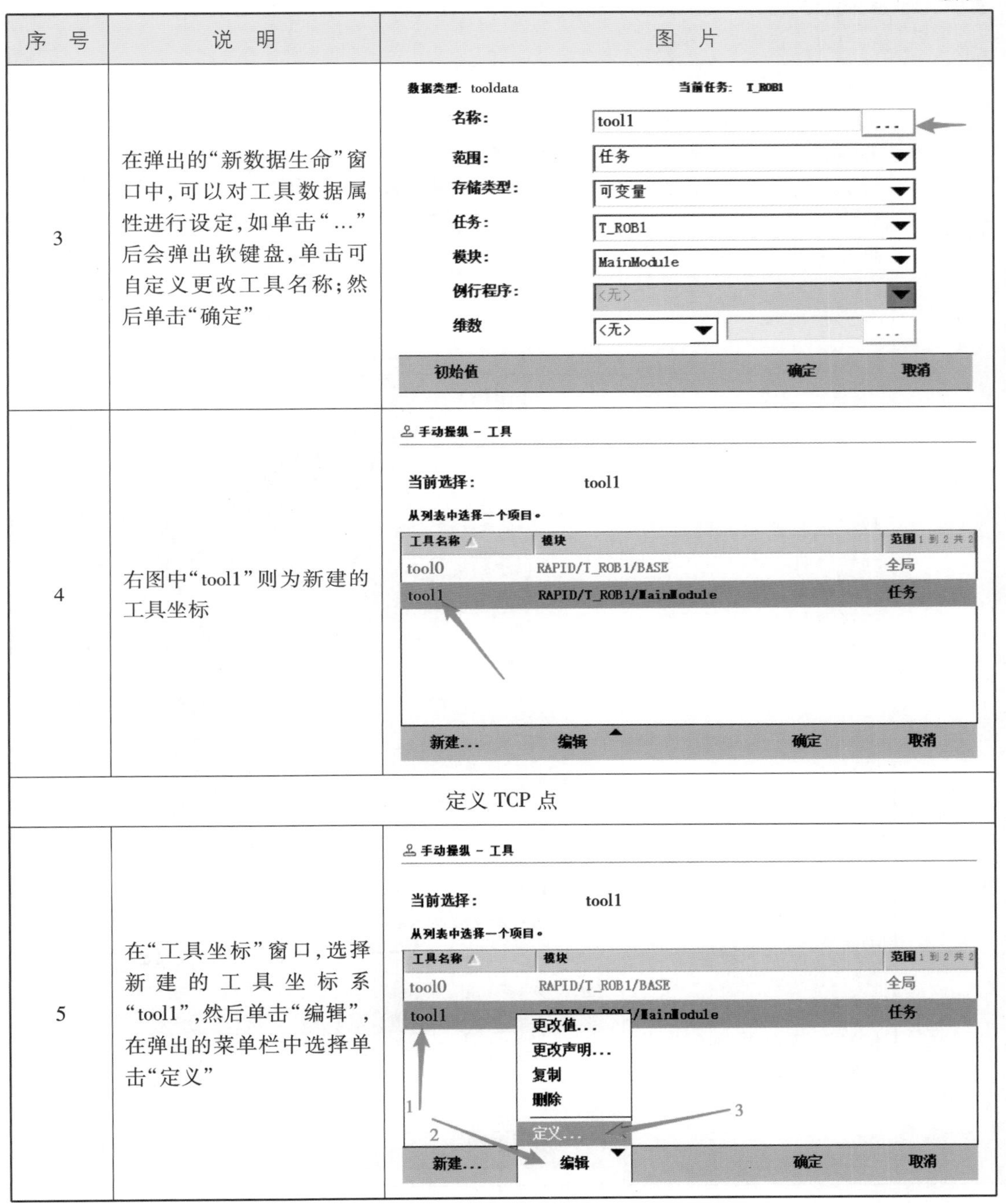

序　号	说　明	图　片
3	在弹出的“新数据生命”窗口中，可以对工具数据属性进行设定，如单击“…”后会弹出软键盘，单击可自定义更改工具名称；然后单击“确定”	
4	右图中“tool1”则为新建的工具坐标	
定义 TCP 点		
5	在“工具坐标”窗口，选择新建的工具坐标系“tool1”，然后单击“编辑”，在弹出的菜单栏中选择单击“定义”	

续表

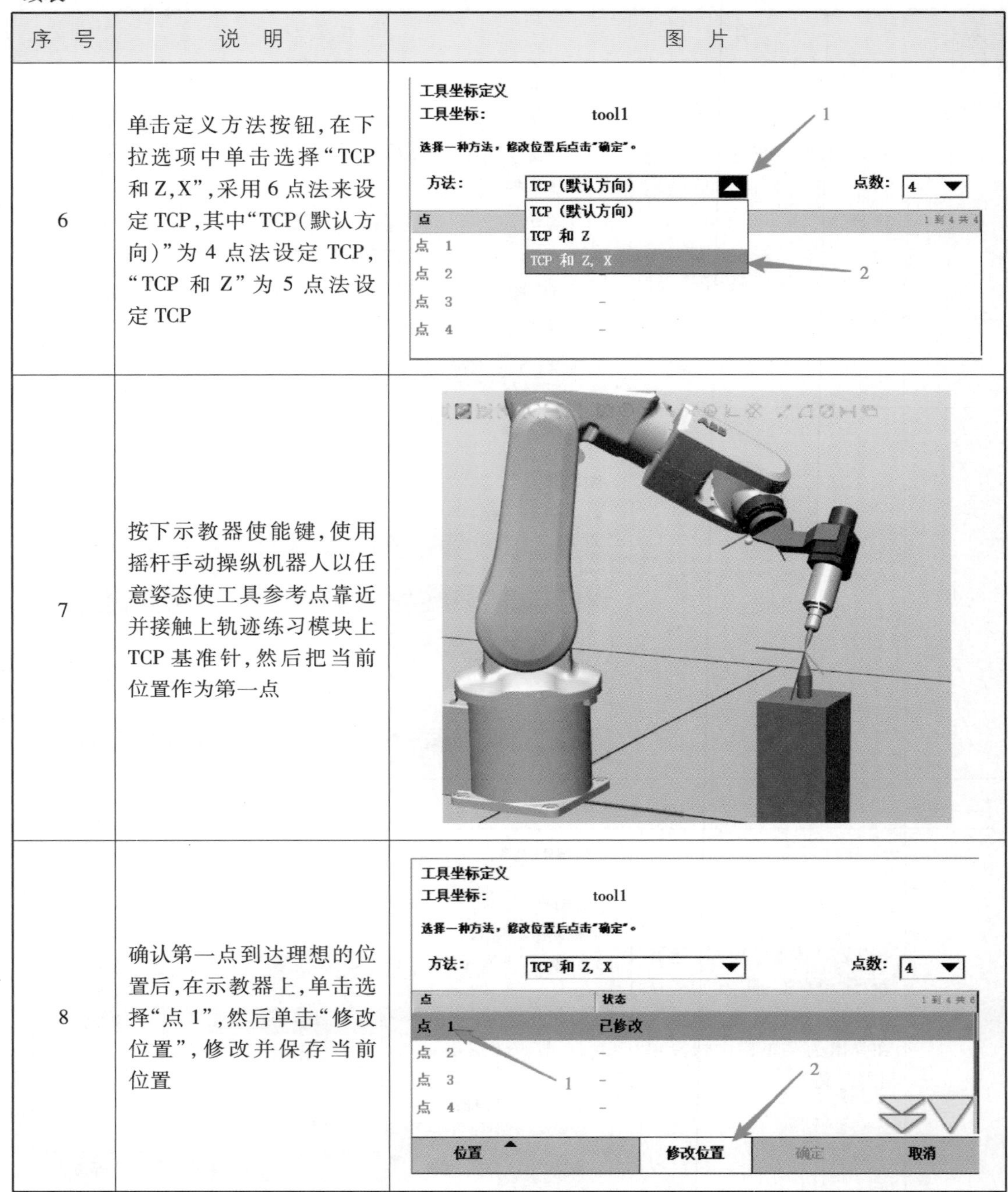

序 号	说 明	图 片
6	单击定义方法按钮,在下拉选项中单击选择“TCP 和 Z,X”,采用 6 点法来设定 TCP,其中“TCP(默认方向)”为 4 点法设定 TCP,“TCP 和 Z”为 5 点法设定 TCP	
7	按下示教器使能键,使用摇杆手动操纵机器人以任意姿态使工具参考点靠近并接触上轨迹练习模块上 TCP 基准针,然后把当前位置作为第一点	
8	确认第一点到达理想的位置后,在示教器上,单击选择“点 1”,然后单击“修改位置”,修改并保存当前位置	

续表

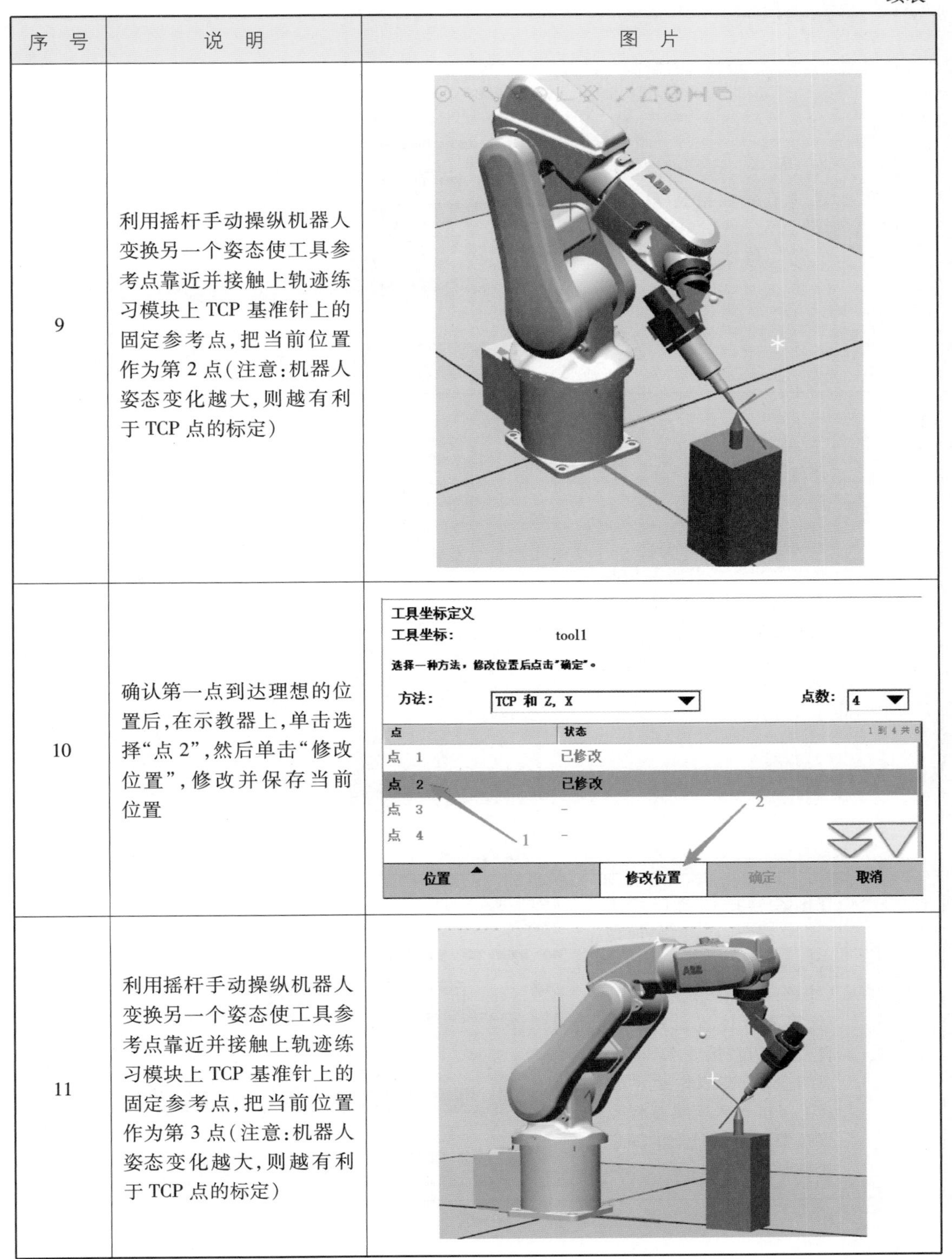

序　号	说　明	图　片
9	利用摇杆手动操纵机器人变换另一个姿态使工具参考点靠近并接触上轨迹练习模块上 TCP 基准针上的固定参考点，把当前位置作为第 2 点（注意：机器人姿态变化越大，则越有利于 TCP 点的标定）	
10	确认第一点到达理想的位置后，在示教器上，单击选择“点 2”，然后单击“修改位置”，修改并保存当前位置	
11	利用摇杆手动操纵机器人变换另一个姿态使工具参考点靠近并接触上轨迹练习模块上 TCP 基准针上的固定参考点，把当前位置作为第 3 点（注意：机器人姿态变化越大，则越有利于 TCP 点的标定）	

续表

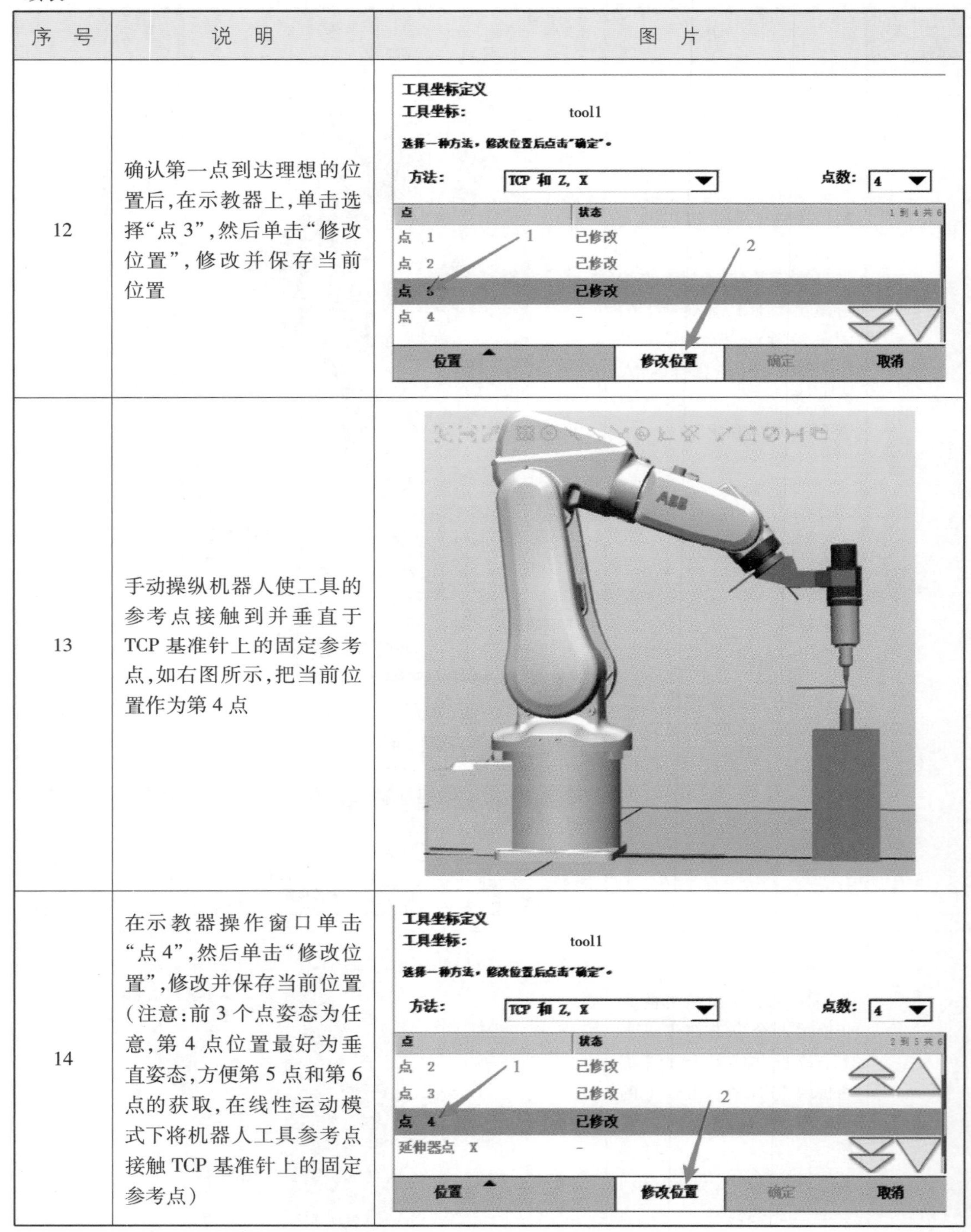

序　号	说　明	图　片
12	确认第一点到达理想的位置后,在示教器上,单击选择“点 3”,然后单击“修改位置”,修改并保存当前位置	
13	手动操纵机器人使工具的参考点接触到并垂直于 TCP 基准针上的固定参考点,如右图所示,把当前位置作为第 4 点	
14	在示教器操作窗口单击“点 4”,然后单击“修改位置”,修改并保存当前位置(注意:前 3 个点姿态为任意,第 4 点位置最好为垂直姿态,方便第 5 点和第 6 点的获取,在线性运动模式下将机器人工具参考点接触 TCP 基准针上的固定参考点)	

续表

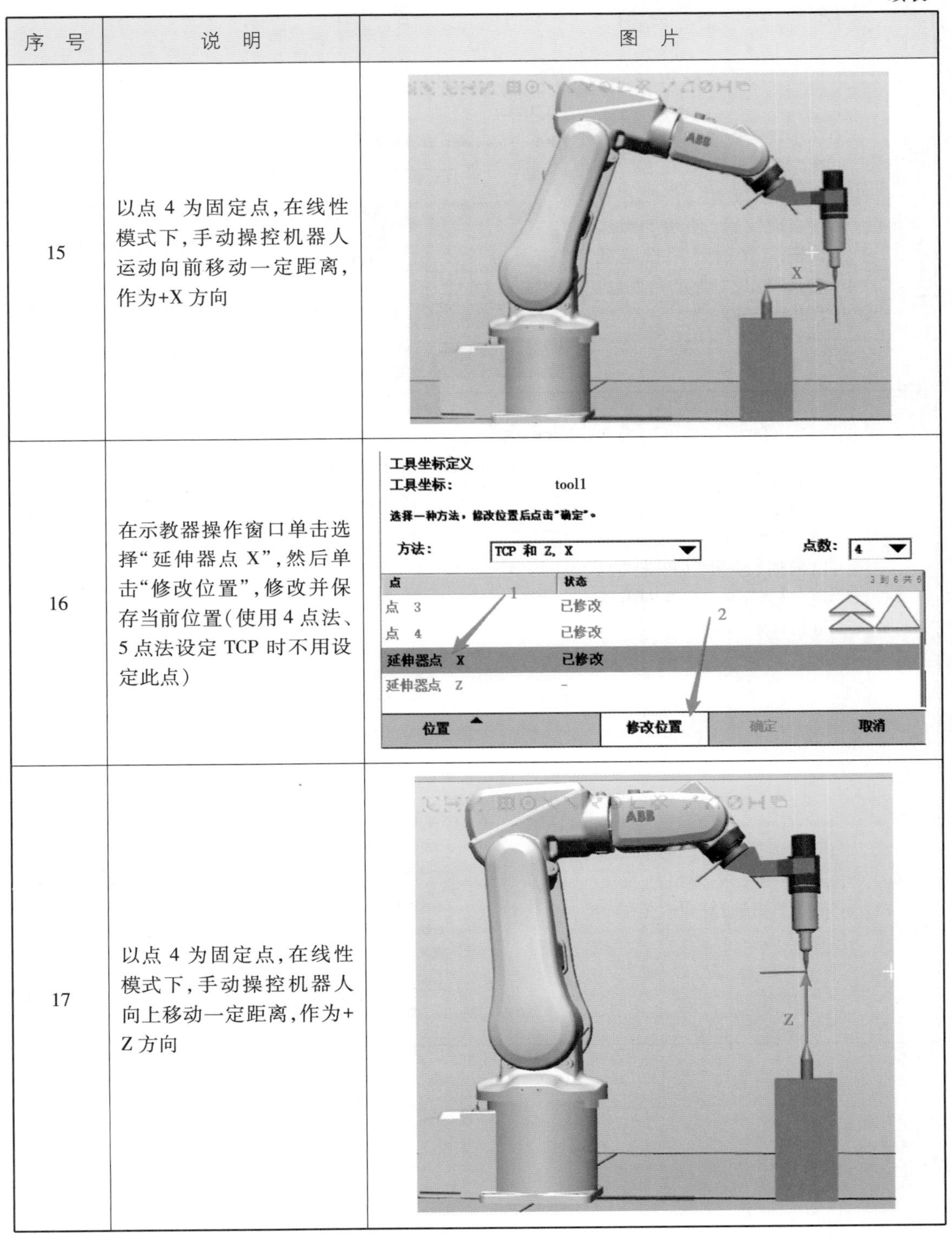

序　号	说　明	图　片
15	以点 4 为固定点,在线性模式下,手动操控机器人运动向前移动一定距离,作为+X 方向	X
16	在示教器操作窗口单击选择“延伸器点 X”,然后单击“修改位置”,修改并保存当前位置(使用 4 点法、5 点法设定 TCP 时不用设定此点)	工具坐标定义 工具坐标:　tool1 选择一种方法,修改位置后点击“确定”。 方法:　TCP 和 Z, X　　点数: 4 点　状态 点 3　已修改 点 4　已修改 延伸器点 X　已修改 延伸器点 Z　- 位置　修改位置　确定　取消 1　2
17	以点 4 为固定点,在线性模式下,手动操控机器人向上移动一定距离,作为+Z 方向	Z

续表

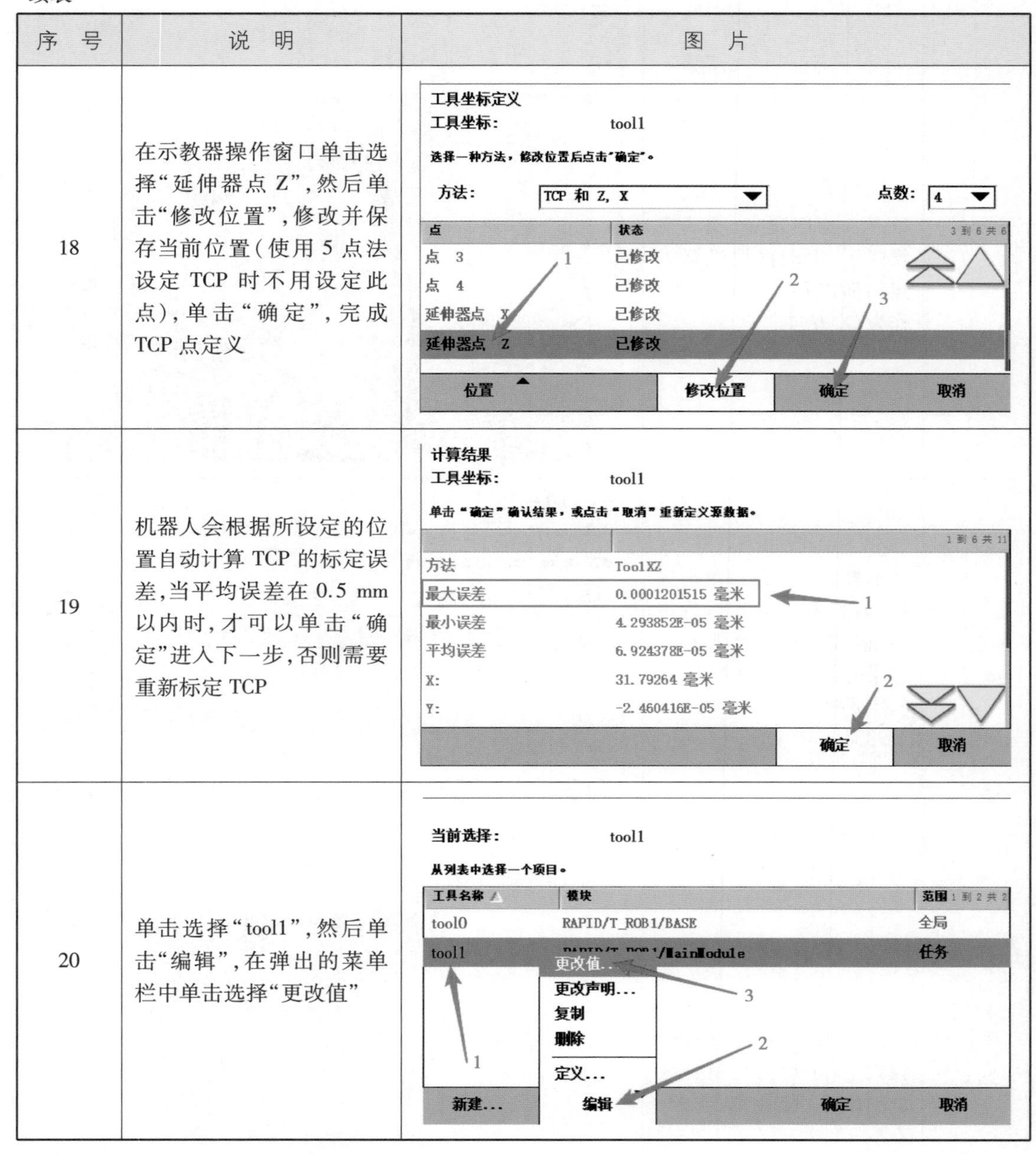

序　号	说　明	图　片
18	在示教器操作窗口单击选择“延伸器点 Z”，然后单击“修改位置”，修改并保存当前位置（使用 5 点法设定 TCP 时不用设定此点），单击“确定”，完成 TCP 点定义	
19	机器人会根据所设定的位置自动计算 TCP 的标定误差，当平均误差在 0.5 mm 以内时，才可以单击“确定”进入下一步，否则需要重新标定 TCP	
20	单击选择“tool1”，然后单击“编辑”，在弹出的菜单栏中单击选择“更改值”	

续表

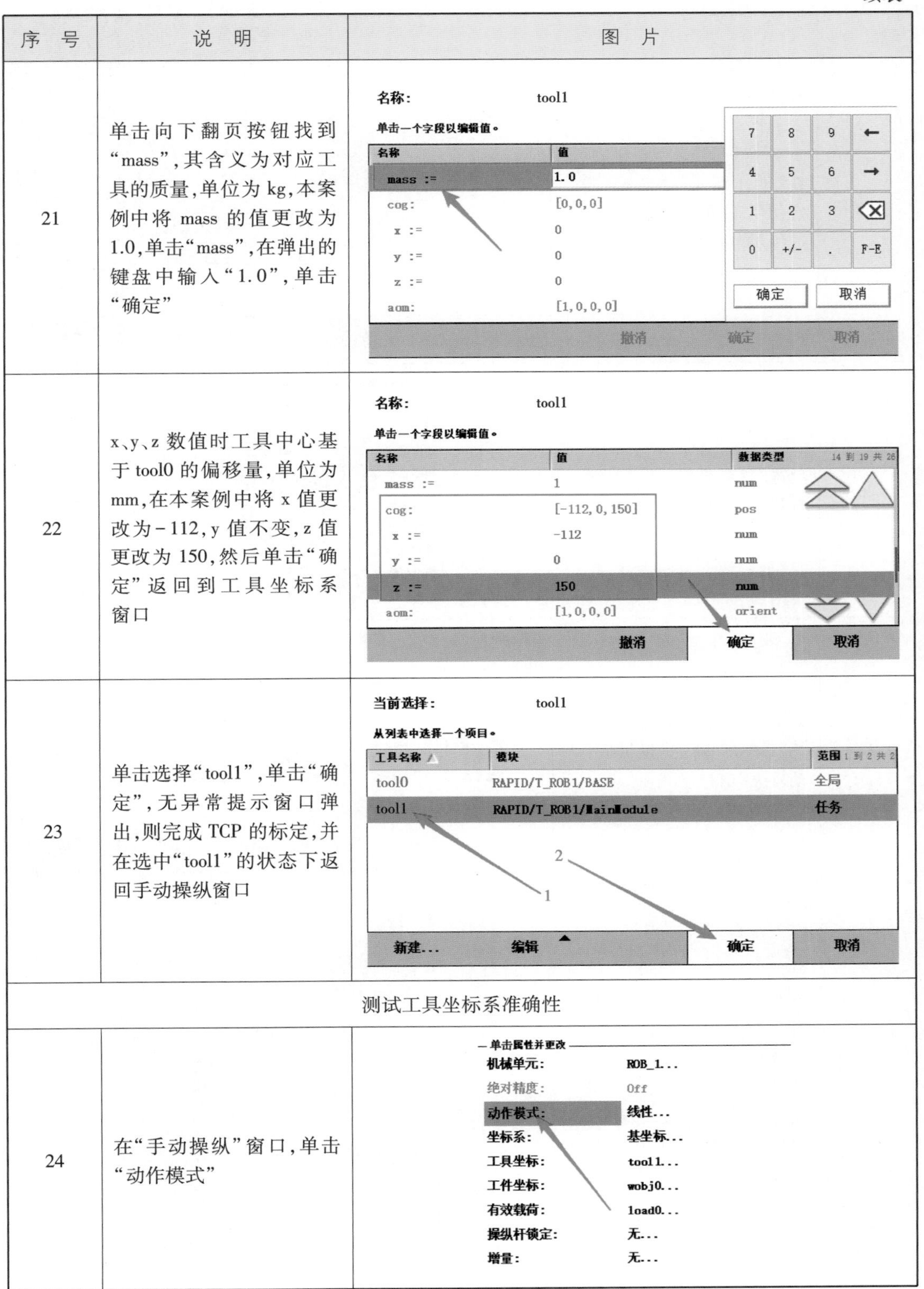

序　号	说　明	图　片
21	单击向下翻页按钮找到“mass”,其含义为对应工具的质量,单位为kg,本案例中将mass的值更改为1.0,单击“mass”,在弹出的键盘中输入“1.0”,单击“确定”	
22	x、y、z数值时工具中心基于tool0的偏移量,单位为mm,在本案例中将x值更改为-112,y值不变,z值更改为150,然后单击“确定”返回到工具坐标系窗口	
23	单击选择“tool1”,单击“确定”,无异常提示窗口弹出,则完成TCP的标定,并在选中“tool1”的状态下返回手动操纵窗口	
测试工具坐标系准确性		
24	在“手动操纵”窗口,单击“动作模式”	

续表

序　号	说　明	图　片
25	在"动作模式"中选择"重定位",单击"确定"返回"手动操纵"窗口	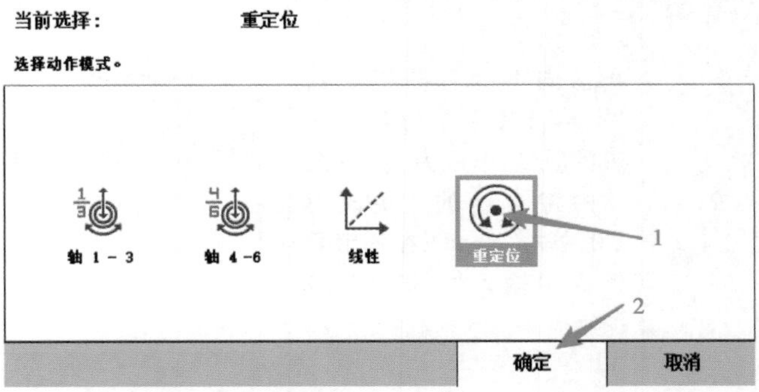 当前选择：重定位 选择动作模式。 轴 1 - 3　轴 4 -6　线性　重定位 确定　取消
26	单击"坐标系"进入坐标系选择窗口	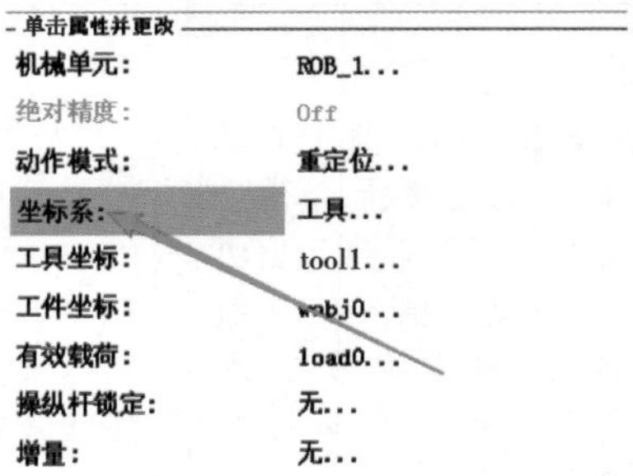 单击属性并更改 机械单元：ROB_1... 绝对精度：Off 动作模式：重定位... 坐标系：工具... 工具坐标：tool1... 工件坐标：wobj0... 有效载荷：load0... 操纵杆锁定：无... 增量：无...
27	在坐标系选项中选择"工具",单击"确定"返回"手动操纵"窗口	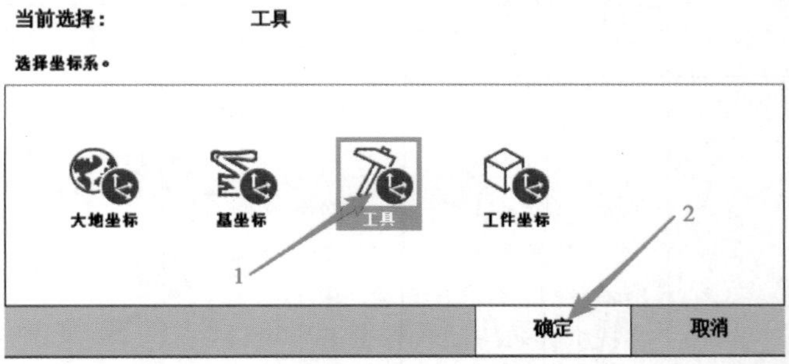 当前选择：工具 选择坐标系。 大地坐标　基坐标　工具　工件坐标 确定　取消
28	按下使能键,用手拨动机器人手动操作摇杆,检测机器人是否围绕 TCP 点运动,如果机器人围绕 TCP 点运动,则 TCP 标定成功,如果没有围绕 TCP 点运动,则需要进行重新标定	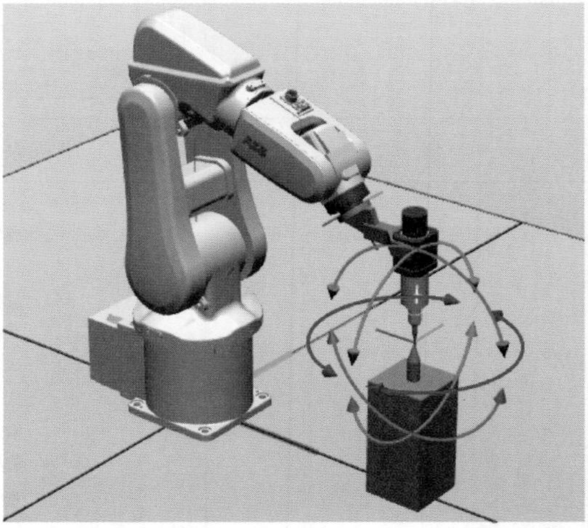

任务 3-4　设定工件坐标系

三点法设定工件坐标系

任务描述：

设定工件坐标系会产生工件坐标数据，工件数据也是编程时所需要的 3 个重要的程序数据之一，工件数据对应工件，它定义工件相对于大地坐标（或其他坐标）的位置。机器人可以由若干工件坐标系来表示不同工件，或者表示同一工件在不同位置的若干副本。通过本任务的学习，认识工件坐标系设定的意义和设定步骤。

知识学习：

1.认识工件坐标系

机器人进行编程时就是在工件坐标中创建目标和路径，这带来很多优点：

1）重新定位工作站中的工件时，只需更改工件坐标的位置，所有路径将即刻随之更新。

2）允许操作以外部轴或传送导轨移动的工件，因为整个工件可连同其路径一起移动。

如图 3-8 所示，A 是机器人的大地坐标，为了方便编程，给第一个工件坐标 B，并在这个工件坐标 B 中进行轨迹编程。

如果台子上还有一个一样的工件需要走一样的轨迹，那只需建立一个工件坐标 C，经工件坐标 B 中的轨迹复制一份，然后将工件坐标从 B 更新为 C，则无须对一样的工件进行重复轨迹编程。

如图 3-9 所示，如果在工件坐标 B 中对 A 对象及进行了轨迹编程，当工件坐标系位置变化成工件坐标 D 后，只需在机器人系统重新定义工件坐标 D，则机器人的轨迹就自动更新到 C，不需要再次进行轨迹编程。因为 A 相对于 B 和 C 相对于 D 的关系是一样的，所以并没有因整体偏移而发生变化。

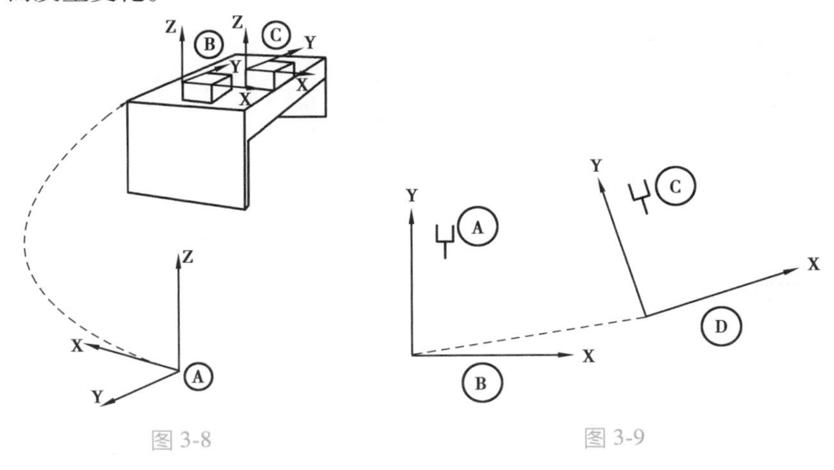

图 3-8　　　　图 3-9

2.设定工件坐标系

只需在对象表面位置或工件边缘角位置上定义 3 个点，就可以建立一个工件坐标。其中

X1 点确定工件的原点，X1、X2 确定工件坐标 X 正方向，Y1 确定工件坐标 Y 正方向，工件坐标符合右手定则，如图 3-10 所示。

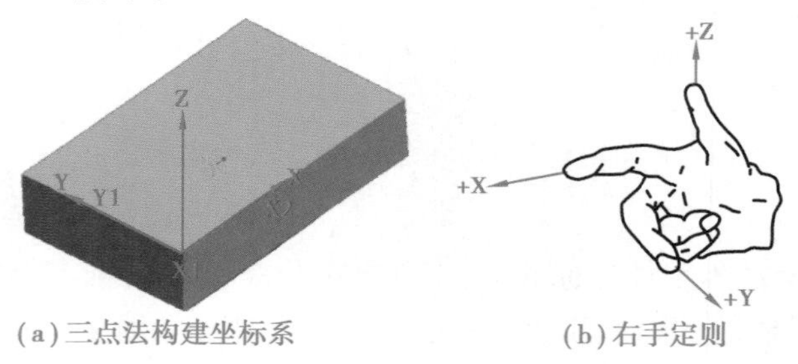

（a）三点法构建坐标系　　（b）右手定则

图 3-10　工件坐标系的建立

工件坐标系设定时，通常采用 3 点法。只需在对象表面位置或工件边缘角位置上，定义 3 个点位置，来创建一个工件坐标系。其设定原理如下：

1）X1 和 X2 的连线确定工件坐标 X 轴正方向；

2）Y1 确定工件坐标 Y 正方向；

3）工件坐标原点是 Y1 在工件坐标 X 轴上的投影。

3.设定工件坐标实操

其操作步骤见表 3-9。

表 3-9　设定工件坐标操作步骤

序　号	说　明	图　片
新建工件坐标系		
1	在“手动操纵”窗口单击“工件坐标”	手动操纵 单击属性并更改 机械单元：ROB_1... 绝对精度：Off 动作模式：轴 1 - 3... 坐标系：基坐标... 工具坐标：tool0... 工件坐标：wobj0... 有效载荷：load0... 操纵杆锁定：无... 增量：无...

续表

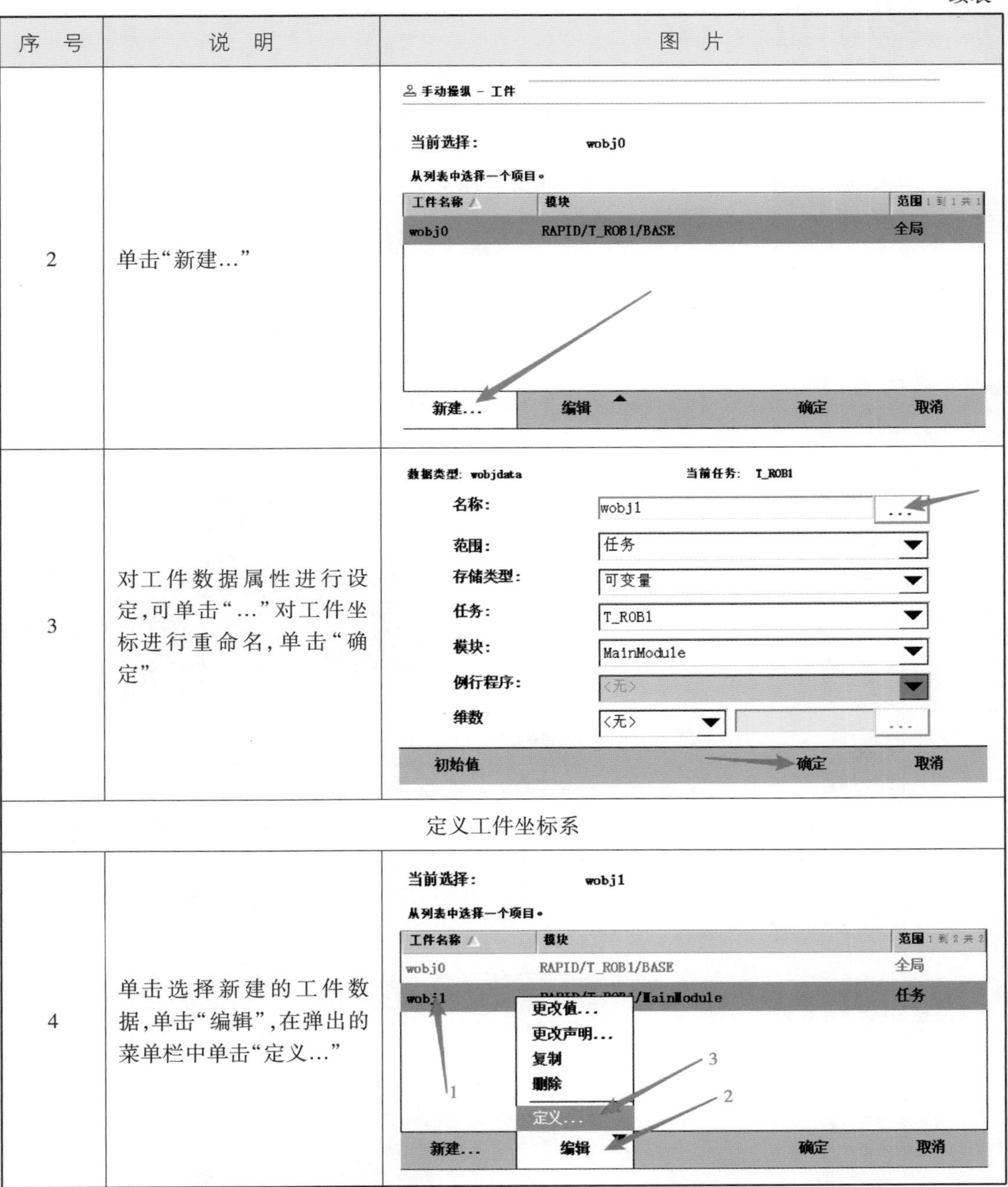

序　号	说　明	图　片
2	单击“新建...”	
3	对工件数据属性进行设定，可单击“...”对工件坐标进行重命名，单击“确定”	
定义工件坐标系		
4	单击选择新建的工件数据，单击“编辑”，在弹出的菜单栏中单击“定义...”	

续表

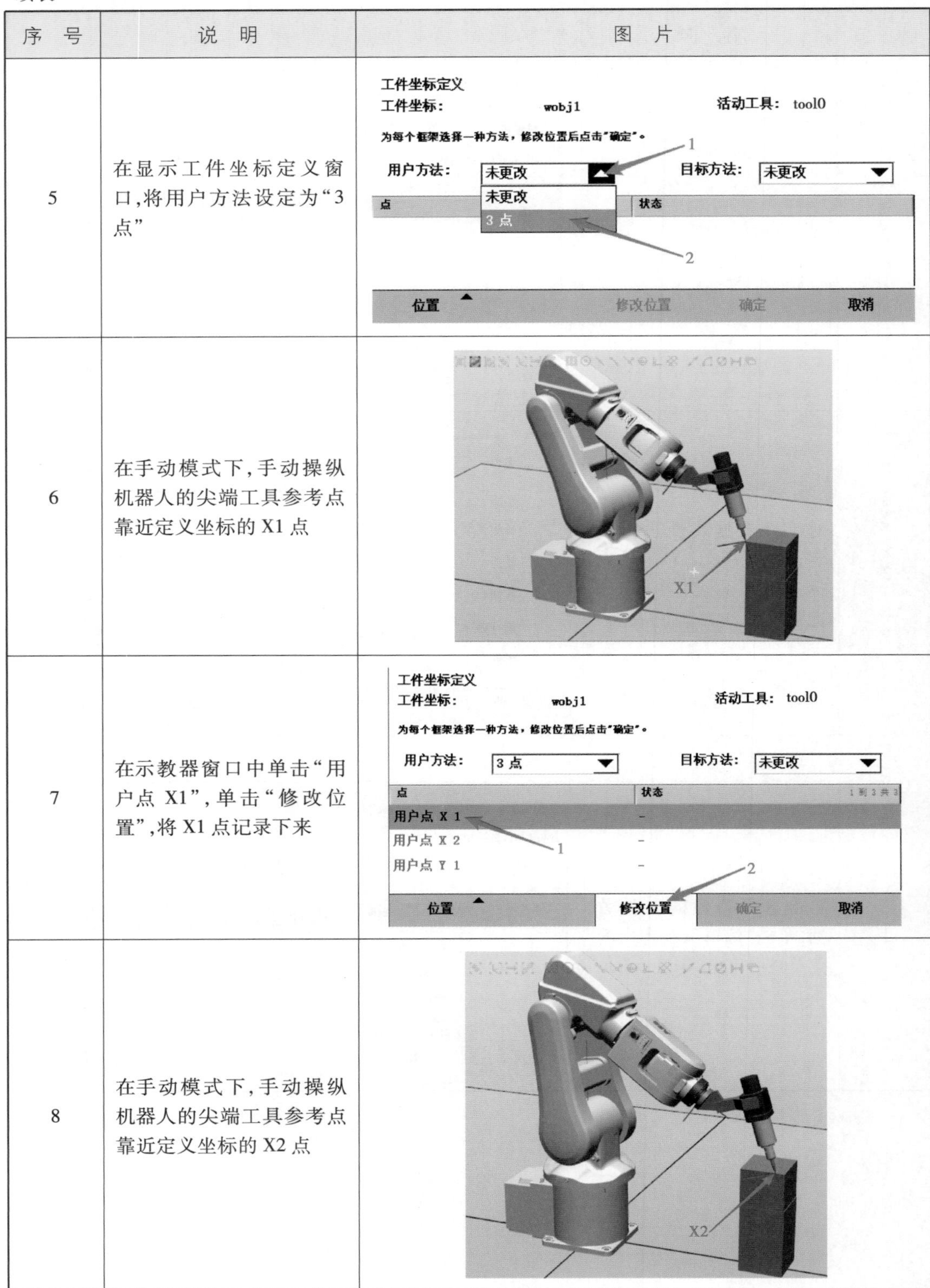

序　号	说　明	图　片
5	在显示工件坐标定义窗口,将用户方法设定为"3点"	
6	在手动模式下,手动操纵机器人的尖端工具参考点靠近定义坐标的 X1 点	
7	在示教器窗口中单击"用户点 X1",单击"修改位置",将 X1 点记录下来	
8	在手动模式下,手动操纵机器人的尖端工具参考点靠近定义坐标的 X2 点	

续表

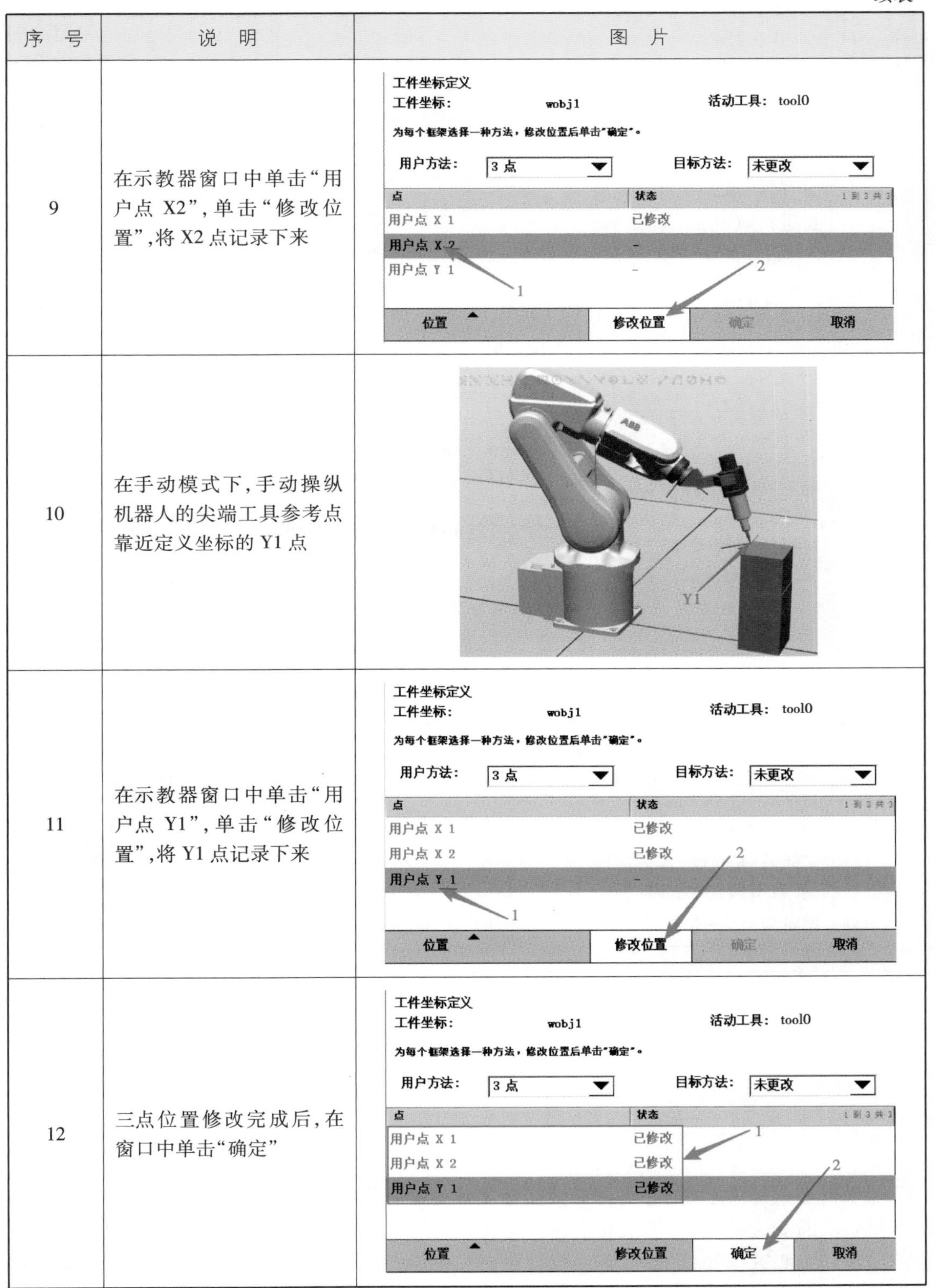

序　号	说　明	图　片
9	在示教器窗口中单击“用户点 X2”，单击“修改位置”，将 X2 点记录下来	
10	在手动模式下，手动操纵机器人的尖端工具参考点靠近定义坐标的 Y1 点	
11	在示教器窗口中单击“用户点 Y1”，单击“修改位置”，将 Y1 点记录下来	
12	三点位置修改完成后，在窗口中单击“确定”	

续表

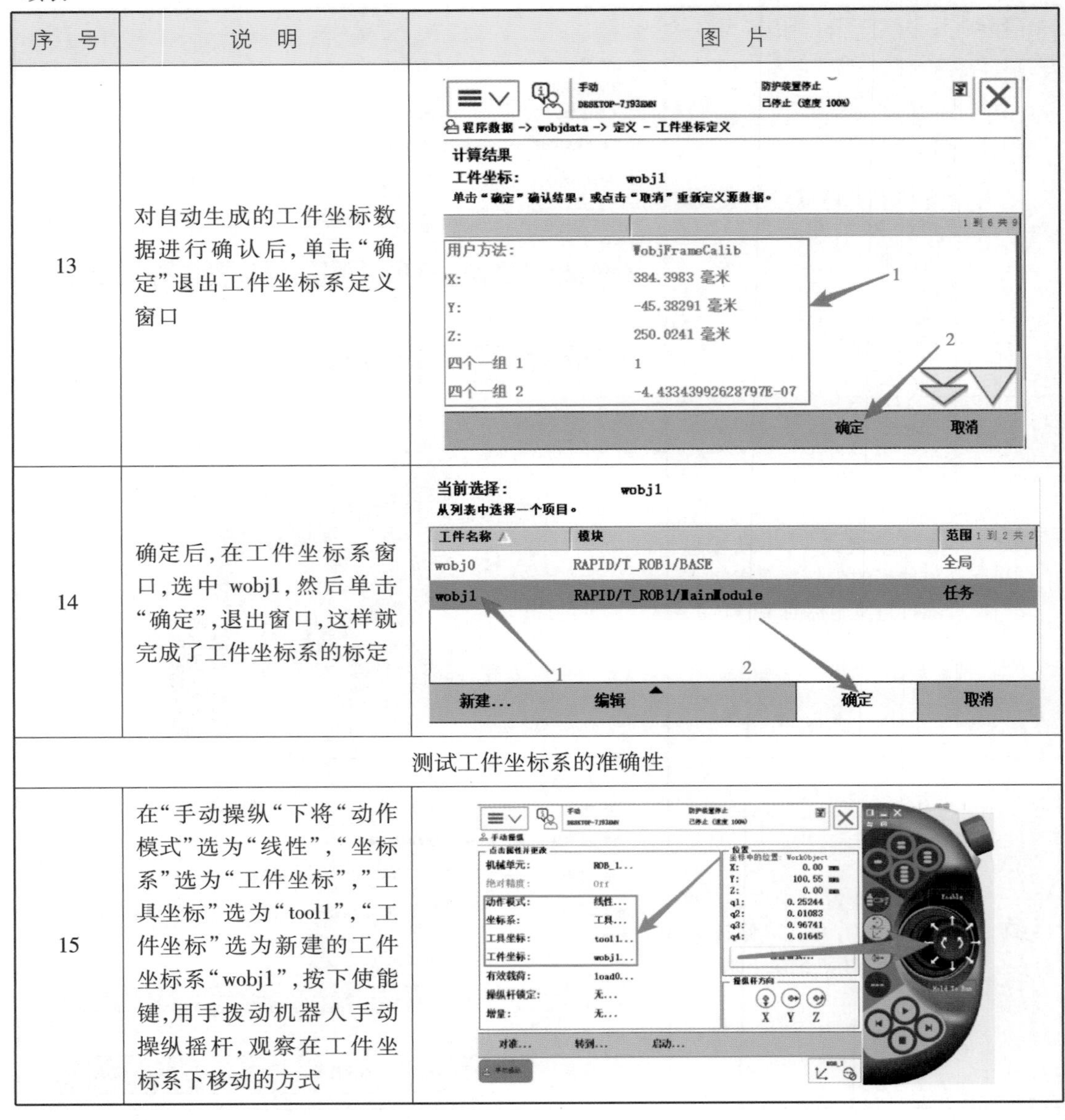

序　号	说　明	图　片
13	对自动生成的工件坐标数据进行确认后，单击“确定”退出工件坐标系定义窗口	
14	确定后，在工件坐标系窗口，选中 wobj1，然后单击“确定”，退出窗口，这样就完成了工件坐标系的标定	
测试工件坐标系的准确性		
15	在“手动操纵“下将“动作模式”选为“线性”，“坐标系”选为“工件坐标”，”工具坐标”选为“tool1”，“工件坐标”选为新建的工件坐标系“wobj1”，按下使能键，用手拨动机器人手动操纵摇杆，观察在工件坐标系下移动的方式	

任务 3-5　设定机器人有效载荷

任务描述与知识学习：

如果机器人是用于搬运，就需要设置有效载荷 loaddata，因为对于搬运机器人，手臂承受的质量是不断变化的，所以不仅要正确设定夹具的质量和重心数据 loaddata，还要设置搬运对象的质量和重心数据 loaddata。有效载荷数据 loaddata 记录了搬运对象的质量、重心的数据。如果机器人不用于搬运，则 loaddata 设置就是默认的 load0，见表 3-10。

表 3-10　有效载荷参数含义

名　称	参　数	单　位
有效载荷质量	Load.mass	kg
有效载荷重心	Load.cog.x Load.cog.y Load.cog.z	mm
力矩轴方向	Load.aom.q1 Load.aom.q2 Load.aom.q3 Load.aom.q4	
有效载荷的转动惯量	ix iy iz	kg · m^2

操作步骤见表 3-11。

表 3-11　设定有效载荷操作步骤

序　号	说　明	图　片
1	在手动操纵窗口,单击“有效载荷”	机械单元: ROB_1... 绝对精度: Off 动作模式: 轴 1 - 3... 坐标系: 基坐标... 工具坐标: tool0... 工件坐标: wobj1... 有效载荷: load0... 操纵杆锁定: 无... 增量: 无...
2	单击“新建”	当前选择: load0 从列表中选择一个项目。 有效载荷名称 模块 范围 1 到 1 共 1 load0 RAPID/T_ROB1/BASE 全局 新建... 编辑 确定 取消

续表

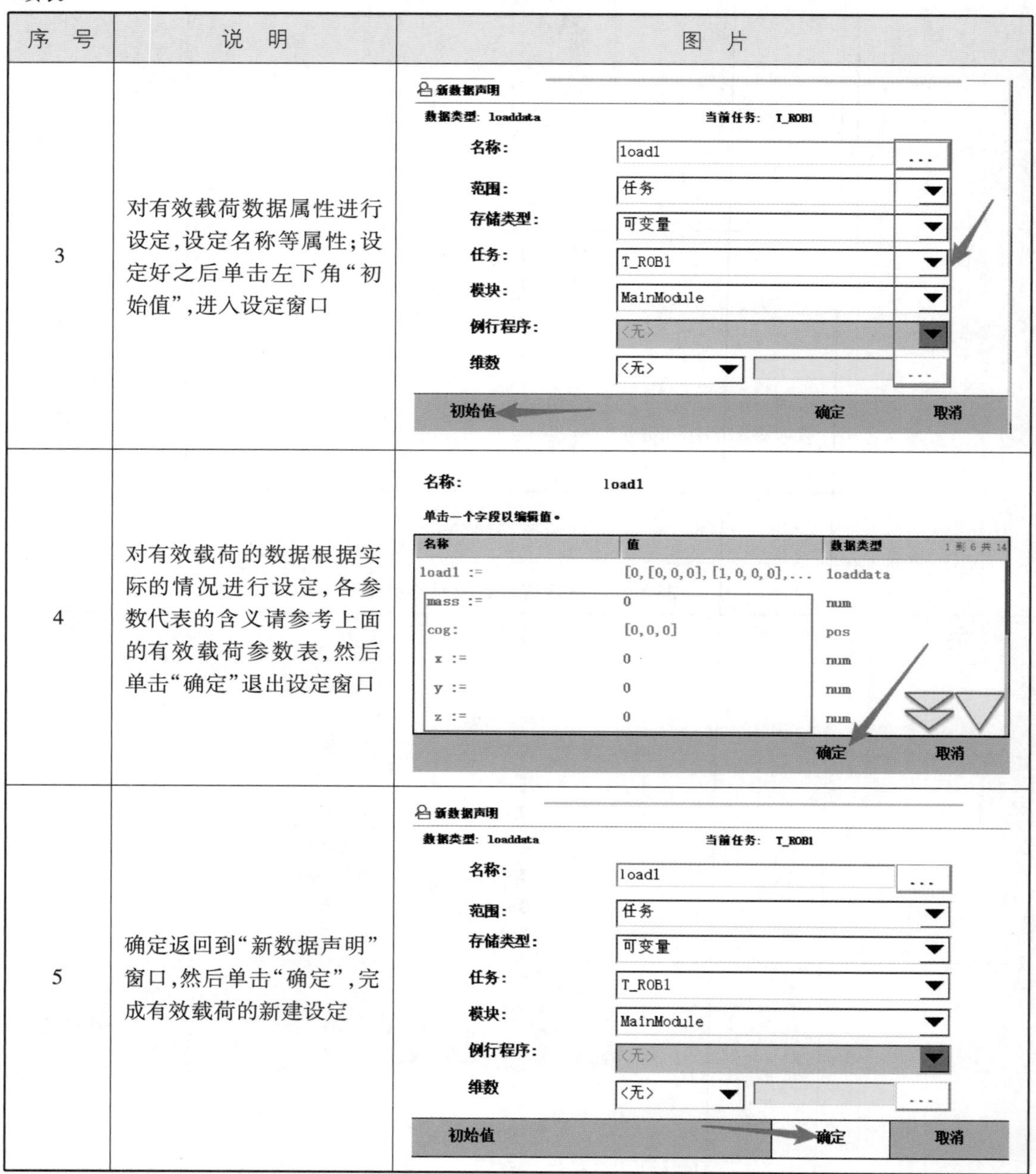

序　号	说　明	图　片
3	对有效载荷数据属性进行设定,设定名称等属性;设定好之后单击左下角“初始值”,进入设定窗口	
4	对有效载荷的数据根据实际的情况进行设定,各参数代表的含义请参考上面的有效载荷参数表,然后单击“确定”退出设定窗口	
5	确定返回到“新数据声明”窗口,然后单击“确定”,完成有效载荷的新建设定	

续表

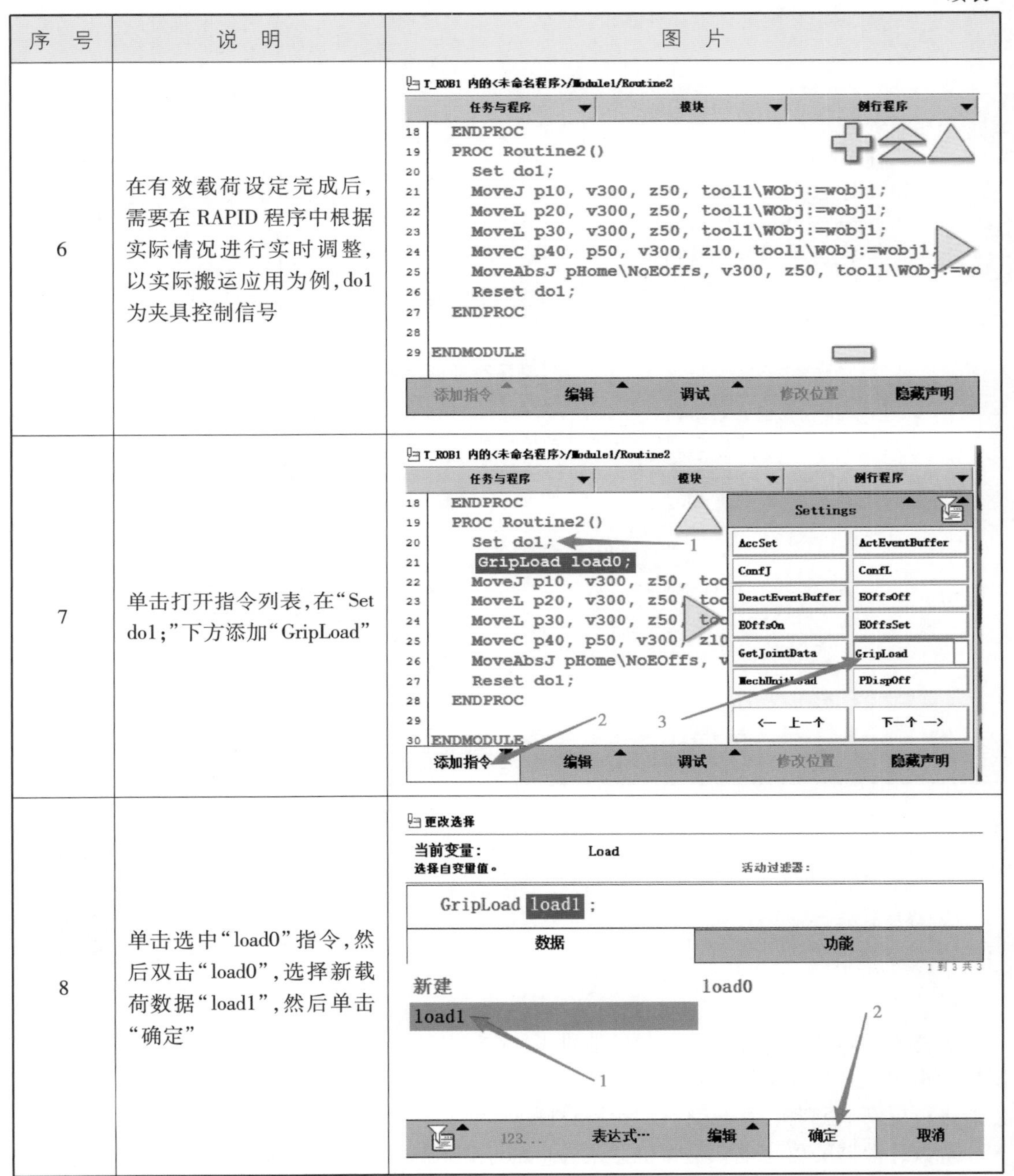

序　号	说　明	图　片
6	在有效载荷设定完成后，需要在 RAPID 程序中根据实际情况进行实时调整，以实际搬运应用为例，do1 为夹具控制信号	
7	单击打开指令列表，在“Set do1;”下方添加“GripLoad”	
8	单击选中“load0”指令，然后双击“load0”，选择新载荷数据“load1”，然后单击“确定”	

续表

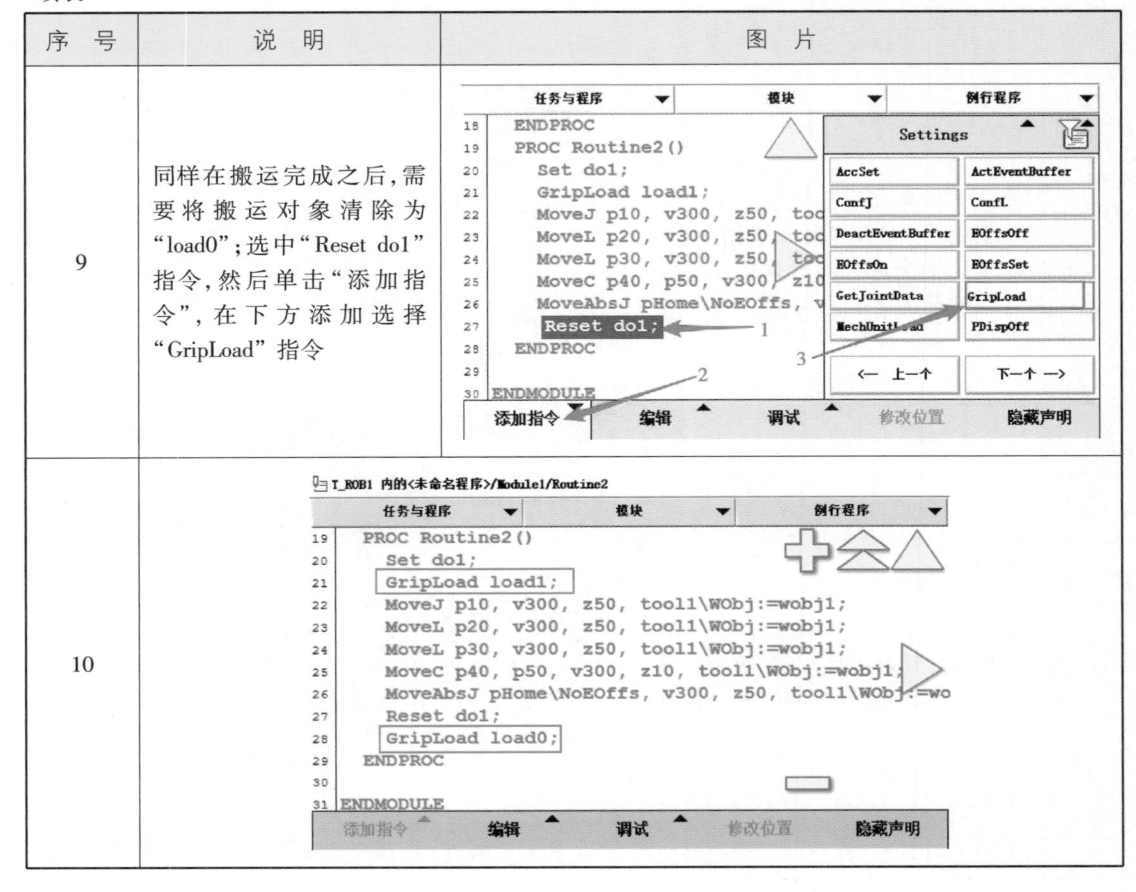

序　号	说　明	图　片
9	同样在搬运完成之后，需要将搬运对象清除为“load0”；选中“Reset do1”指令，然后单击“添加指令”，在下方添加选择“GripLoad”指令	
10		

任务 3-6　工业机器人转数计数器更新

更新机器人转数计数器操作

任务描述：

机器人的转数计数器由独立的电池供电，用来记录各个轴的数据。如果示教器提示电池没电，或者在断电情况下机器人手臂位移发生变化，这时候需要对计数器进行更新，否则机器人运行位置是不准的。

转数计数器的更新也就是将机器人各个轴停到机械原点，把各轴上的刻度线和对应的槽对齐，然后用示教器进行校准更新。

知识学习：

ABB 机器人 6 个关节轴都有一个机械原点。在下列情况下，需要对机械原点的位置进行转数计数器更新操作。

1）更换伺服电机转数计数器电池后。

2）当转数计数器发生故障，修复后。

3）转数计数器与测量板之间断开过以后。

4）断电后，机器人关节轴发生了移动。

5）当系统报警提示“100036 转数计时器未更新”时。

以下是进行 ABB 机器人 IRB120 转数计数器更新的操作，其具体步骤见表 3-12。使用手动操纵让机器人各关节轴运动到机械原点刻度位置的顺序是：4−5−6−1−2−3，如图 3-11 所示。

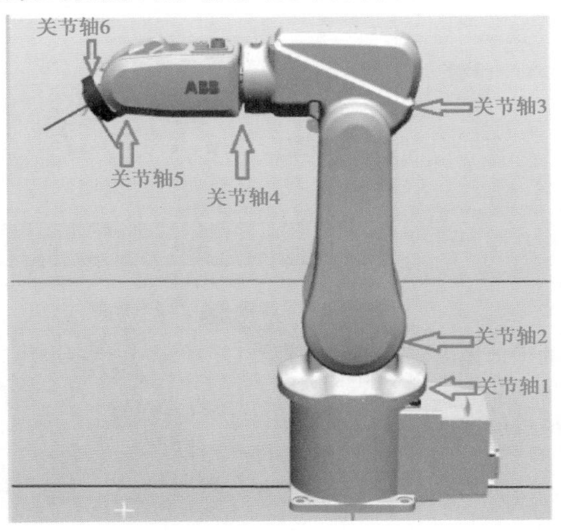

图 3-11

表 3-12　更新转数计数器操作步骤

序　号	说　明	图　片
1	在示教器“手动操纵”界面，将机器人运动模式选择为“轴 4-6”，单击“确定”	手动操纵 － 动作模式 当前选择：　轴 4 -6 选择动作模式。 轴 1 - 3　轴 4 -6　线性　重定位 确定　取消
2	使用示教器上的手动操纵杆分别将关节轴 4、5、6 三轴运动到机械原点的刻度位置	4轴　5轴　6轴

续表

序　号	说　明	图　片
3	在示教器"手动操纵"界面,将机器人运动模式选择为"轴 1-3",单击"确定"	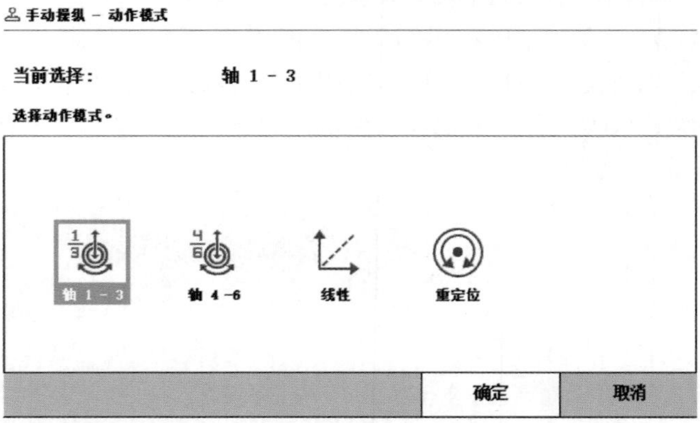 手动操纵 - 动作模式 当前选择: 轴 1 - 3 选择动作模式。 轴 1 - 3　轴 4 -6　线性　重定位 确定　取消
4	使用示教器上的手动操纵杆分别将关节轴 1、2、3 三轴运动到机械原点的刻度位置	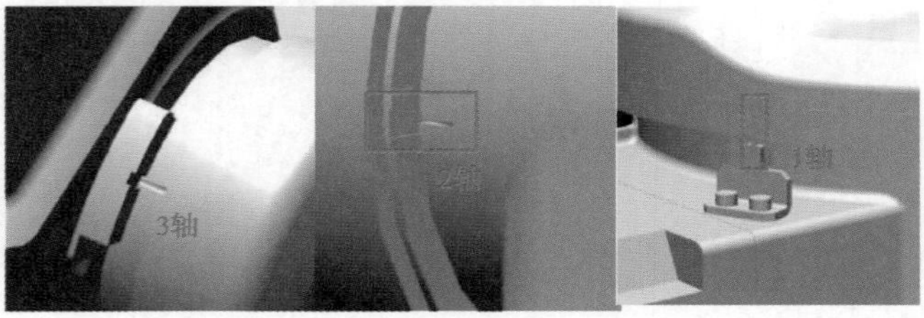 3轴　2轴　1轴
5	单击"ABB 菜单",单击选择"校准"	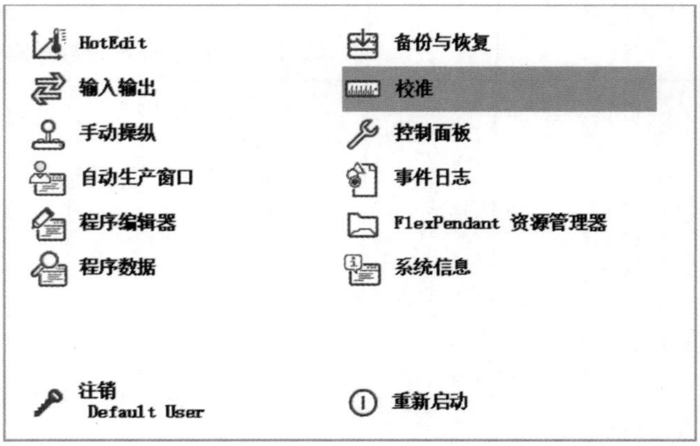 HotEdit　备份与恢复 输入输出　校准 手动操纵　控制面板 自动生产窗口　事件日志 程序编辑器　FlexPendant 资源管理器 程序数据　系统信息 注销 Default User　重新启动
6	单击"ROB_1"	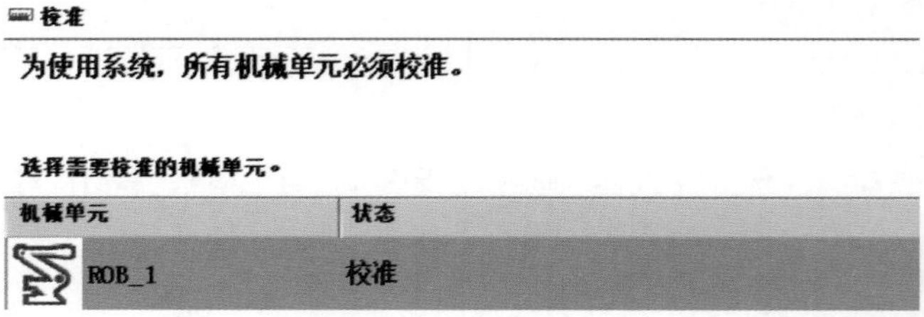 校准 为使用系统，所有机械单元必须校准。 选择需要校准的机械单元。 机械单元　状态 ROB_1　校准

续表

序　号	说　明	图　片
7	单击“手动方法(高级)”	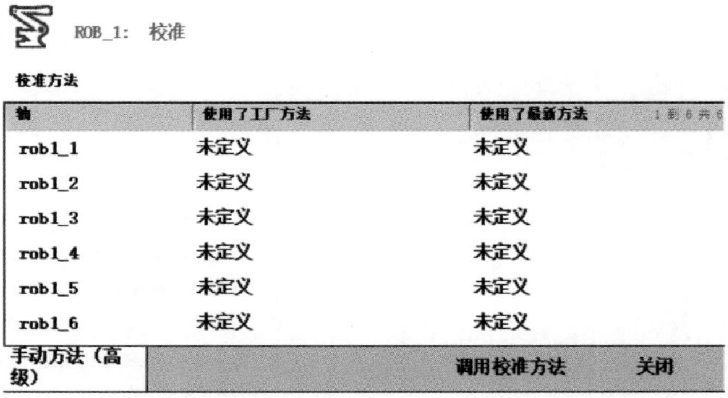 ROB_1：校准 校准方法 轴 / 使用了工厂方法 / 使用了最新方法　1 到 6 共 6 rob1_1　未定义　未定义 rob1_2　未定义　未定义 rob1_3　未定义　未定义 rob1_4　未定义　未定义 rob1_5　未定义　未定义 rob1_6　未定义　未定义 手动方法（高级）　调用校准方法　关闭
8	单击“校准 参数”，单击“编辑电机校准偏移”	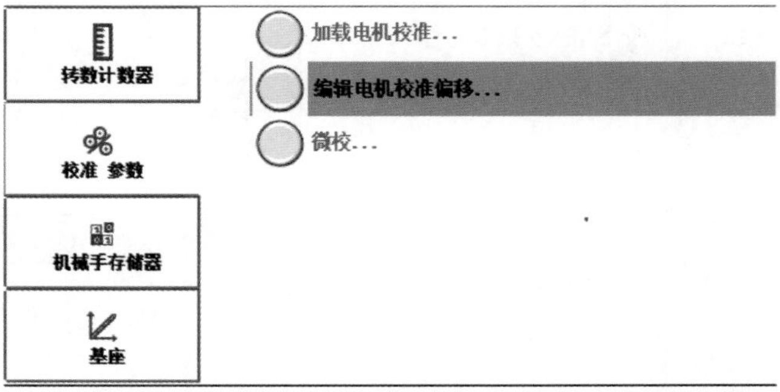 转数计数器 校准 参数 机械手存储器 基座 加载电机校准... 编辑电机校准偏移... 微校...
9	选择“是”	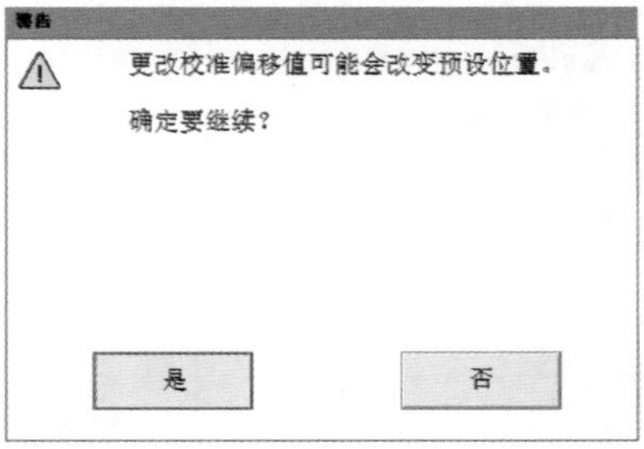 警告 更改校准偏移值可能会改变预设位置。 确定要继续？ 是　否
10	弹出“编辑电机校准偏移”界面,并对 6 个轴的偏移参数进行修改	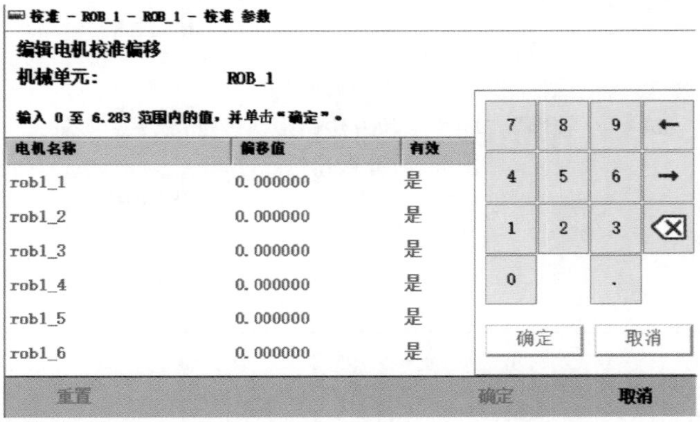 校准 - ROB_1 - ROB_1 - 校准 参数 编辑电机校准偏移 机械单元：　ROB_1 输入 0 至 6.283 范围内的值，并单击“确定”。 电机名称 / 偏移值 / 有效 rob1_1　0.000000　是 rob1_2　0.000000　是 rob1_3　0.000000　是 rob1_4　0.000000　是 rob1_5　0.000000　是 rob1_6　0.000000　是 7 8 9 ← 4 5 6 → 1 2 3 0 . 确定　取消 重置　确定　取消

续表

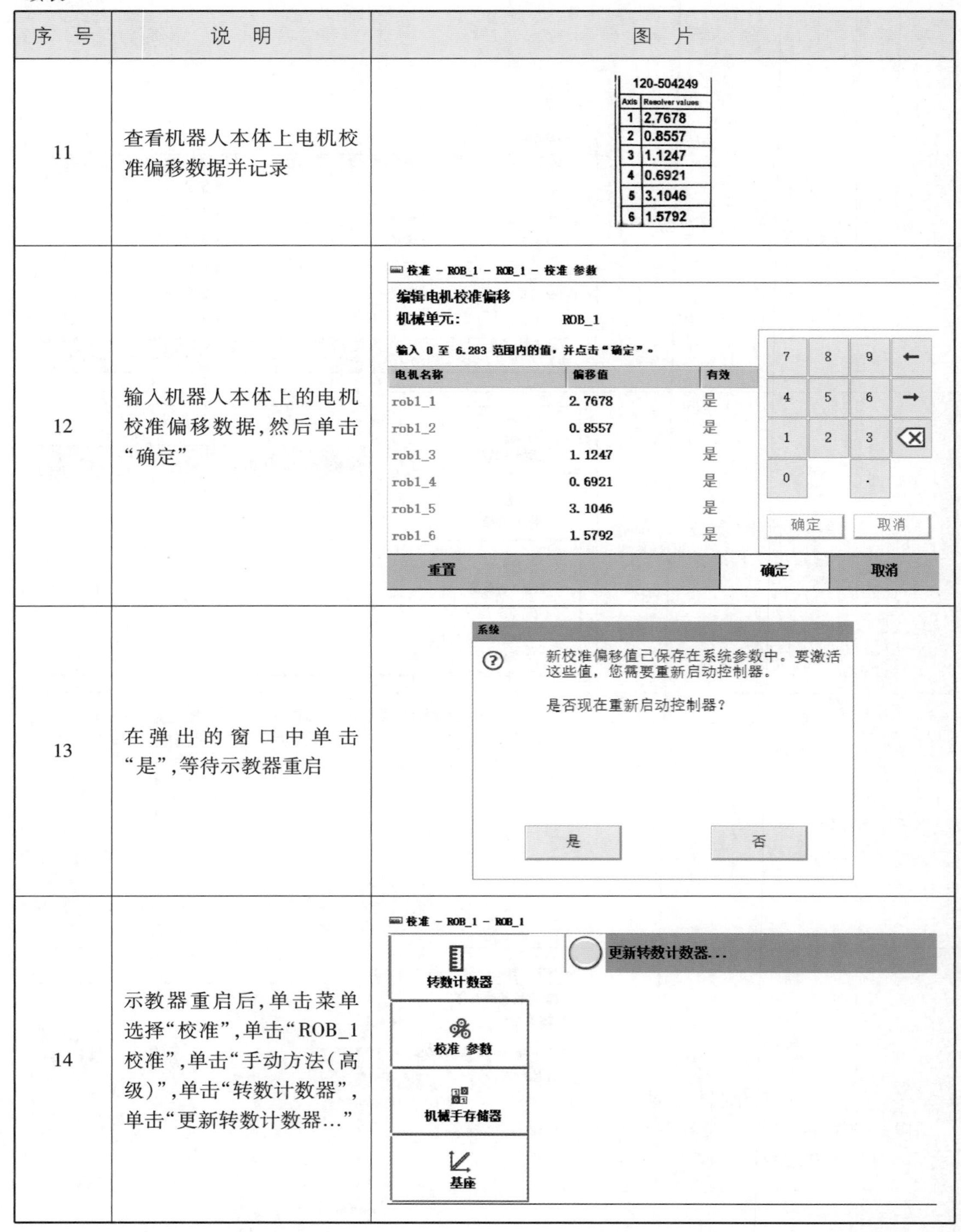

序 号	说 明	图 片
11	查看机器人本体上电机校准偏移数据并记录	
12	输入机器人本体上的电机校准偏移数据，然后单击“确定”	
13	在弹出的窗口中单击“是”，等待示教器重启	
14	示教器重启后，单击菜单选择“校准”，单击“ROB_1 校准”，单击“手动方法(高级)”，单击“转数计数器”，单击“更新转数计数器...”	

续表

序　号	说　明	图　片
15	在弹出的窗口里单击“是”	
16	单击“确定”	
17	在弹出的要更新的轴界面里，单击“全选”，然后单击“更新”	
18	在弹出的对话框里单击“更新”	

续表

序　号	说　明	图　片
19	等待转数计数器更新完成	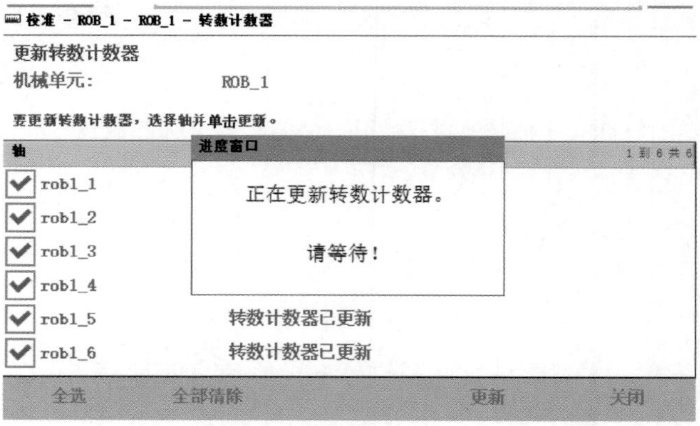 校准 - ROB_1 - ROB_1 - 转数计数器 更新转数计数器 机械单元: ROB_1 要更新转数计数器，选择轴并单击更新。 轴 / 进度窗口 / 1 到 6 共 6 rob1_1 / rob1_2 / rob1_3 / rob1_4 / rob1_5 / rob1_6 正在更新转数计数器。 请等待！ 转数计数器已更新 转数计数器已更新 全选　全部清除　更新　关闭
20	转数计数器更新完成，单击确定，单击右上角关闭窗口按钮关闭“校准”窗口	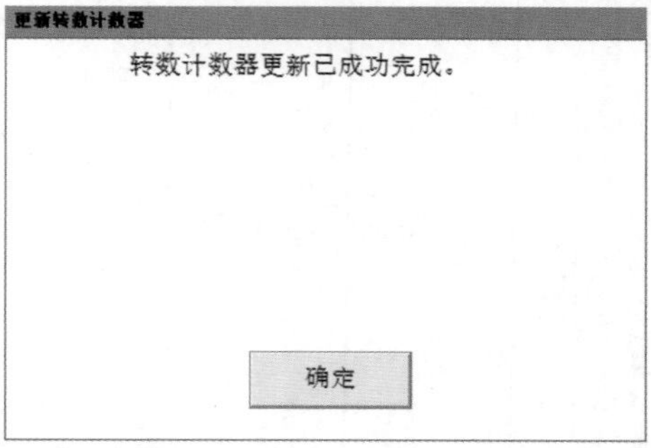 更新转数计数器 转数计数器更新已成功完成。 确定

学习检测

自我学习测评表见下表。

学习目标	自我评价			备　注
	掌握	了解	重学	
认识 ABB 机器人的坐标系				
ABB 机器人的手动操纵				
工具坐标系的设置				
工件坐标系的设置				
ABB 机器人有效载荷的设置				
ABB 机器人转数计数器更新				

练习题

1.简述 ABB 工业机器人坐标系的组成。

2.简述什么时候选择单轴运动、什么时候选择线性运动及重定位运动。

3.简述为什么要设置工具坐标系。

4.工件坐标系的作用。

5.简述什么情况下要进行转数计数器更新。

项目四

ABB 工业机器人通信

项目目标：

- 了解 ABB 工业机器人的通信种类。
- ABB 标准 I/O 板 DSQC652 板卡的配置方法。
- 数字输入输出、组信号的配置。
- I/O 信号的监控。
- 系统输入输出与 I/O 信号的关联。
- 可编程按键的配置。

项目描述：

通过本项目的学习，认识 ABB 工业机器人常用的标准 I/O 板，学会 I/O 信号的配置、监控以及与系统状态的关联，并学会用可编程按键监控常用 I/O 信号。

任务 4-1　认识工业机器人通信

任务描述：

通过本任务的学习了解 ABB 工业机器人 I/O 通信的种类，并认识 ABB 标准 I/O 板 DSQC652。

知识学习：

1.ABB 工业机器人 I/O 通信的种类

ABB 工业机器人提供了丰富的 I/O 通信接口，可以轻松地实现与周边设备进行通信，见表 4-1，其中 RS232 通信、OPC server、Socket Message 是与 PC（电脑）通信时的通信协议，PC 通信接口需要选择选项 PC interface 才可以使用；DeviceNet、Profibus、Profibus-DP、Profinet、EtherNet /IP 则是不同厂商推出的现场总线协议，使用何种现场总线，要根据需要进行选配；如果使用 ABB 标准 I/O 板，就必须有 DeviceNet 的总线。

表 4-1 ABB 机器人通信方式

ABB 机器人		
PC	现场总线	ABB 标准
RS232 通信 OPC server Socket Message	Device Net Profibus Profibus-DP Profinet EtherNet/IP CCLink	标准 I/O 板 PLC …… …… ……

关于 ABB 机器人 I/O 通信接口的说明：

1）ABB 的标准 I/O 板提供的常用信号处理有数字输入 di，数字输出 do，模拟输入 ai，模拟输出 ao，以及输送链跟踪，常用的标准 I/O 板有 DSQC651 和 DSQC652；

2）ABB 机器人可以选配标准 ABB 的 PLC，省去了原来与外部 PLC 进行通信设置的麻烦，并且在机器人的示教器上就能实现与 PLC 相关的操作。

本项目以与综合实训平台配套的 ABB 标准 I/O 板 DSQC652 为例，讲解如何进行相关的参数设定。

1）IRC5 单柜控制柜 ABB 标准 I/O 板的安装位置如图 4-1 所示。

图 4-1 IRC5 单柜控制柜标准 I/O 板安装位置

2）IRC5 紧凑型控制柜 ABB 标准 I/O 板的安装位置如图 4-2 所示。

图 4-2 IRC5 紧凑型控制柜标准 I/O 板的安装位置

标准信号类型见表 4-2。

表 4-2 标准信号类型

信号类型	说 明	应用举例
Digital Input	数字输入信号	检测传送带上物料是否到位
Digital Output	数字输出信号	用于机器人夹具控制
Group Input	组输入信号	用于远程调用不同的例行程序
Group Output	组输出信号	用于控制多吸盘工具
Analog Input	模拟输入信号	用于接收输送链运行速度
Analog Output	模拟输出信号	用于控制焊接电源电压

2.ABB **机器人标准** I/O **板** DSQC652 **认知**

DSQC652 板主要提供 16 个数字输入信号和 16 个数字输出信号,16 个数字输入信号在 I/O 板上的地址是 0-15,16 个数字输出信号对应的地址也是 0-15,见表 4-3。

数字输入:各种开关信号反馈,如按钮开关、转换开关、接近开关等;传感器信号反馈,如光电传感器,光纤传感器;还有接触器,继电器触点信号反馈;另外还有触摸屏里的开关信号反馈都是数字输入信号。

数字输出:用来控制各种继电器线圈,如接触器、继电器、电磁阀;控制各种指示类信号,如指示灯、蜂鸣器的信号。ABB 机器人的标准 I/O 板的输入输出都是 PNP 类型。

表 4-3 DSQC652 板模块接口说明

说 明	图 片
A 部分为信号指示灯	
B 部分为 X1 和 X2 数字输出接口	
C 部分为 X5,是 DeviceNet 接口	
D 部分为模块状态指示灯	
E 部分为 X3 和 X4 数字输入接口	
F 部分为数字输入信号指示灯	

DSQC652 板的 X1、X2、X3、X4、X5 模块接口连接说明如下。

(1)X1 端子

X1 端子接口包括 8 个数字输出,地址分配见表 4-4。

表 4-4　X1 端子地址分配

X1 端子编号	使用定义	地址分配
1	OUTPUT CH1	0
2	OUTPUT CH2	1
3	OUTPUT CH3	2
4	OUTPUT CH4	3
5	OUTPUT CH5	4
6	OUTPUT CH6	5
7	OUTPUT CH7	6
8	OUTPUT CH8	7
9	0 V	
10	24 V	

(2)X2 端子

X2 端子接口包括 8 个数字输出,地址分配见表 4-5。

表 4-5　X2 端子地址分配

X2 端子编号	使用定义	地址分配
1	OUTPUT CH1	8
2	OUTPUT CH2	9
3	OUTPUT CH3	10
4	OUTPUT CH4	11
5	OUTPUT CH5	12
6	OUTPUT CH6	13
7	OUTPUT CH7	14
8	OUTPUT CH8	15
9	0 V	
10	24 V	

(3)X3 端子

X3 端子接口包括 8 个数字输入,地址分配见表 4-6。

表 4-6　X3 端子地址分配

X3 端子编号	使用定义	地址分配
1	INPUT CH1	0
2	INPUT CH2	1
3	INPUT CH3	2
4	INPUT CH4	3
5	INPUT CH5	4
6	INPUT CH6	5
7	INPUT CH7	6
8	INPUT CH8	7
9	0 V	
10	未使用	

(4)X4 端子

X4 端子接口包括 8 个数字输入,地址分配见表 4-7。

表 4-7　X4 端子地址分配

X4 端子编号	使用定义	地址分配
1	INPUT CH9	8
2	INPUT CH10	9
3	INPUT CH11	10
4	INPUT CH12	11
5	INPUT CH13	12
6	INPUT CH14	13
7	INPUT CH15	14
8	INPUT CH16	15
9	0 V	
10	未使用	

(5)X5 端子

X5 端子是 DeviceNet 总线接口,端子使用定义见表 4-8。

表 4-8　X5 端子使用定义

X5 端子编号	使用定义
1	0 V BLACK
2	CAN 信号线 low BLUE
3	屏蔽线
4	CAN 信号线 high WHITE
5	24 V RED
6	GND 地址选择公共端
7	模块 ID bit0(LSB)
8	模块 ID bit1(LSB)
9	模块 ID bit2(LSB)
10	模块 ID bit3(LSB)
11	模块 ID bit4(LSB)
12	模块 ID bit5(LSB)

如图 4-3 所示,ABB 标准 I/O 模块是挂靠在 DeviceNet 网络上的,所以要设定模块在网络中的地址。端子 X5 的 6~12 的跳线用来决定模块(I/O)在总线中的地址,地址可用范围为 10~63。

如:使用第 8 脚(地址 2)和第 10 脚(地址 8),我们使用 8421 码可以写成 001010,那么 2+8=10 就可以获得 10 的地址,I/O 模块在 DeviceNet 上的地址就为 10。

注意:ABB 标准 I/O 板在 DeviceNet 网络上的地址是剪去的多根跳线对应的地址之和,最少剪两根,且对应的最小地址是 10,最多全部剪去,对应的地址是 63。

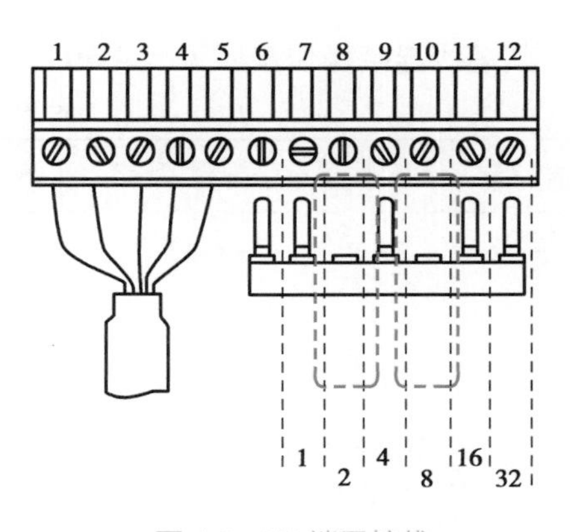

图 4-3　X5 端子接线

任务 4-2　配置工业机器人通信板

配置工业机器人 DSQC652 板

任务描述:

ABB 标准 I/O 板有 DSQC651、DSQC652、DSQC653、DSQC355A、DSQC377A 5 种,除分配地址不同外,其配置方法基本相同。基于综合实训平台所使用的 ABB

标准 I/O 板是 DSQC652，下面以 DSQC652 板的配置为例，来介绍 DeviceNet 现场总线连接、数字输入信号 DI、数字输出信号 DO、组输入信号 GI、组输出信号 GO 的配置。

知识学习：

1.定义 DSQC652 板的总线连接

ABB 标准 I/O 板都是挂在 DeviceNet 现场总线下的设备，通过 X5 端口与 DeviceNet 现场总线进行通信。

注意：在 DeviceNet 现场总线下，根据工业现场所需的 I/O 信号的类型和数量，可挂多块 ABB 标准 I/O 板，但是每块 I/O 板在 DeviceNet 现场总线下的地址都是唯一的，地址重复会产生报警。

定义 DSQC652 板的总线连接的相关参数说明见表 4-9。

表 4-9　DSQC652 板参数说明

参数名称	设定值	说　明
Name	Board10	设定 I/O 板在系统中的名字
Type of Unit	D652	设定 I/O 板的类型
Connected to Bus	DeviceNet1	设定 I/O 板连接的总线
DeviceNet Address	10	设定 I/O 板在总线中的地址

其总线连接操作步骤见表 4-10。

表 4-10　总线连接操作步骤

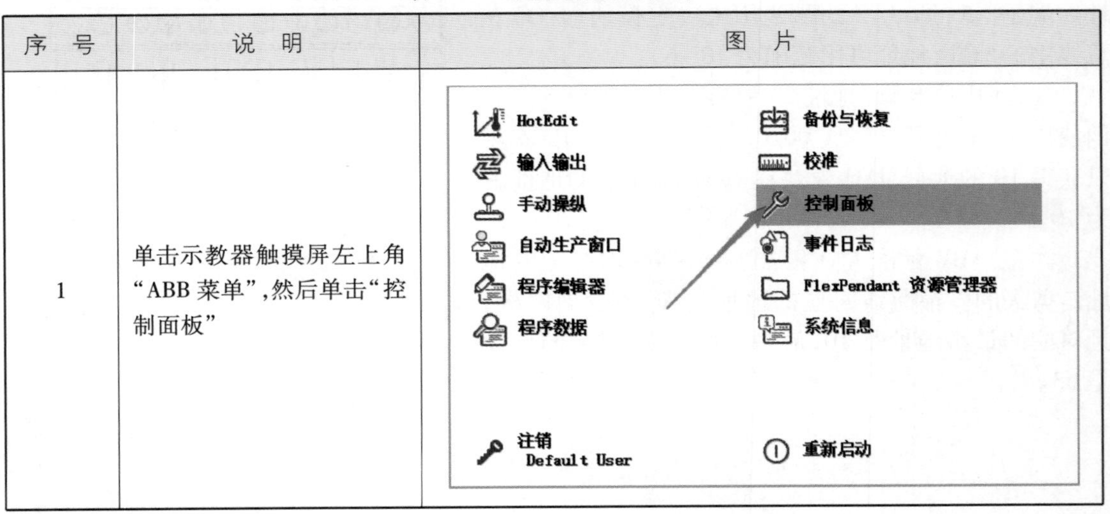

序　号	说　明	图　片
1	单击示教器触摸屏左上角“ABB 菜单”，然后单击“控制面板”	

续表

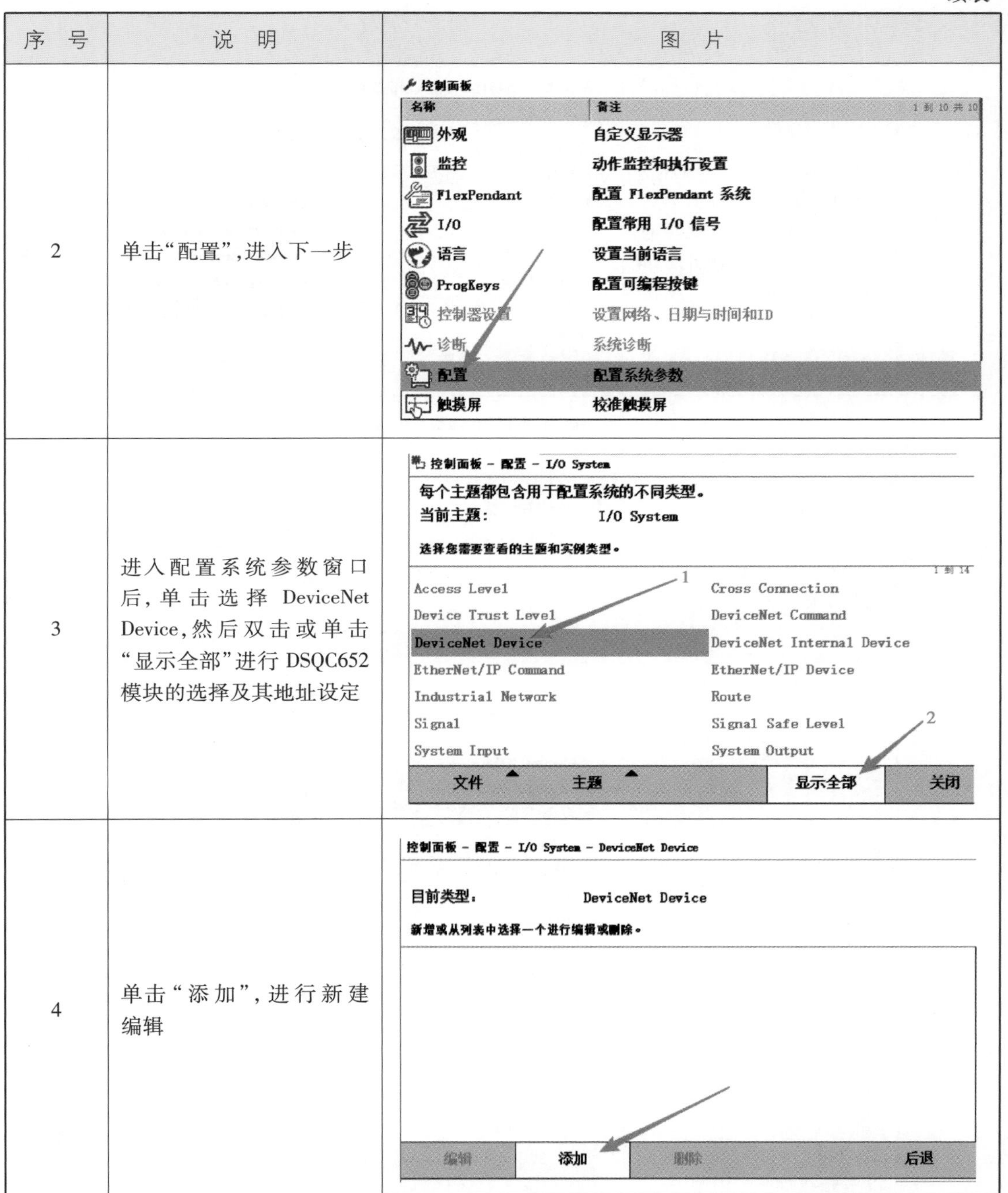

序　号	说　明	图　片
2	单击“配置”,进入下一步	
3	进入配置系统参数窗口后,单击选择 DeviceNet Device,然后双击或单击“显示全部”进行 DSQC652 模块的选择及其地址设定	
4	单击“添加”,进行新建编辑	

续表

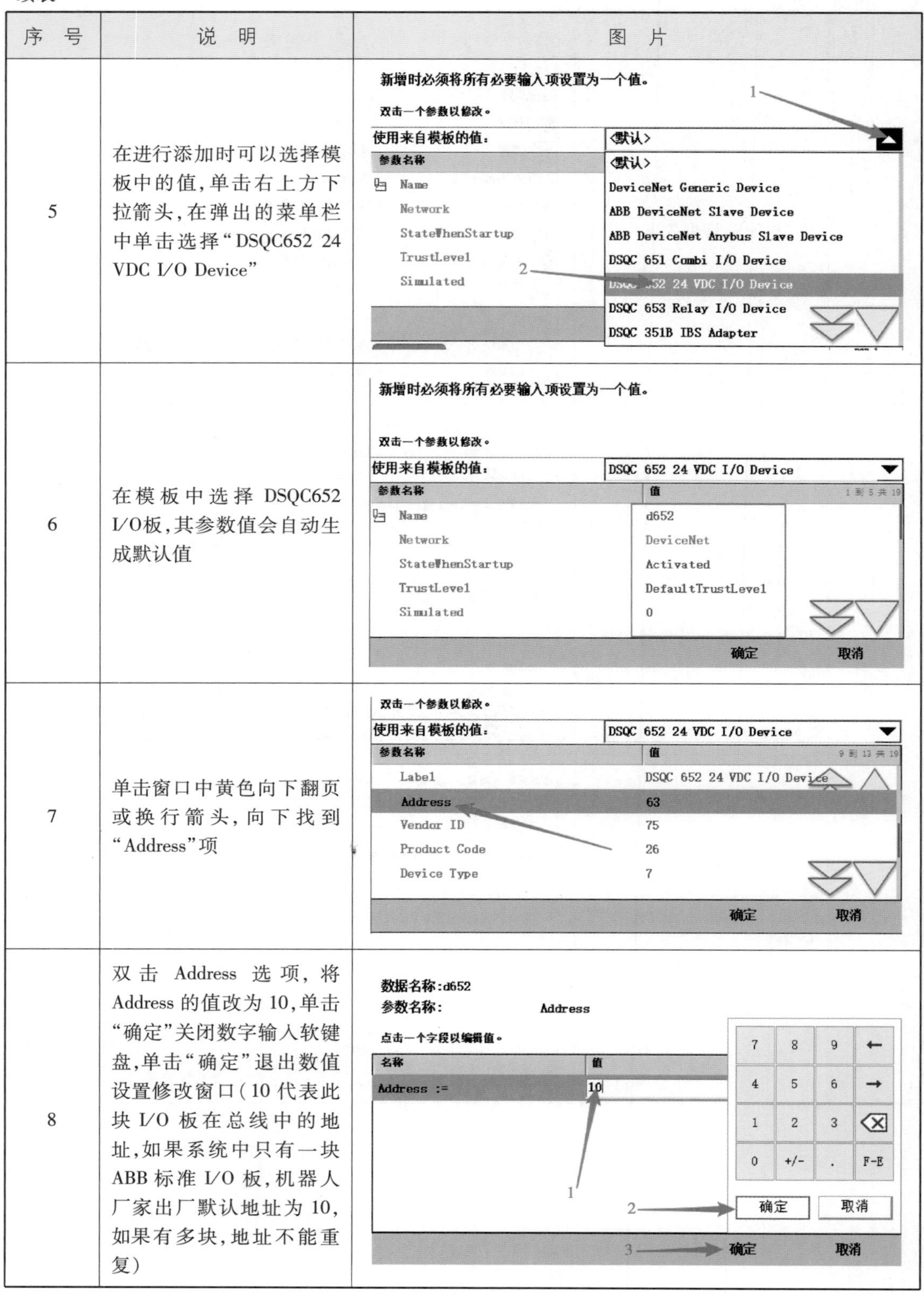

序　号	说　明	图　片
5	在进行添加时可以选择模板中的值，单击右上方下拉箭头，在弹出的菜单栏中单击选择“DSQC652 24 VDC I/O Device”	
6	在模板中选择 DSQC652 I/O板，其参数值会自动生成默认值	
7	单击窗口中黄色向下翻页或换行箭头，向下找到“Address”项	
8	双击 Address 选项，将 Address 的值改为 10，单击“确定”关闭数字输入软键盘，单击“确定”退出数值设置修改窗口（10 代表此块 I/O 板在总线中的地址，如果系统中只有一块 ABB 标准 I/O 板，机器人厂家出厂默认地址为 10，如果有多块，地址不能重复）	

续表

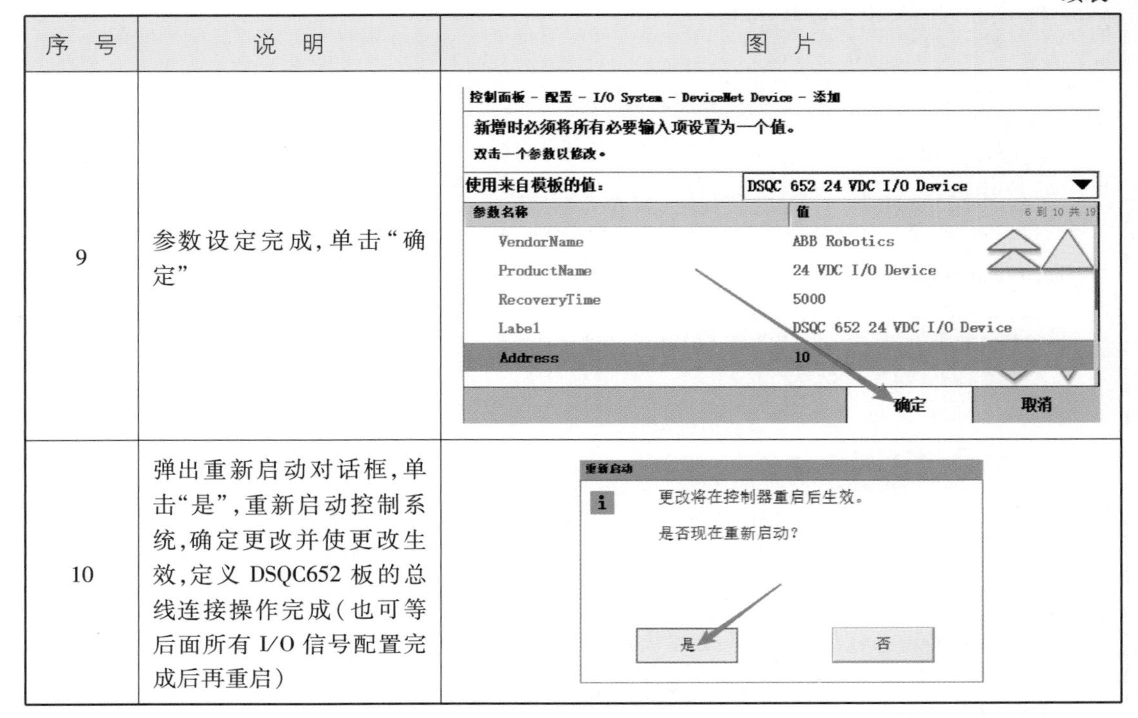

序　号	说　明	图　片
9	参数设定完成，单击“确定”	
10	弹出重新启动对话框，单击“是”，重新启动控制系统，确定更改并使更改生效，定义 DSQC652 板的总线连接操作完成（也可等后面所有 I/O 信号配置完成后再重启）	

2.定义数字输入信号 di1

数字输入信号 di1 的相关参数见表 4-11。

注意：每个数字输入信号 di 和数字输出信号 do 都要定义它在 I/O 板下的地址，且每个信号的地址不能重复。对于 DSQC652 板来说可以配置 16 个数字输入信号和 16 个数字输出信号，16 个数字输入信号在 I/O 板上的地址范围是 0～15 中的一个，16 个数字输出信号在 I/O 板上对应的地址也是 0～15 中的一个。

表 4-11　数字输入信号 di1 的相关参数

参数名称	设定值	说　明
Name	di1	设定数字输入信号的名字
Type of Signal	Digital Input	设定信号的种类
Assigned to Unit	d652	设定信号所在的 I/O 模块
Unit Mapping	0	设定信号所占用的地址

数字 I/O 信号设置其他参数说明见表 4-12。

表 4-12　数字 I/O 信号参数说明

参数名称	参数说明
Name	信号名称(必设)
Type of signal	信号类型(必设)
Assigned to unit	连接到的 I/O 单元(必设)
Signal identification lable	信号标签,为信号添加标签,便于查看。例如将信号标签与接线端子上标签设为一致,如 xipangongju。
Unit mapping	占用 I/O 单元的地址(必设)
category	信号类型,为信号设置分类标签,当信号数量较多时,通过类别过渡,便于分类别查看信号
Access Level	写入权限 Readonly:各客户端均无写入权限,只读状态 Default:可通过指令写入或本地客户端(如示教器)手动模式下写入 All:各客户端在各模式下均有写入权限
Default Value	默认值,系统启动时其信号默认值
Filter Time Passive	实效过滤时间(ms),防止信号干扰,如果设置为 1000,则当信号置为 0,持续 1 s 后才视为该信号置为 0(限于输入信号)
Filter Time active	激活过滤时间(ms)防止信号干扰,如果设置为 1000,则当信号置为 1,持续 1 s 后才视为该信号置为 1(限于输入信号)
Signal value at system failure and power fail	断电保持,当系统错误或者断电时是否保持当前信号状态(限于输出信号)
Store signal Value at power fail	当重启时是否将该信号恢复为断电前的状态(限于输出信号)
Invert Physical Value	信号置反

定义数字输入信号 di1 的操作见表 4-13。

表 4-13　定义数字输入信号的操作步骤

序　号	说　明	图　片
1	单击“控制面板”	HotEdit　备份与恢复 输入输出　校准 手动操纵　控制面板 自动生产窗口　事件日志 程序编辑器　FlexPendant 资源管理器 程序数据　系统信息 注销 Default User　重新启动

续表

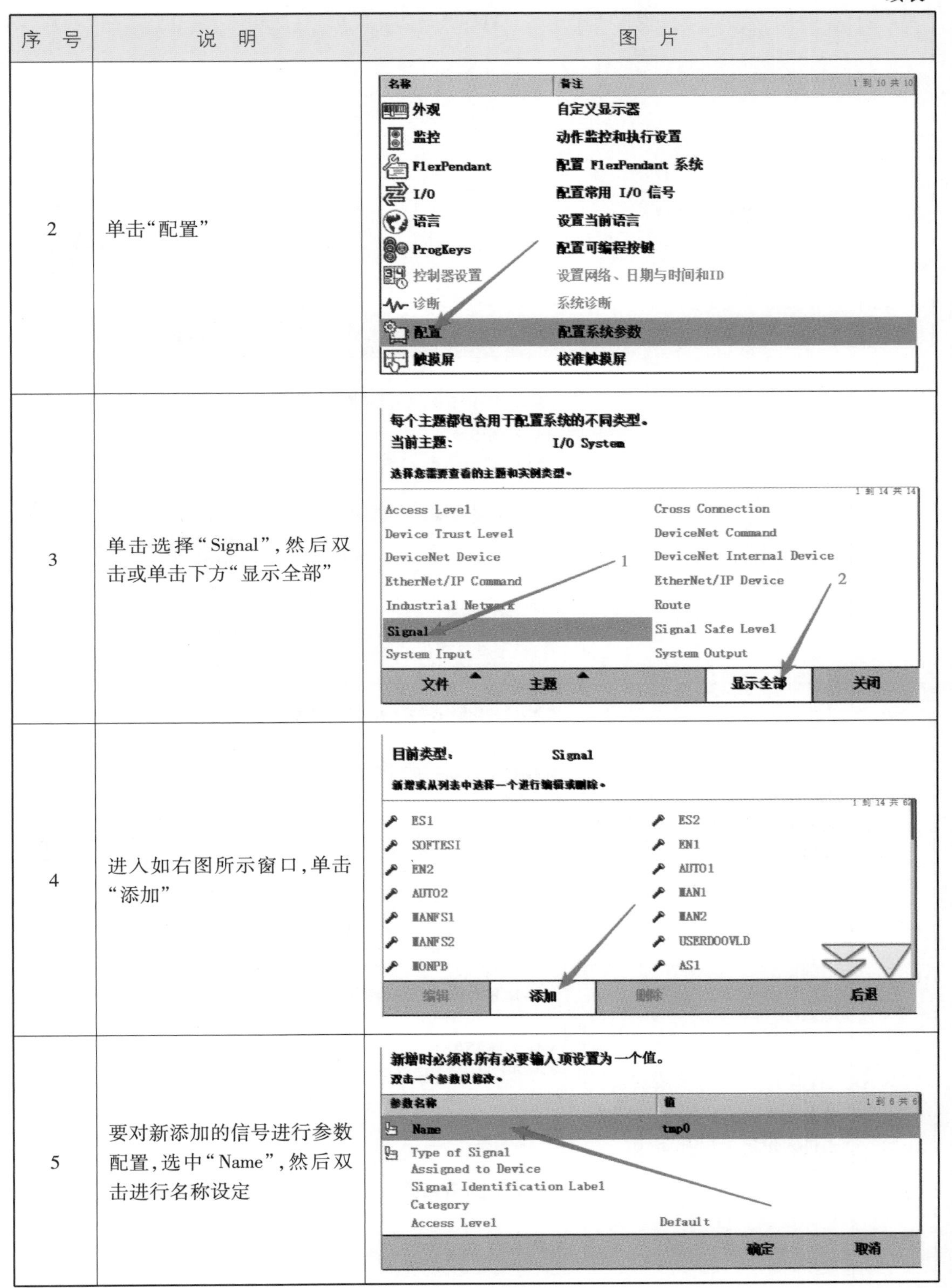

序　号	说　明	图　片
2	单击“配置”	
3	单击选择“Signal”,然后双击或单击下方“显示全部”	
4	进入如右图所示窗口,单击“添加”	
5	要对新添加的信号进行参数配置,选中“Name”,然后双击进行名称设定	

续表

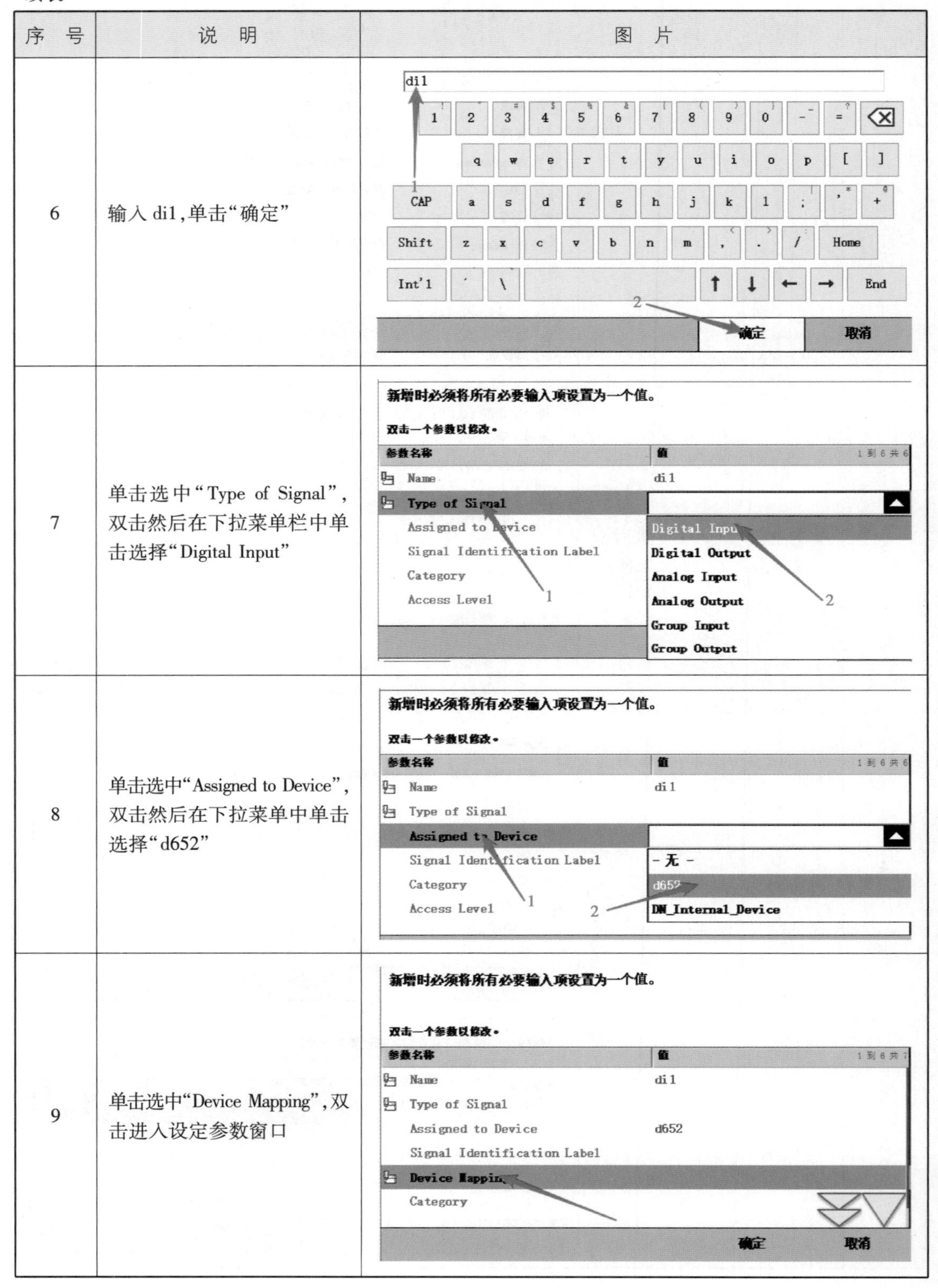

序 号	说 明	图 片
6	输入 di1,单击“确定”	
7	单击选中“Type of Signal”,双击然后在下拉菜单栏中单击选择“Digital Input”	
8	单击选中“Assigned to Device”,双击然后在下拉菜单中单击选择“d652”	
9	单击选中“Device Mapping”,双击进入设定参数窗口	

续表

序　号	说　明	图　片
10	在软键盘中单击输入参数“0”，然后单击“确定”	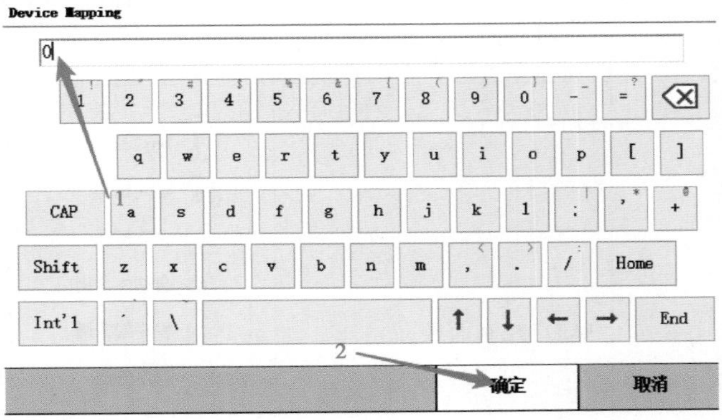
11	完成设定后单击“确定”	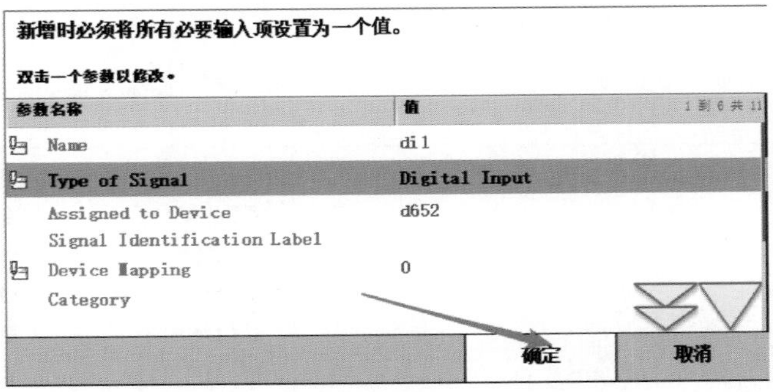
12	在弹出的对话框中单击“是”，重启控制器以完成设置并使更改生效（也可等所有 I/O 信号配置完成后再重启）	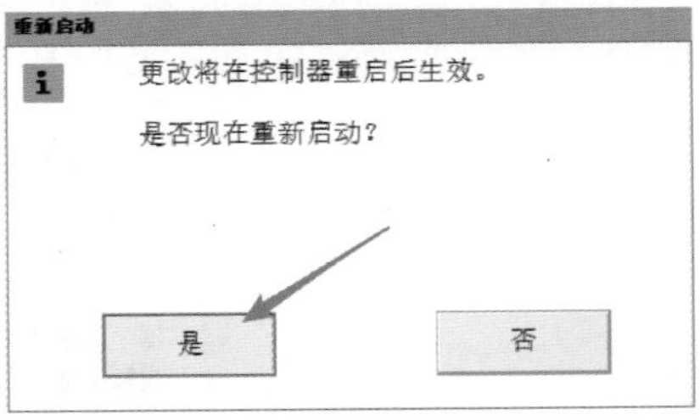

3.定义数字输出信号 do1

数字输出信号 do1 的相关参数见表 4-14。

表 4-14　数字输出信号 do1 的相关参数

参数名称	设定值	说　明
Name	do1	设定数字输出信号的名字
Type of Signal	Digital Output	设定信号的种类
Assigned to Unit	d652	设定信号所在的 I/O 模块
Unit Mapping	15	设定信号所占用的地址

数字输出信号 do1 的定义操作见表 4-15。

表 4-15　数字输出信号 do1 操作步骤

序　号	说　明	图　片
1	单击“控制面板”	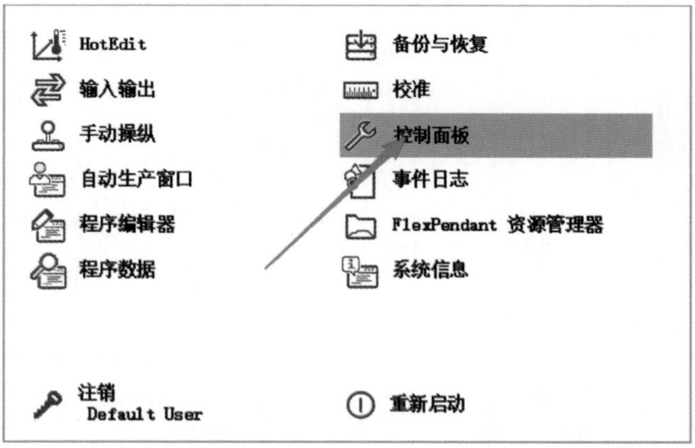
2	单击“配置”	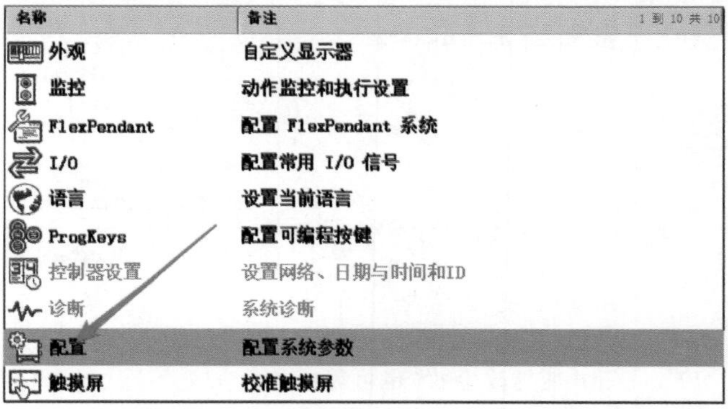
3	单击选择“Signal”，然后双击或单击下方“显示全部”	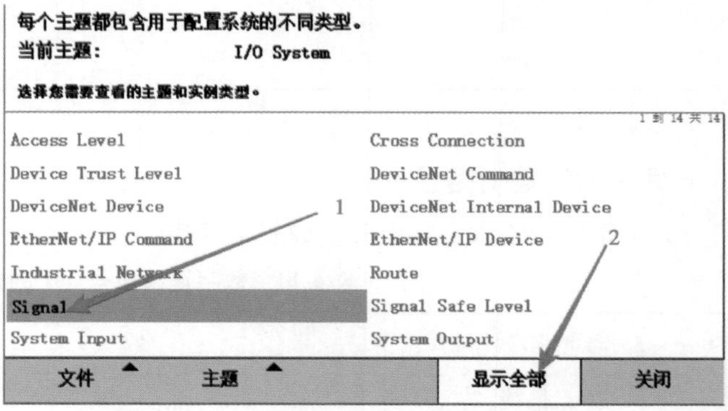

续表

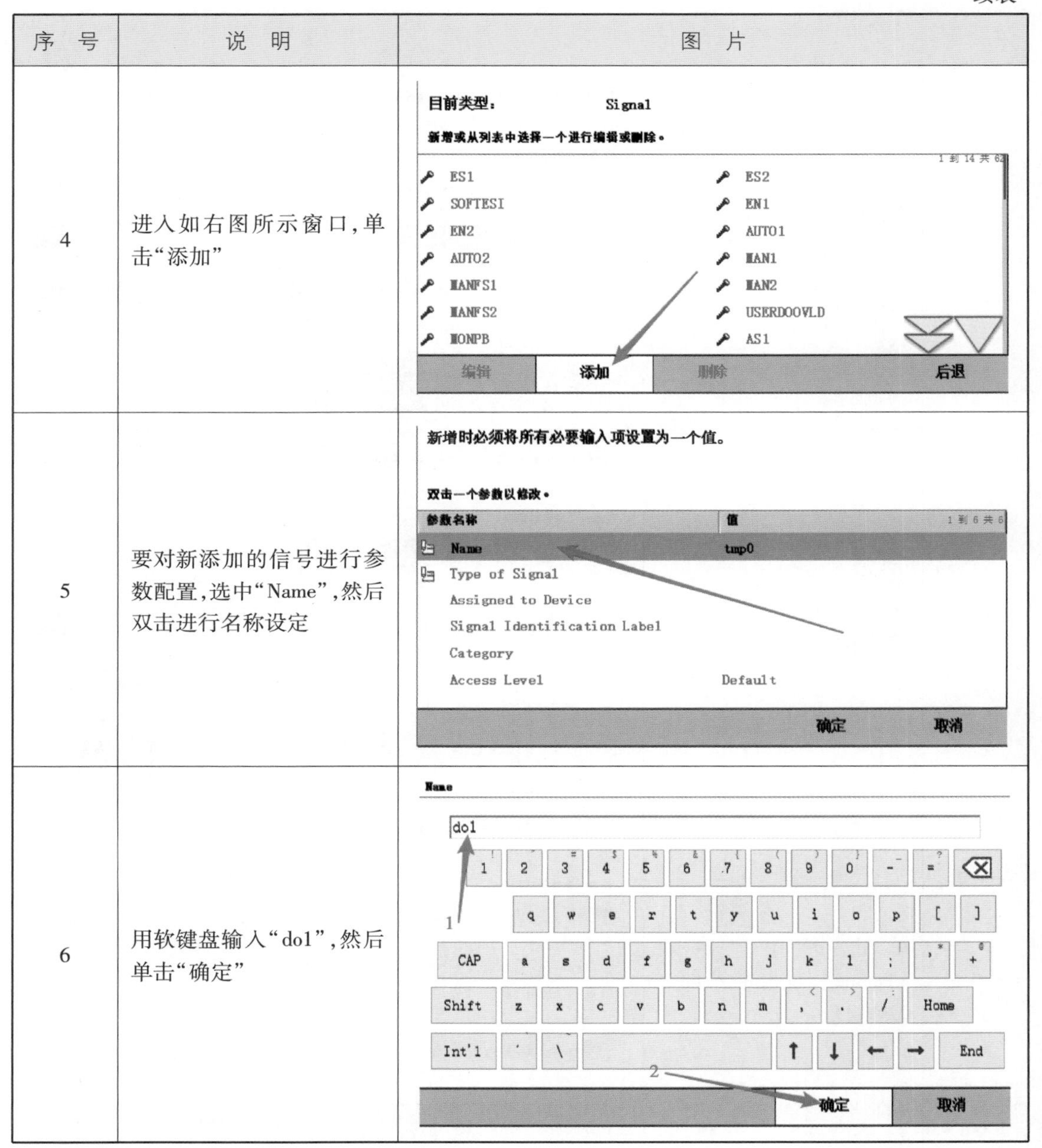

序　号	说　明	图　片
4	进入如右图所示窗口，单击“添加”	
5	要对新添加的信号进行参数配置，选中“Name”，然后双击进行名称设定	
6	用软键盘输入“do1”，然后单击“确定”	

续表

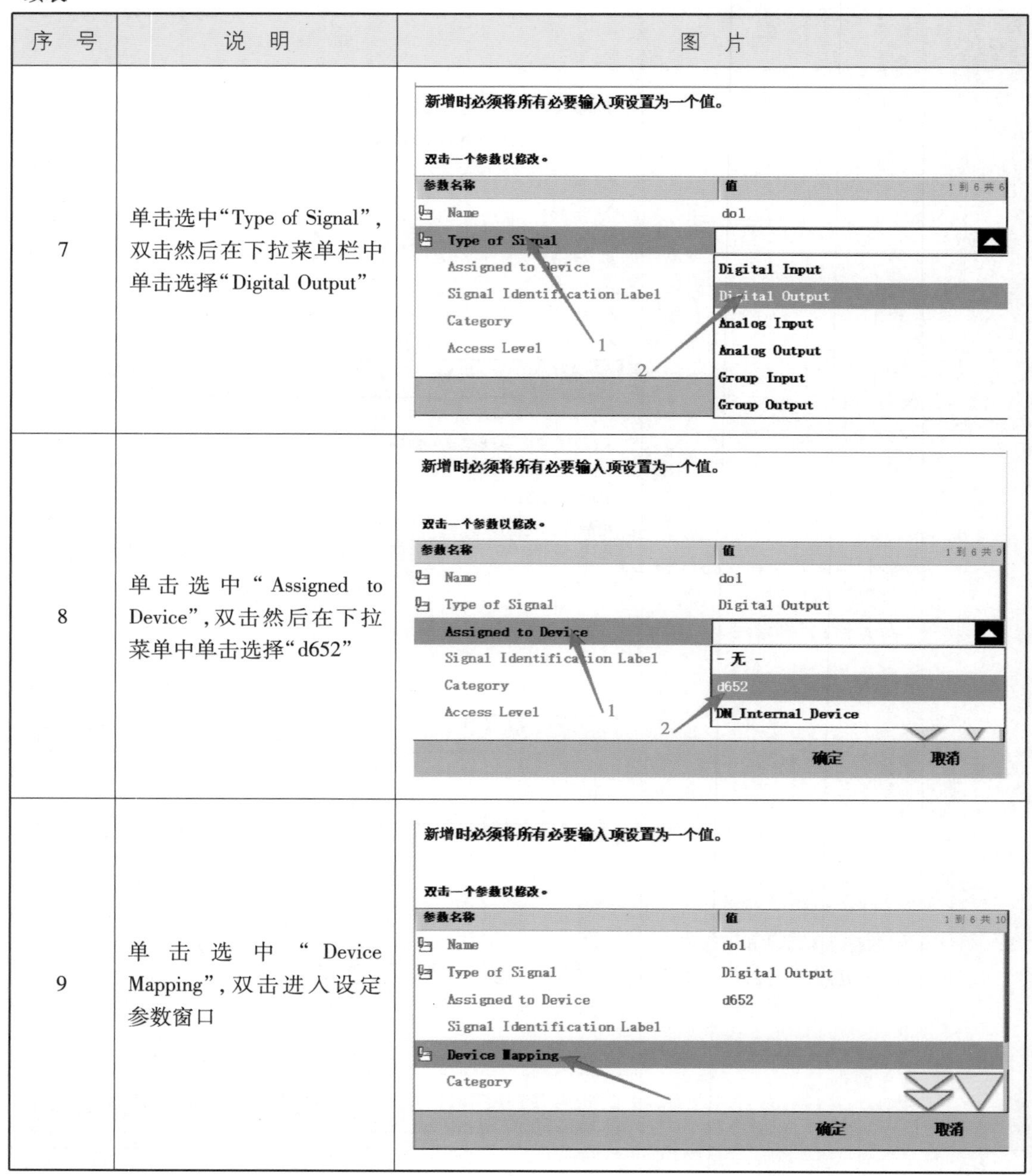

序　号	说　明	图　片
7	单击选中“Type of Signal”，双击然后在下拉菜单栏中单击选择“Digital Output”	
8	单击选中“Assigned to Device”，双击然后在下拉菜单中单击选择“d652”	
9	单击选中“Device Mapping”，双击进入设定参数窗口	

续表

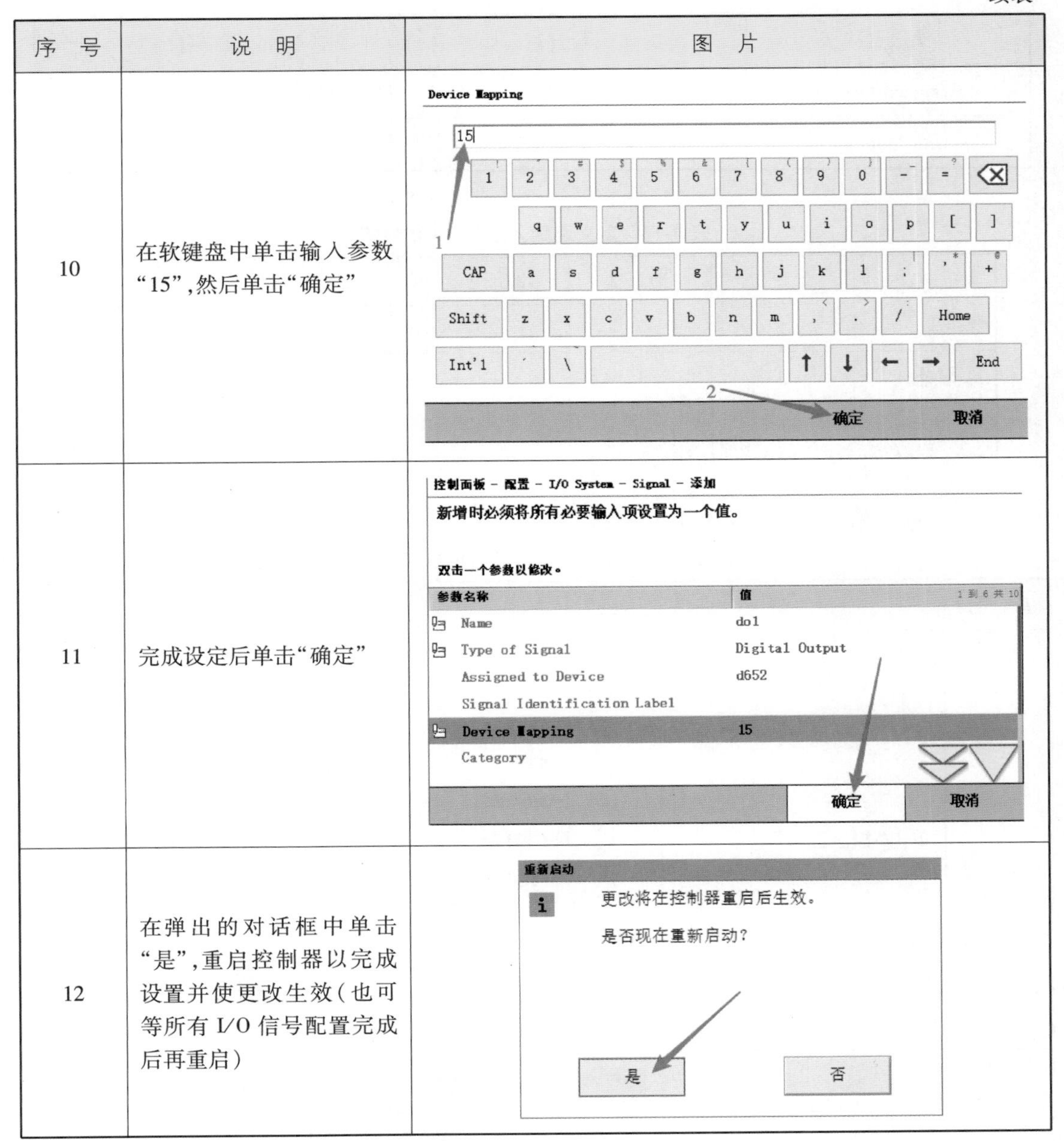

序　号	说　明	图　片
10	在软键盘中单击输入参数“15”,然后单击“确定”	
11	完成设定后单击“确定”	
12	在弹出的对话框中单击“是”,重启控制器以完成设置并使更改生效(也可等所有 I/O 信号配置完成后再重启)	

4.定义组输入信号 gi1

组输入信号 gi1 的相关参数及状态见表 4-16、表 4-17。

表 4-16　定义组输出信号 gi1 的相关参数

参数名称	设定值	说　明
Name	gi1	设定组输入信号的名字
Type of Signal	Group Input	设定信号的种类

续表

参数名称	设定值	说　明
Assigned to Unit	d652	设定信号所在的 I/O 模块
Unit Mapping	1~4	设定信号所占用的地址

表 4-17　定义组输入信号 gi1 的状态

状　态	地址 1	地址 2	地址 3	地址 4	十进制数
	1	2	4	8	
状态 1	0	1	0	1	2+8=10
状态 2	1	0	1	1	1+4+8=13

定义组输入信号 gi1 的操作见表 4-18。

表 4-18　定义组输入信号的操作步骤

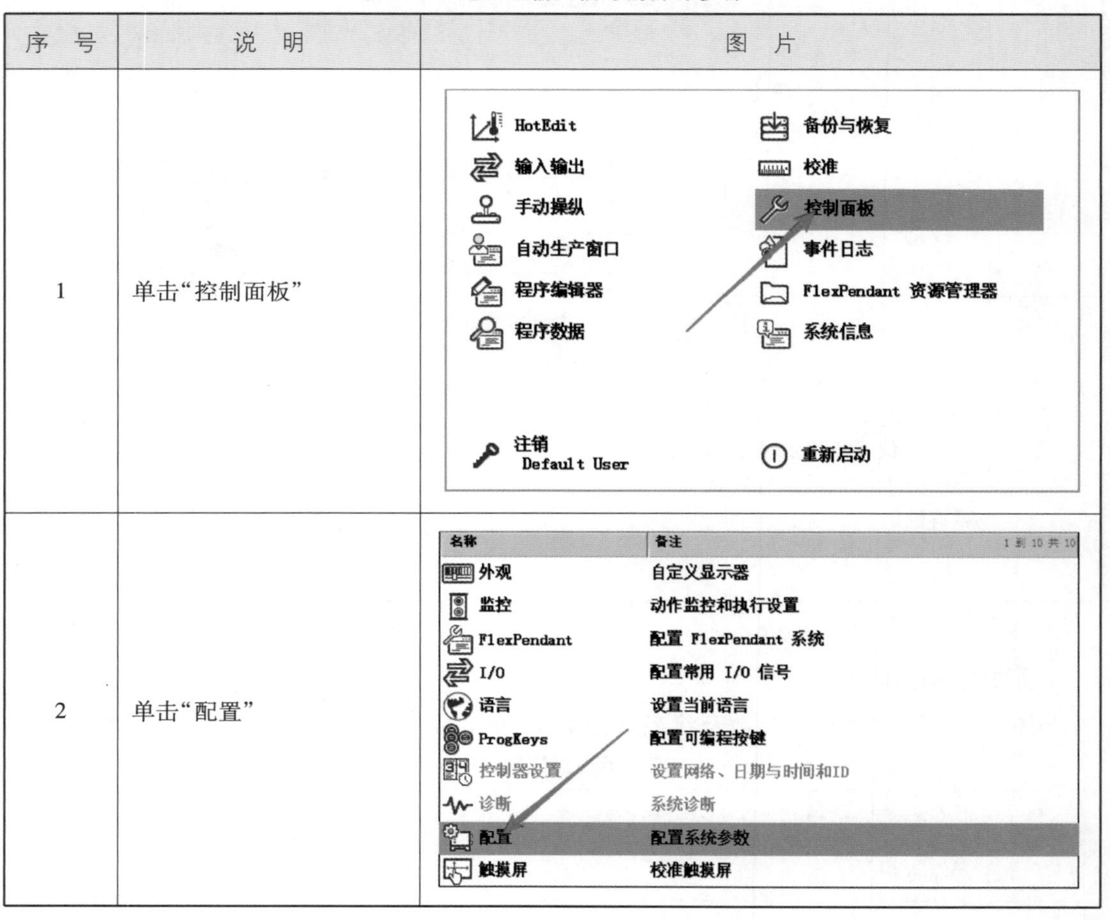

序　号	说　明	图　片
1	单击“控制面板”	
2	单击“配置”	

续表

序　号	说　明	图　片
3	单击选择“Signal”,然后双击或单击下方“显示全部”	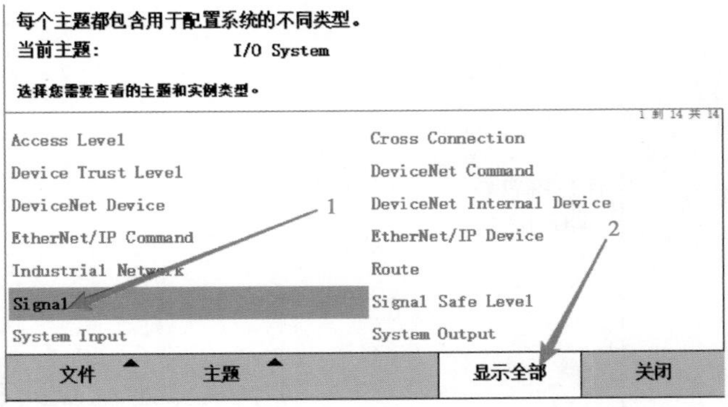 每个主题都包含用于配置系统的不同类型。 当前主题: I/O System 选择您需要查看的主题和实例类型。 Access Level　Cross Connection Device Trust Level　DeviceNet Command DeviceNet Device　DeviceNet Internal Device EtherNet/IP Command　EtherNet/IP Device Industrial Network　Route Signal　Signal Safe Level System Input　System Output 文件　主题　显示全部　关闭
4	进入如右图所示窗口,单击“添加”	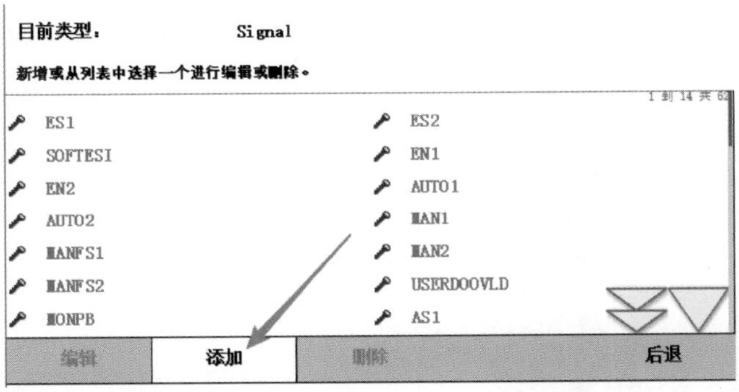 目前类型: Signal 新增或从列表中选择一个进行编辑或删除。 ES1　ES2 SOFTESI　EN1 EN2　AUTO1 AUTO2　MAN1 MANFS1　MAN2 MANFS2　USERDOOVLD MONPB　AS1 编辑　添加　删除　后退
5	要对新添加的信号进行参数配置,选中“Name”,然后双击进行名称设定	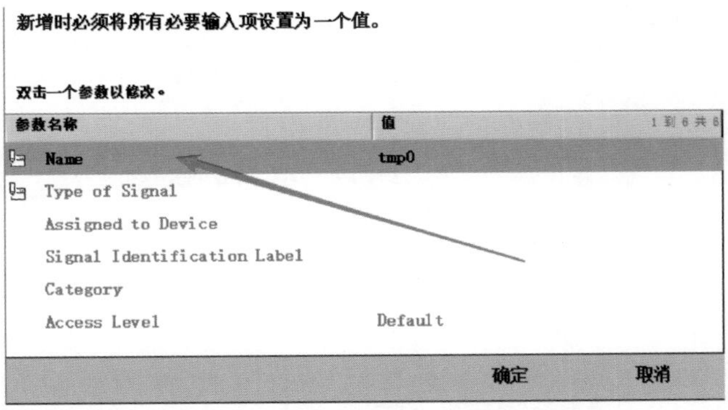 新增时必须将所有必要输入项设置为一个值。 双击一个参数以修改。 参数名称　值 Name　tmp0 Type of Signal Assigned to Device Signal Identification Label Category Access Level　Default 确定　取消

续表

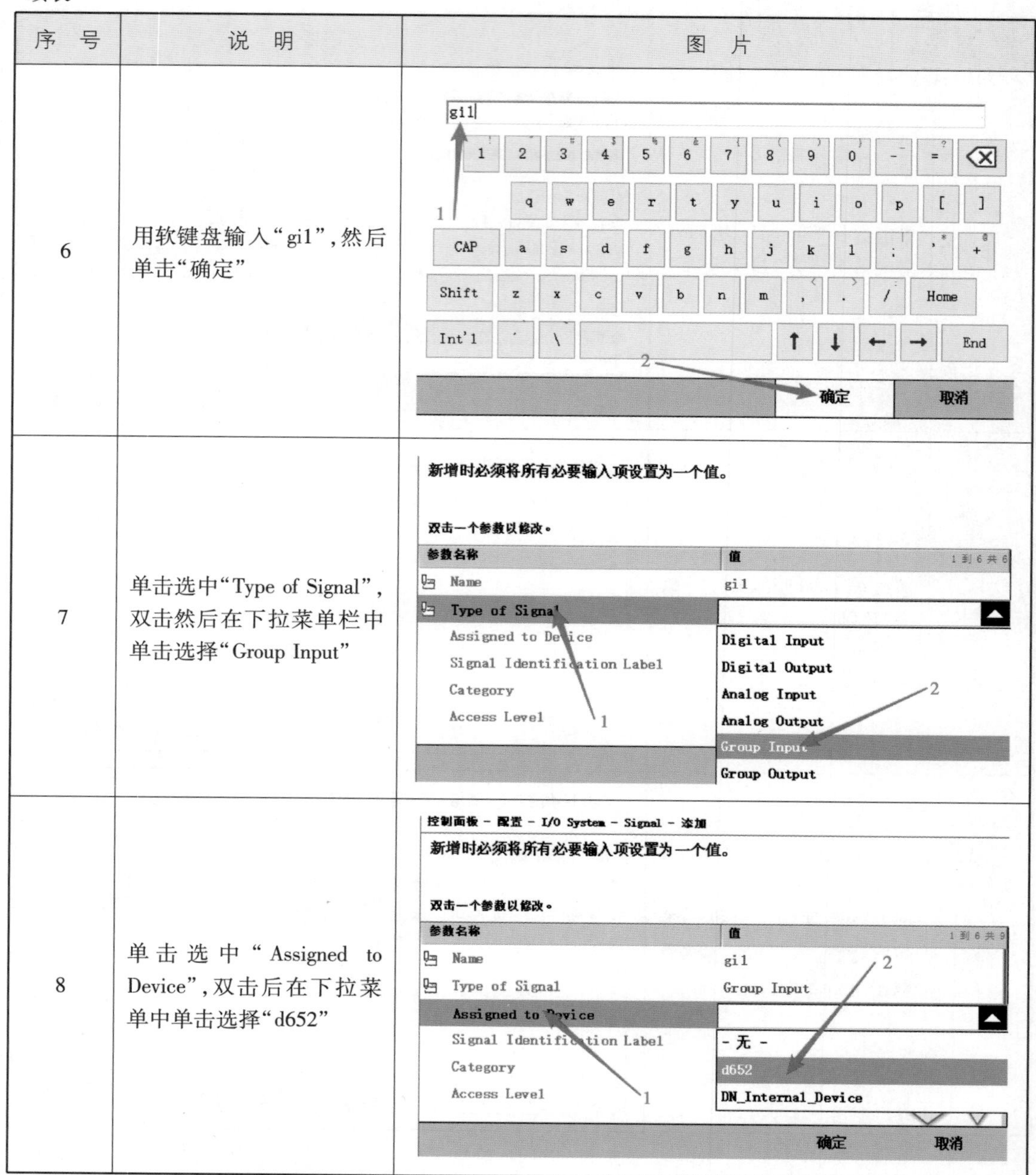

序　号	说　明	图　片
6	用软键盘输入“gi1”，然后单击“确定”	
7	单击选中“Type of Signal”，双击然后在下拉菜单栏中单击选择“Group Input”	
8	单击选中“Assigned to Device”，双击后在下拉菜单中单击选择“d652”	

续表

序　号	说　明	图　片
9	单击选中“Device Mapping”，双击进入设定参数窗口	
10	在输入“-”符号时，这个不是减号，单击“Int'1”后找到“-”符号再单击输入	
11	在软键盘中单击输入参数“1-4”，然后单击“确定”	

续表

序　号	说　明	图　片
12	完成设定后单击“确定”	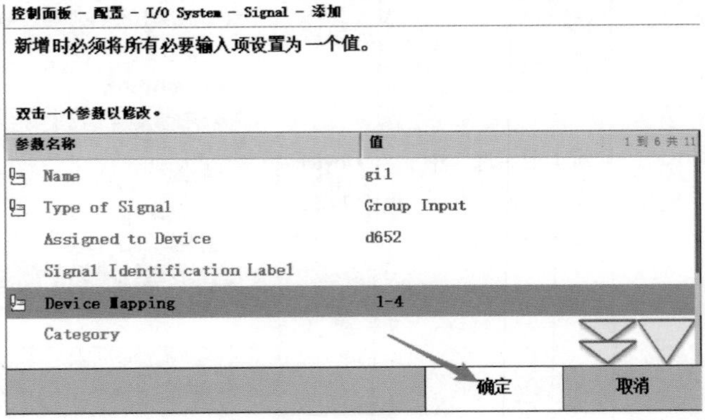 控制面板 - 配置 - I/O System - Signal - 添加 新增时必须将所有必要输入项设置为一个值。 双击一个参数以修改。 参数名称 / 值 / 1 到 6 共 11 Name gi1 Type of Signal Group Input Assigned to Device d652 Signal Identification Label Device Mapping 1-4 Category 确定 取消
13	在弹出的对话框中单击“是”，重启控制器以完成设置	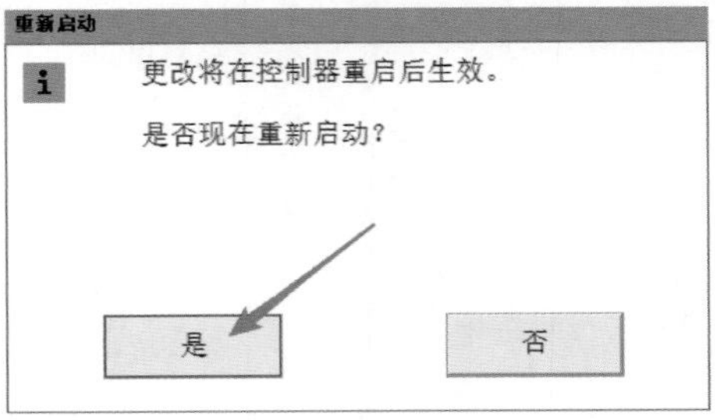 重新启动 更改将在控制器重启后生效。 是否现在重新启动？ 是 否

5.定义组输出信号 go1

定义组输出信号 go1 的相关参数及状态见表 4-19、表 4-20。

表 4-19　定义组输出信号 go1 相关参数

参数名称	设定值	说　明
Name	go1	设定组输出信号的名字
Type of Signal	Group Output	设定信号的种类
Assigned to Unit	d652	设定信号所在的 I/O 模块
Unit Mapping	12～15	设定信号所占用的地址

表 4-20　定义组输出信号 go1 状态

状　态	地址 12	地址 13	地址 14	地址 15	十进制数
	1	2	4	8	
状态 1	0	1	0	1	2+8=10
状态 2	1	0	1	1	1+4+8=13

定义组输出信号 go1 的操作见表 4-21。

表 4-21　定义组输出信号 go1 操作

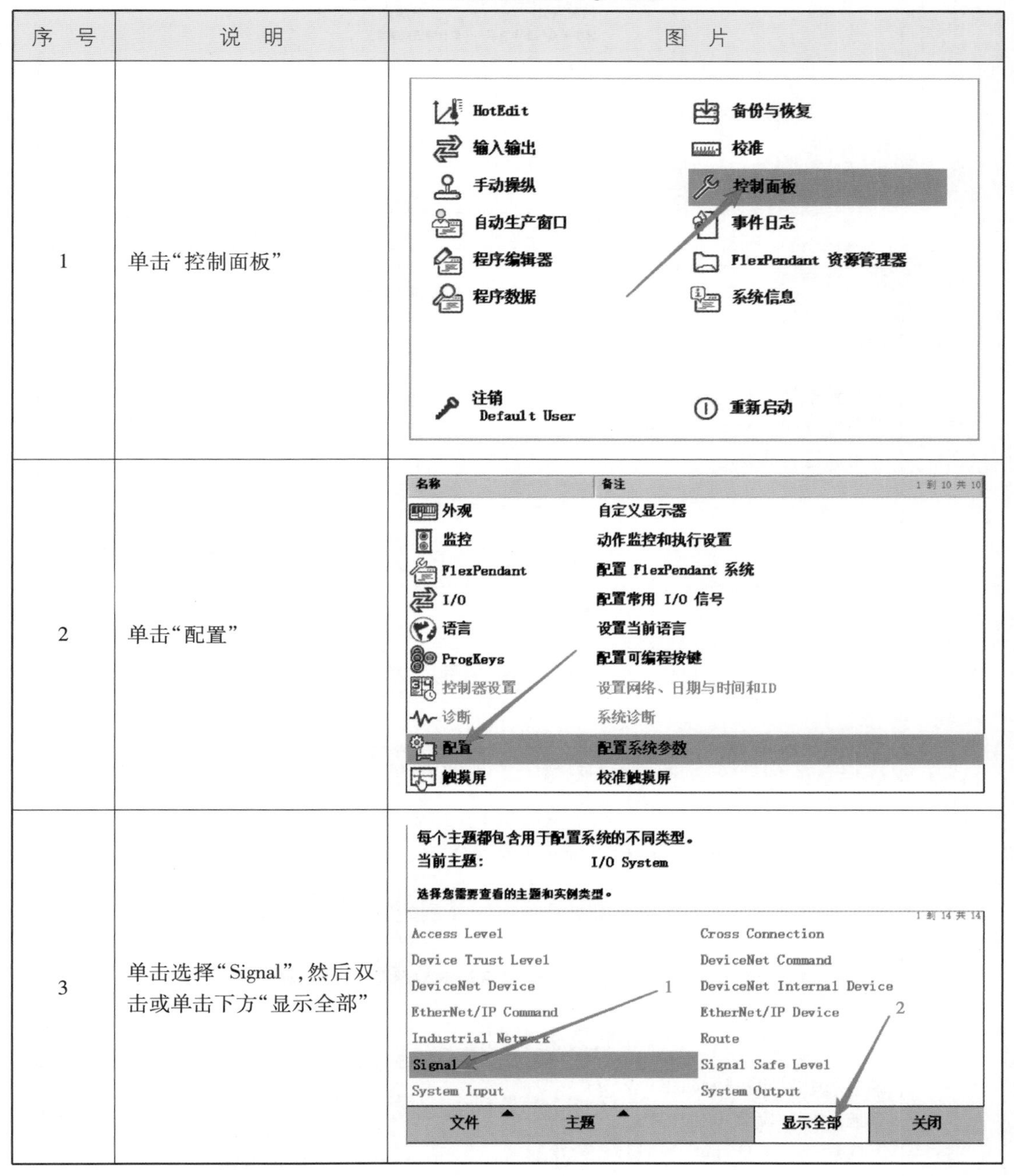

序　号	说　明	图　片
1	单击“控制面板”	
2	单击“配置”	
3	单击选择“Signal”，然后双击或单击下方“显示全部”	

续表

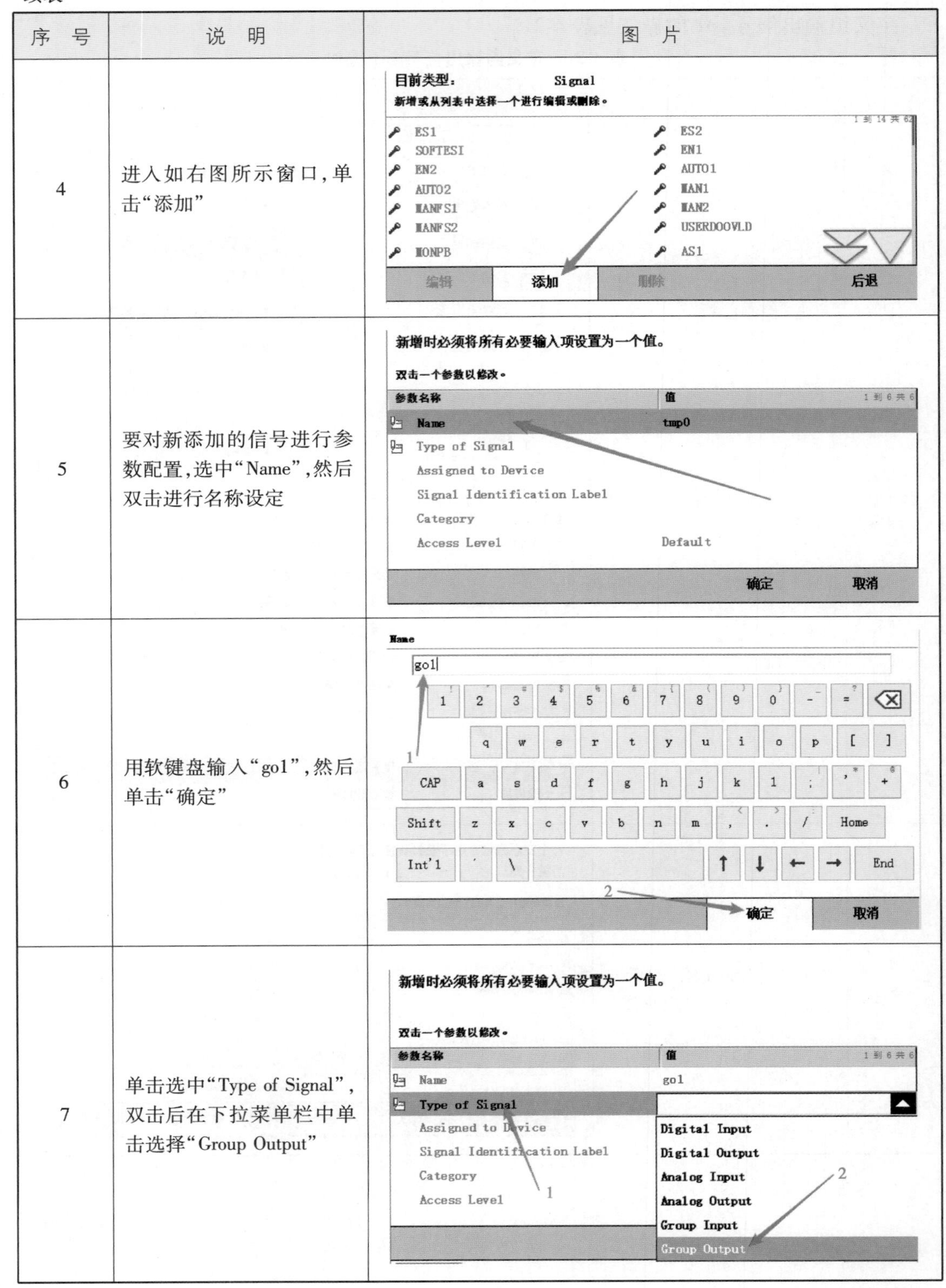

序　号	说　明	图　片
4	进入如右图所示窗口，单击“添加”	
5	要对新添加的信号进行参数配置，选中“Name”，然后双击进行名称设定	
6	用软键盘输入“go1”，然后单击“确定”	
7	单击选中“Type of Signal”，双击后在下拉菜单栏中单击选择“Group Output”	

续表

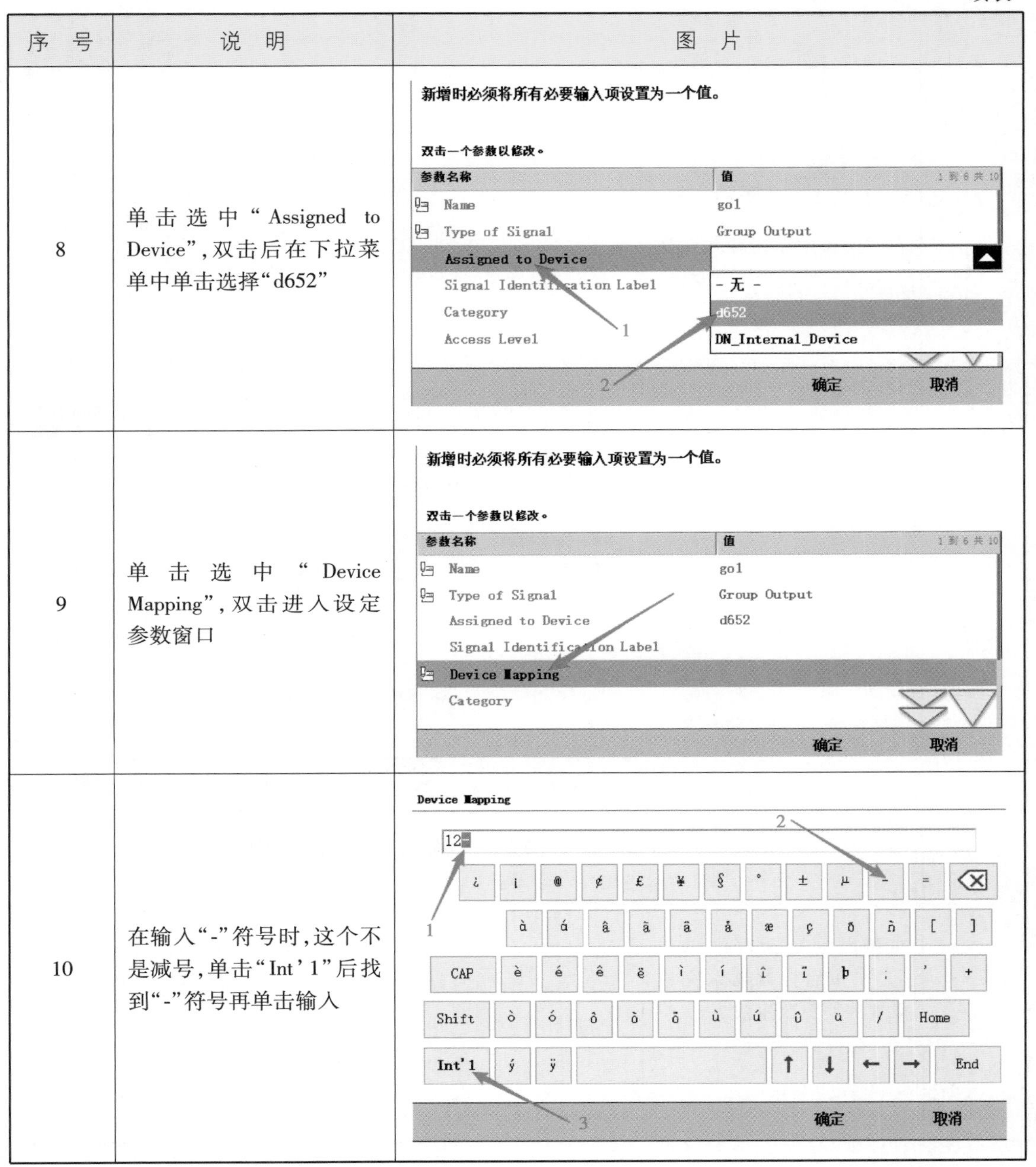

序　号	说　明	图　片
8	单击选中“Assigned to Device”，双击后在下拉菜单中单击选择“d652”	
9	单击选中“Device Mapping”，双击进入设定参数窗口	
10	在输入“-”符号时，这个不是减号，单击“Int'1”后找到“-”符号再单击输入	

续表

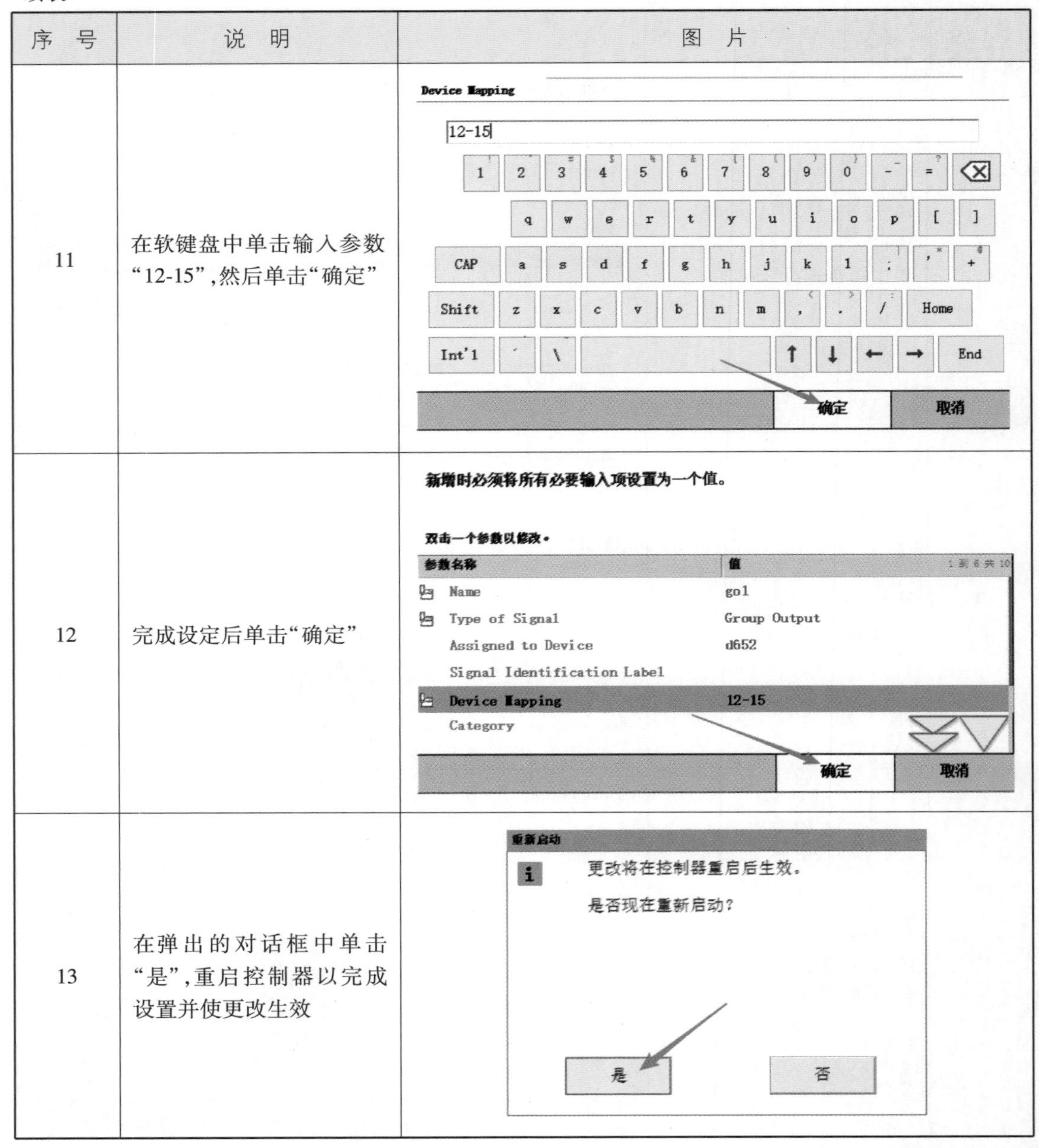

序　号	说　明	图　片
11	在软键盘中单击输入参数“12-15”，然后单击“确定”	
12	完成设定后单击“确定”	
13	在弹出的对话框中单击“是”，重启控制器以完成设置并使更改生效	

任务 4-3　模拟信号的说明

任务描述：

如果工业机器人是用于焊接，焊接的电压、电流是模拟信号，就需要选配带有模拟信号的标准 I/O 板 DSQC651，DSQC651 板卡提供了 2 个模拟量输出端口，电压为 0~10 V，例如，可以用于弧焊应用中控制焊接电源的电压、电流;模拟输出端口 A1 地址范围为:0~15,模拟输出端口 A2 地址范围为:16~31,如图 4-4 所示。

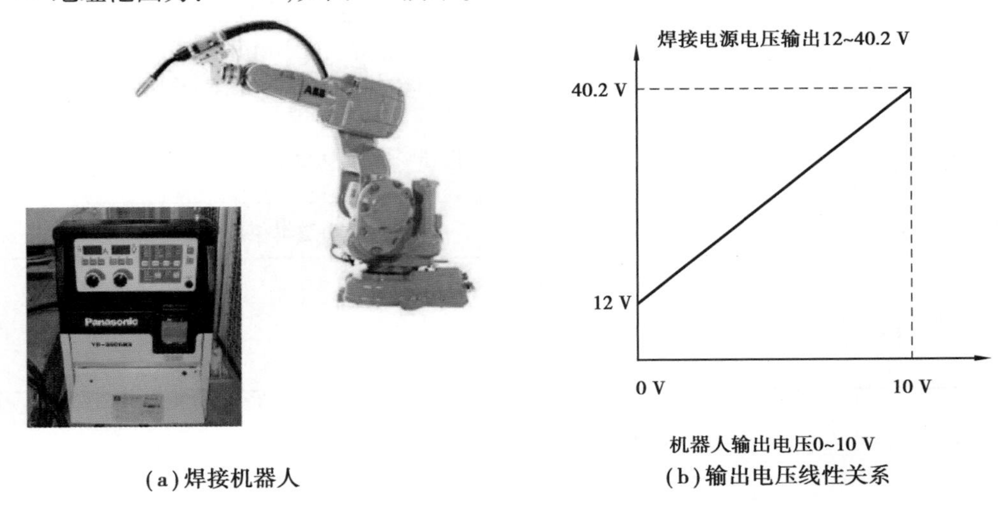

(a)焊接机器人　　(b)输出电压线性关系

图 4-4　焊接机器人电源电压输出与机器人输出电压的线性关系

知识学习:

模拟输出信号常用于控制焊接电源电压,这里以创建焊接电源电压输出与机器人的输出电压的线性关系为例,定义模拟输出信号 ao1,相关参数见表 4-22。

表 4-22　焊接参数

参数名称	设定值	说　明
Name	ao1	设定模拟输出信号的名字
Type of Signal	Analog Output	设定信号的类型
Assigned to Device	Board10	设定信号所在的 I/O 模块
Device Mapping	0~15	设定信号所占用的地址
Default Value	12	默认值,不得小于最小逻辑值
Analog Encoding Type	Unsigned	默认值,不得小于最小逻辑值
Maximum Logical Value	40.2	最大逻辑值,焊机最大输出电压 40.2 V
Maximum Physical Value	10	最大物理值,焊机最大输出电压时所对应 I/O 板卡最大输出电压值
Maximum Physical Value Limit	10	最大物理限值,I/O 板卡端口最大输出电压值
Maximum Bit Value	65535	最大逻辑位值,16 位
Minimum Logical Value	12	最小逻辑值,焊机最小输出电压 12 V

续表

参数名称	设定值	说　明
Minimum Physical Value	0	最小物理值，焊机最小输出电压时所对应 I/O 板卡最小输出电压值
Minimum Physical Value Limit	0	最小物理限值，I/O 板卡端口最小输出电压
Minimum Bit Value	0	最小逻辑位值

其操作过程见表 4-23。

表 4-23　添加模拟信号操作步骤

序　号	说　明	图　片
1	单击左上角主菜单按钮，单击“控制面板”	
2	单击“配置”	

续表

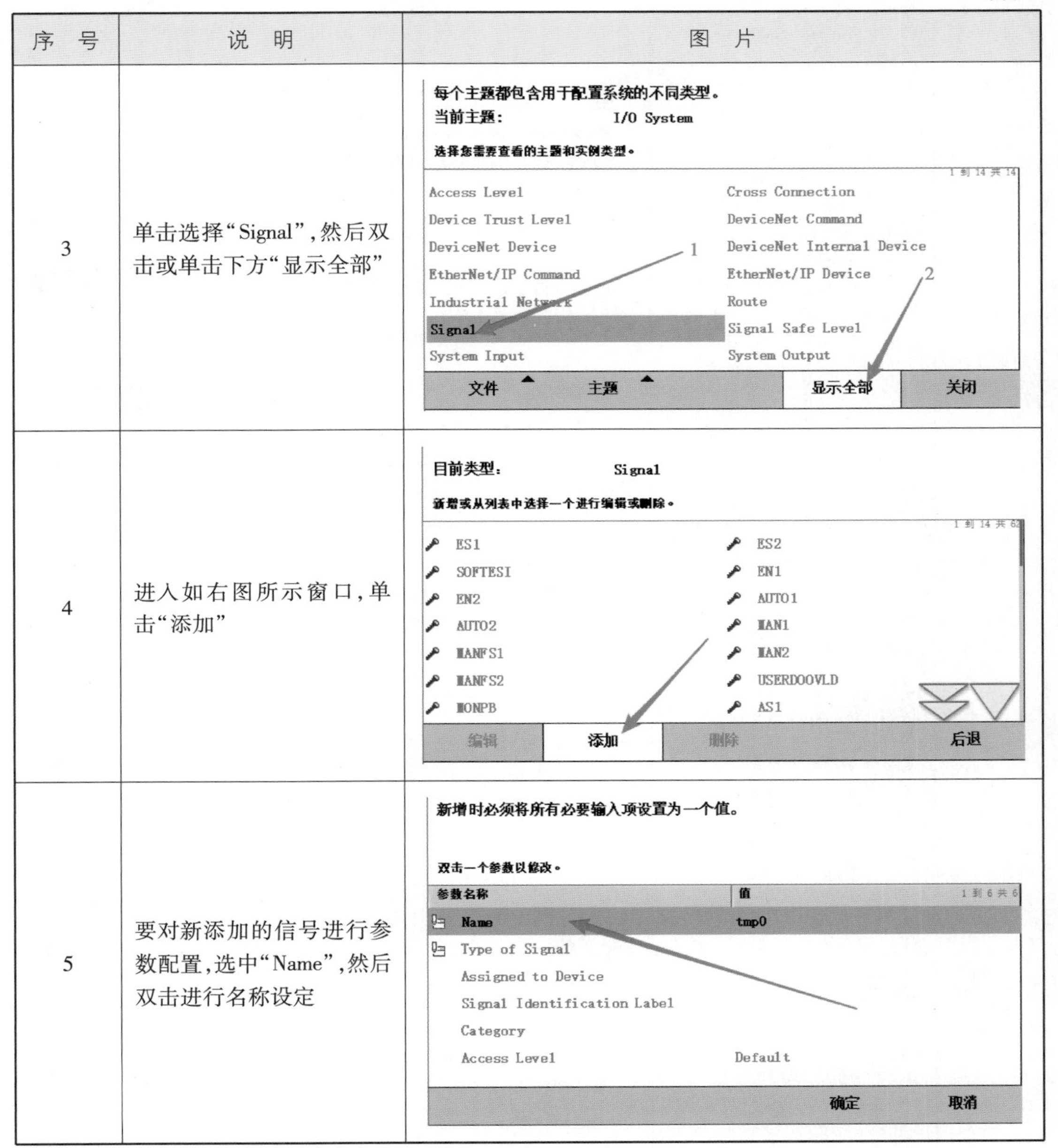

序　号	说　明	图　片
3	单击选择“Signal”，然后双击或单击下方“显示全部”	
4	进入如右图所示窗口，单击“添加”	
5	要对新添加的信号进行参数配置，选中“Name”，然后双击进行名称设定	

续表

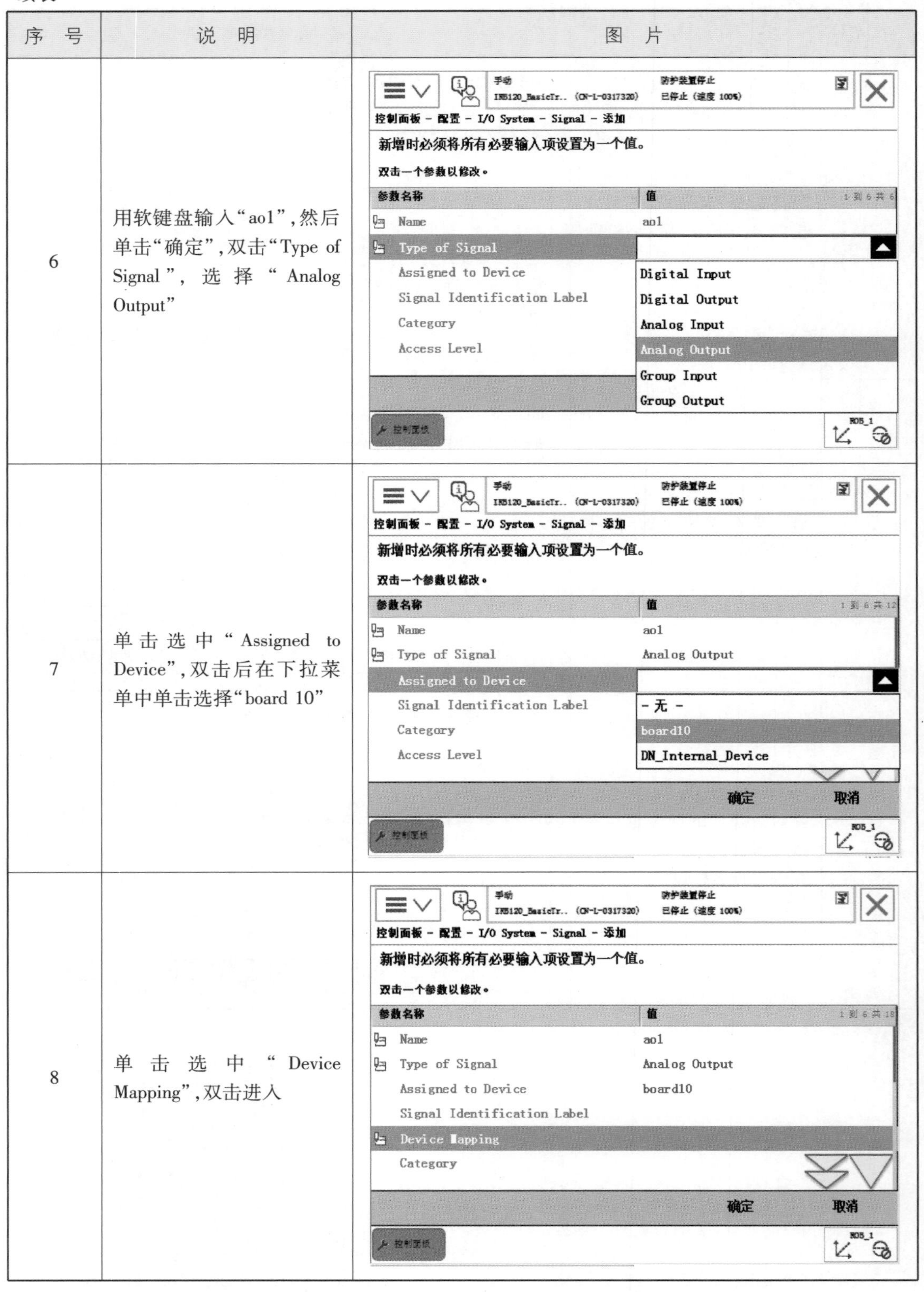

序 号	说 明	图 片
6	用软键盘输入“ao1”，然后单击“确定”，双击“Type of Signal”，选择“Analog Output”	
7	单击选中“Assigned to Device”，双击后在下拉菜单中单击选择“board 10”	
8	单击选中“Device Mapping”，双击进入	

续表

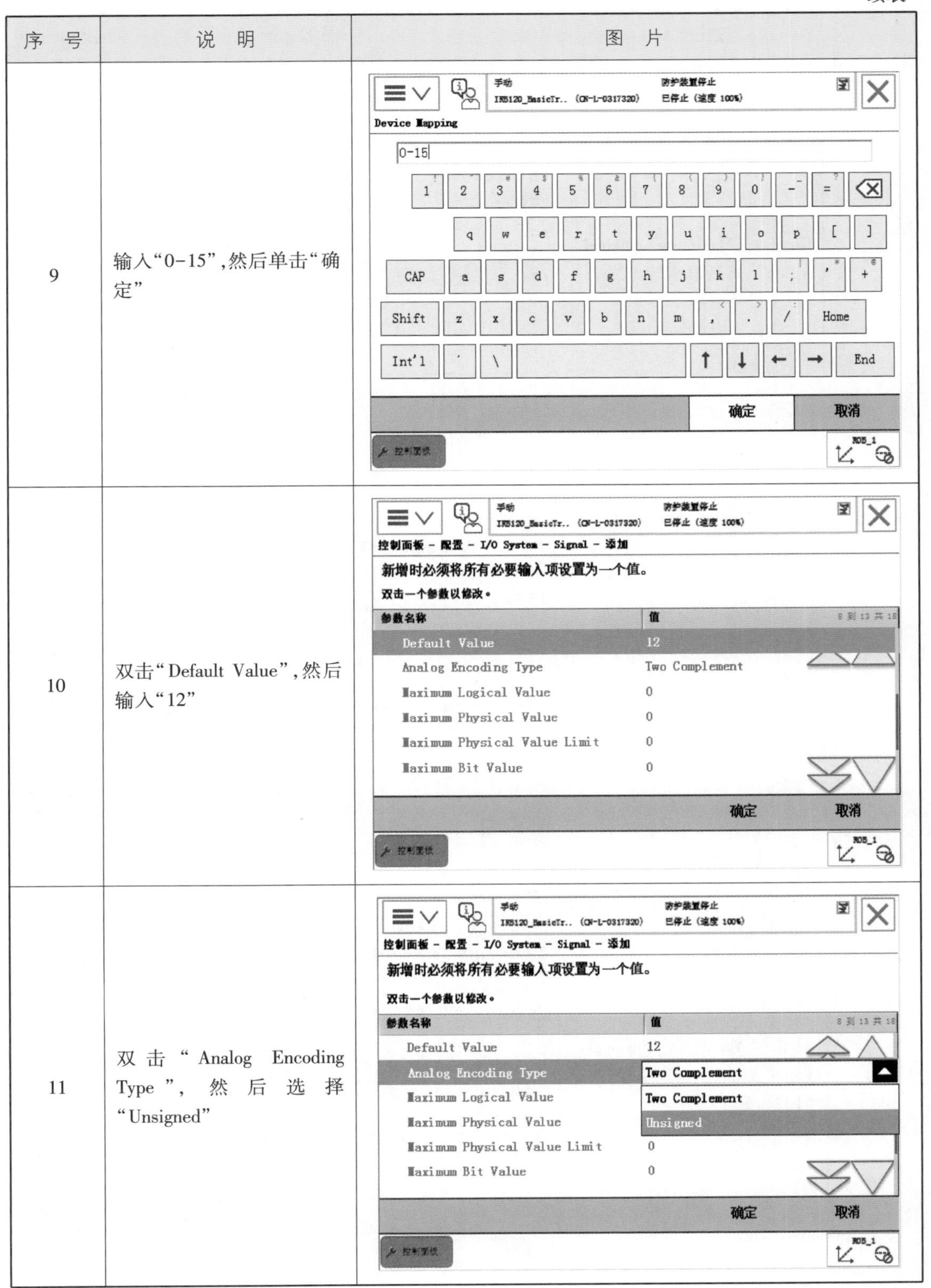

序　号	说　明	图　片
9	输入“0-15”，然后单击“确定”	
10	双击“Default Value”，然后输入“12”	
11	双击“Analog Encoding Type”，然后选择“Unsigned”	

续表

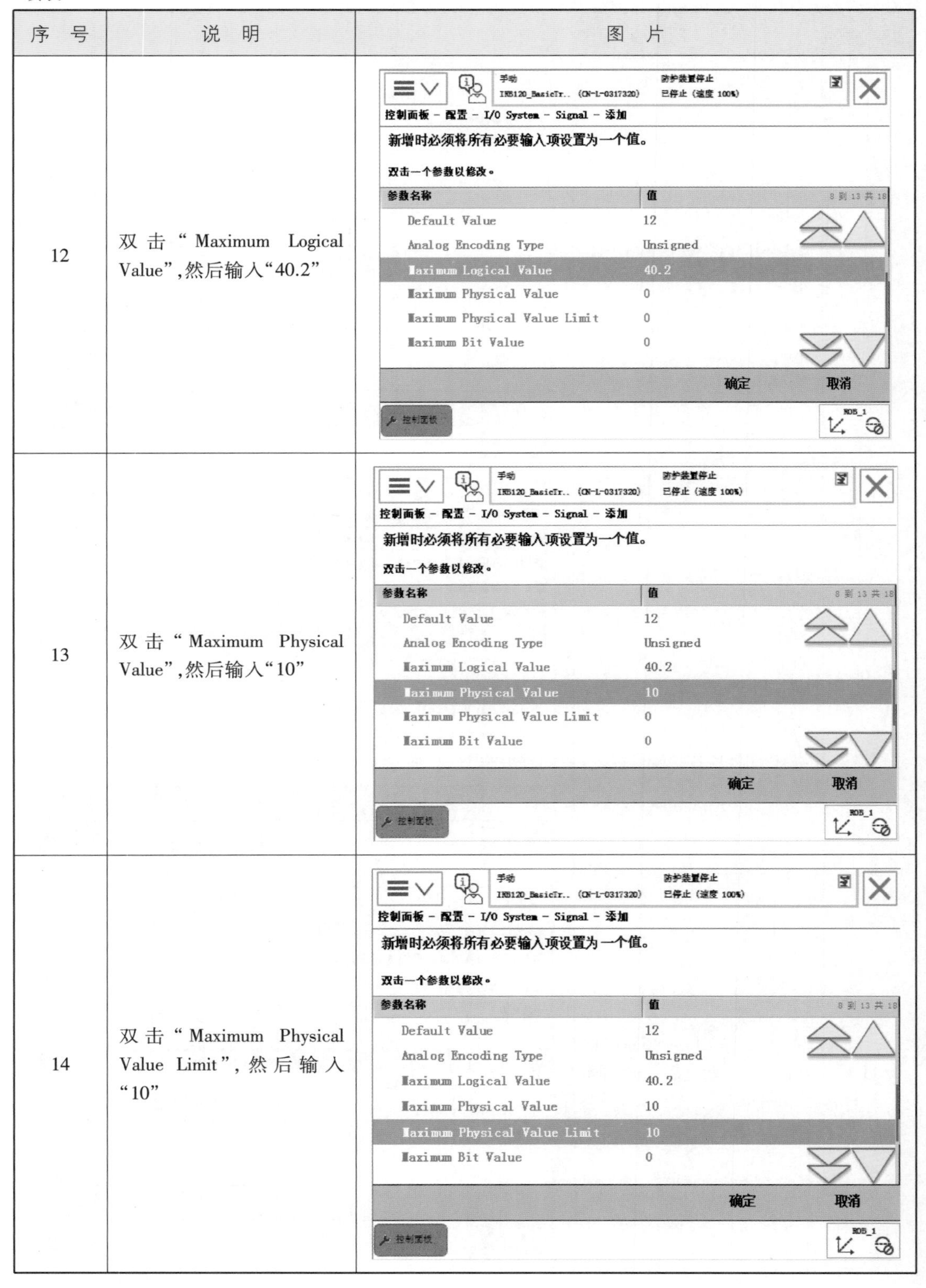

序　号	说　明	图　片
12	双击“Maximum Logical Value”,然后输入“40.2”	
13	双击“Maximum Physical Value”,然后输入“10”	
14	双击“Maximum Physical Value Limit”,然后输入“10”	

续表

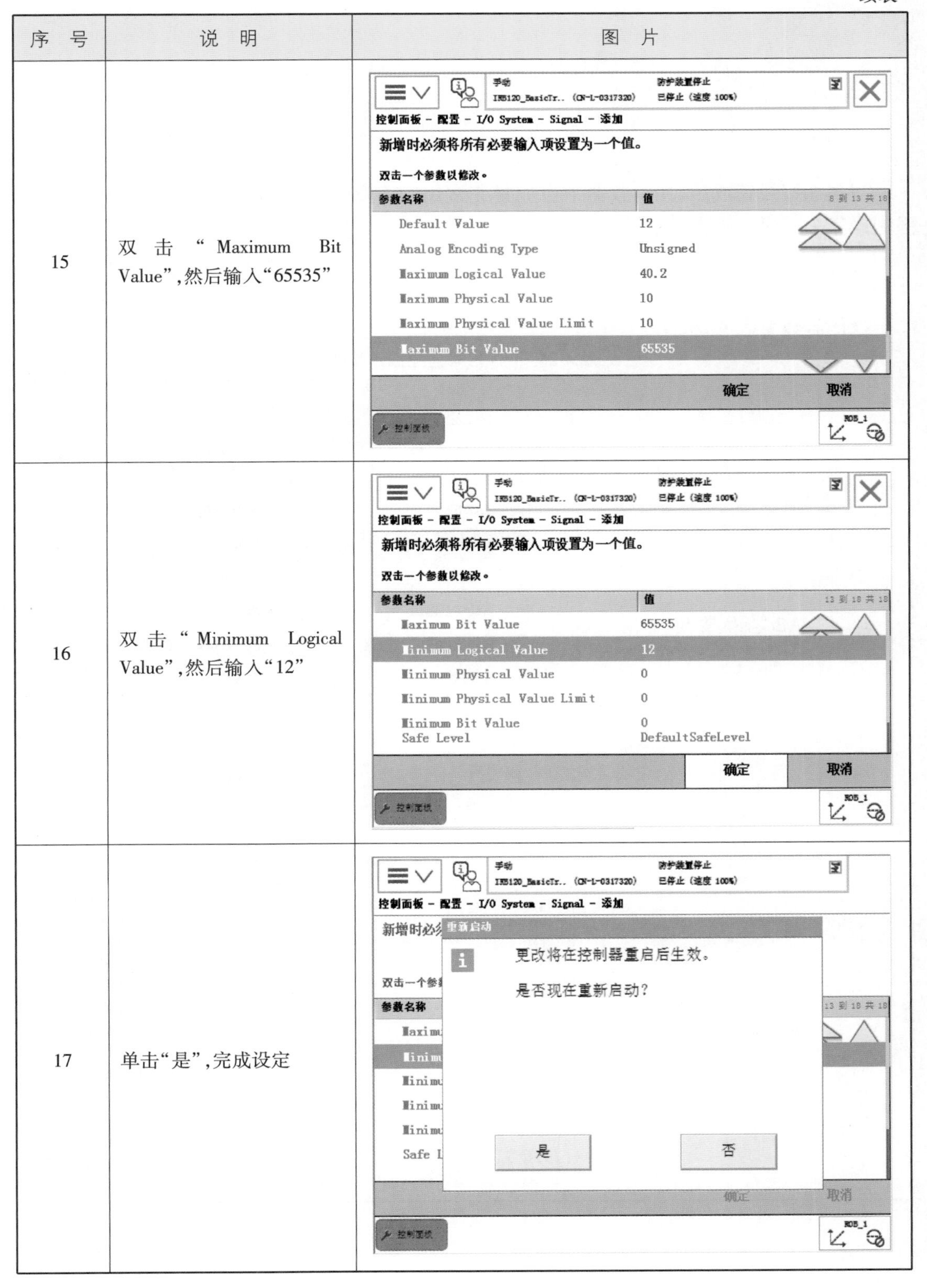

序　号	说　明	图　片
15	双击"Maximum Bit Value",然后输入"65535"	
16	双击"Minimum Logical Value",然后输入"12"	
17	单击"是",完成设定	

任务 4-4　I/O 信号的监控

任务描述:

当现场接线完成后,在示教器中也配置完常用的 I/O 信号后,要对 I/O 信号进行仿真和强制操作去观察实际设备的动作。

知识学习:

操作步骤见表 4-24。

表 4-24　I/O 信号监控操作步骤

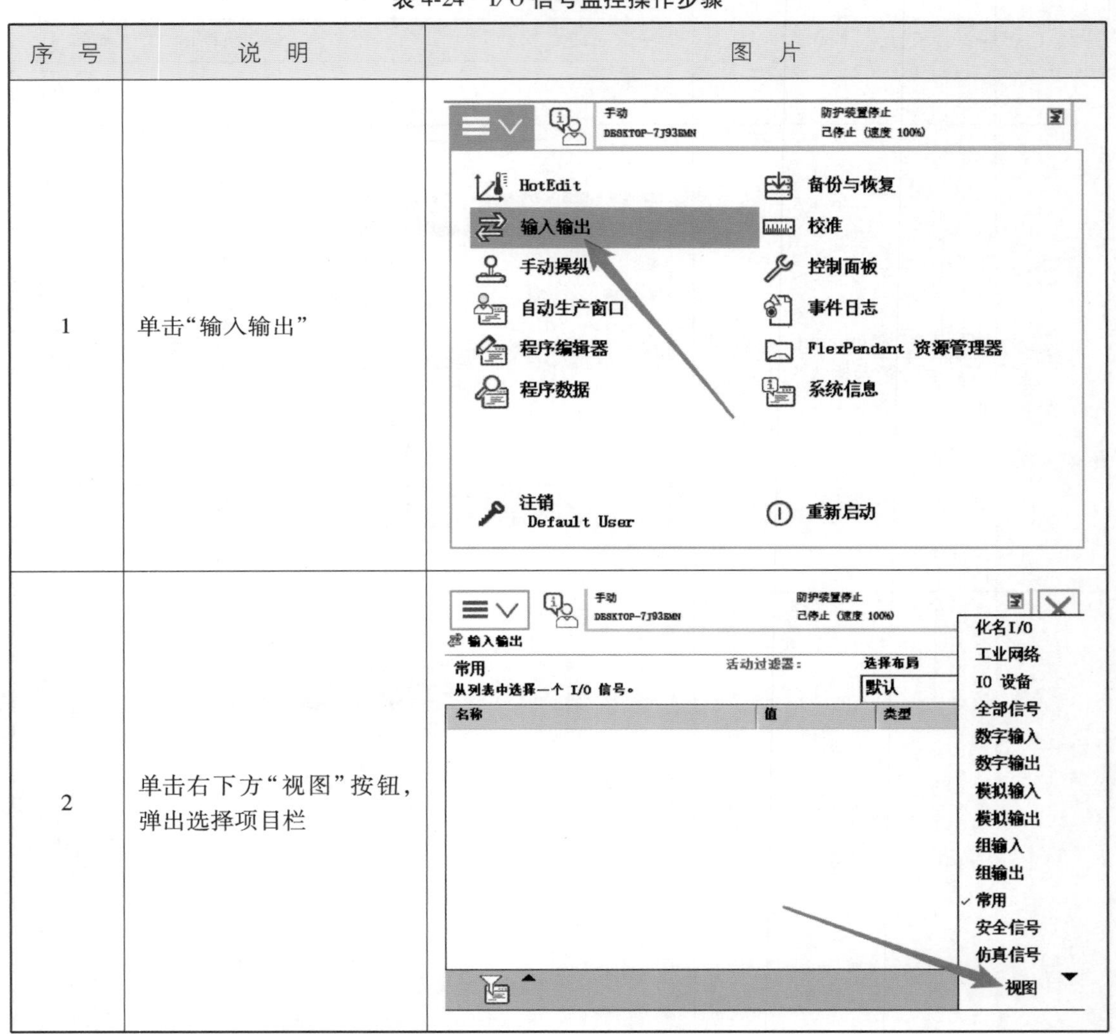

序　号	说　明	图　片
1	单击“输入输出”	
2	单击右下方“视图”按钮,弹出选择项目栏	

续表

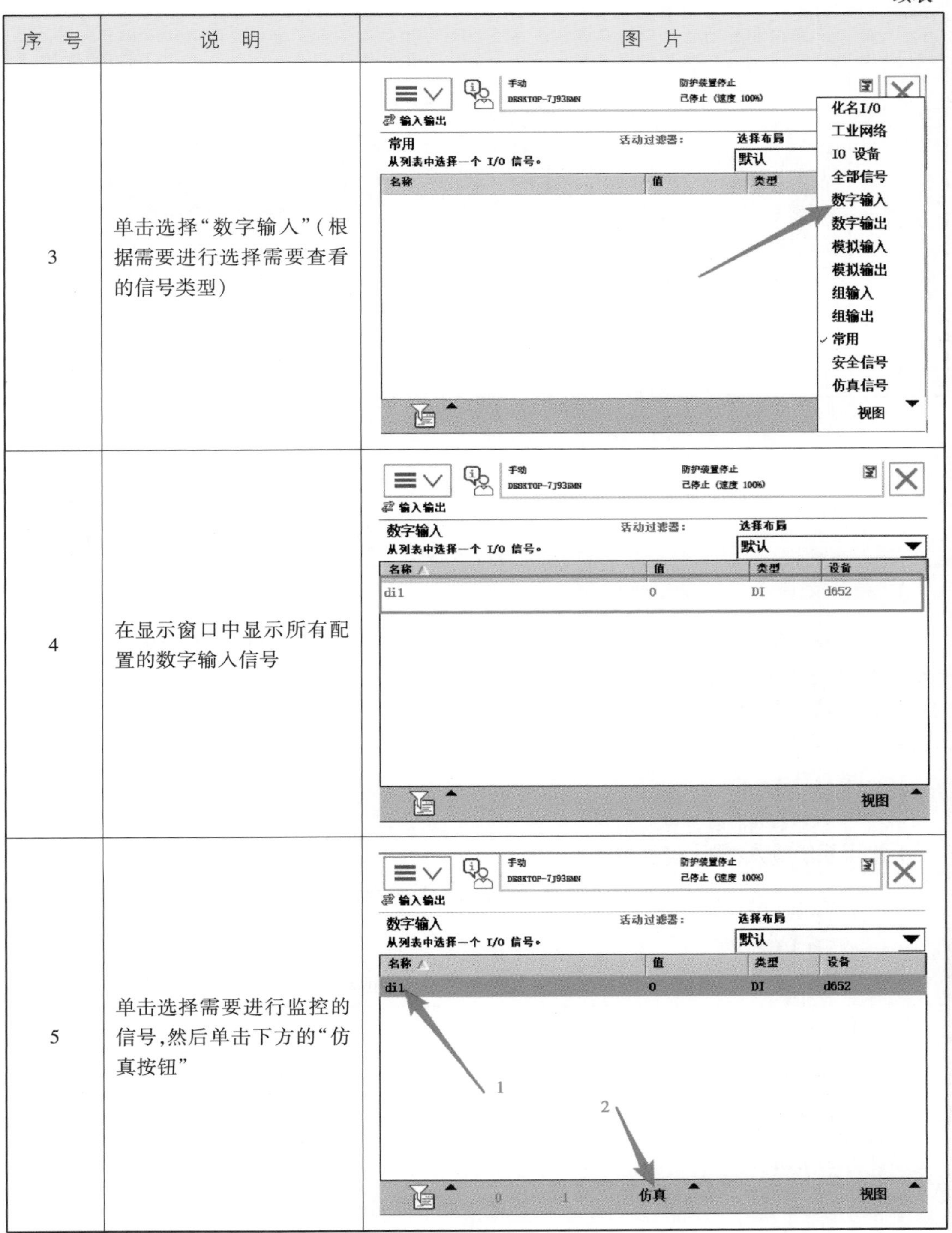

序　号	说　明	图　片
3	单击选择“数字输入”(根据需要进行选择需要查看的信号类型)	
4	在显示窗口中显示所有配置的数字输入信号	
5	单击选择需要进行监控的信号,然后单击下方的“仿真按钮”	

续表

序　号	说　明	图　片
6	单击下方的“0”或“1”按钮,观察信号的值是否发生改变,外部连接的设备是否发生相应的动作	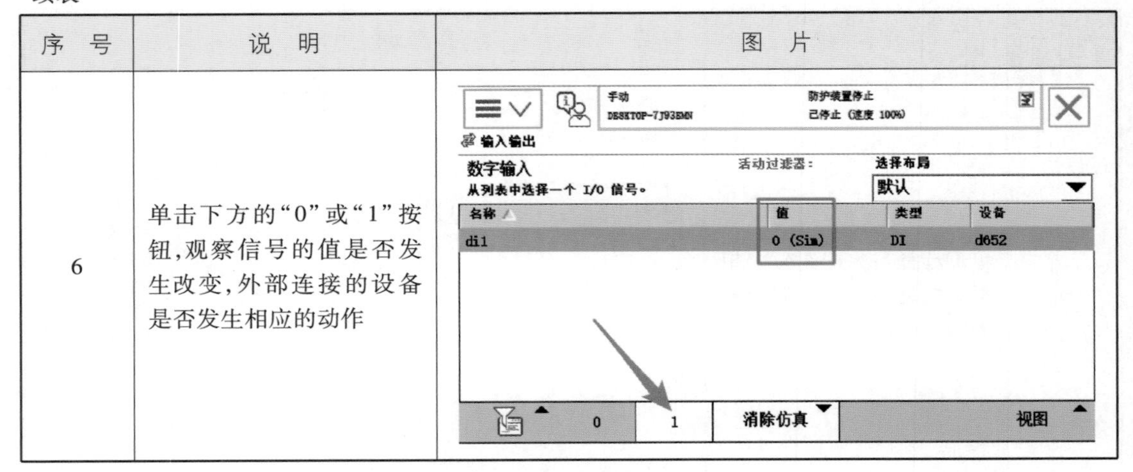

任务 4-5　系统输入/输出与 I/O 信号的关联

关联机器人系统输入输出与I/O信号的操作

任务描述:

将数字输入信号与系统的控制信号关联起来,就可以对系统进行控制,例如电动机开启、程序启动等。系统的状态信号也可以与数字信号关联起来,将系统的状态输出给外围设备,以作控制之用。下面就以电动机开启为例介绍系统输入/输出与I/O信号关联的操作步骤。

知识学习:

1.常用系统输入/输出信号说明

表 4-25　系统输入信号说明

系统输入	说　明
Motor On	电动机上电
Motor and Start	电动机上电并启动运行
Motor Off	电动机下电
Laod and Start	加载程序并启动运行
Interrupt	中断触发
Start	启动运行
Start at Main	从主程序启动运行
Stop	暂停

续表

系统输入	说　明
Quick Stop	快速停止
Soft Stop	软停止
Stop at End of Cycle	在循环结束后停止
Stop at End of Instrction	在指令运行结束后停止
Reset Execution Error Signal	报警复位
Reset Emergency Stop	急停复位
System Restart	重启系统
Load	加载程序文件,适用后,之前适用 Load 加载的程序文件将被清除
Backup	系统备份

表 4-26　系统输出信号说明

系统输出	说　明
Auto On	自动运行状态
Backup Error	备份错误报警
Backup In Progress	系统备份进行中状态,当备份结束或错误时信号复位
Cycle On	程序运行状态
Emergency Stop	紧急停止
Execution Error	运行错误报警
Mechanical Unit Active	激活机械单元
Mechanical Unit Not Moving	机械单元没有运行
Motor Off	电动机下电
Motor On	电动机上电
Motor Off State	电动机下电状态
Motor On State	电动机上电状态
Motion Supervision On	动作监控打开状态
Motion Supervision Triggered	当碰撞检测被触发时信号位置
Path Return Region Error	返回路径失败状态,机器人当前位置离程序位置太远导致

续表

系统输出	说　明
Power Fail Error	动力供应失效状态，机器人断电后无法从当前位置运行
Production Execution Error	程序执行错误报警
Run Chain Ok	运行链处于正常状态
Simulated I/O	虚拟 I/O 状态，有 I/O 信号处于虚拟状态
Task Executing	任务运行状态
Tcp Speed	TCP 速度，用虚拟输出信号反映机器人当前实际速度
TCP Speed Reference	TCP 速度参考状态，用模拟输出信号反映出机器人当前指令中的速度

注：以上的系统输入/输出信号定义可能会因为机器人系统版本的不同而有所变化。

2.建立系统输入“电动机开启”与数字输入信号 di1 的关联

表 4-27　建立系统输入与数字输入信号关联操作步骤

序　号	说　明	图　片
1	单击“控制面板”	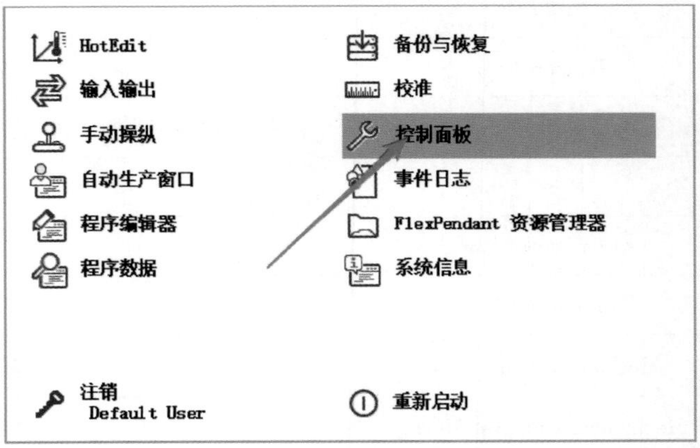
2	单击“配置”	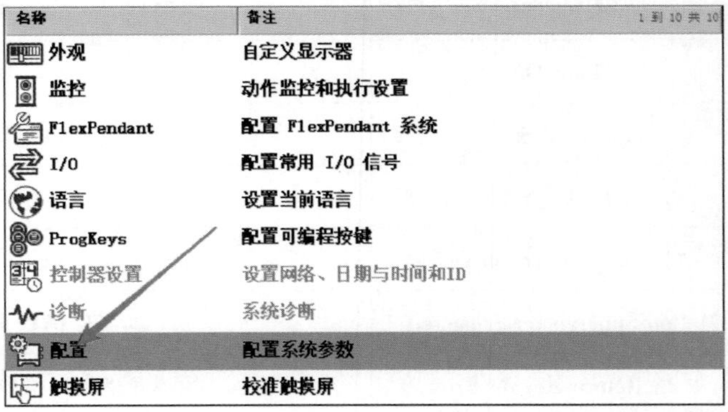

续表

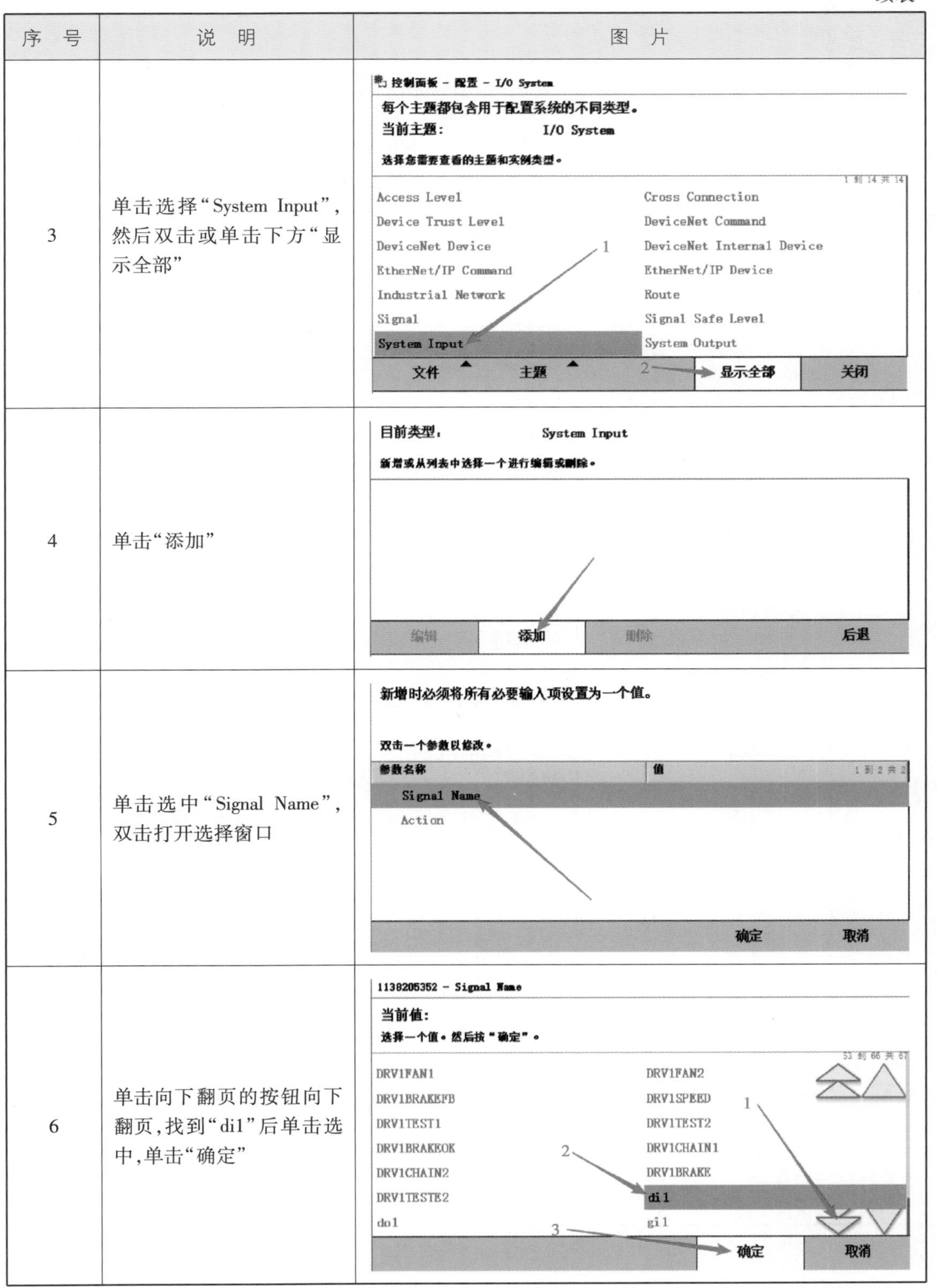

序　号	说　明	图　片
3	单击选择"System Input"，然后双击或单击下方"显示全部"	
4	单击"添加"	
5	单击选中"Signal Name"，双击打开选择窗口	
6	单击向下翻页的按钮向下翻页，找到"di1"后单击选中，单击"确定"	

续表

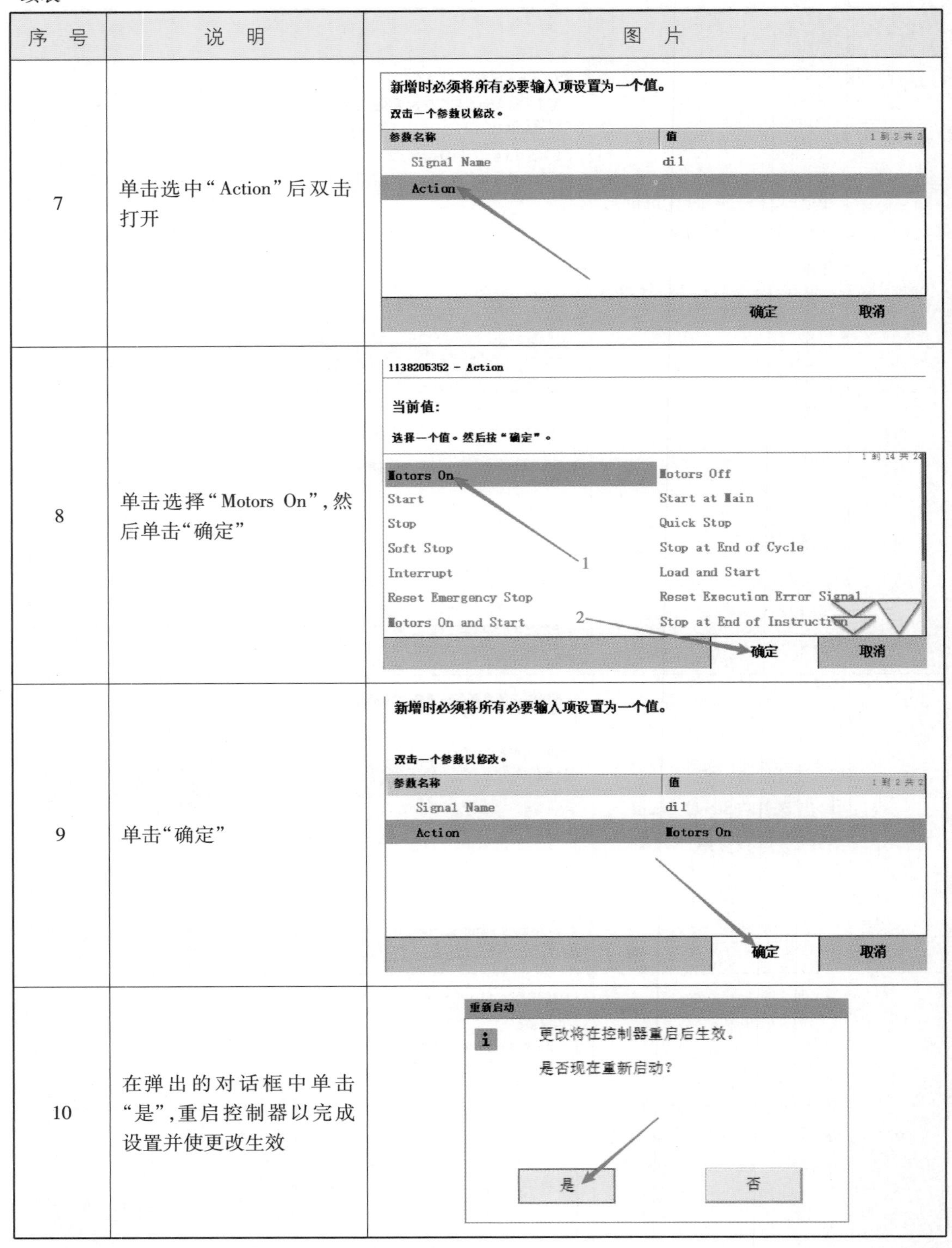

序　号	说　明	图　片
7	单击选中“Action”后双击打开	
8	单击选择“Motors On”，然后单击“确定”	
9	单击“确定”	
10	在弹出的对话框中单击“是”，重启控制器以完成设置并使更改生效	

3.建立系统输出“电动机开启”与数字输出信号 do1 的关联

表 4-28　建立系统输出与数字输出信号的关联

序　号	说　明	图　片
1	单击“控制面板”	HotEdit　备份与恢复 输入输出　校准 手动操纵　控制面板 自动生产窗口　事件日志 程序编辑器　FlexPendant 资源管理器 程序数据　系统信息 注销 Default User　重新启动
2	单击“配置”	名称　备注 外观　自定义显示器 监控　动作监控和执行设置 FlexPendant　配置 FlexPendant 系统 I/O　配置常用 I/O 信号 语言　设置当前语言 ProgKeys　配置可编程按键 控制器设置　设置网络、日期与时间和ID 诊断　系统诊断 配置　配置系统参数 触摸屏　校准触摸屏
3	单击选择“System Output”，然后双击或单击下方“显示全部”	每个主题都包含用于配置系统的不同类型。 当前主题：　I/O System 选择您需要查看的主题和实例类型。 Access Level　Cross Connection Device Trust Level　DeviceNet Command DeviceNet Device　DeviceNet Internal Device EtherNet/IP Command　EtherNet/IP Device Industrial Network　Route Signal　Signal Safe Level System Input　System Output 1　2 文件　主题　显示全部　关闭

续表

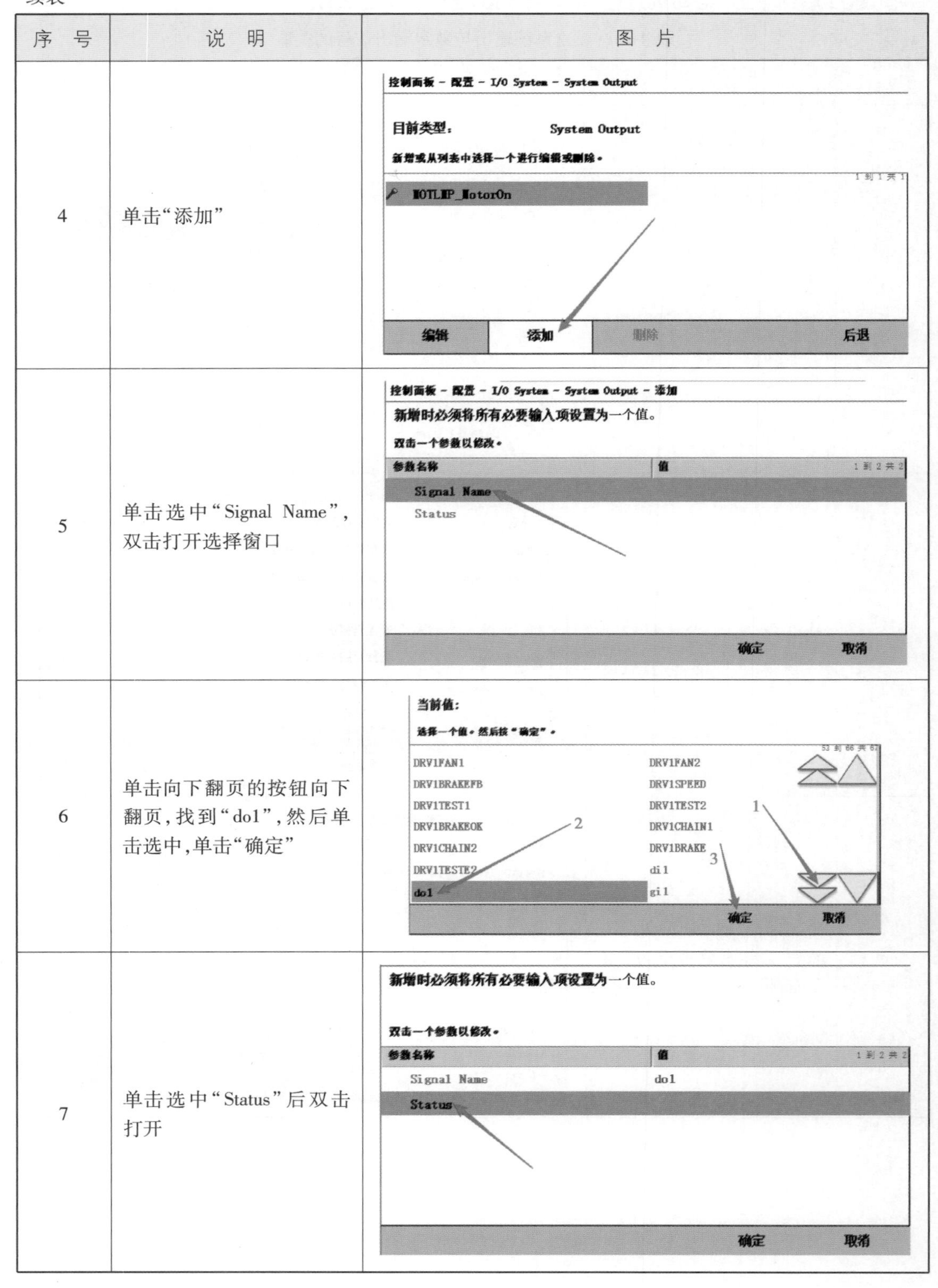

序 号	说 明	图 片
4	单击“添加”	
5	单击选中“Signal Name”，双击打开选择窗口	
6	单击向下翻页的按钮向下翻页，找到“do1”，然后单击选中，单击“确定”	
7	单击选中“Status”后双击打开	

续表

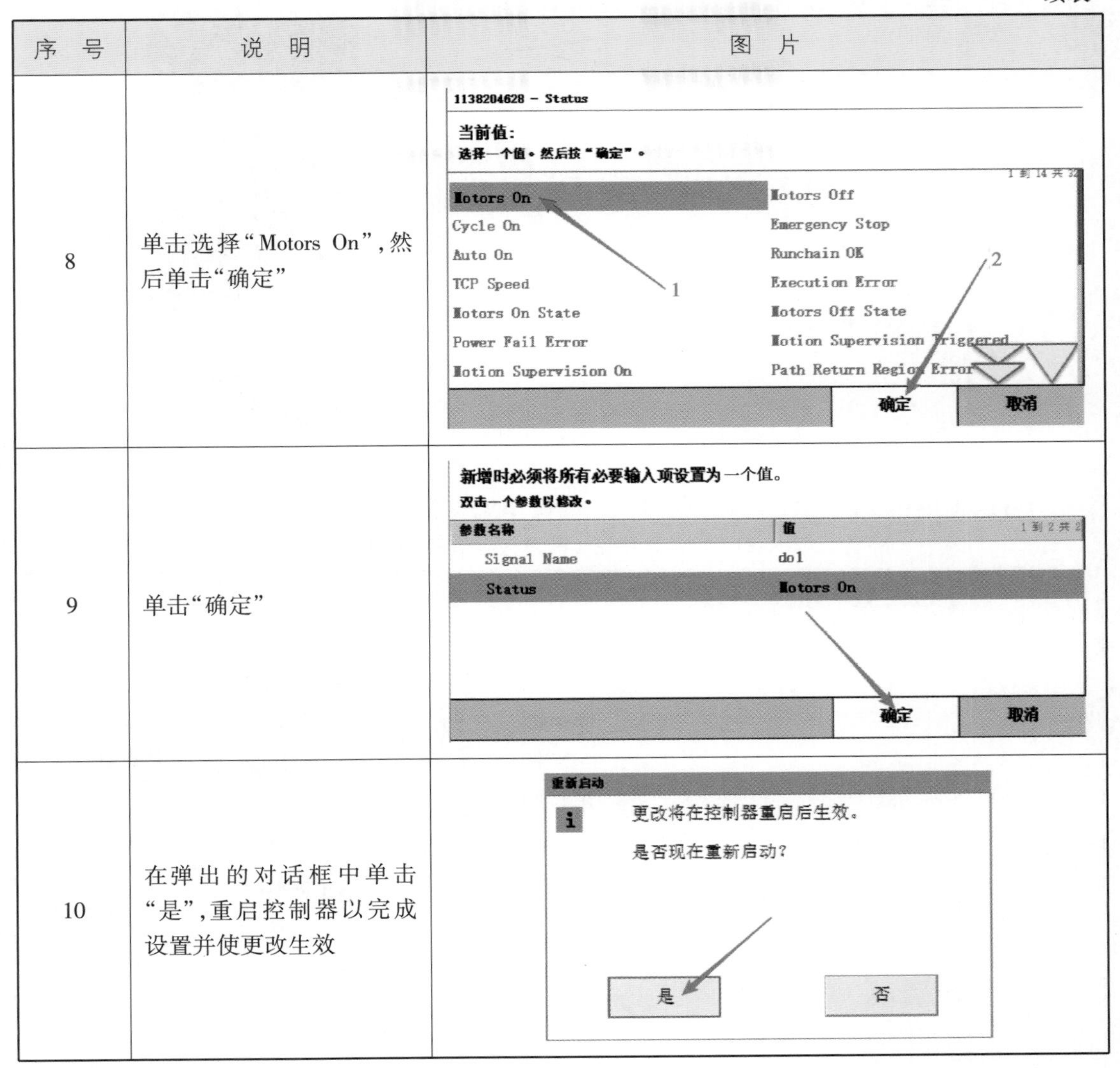

序　号	说　明	图　片
8	单击选择“Motors On”,然后单击“确定”	
9	单击“确定”	
10	在弹出的对话框中单击“是”,重启控制器以完成设置并使更改生效	

任务 4-6　可编程按键的配置

任务描述:

可编程按键就是把常用的 I/O 信号配置到快捷操作按钮上,便于对常用的 I/O 信号进行监控及快捷操作。

知识学习:

图 4-5 中方框内的 4 个按钮就是示教器上的可编程按钮。在示教器中可以通过信号关联为可编程按钮分配想快捷控制的 I/O 信号,以方便对 I/O 信号进行强制与仿真操作。

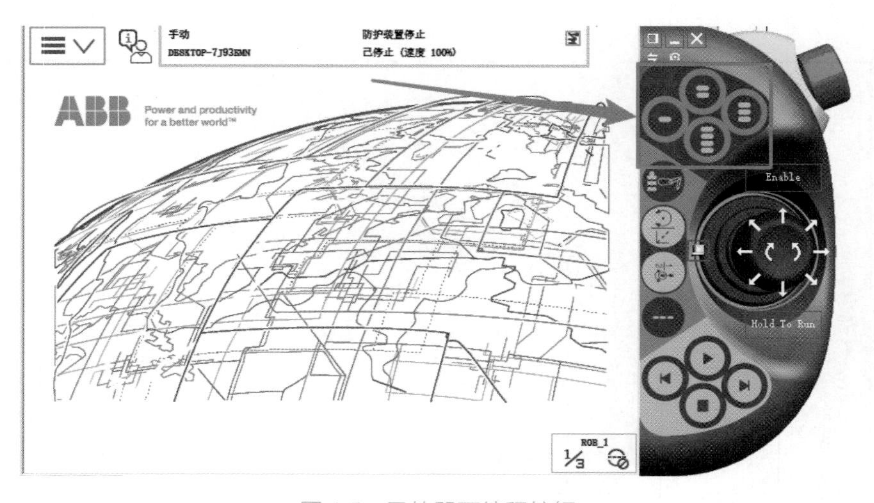

图 4-5　示教器可编程按钮

为可编程按钮 1 配置数字输出信号 do1 的操作见表 4-29。

表 4-29　可编程按钮 1 配置数字信号 do1 的操作

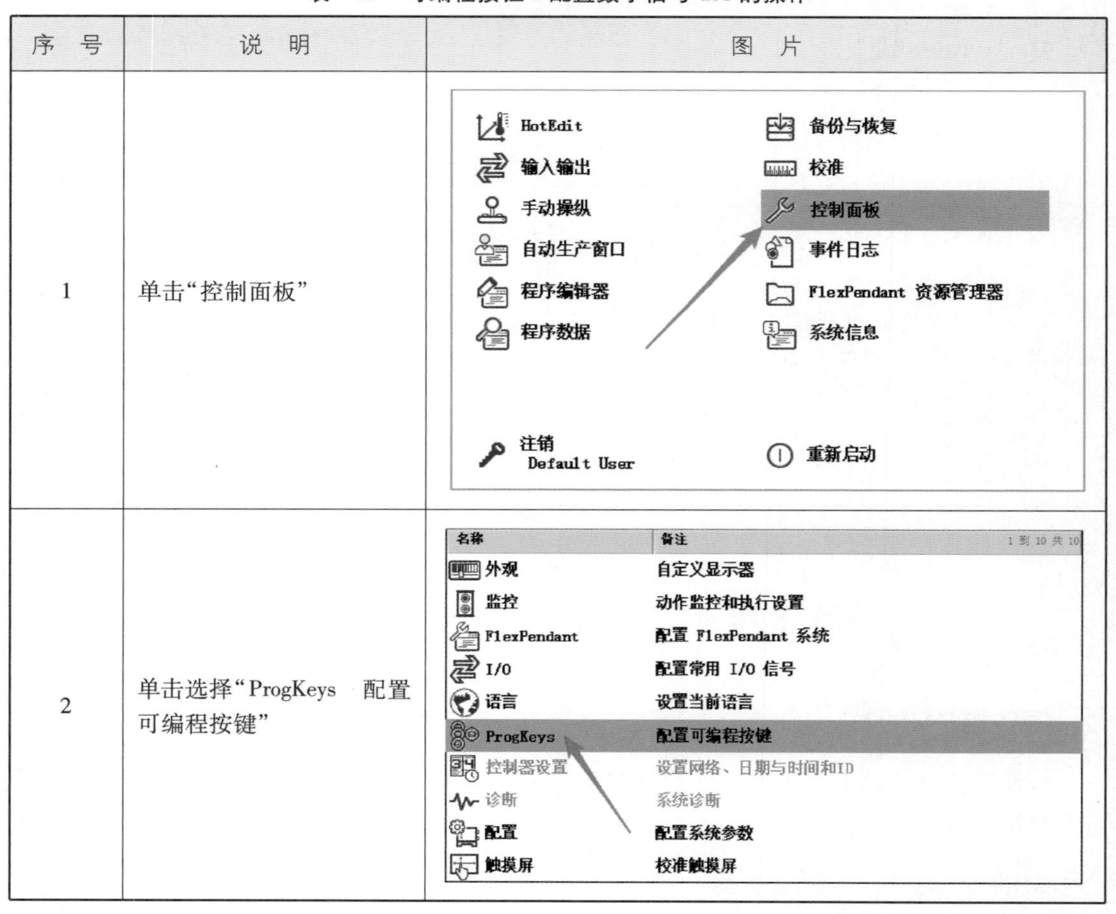

序　号	说　明	图　片
1	单击“控制面板”	
2	单击选择“ProgKeys　配置可编程按键”	

续表

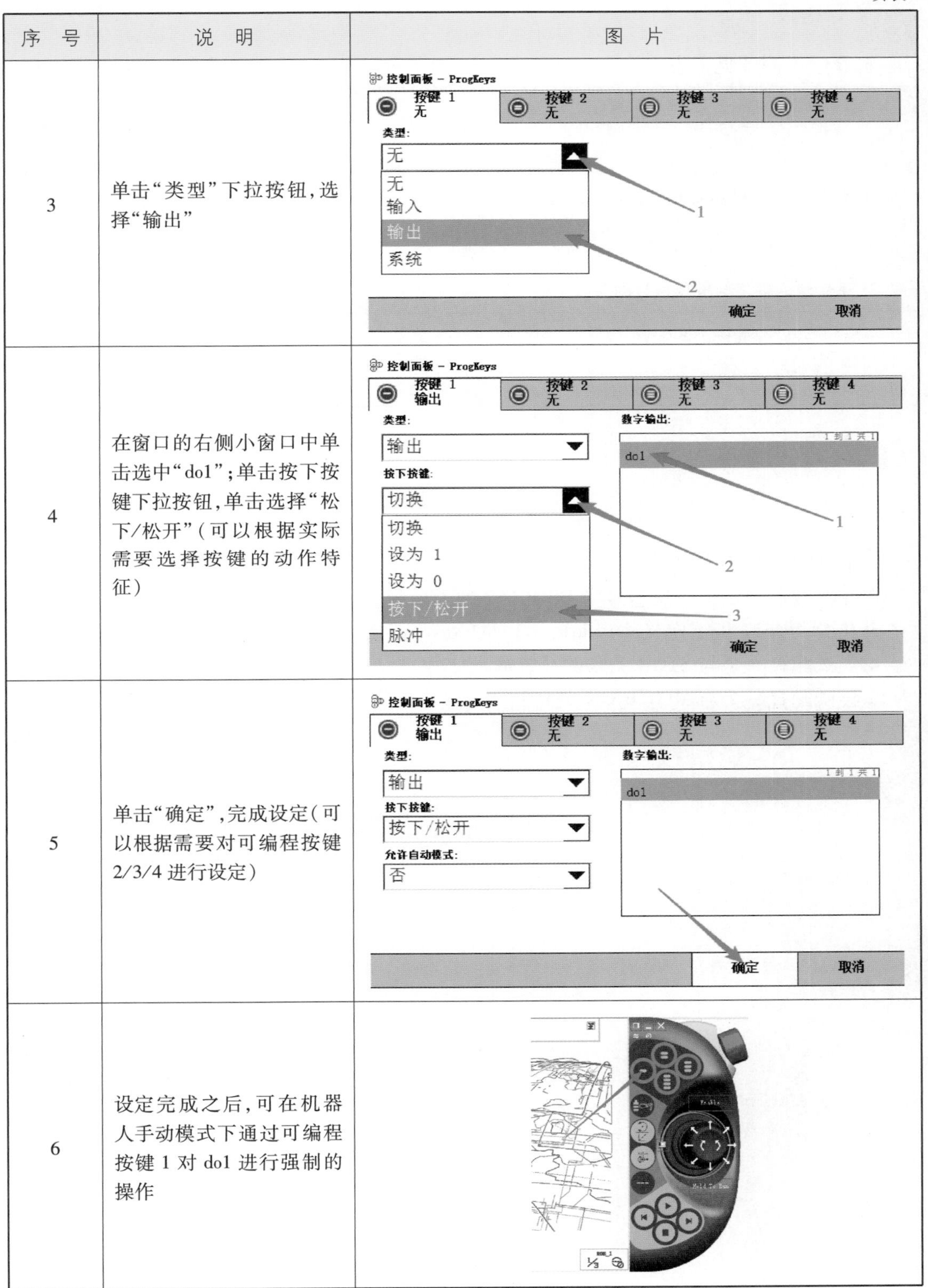

序　号	说　明	图　片
3	单击“类型”下拉按钮，选择“输出”	
4	在窗口的右侧小窗口中单击选中“do1”；单击按下按键下拉按钮，单击选择“松下/松开”（可以根据实际需要选择按键的动作特征）	
5	单击“确定”，完成设定（可以根据需要对可编程按键 2/3/4 进行设定）	
6	设定完成之后，可在机器人手动模式下通过可编程按键 1 对 do1 进行强制的操作	

学习检测

自我学习测评见下表。

学习目标	自我评价			备　注
	掌握	了解	重学	
了解 ABB 工业机器人 I/O 通信的种类				
I/O 信号的配置				
系统输入输出与 I/O 信号的关联				
可编程按键的配置				
I/O 信号的监控				

练习题

1.请列出 ABB 工业机器人 I/O 通信的种类。
2.在示教器中定义一块型号为 DSQC652 的 I/O 板。
3.在 DSQC651 板上定义 di1、do1、do2、do3、do4、gi1、go1、ao1 信号。
4.尝试配置一个与 STOP 关联的系统输入信号。
5.尝试配置一个与 MOTORON 关联的系统输出信号。

项目五

ABB 工业机器人简单编程及程序数据

项目目标:

- 了解 ABB 工业机器人编程语言 RAPID。
- 了解任务、程序模块和例行程序。
- 掌握常用的运动指令(MoveL、MoveJ、MoveC、MoveAbsJ)。
- 建立一个可以运行的 RAPID 程序。
- 认识 ABB 工业机器人的程序数据。
- 机器人轨迹编程练习。
- 程序模块和例行程序的管理。

项目描述:

通过本项目的学习,了解 ABB 工业机器人编程语言 RAPID 的基本架构及其任务、模块、例行程序之间的关系,掌握 4 个常用的运动指令,理解程序数据,并掌握轨迹编程的方法、程序调试的步骤。

任务 5-1　认识 RAPID 程序的架构

任务描述:

RAPID 是一种基于计算机的高级编程语言,易学易用,灵活性强;支持二次开发、中断、错误处理、多任务处理等高级功能。程序中包含了一连串控制机器人的指令,执行这些指令可以实现对机器人的控制操作。

应用程序是使用称为 RAPID 编程语言的特定词汇和语法编写而成的。RAPID 是一种英语编程语言,所包含的指令可以移动机器人、设置输出、读取输入,还能实现决策、重复其他指令、构建程序、与其他操作员交流等功能。

知识学习：

RAPID 程序基本架构，见表 5-1。

表 5-1　RAPID 程序基本架构

程序模块 1	程序模块 2	程序模块 3	程序模块 4
程序数据	程序数据	……	程序数据
主程序 main	例行程序	……	例行程序
例行程序	中断程序	……	中断程序
中断程序	功能	……	功能
功能		……	

关于 RAPID 程序的架构说明：

1）RAPID 程序由程序模块与系统模块组成，一般只通过新建程序模块来构建机器人程序，而系统模块多用于系统方面的控制。

2）可以根据不同的用途创建多个程序模块，如专门用于主控制的程序模块，用于位置计算的程序模块，用于存放数据的程序模块等，这样便于归类管理不同用途的例行程序与数据。

3）每一个程序模块包含了程序模块、例行程序、中断程序和功能 4 种对象，但是不一定在一个模块中都有这 4 种对象，程序模块之间的数据、例行程序、中断程序和功能是可以互相调用的。

4）在 RAPID 程序中，只有一个主程序 main，并且存在于任意一个程序模块中，并且是作为整个 RAPID 程序执行的起点。

表 5-2 所列为在示教器中查看 RAPID 程序的操作。

表 5-2　查看 RAPID 程序的操作

序　号	说　明	图　片
1	单击打开 ABB 菜单，单击选择“程序编辑器”	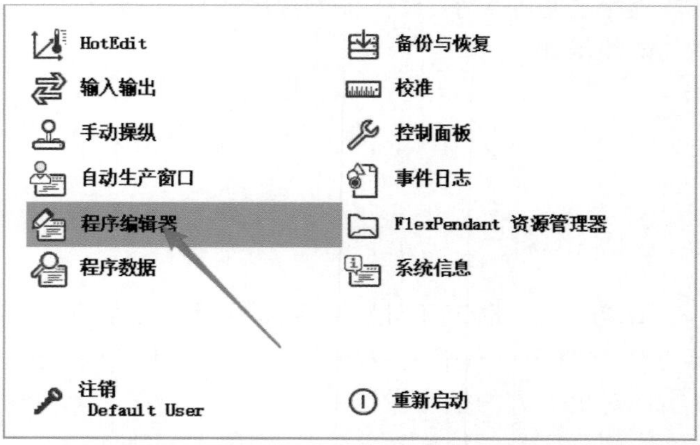 HotEdit　备份与恢复 输入输出　校准 手动操纵　控制面板 自动生产窗口　事件日志 程序编辑器　FlexPendant 资源管理器 程序数据　系统信息 注销 Default User　重新启动

续表

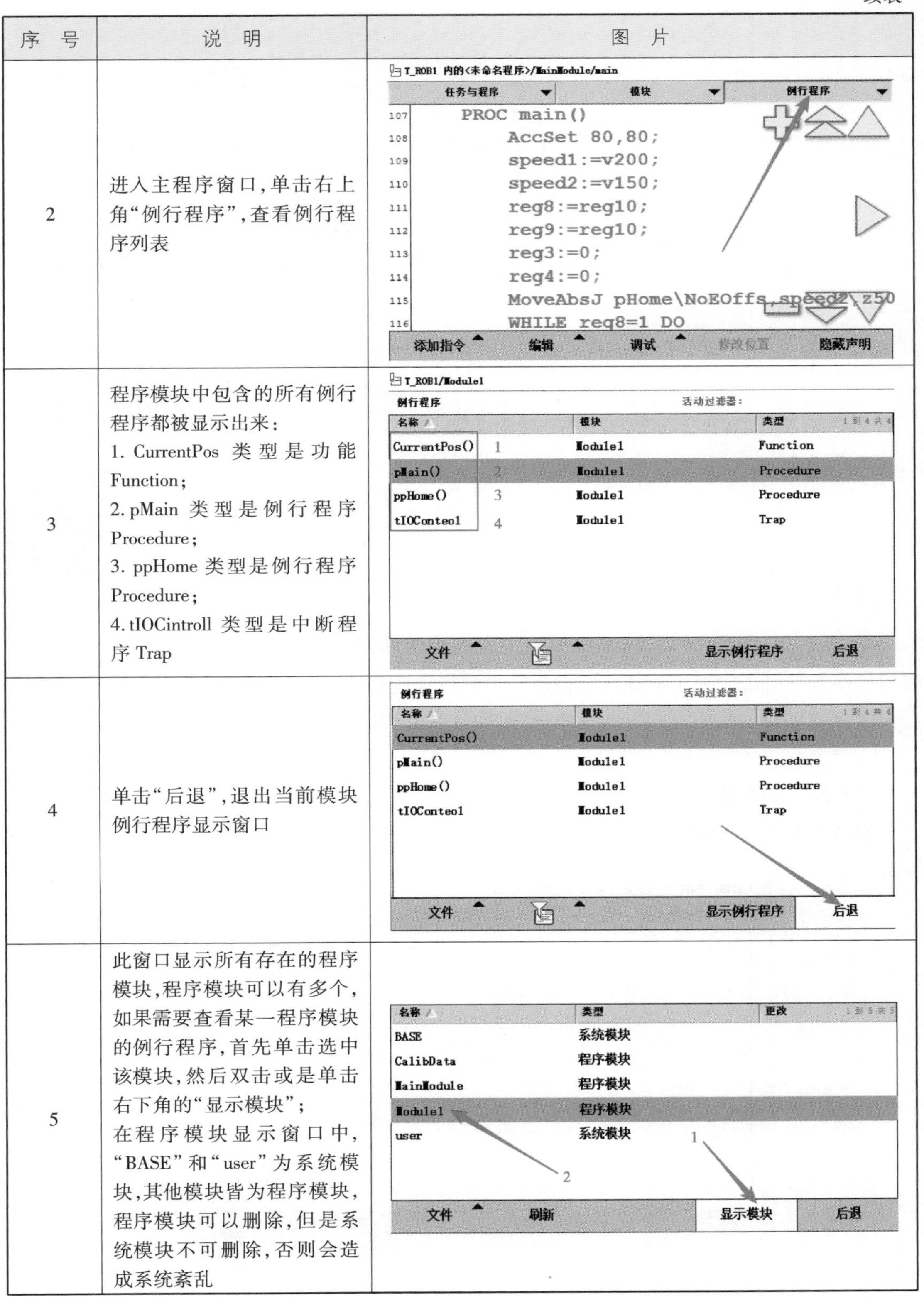

序　号	说　明	图　片
2	进入主程序窗口，单击右上角“例行程序”，查看例行程序列表	
3	程序模块中包含的所有例行程序都被显示出来： 1. CurrentPos 类型是功能 Function； 2. pMain 类型是例行程序 Procedure； 3. ppHome 类型是例行程序 Procedure； 4. tIOCintroll 类型是中断程序 Trap	
4	单击“后退”，退出当前模块例行程序显示窗口	
5	此窗口显示所有存在的程序模块，程序模块可以有多个，如果需要查看某一程序模块的例行程序，首先单击选中该模块，然后双击或是单击右下角的“显示模块”； 在程序模块显示窗口中，“BASE”和“user”为系统模块，其他模块皆为程序模块，程序模块可以删除，但是系统模块不可删除，否则会造成系统紊乱	

续表

序　号	说　明	图　片
6	单击“后退”或窗口右上角的窗口关闭按钮，就可以退出程序编辑器	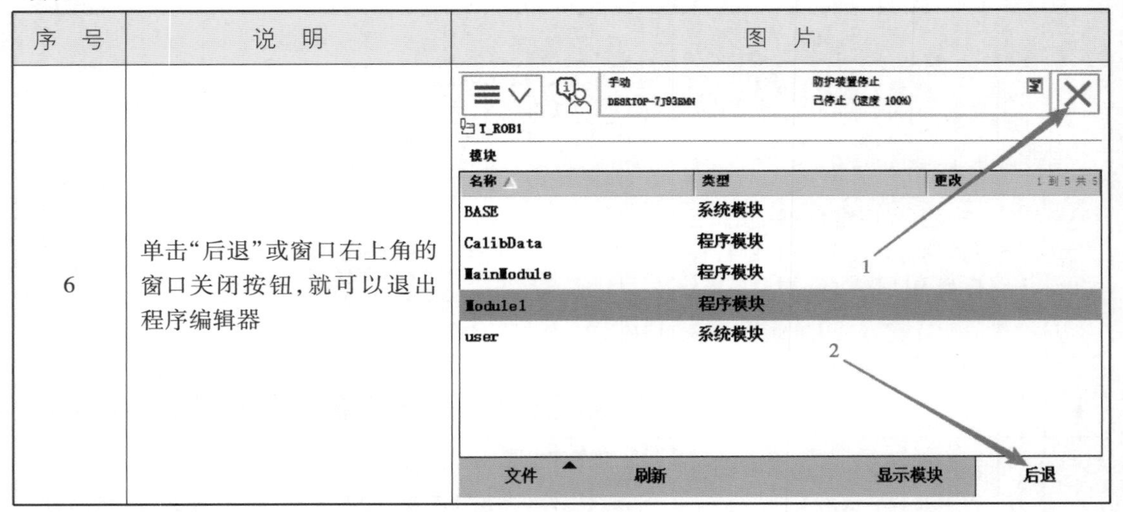

任务 5-2　认识程序数据的类型与分类

查看程序数据

任务描述：

程序数据是在程序模块或系统模块中设定的值和定义的一些环境数据。创建的程序数据可由同一个模块或其他模块中的指令进行调用。

知识学习：

1.认识程序数据

如图 5-1 所示，线框中是一条常用的机器人线性运动指令 MoveL，调用了 4 个程序数据。

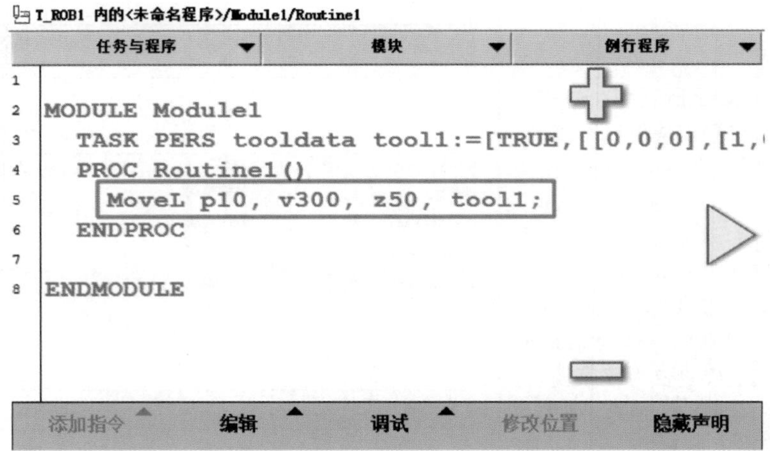

图 5-1　MoveL 运动指令

图 5-1 中所使用的程序数据的说明见表 5-3。

表 5-3　工业机器人程序数据

程序数据	数据类型	说　明
p10	robtarget	机器人运动目标位置数据
v300	speeddata	机器人运动速度数据
z50	zonedata	机器人运动转弯数据
tool1	tooldata	机器人工具数据 TCP

2.**程序数据的类型与分类**

本章节里，主要给大家介绍程序数据的类型分类和存储类型，以方便大家能对程序数据有一个认识，并能根据实际的需要选择程序数据。

1）程序数据的类型与分类

ABB 机器人的程序数据有很多个，并且可以根据实际情况进行程序数据的创建，为 ABB 机器人的程序设计带来了无限可能。

在示教器的“程序数据”窗口可查看和创建所需要的程序数据，如图 5-2 所示。

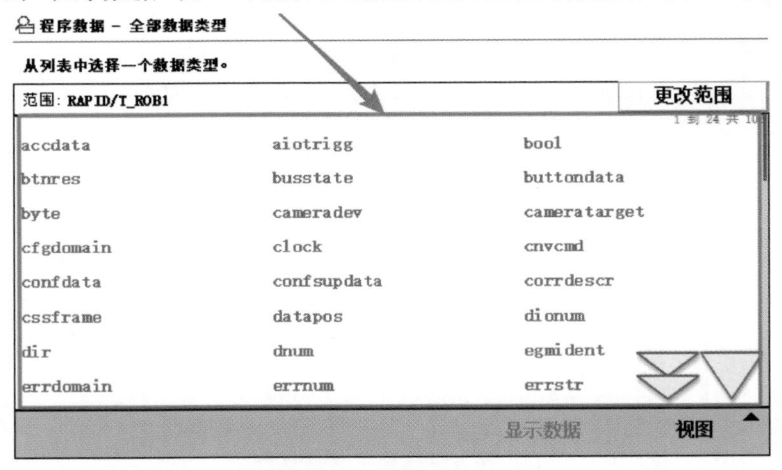

图 5-2　程序数据类型

以下就一些常用的程序数据进行详细的说明，为下一步程序数据编程做好准备。

2）程序数据的存储类型

①变量 VAR

变量型数据在程序执行的过程中和停止时，会保持当前的值，但如果程序指针被移到主程序后，数值会丢失，即在程序中执行变量型程序数据的赋值，在指针复位后将恢复为初始值。

举例说明：VAR num length：=1；名称为 length 的数字数据

VAR string name：=“John”；名称为 name 的字符数据

VAR bool finished：=FALSE；名称为 finished 的布尔量数据

VAR 表示存储类型为变量，num 表示程序数据类型。在定义数据时，可以定义变量数据的初始值。如 length 的初始值为 1，name 的初始值为 John，finished 的初始值为 FALSE，如图 5-3 所示。

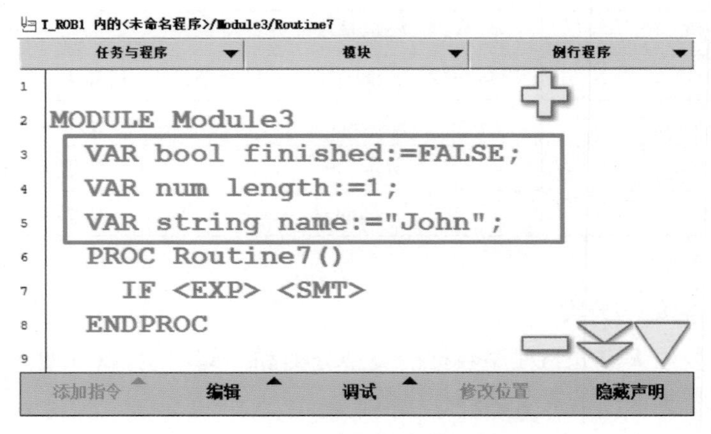

图 5-3　变量程序数据

②可变量 PERS

PERS 表示存储类型为可变量，可变量最大的特点是，无论程序的指针如何，都会保持最后赋予的值。

举例说明（图 5-4）：PERS num nbr：=0；名称为 nbr 的数字数据

PERS string te3xt：="Hello"；名称为 text 的字符数

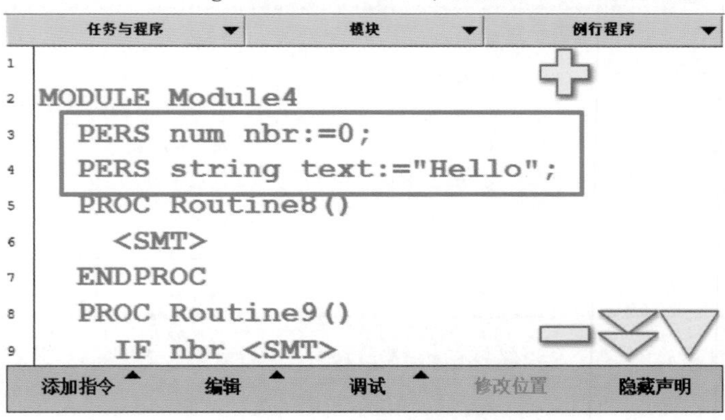

图 5-4　可变量程序数据

③常量 CONST

常量的特点是在定义时已赋予了数值，并不能在程序中进行修改，除非手动修改，即存储类型为常量的程序数据，不允许在程序中进行赋值的操作。

举例说明：CONST num gravity：=9.81；名称为 gravity 的数字数据；

CONST string greating：="Hello"；名称为 gerating 的字符数据，如图 5-5 所示。

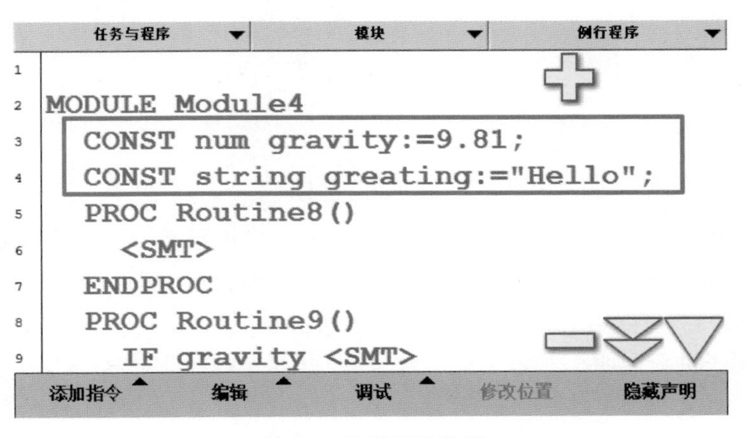

图 5-5 常量程序数据

④机器人系统常用的程序数据，见表 5-4。

表 5-4 机器人系统常用的程序数据

程序数据	说 明	程序数据	说 明
Bool	布尔量	Pos	位置数据（只有 X、Y、Z）
Byte	整数数据 0~255	Pode	坐标转换
Clock	计时数据	Robjoint	机器人轴角度数据
Dionum	数字输入/输出信号	Robtarget	机器人与外轴的位置数据
Extjoint	外轴位置数据	Speeddata	机器人与外轴的速度数据
Intnum	中断标识符	String	字符串
Jointtarger	关节位置数据	Tooldata	工具数据
Loaddata	负荷数据	Trapdata	中断数据
Mecunit	机械装置数据	Wobjdata	工件数据
Num	数值数据	Zonedata	TCP 转弯半径数据
orient	姿态数据		

系统中还有针对一些特殊功能的程序数据，在对应的功能说明书中会有相应的介绍，请查看随机光盘电子版说明书。也可以根据需要新建程序数据类型。

任务 5-3　建立程序数据

创建程序数据

任务描述:

程序数据的建立一般可以分为两种形式:一种是直接在示教器中的程序数据画面中建立程序数据;另一种是在建立程序指令时,同时自动生成对应的程序数据。本节将介绍直接在示教器的程序数据画面中建立程序数据的方法,下面以建立布尔量数据 bool 和数字数据 num 为例子进行说明。

知识学习:

1.建立程序数据 bool

表 5-5　bool 程序数据设定参数及说明

数据设定参数	说　明
名称	设定数据的名称
范围	设定数据可使用的范围
存储类型	设定数据的可存储类型
任务	设定数据所在的任务
模块	设定数据所在的模块
例行程序	设定数据所在的例行程序
维数	设定数据的维数
初始值	设定数据的初始值

表 5-6　建立程序数据 bool 的实操步骤

序　号	说　明	图　片
1	单击“程序数据”	HotEdit　备份与恢复 输入输出　校准 手动操纵　控制面板 自动生产窗口　事件日志 程序编辑器　FlexPendant 资源管理器 程序数据　系统信息 注销 Default User　重新启动

续表

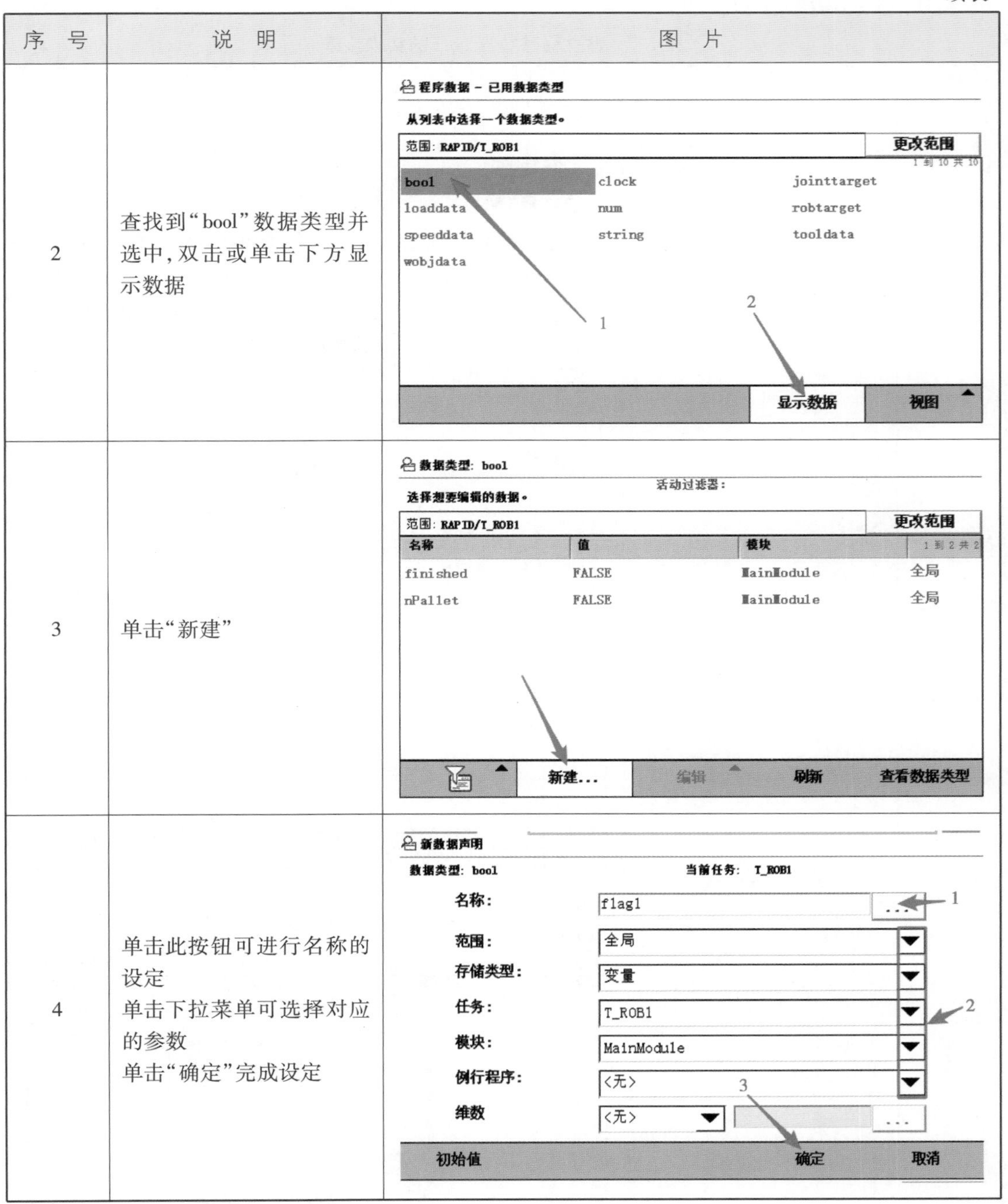

序　号	说　明	图　片
2	查找到“bool”数据类型并选中，双击或单击下方显示数据	
3	单击“新建”	
4	单击此按钮可进行名称的设定 单击下拉菜单可选择对应的参数 单击“确定”完成设定	

2.建立程序数据 num

表 5-7　建立程序数据 bool 的实操步骤

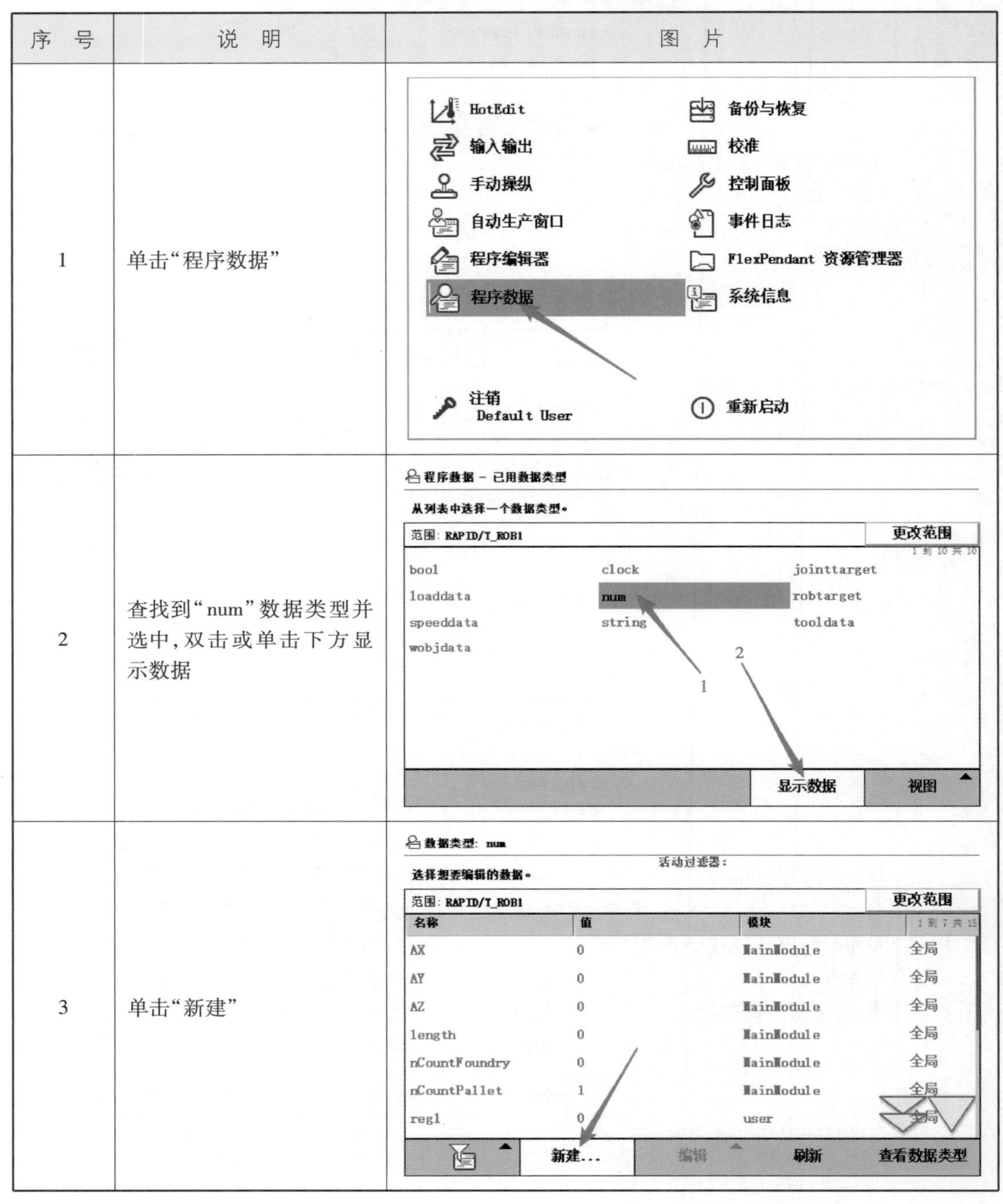

序　号	说　明	图　片
1	单击“程序数据”	
2	查找到“num”数据类型并选中，双击或单击下方显示数据	
3	单击“新建”	

续表

序　号	说　明	图　片
4	①单击此按钮可进行名称的设定； ②单击下拉菜单可选择对应的参数； ③单击“确定”完成设定	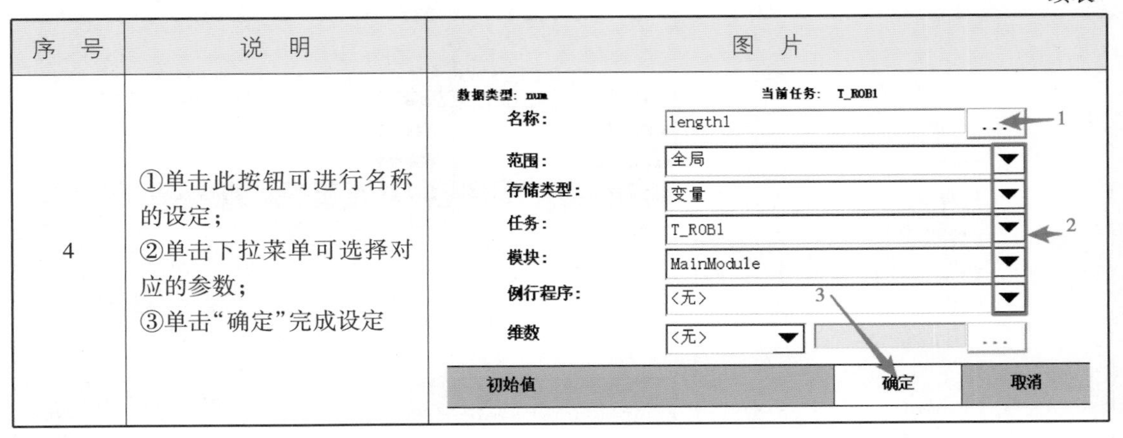

任务 5-4　工业机器人运动指令讲解

任务描述：

工业机器人在空间中的运动分为 4 种，主要有绝对位置运动指令 MoveAbsJ、关节运动 MoveJ、线性运动 MoveL 和圆弧运动 MoveC。本任务将学习这些运动指令及使用机器人示教器进行程序模块和例行程序创建。所有 ABB 机器人都自带两个系统模块，user 模块与 BASE 模块。根据机器人应用不同，有些机器人会配备相应应用的系统模块。建议不要对任何自动生成的系统模块进行修改。

知识学习：

1.添加 RAPID 程序指令

表 5-8　添加 RAPID 程序指令操作步骤

序　号	说　明	图　片
1	单击 ABB 菜单进入示教器操作窗口，单击“程序编辑器”	HotEdit 备份与恢复 输入输出 校准 手动操纵 控制面板 自动生产窗口 事件日志 程序编辑器 FlexPendant 资源管理器 程序数据 系统信息 注销 Default User 重新启动

续表

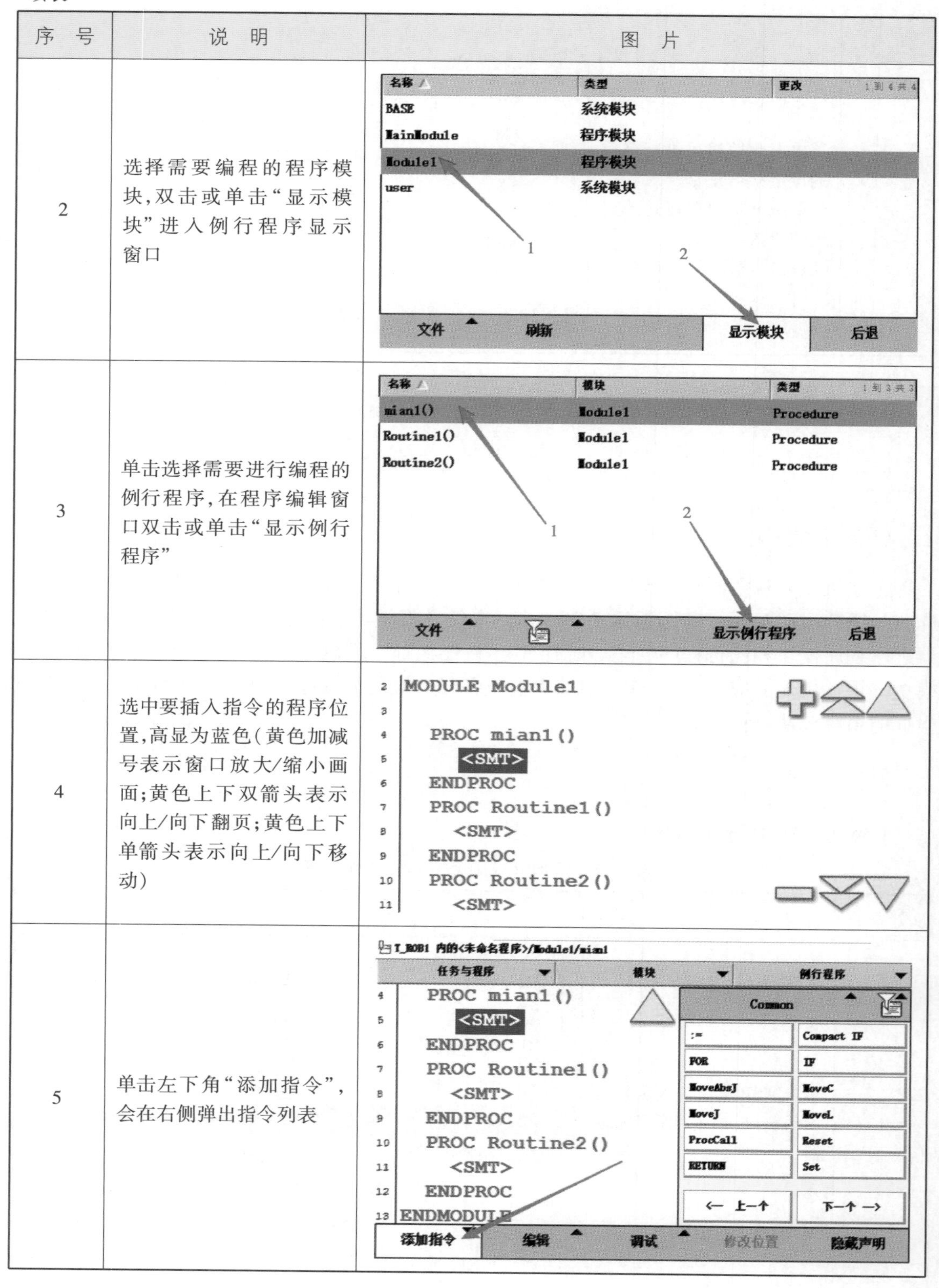

序　号	说　明	图　片
2	选择需要编程的程序模块,双击或单击“显示模块”进入例行程序显示窗口	
3	单击选择需要进行编程的例行程序,在程序编辑窗口双击或单击“显示例行程序”	
4	选中要插入指令的程序位置,高显为蓝色(黄色加减号表示窗口放大/缩小画面;黄色上下双箭头表示向上/向下翻页;黄色上下单箭头表示向上/向下移动)	
5	单击左下角“添加指令”,会在右侧弹出指令列表	

续表

序 号	说 明	图 片
6	单击右侧弹出的指令列表中上方的“Common”，可查看其他分类的指令列表，选择需要的指令进行编程即可	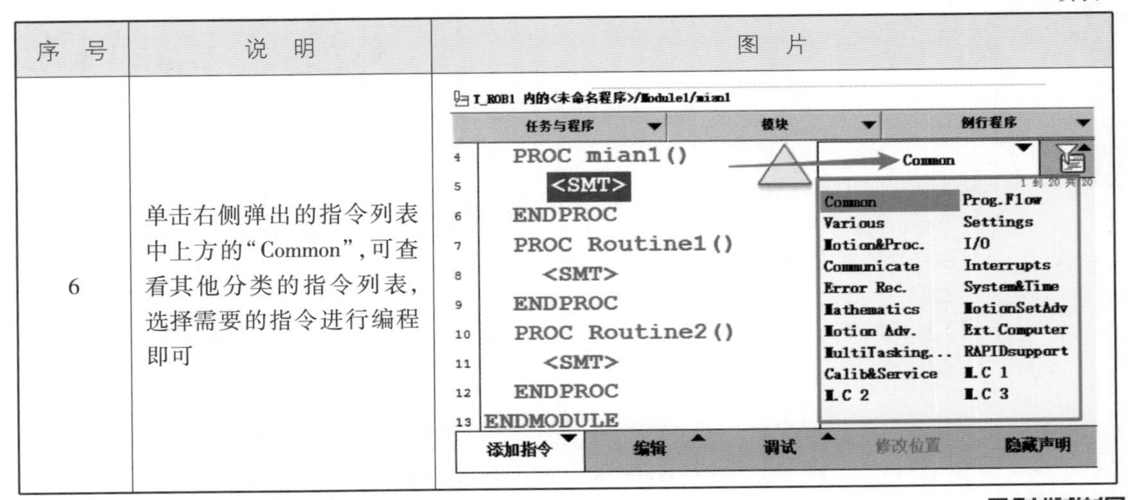

2.机器人运动指令

(1)绝对位置运动指令

绝对运动指令 MoveAbsJ

机器人以单轴运行的方式运动至目标点，绝对不存在死点，其运动状态完全不可控，应避免在正常生产中使用此指令，常用于检查机器人零点位置，指令中 TCP 与 wobj 只与运行速度有关，与运动位置无关。

绝对位置运动指令是机器人的运动使用 6 个轴和外轴的角度值来定义目标位置数据。MoveAbsJ 指令常用于机器人 6 个轴回到机械零点(0°)的位置。

表 5-9 添加绝对位置运动指令操作步骤

序 号	说 明	图 片
1	在示教器操作窗口单击“手动操作”	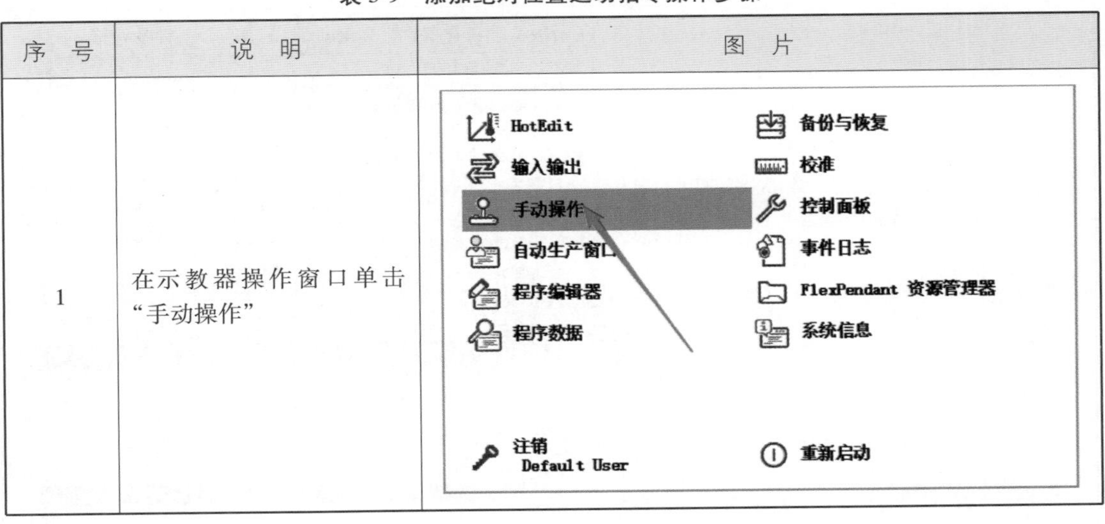

续表

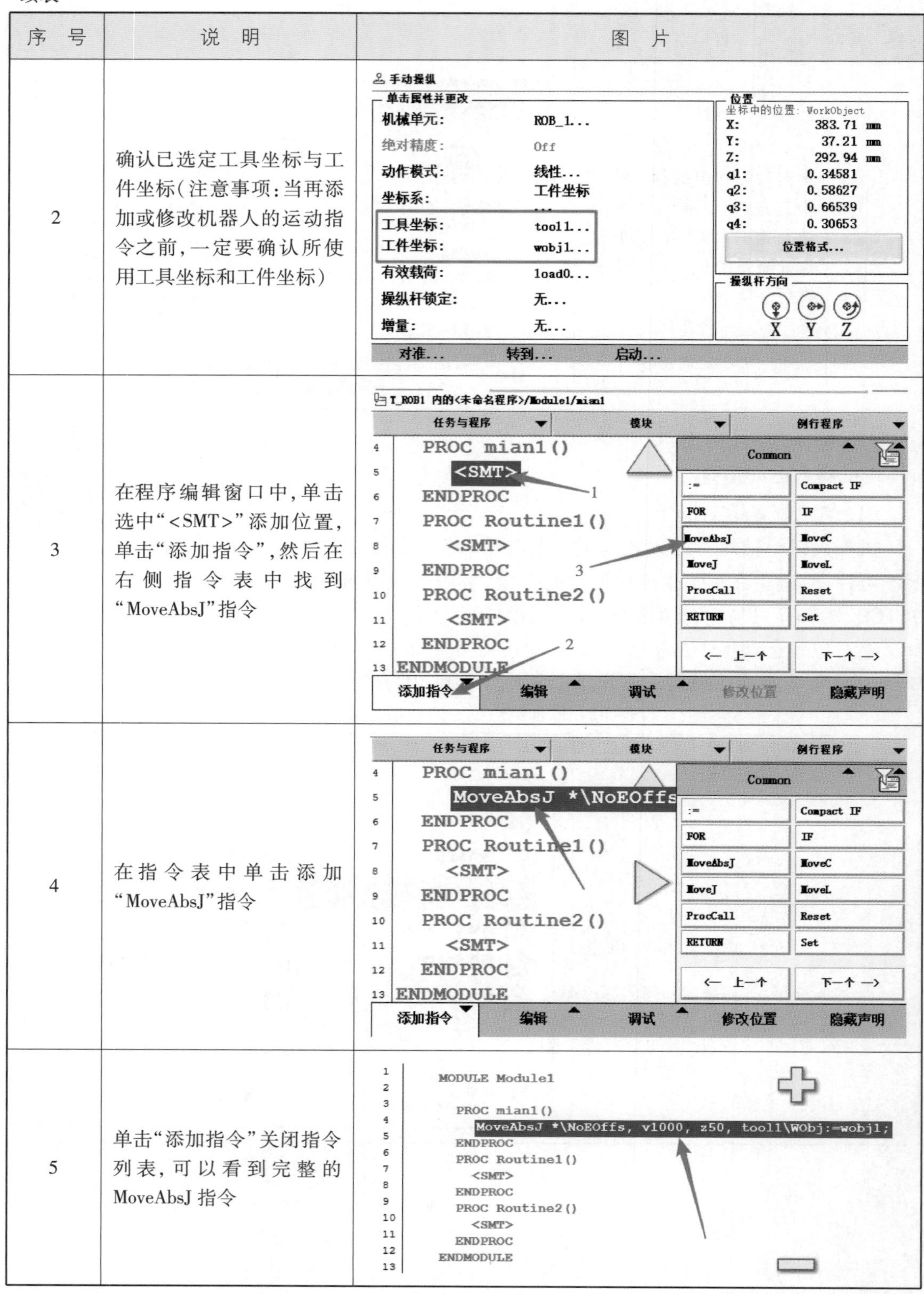

序　号	说　明	图　片
2	确认已选定工具坐标与工件坐标(注意事项:当再添加或修改机器人的运动指令之前,一定要确认所使用工具坐标和工件坐标)	
3	在程序编辑窗口中,单击选中“<SMT>”添加位置,单击“添加指令”,然后在右侧指令表中找到“MoveAbsJ”指令	
4	在指令表中单击添加“MoveAbsJ”指令	
5	单击“添加指令”关闭指令列表,可以看到完整的MoveAbsJ指令	

续表

序　号	说　明	图　片
6	双击指令可以对参数进行修改	当前指令：　MoveAbsJ 选择待更改的变量。 自变量 / 值　1 到 6 共 6 ToJointPos　[[13.2155,-32.0155,58.2317,-49... NoEOffs Speed　v1000 Zone　z50 Tool　tool1 WObj　wobj1 可选变量　确定　取消

在表 5-9 中 MoveAbsJ 指令解析见表 5-10。

表 5-10　MoveAbsJ 指令解析

参　数	定　义
*	目标点位置数据
\NoEOffs	外轴不带偏移数据
V1000	运动速度的数据，1 000 mm/s
Z50	转弯区数据，转弯区的数值越大，机器人的动作越圆滑与流畅
Tool1	工具坐标数据
Wobj1	工件坐标数据

1）目标点位置数据：定义机器人 TCP 的运动目标，可以在示教器中单击“修改位置”进行修改。

2）运动速度数据：定义速度（mm/s），在手动限速状态下，所有运动速度被限速在 250 mm/s。

3）转弯区数据：定义转弯区的大小（mm），转弯区数据 fine 是指机器人 TCP 达到目标点，在目标点速度降为零，机器人动作有所停顿后再向下一点运动，如果是一段路径的最后一个点一定要为 fine。

4）工具坐标数据：定义当前指令使用的工具坐标。

5）工件坐标数据：定义当前指令使用的工件坐标。

（2）关节运动指令

当运动不必是直线的时候，对路径精度要求不高的情况下，MoveJ（关节运动指令）用来快速将机器人从一个点运动到另一个点，机器人以最快捷的方式运动至目标点，其运动状态不完全可控，但是运动路径保持位移，常用于机器人在空间大范围移动。关节运动示意图如图 5-6 所示。

关节运动指令 MoveJ

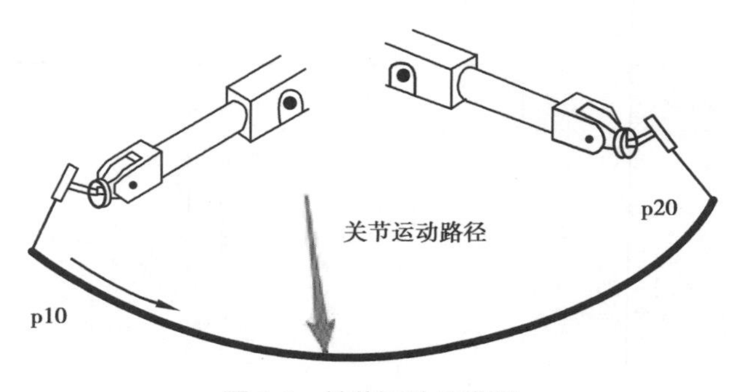

图 5-6　关节运动示意图

表 5-11　添加关节运动指令操作步骤

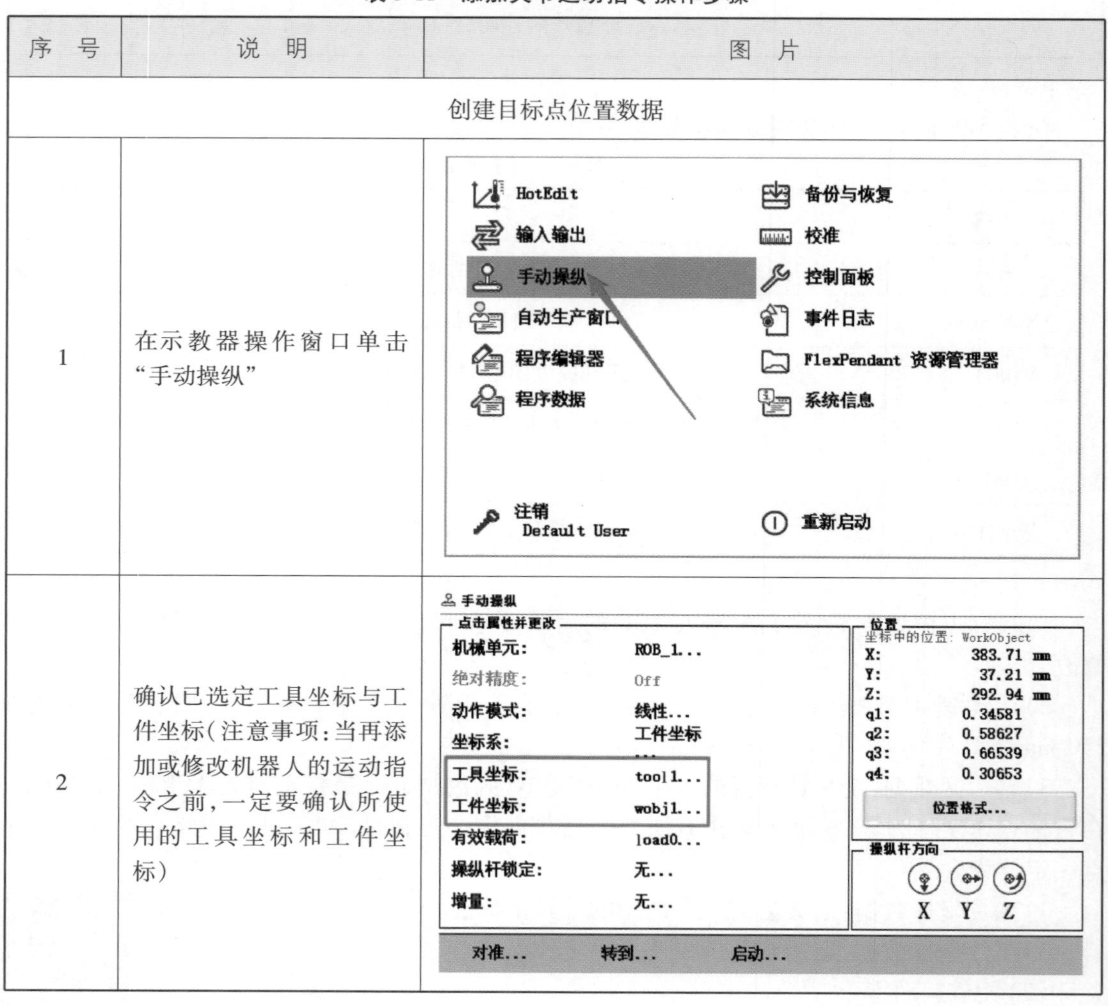

序　号	说　明	图　片
创建目标点位置数据		
1	在示教器操作窗口单击“手动操纵”	
2	确认已选定工具坐标与工件坐标(注意事项:当再添加或修改机器人的运动指令之前,一定要确认所使用的工具坐标和工件坐标)	

续表

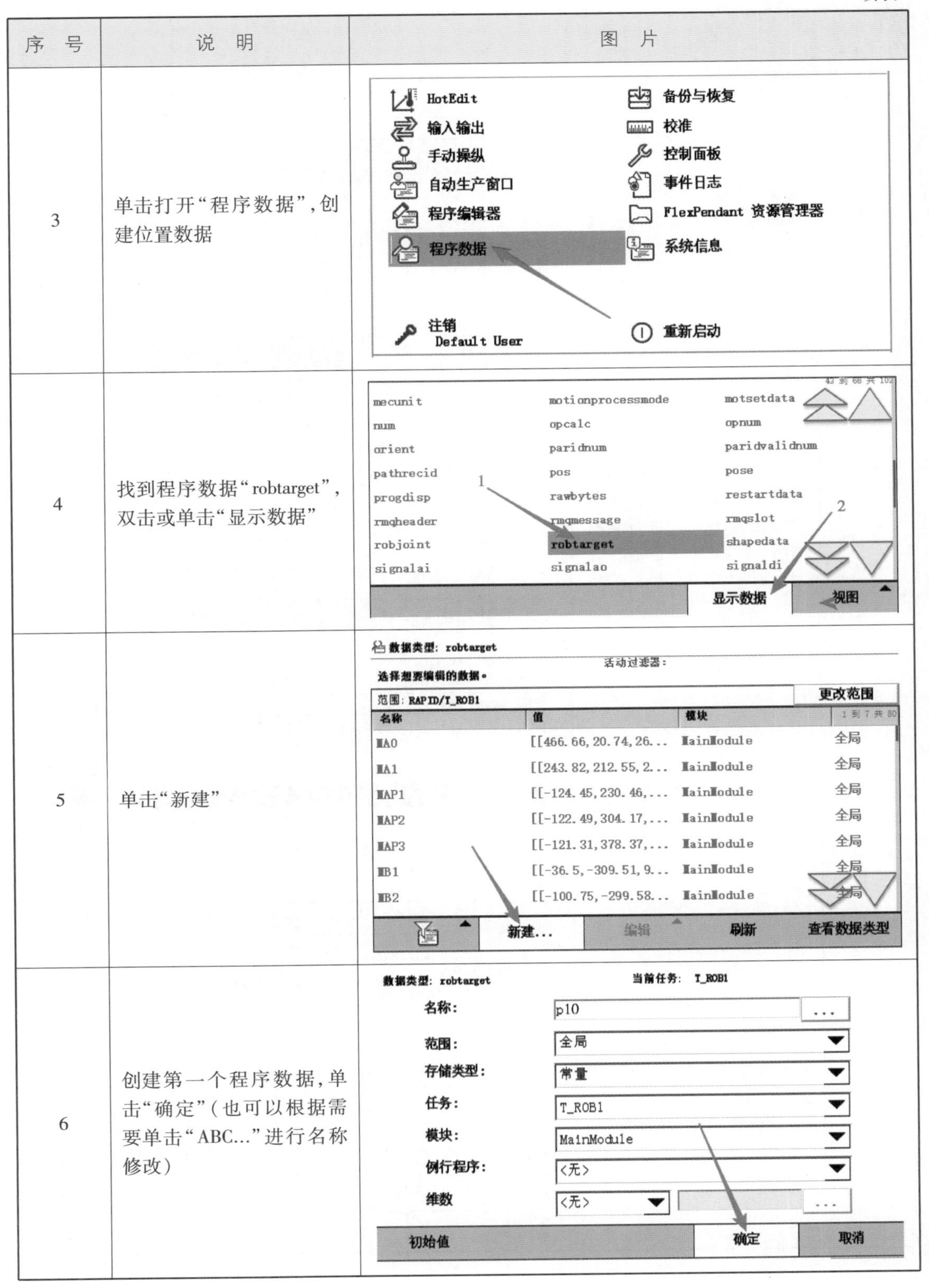

序号	说明	图片
3	单击打开“程序数据”，创建位置数据	
4	找到程序数据“robtarget”，双击或单击“显示数据”	
5	单击“新建”	
6	创建第一个程序数据，单击“确定”（也可以根据需要单击“ABC...”进行名称修改）	

续表

序 号	说 明	图 片
7	单击“新建”(图中箭头所指的名为 p10 的程序数据为新建的数据)	
8	创建第二个程序数据,单击“确定”(也可以根据需要单击“ABC...”进行名称修改)	
9	新创建的两个程序数据	
10	若是程序编辑窗口还没有关闭,可以单击下方小窗口,切换到程序编辑窗口	

续表

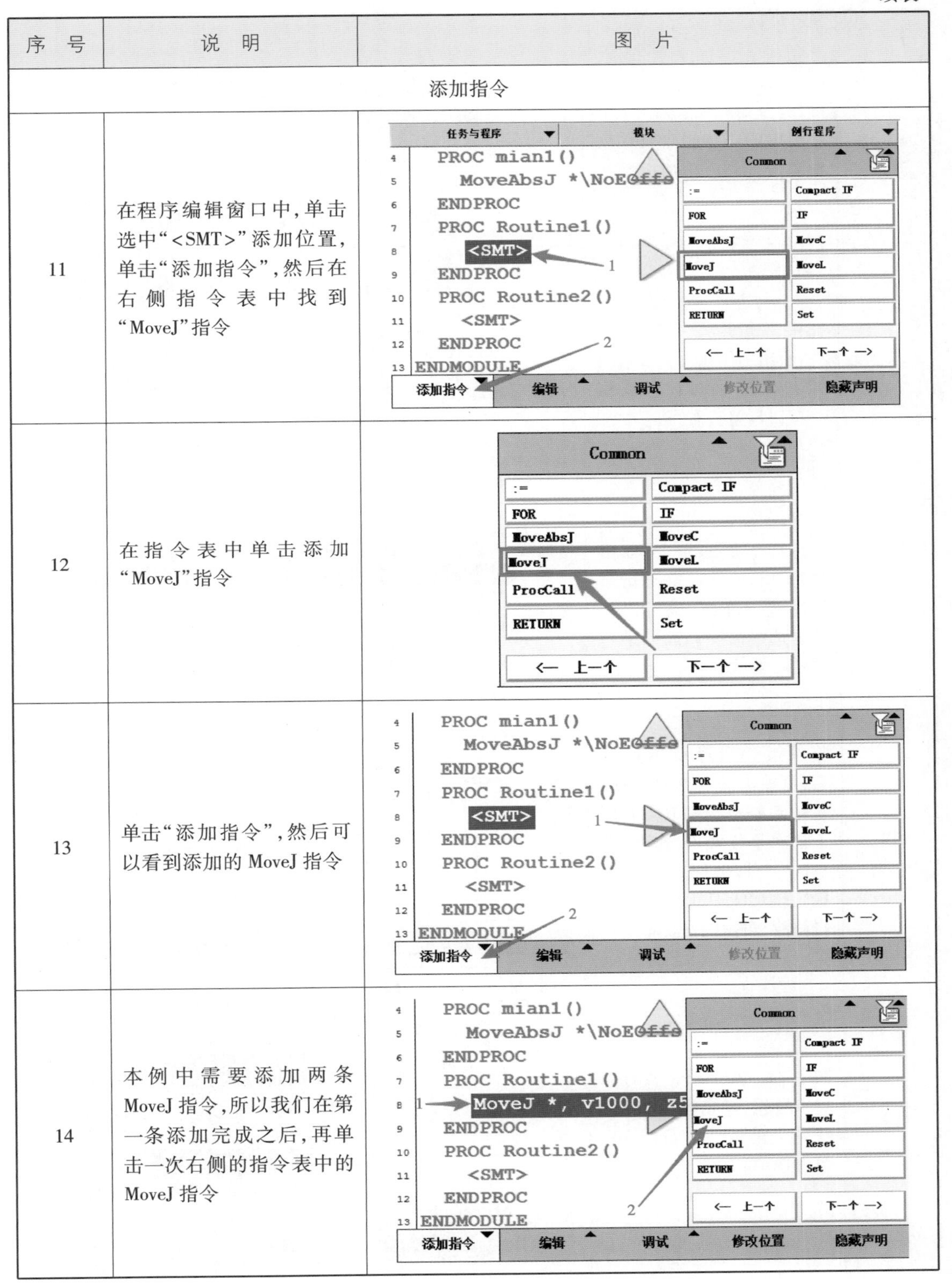

序　号	说　明	图　片
添加指令		
11	在程序编辑窗口中，单击选中“<SMT>”添加位置，单击“添加指令”，然后在右侧指令表中找到“MoveJ”指令	
12	在指令表中单击添加“MoveJ”指令	
13	单击“添加指令”，然后可以看到添加的 MoveJ 指令	
14	本例中需要添加两条 MoveJ 指令，所以我们在第一条添加完成之后，再单击一次右侧的指令表中的 MoveJ 指令	

续表

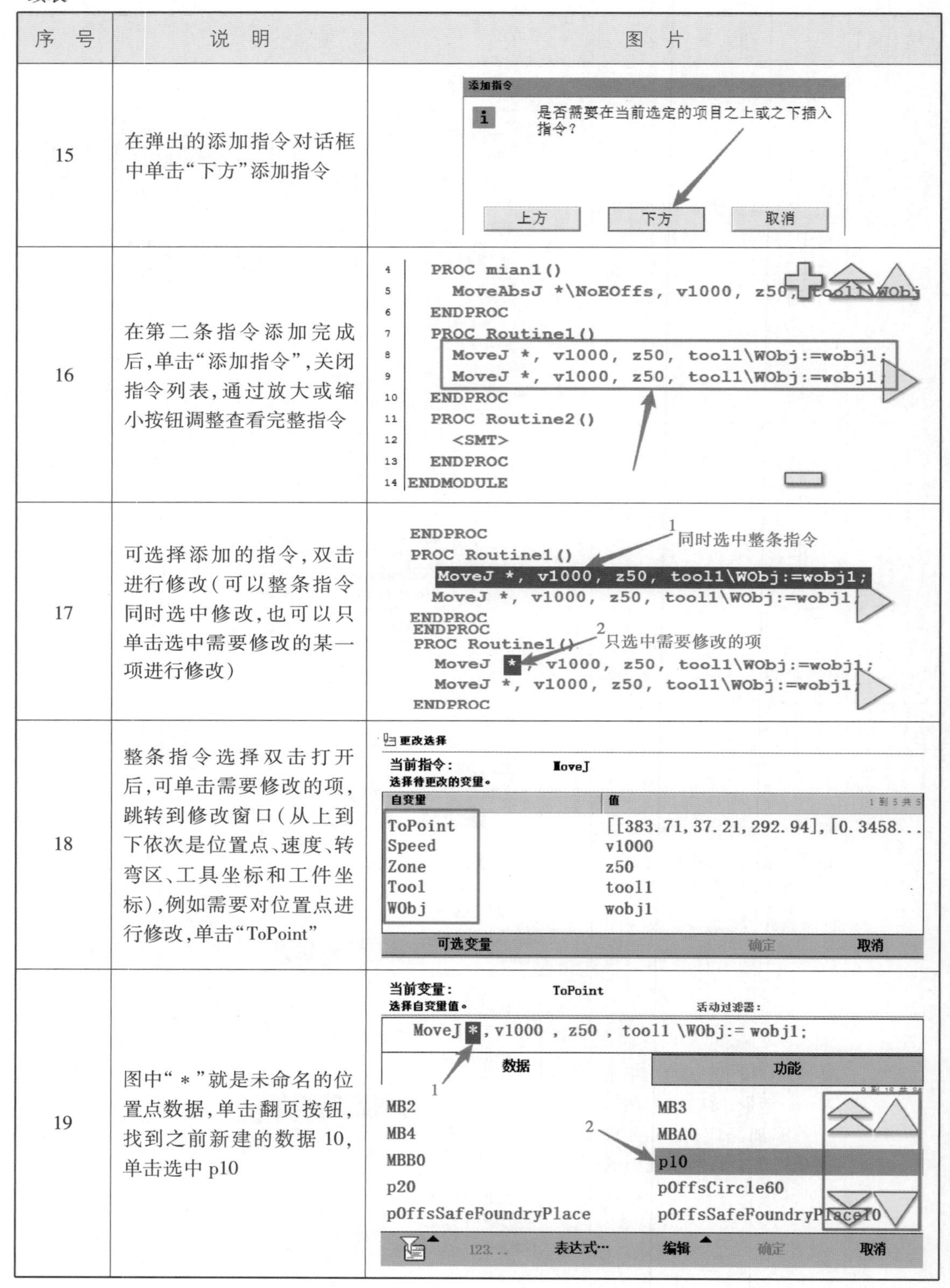

序号	说明	图片
15	在弹出的添加指令对话框中单击“下方”添加指令	
16	在第二条指令添加完成后，单击“添加指令”，关闭指令列表，通过放大或缩小按钮调整查看完整指令	
17	可选择添加的指令，双击进行修改（可以整条指令同时选中修改，也可以只单击选中需要修改的某一项进行修改）	
18	整条指令选择双击打开后，可单击需要修改的项，跳转到修改窗口（从上到下依次是位置点、速度、转弯区、工具坐标和工件坐标），例如需要对位置点进行修改，单击“ToPoint”	
19	图中“ * ”就是未命名的位置点数据，单击翻页按钮，找到之前新建的数据 10，单击选中 p10	

续表

序　号	说　明	图　片
20	单击后 * 就会被替换为 p10,整个程序数据都被替换覆盖,修改完成后单击"确定"	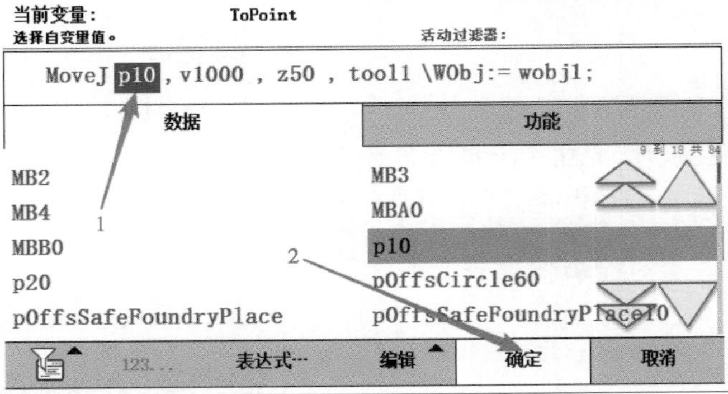 当前变量: ToPoint 选择自变量值。 活动过滤器: MoveJ p10 , v1000 , z50 , tool1 \WObj:= wobj1; 数据 功能 MB2 MB3 MB4 MBA0 MBB0 p10 p20 pOffsCircle60 pOffsSafeFoundryPlace pOffsSafeFoundryPlace10 123... 表达式… 编辑 确定 取消
21	在此窗口我们可以看到位置数据已修改完成,单击"确定"(如果还需要对别的数据进行修改,操作步骤可参考上述步骤)	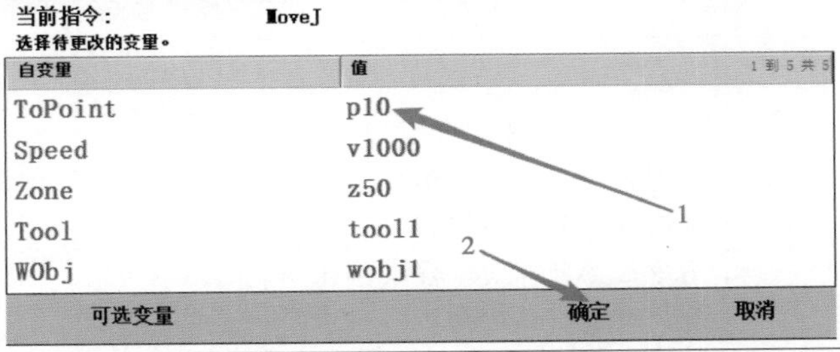 当前指令: MoveJ 选择待更改的变量。 自变量 值 ToPoint p10 Speed v1000 Zone z50 Tool tool1 WObj wobj1 可选变量 确定 取消
22	返回程序编辑窗口,可以发现第一条 MoveJ 指令已被修改	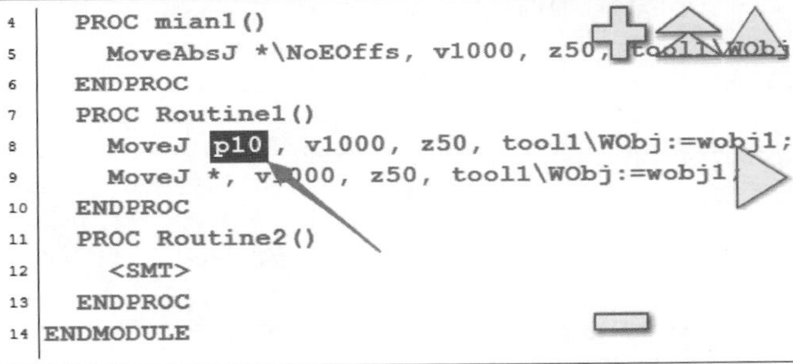 4 PROC mian1() 5 MoveAbsJ *\NoEOffs, v1000, z50, tool1\WObj 6 ENDPROC 7 PROC Routine1() 8 MoveJ p10, v1000, z50, tool1\WObj:=wobj1; 9 MoveJ *, v1000, z50, tool1\WObj:=wobj1; 10 ENDPROC 11 PROC Routine2() 12 <SMT> 13 ENDPROC 14 ENDMODULE
23	若只单击需要修改的某一项,例如只需要修改第二条 MoveJ 指令中的"*"数据,单击选中"*",然后再单击一次或者是直接双击"*"	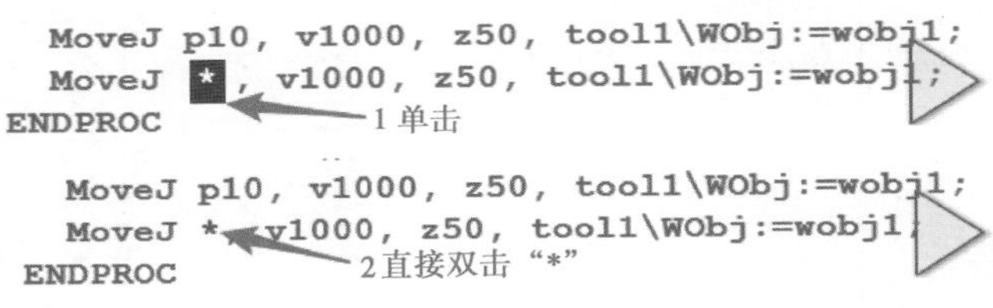 MoveJ p10, v1000, z50, tool1\WObj:=wobj1; MoveJ *, v1000, z50, tool1\WObj:=wobj1; ENDPROC 1 单击 MoveJ p10, v1000, z50, tool1\WObj:=wobj1; MoveJ *, v1000, z50, tool1\WObj:=wobj1; ENDPROC 2 直接双击 "*"
24	图中"*"就是未命名的位置点数据,单击翻页按钮,找到之前新建的数据 p20,单击选中 p20	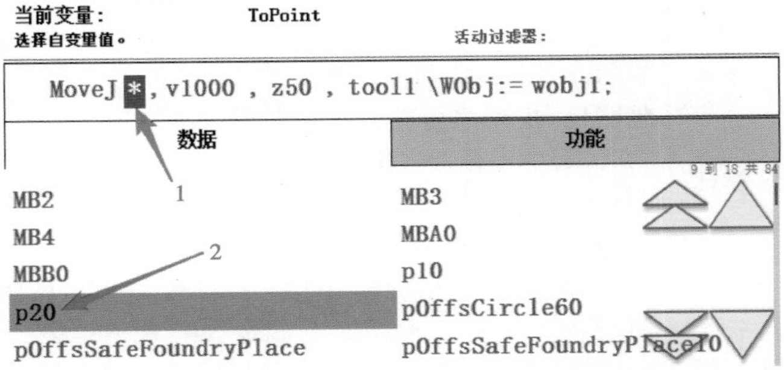 当前变量: ToPoint 选择自变量值。 活动过滤器: MoveJ * , v1000 , z50 , tool1 \WObj:= wobj1; 数据 功能 MB2 MB3 MB4 MBA0 MBB0 p10 p20 pOffsCircle60 pOffsSafeFoundryPlace pOffsSafeFoundryPlace10

续表

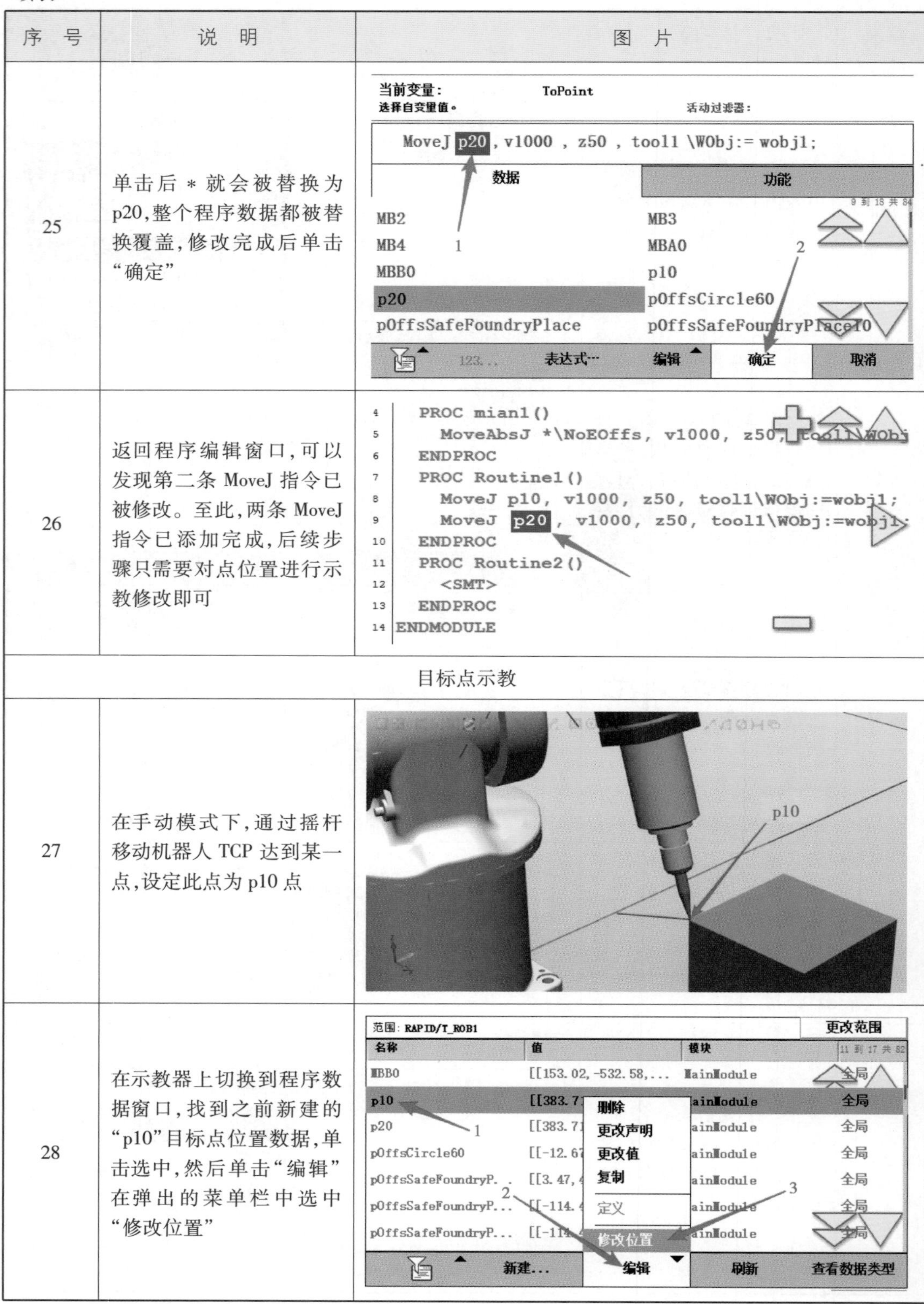

序　号	说　明	图　片
25	单击后 * 就会被替换为 p20,整个程序数据都被替换覆盖,修改完成后单击“确定”	
26	返回程序编辑窗口,可以发现第二条 MoveJ 指令已被修改。至此,两条 MoveJ 指令已添加完成,后续步骤只需要对点位置进行示教修改即可	
目标点示教		
27	在手动模式下,通过摇杆移动机器人 TCP 达到某一点,设定此点为 p10 点	
28	在示教器上切换到程序数据窗口,找到之前新建的“p10”目标点位置数据,单击选中,然后单击“编辑”在弹出的菜单栏中选中“修改位置”	

续表

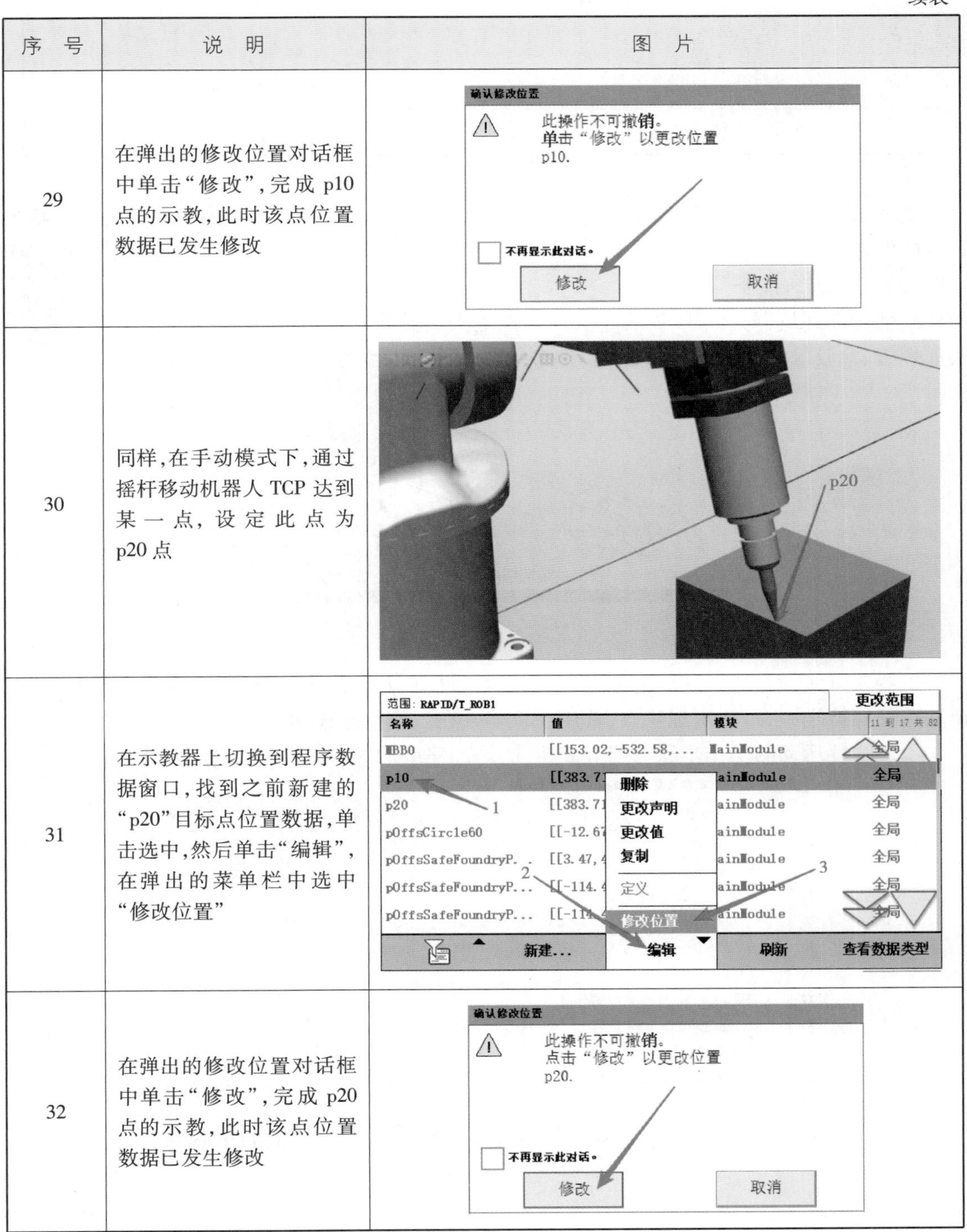

序　号	说　明	图　片
29	在弹出的修改位置对话框中单击“修改”，完成 p10 点的示教，此时该点位置数据已发生修改	
30	同样，在手动模式下，通过摇杆移动机器人 TCP 达到某一点，设定此点为 p20 点	
31	在示教器上切换到程序数据窗口，找到之前新建的“p20”目标点位置数据，单击选中，然后单击“编辑”，在弹出的菜单栏中选中“修改位置”	
32	在弹出的修改位置对话框中单击“修改”，完成 p20 点的示教，此时该点位置数据已发生修改	

MoveJ 指令解析见表 5-12。

表 5-12　MoveJ 指令解析

参　数	含　义
p10、p20	目标点位置数据
V1000	运动速度数据

关节运动指令适合机器人大范围运动时使用,不容易在运动过程中出现关节轴进入机械死点的问题。

(3)线性运动指令

线性运动即机器人的 TCP 从起点到终点之间的路径始终保持为直线。一般如焊接、涂胶等对路径要求高的应用使用此指令。线性运动示意图如图 5-7 所示。

线性运动指令 MoveL

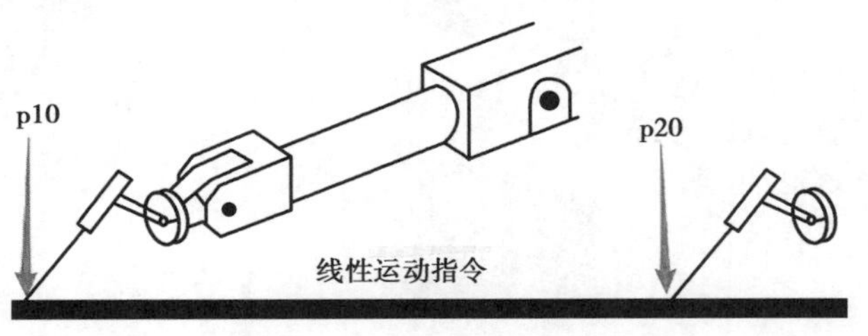

图 5-7　线性运动示意图

机器人以线性方式运动至目标点,当前点与目标点两点决定一条直线,其运动状态可控,运动路径保持唯一,可能出现死点,常用于机器人在工作状态移动。

添加线性运动的操作步骤与 MoveJ 相同,添加完成的 MoveL 指令如图 5-8 所示。

T_ROB1 内的<未命名程序>/Module1/Routine2

任务与程序　模块　例行程序

```
5      MoveAbsJ *\NoEOffs, v1000, z50, tool1\WObj
6    ENDPROC
7    PROC Routine1()
8      MoveJ p10, v1000, z50, tool1\WObj:=wobj1;
9      MoveJ p20, v1000, z50, tool1\WObj:=wobj1;
10   ENDPROC
11   PROC Routine2()
12     MoveL p10, v1000, z50, tool1\WObj:=wobj1;
13     MoveL p20, v1000, z50, tool1\WObj:=wobj1;
14   ENDPROC
15 ENDMODULE
```

添加指令　编辑　调试　修改位置　隐藏声明

图 5-8　添加 MoveL 指令

圆弧运动指令 MoveC

(4)圆弧运动指令

机器人以通过中心点以圆弧移动方式运动至目标点,当前点、中间点与目标点 3 点决定一段圆弧,其运动状态可控,运动路径保持唯一,常用于机器人在工作状态下移动。其限制为不可能通过一个 MoveC 指令完成一个圆。

圆弧路径是在机器人可达到的空间范围内定义 3 个位置点，第一个点是圆弧的起点，第二个点是圆弧的曲率，第三个点是圆弧的终点。圆弧运动示意图如图 5-9 所示。

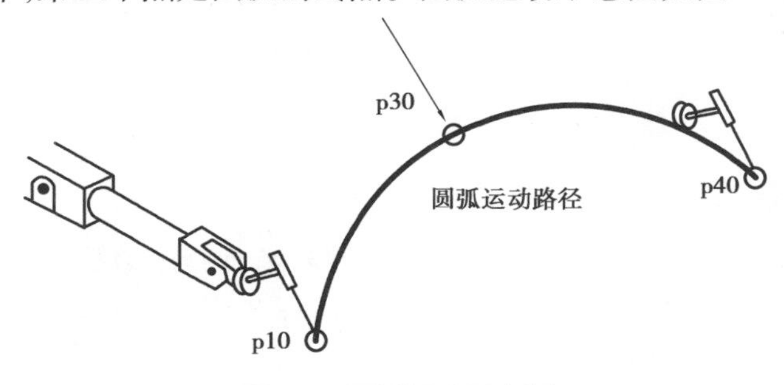

图 5-9　圆弧运动示意图

添加圆弧运动的操作步骤与 MoveJ 基本相同，需要新建两个 robtarget 类型的程序数据 p30、p40，还需要对 p30、p40 目标点位置进行示教，添加完成的 MoveC 指令如图 5-10 所示。

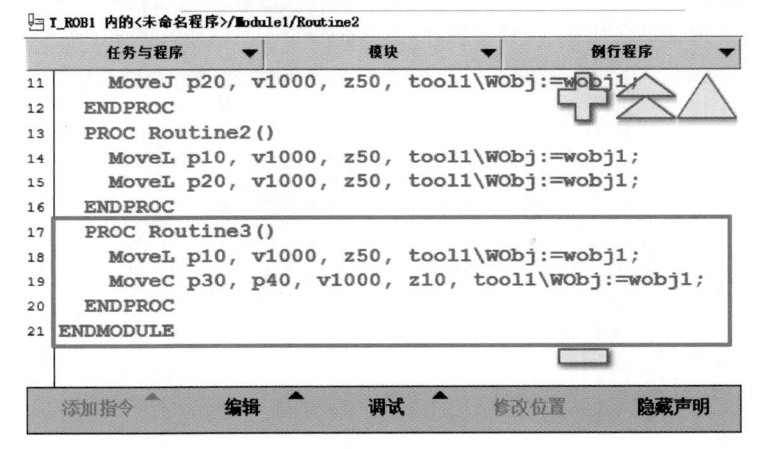

图 5-10　添加 MoveC 指令

MoveC 指令解析见表 5-13。

表 5-13　MoveC 指令解析

参　数	含　义
p10	圆弧的第一点
p30	圆弧的第二点
p40	圆弧的第三点

任务 5-5　基础轨迹练习

任务描述：

在学习完简单运动指令之后，要结合轨迹练习平台进行轨迹编程实操，本任务详细介绍了圆形轨迹、矩形轨迹、曲线轨迹的编程及操作步骤，在进行轨迹示教编程的时候需要用到圆锥工具，在编程的过程中需要提前对圆锥工具进行工具坐标系的设定，以完成工具 TCP 点的偏移和提高编程的准确性。

知识学习：

矩形轨迹程序

1.矩形轨迹示教编程

进行矩形轨迹的示教编程，一共可分为 5 个步骤：新建程序数据、新建程序模块和例行程序、设定机器人初始姿态、矩形轨迹编程和测试程序。矩形轨迹示意图如图 5-11 所示，轨迹过程为 pHome → p10 → p20 → p30 → p40 → pHome。

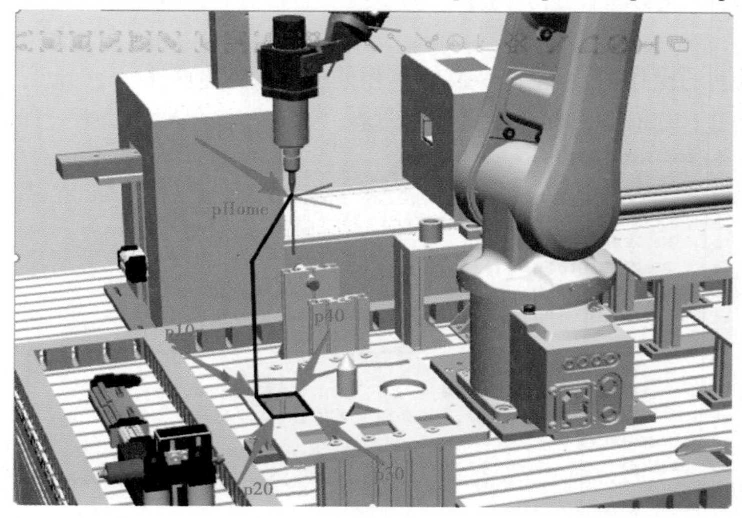

图 5-11　矩形轨迹示意图

(1)新建程序数据

根据编程需要，首先设定 4 个点位置程序数据，分别为 pHome、p10、p20、p30、p40，pHome 点为机器人初识姿态位置，p10、p20、p30、p40 点为矩形的 4 个顶点。设定机器人程序数据操作步骤见表 5-14。

表 5-14　创建程序数据操作步骤

序　号	说　明	图　片
1	单击“程序数据”	HotEdit　备份与恢复 输入输出　校准 手动操纵　控制面板 自动生产窗口　事件日志 程序编辑器　FlexPendant 资源管理器 程序数据　系统信息 注销 Default User　重新启动

续表

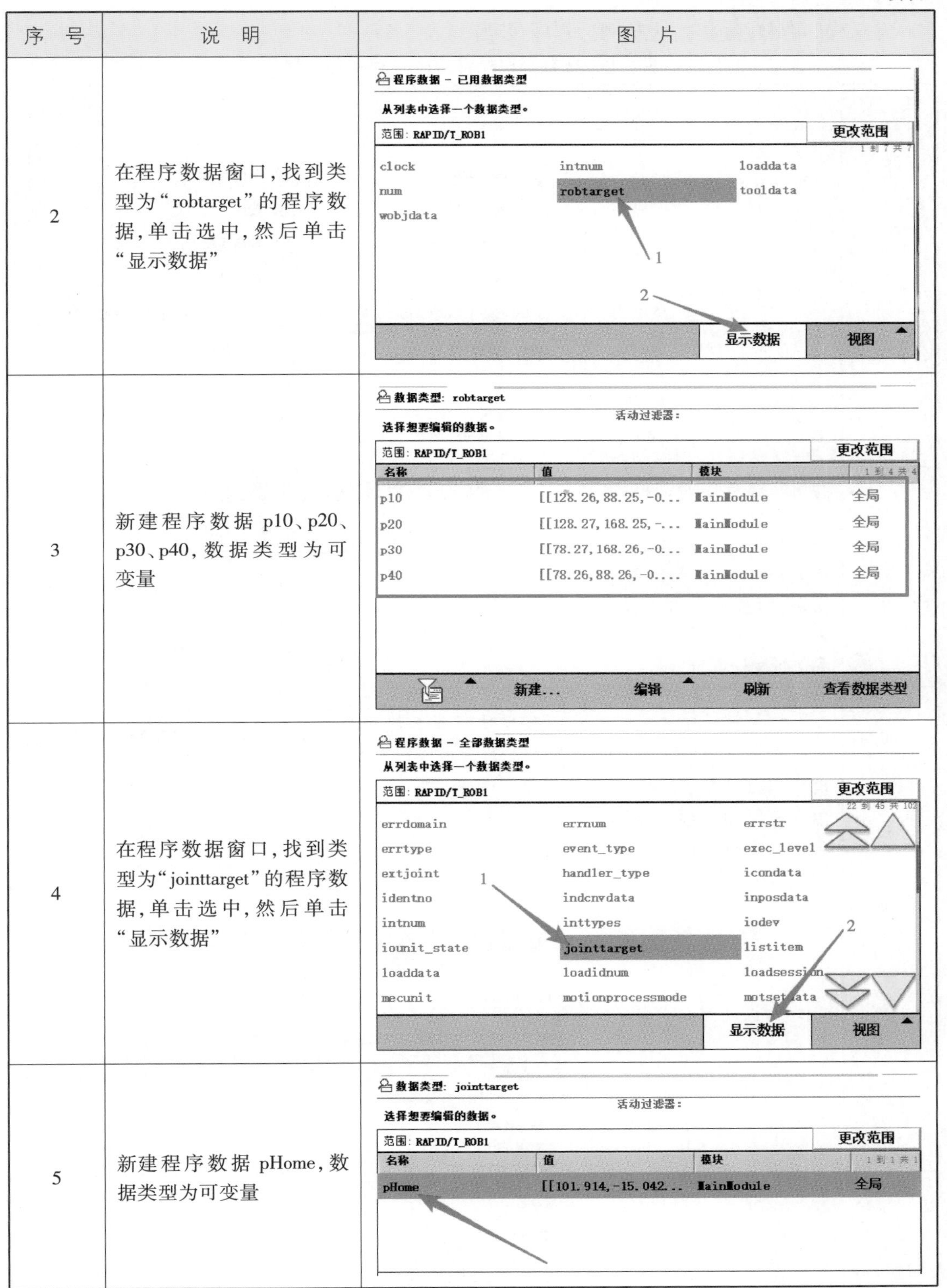

序　号	说　明	图　片
2	在程序数据窗口，找到类型为“robtarget”的程序数据，单击选中，然后单击“显示数据”	
3	新建程序数据 p10、p20、p30、p40，数据类型为可变量	
4	在程序数据窗口，找到类型为“jointtarget”的程序数据，单击选中，然后单击“显示数据”	
5	新建程序数据 pHome，数据类型为可变量	

(2)新建程序模块

建立程序存放、编程模块及例行程序,步骤见表 5-15。

表 5-15　新建程序模块、例行程序操作步骤

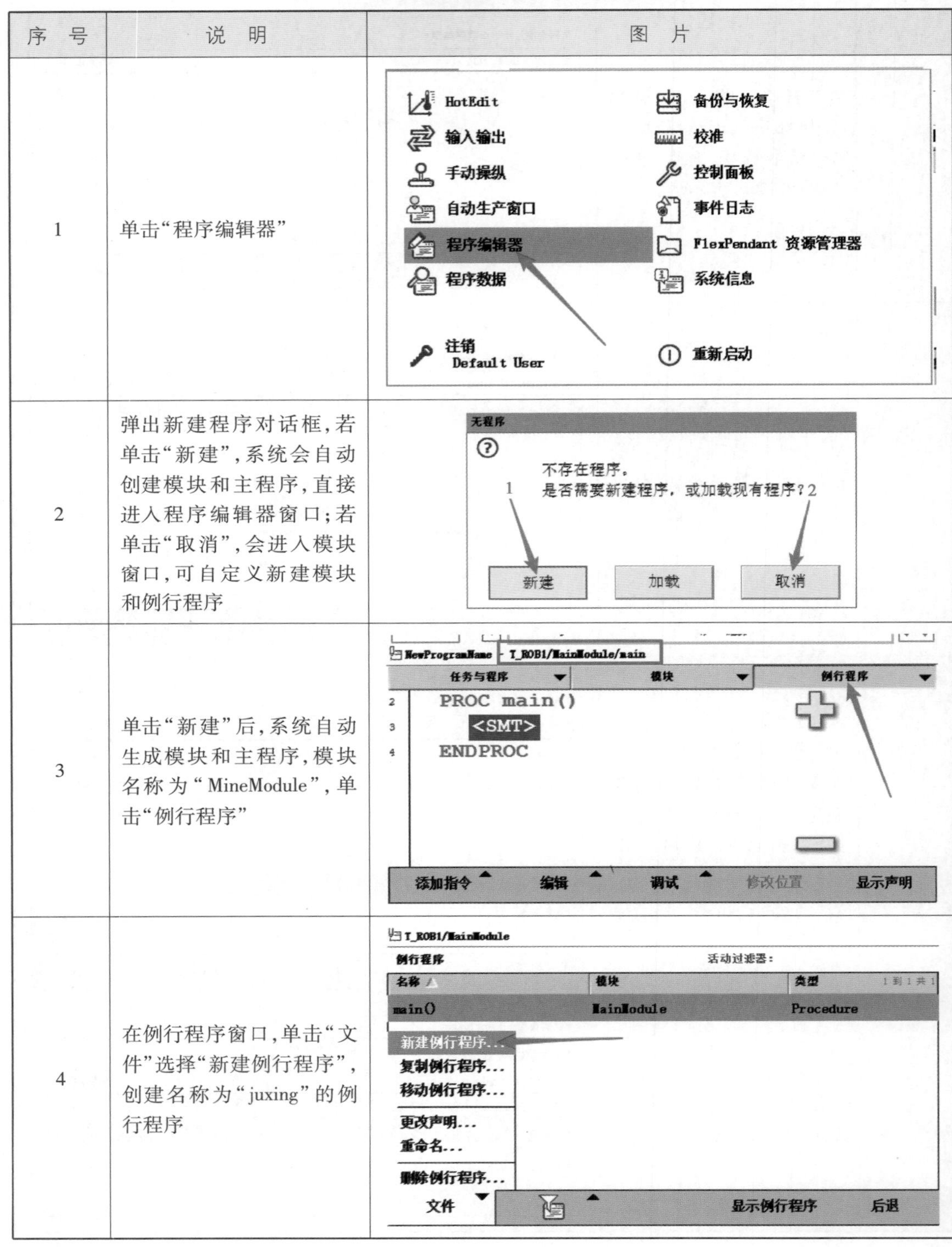

序　号	说　明	图　片
1	单击“程序编辑器”	
2	弹出新建程序对话框,若单击“新建”,系统会自动创建模块和主程序,直接进入程序编辑器窗口;若单击“取消”,会进入模块窗口,可自定义新建模块和例行程序	
3	单击“新建”后,系统自动生成模块和主程序,模块名称为“MineModule”,单击“例行程序”	
4	在例行程序窗口,单击“文件”选择“新建例行程序”,创建名称为“juxing”的例行程序	

续表

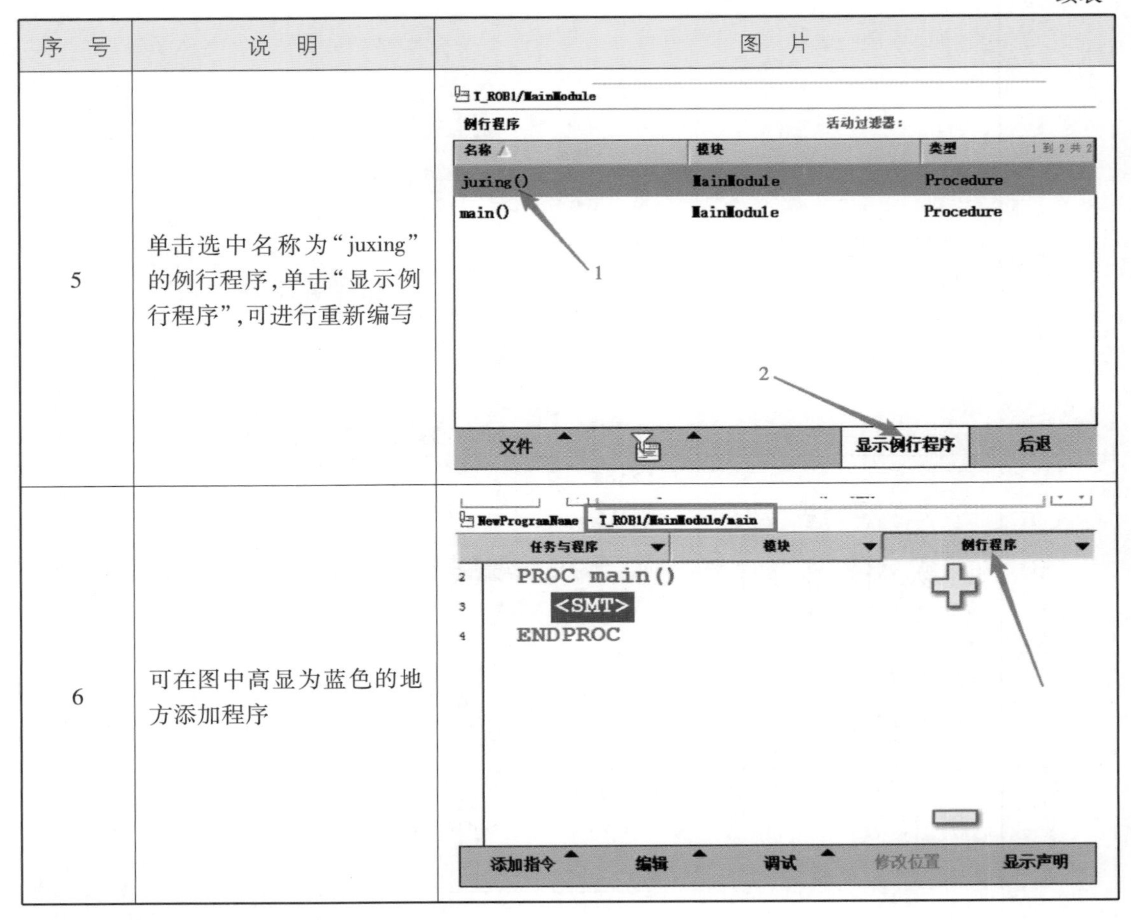

序　号	说　明	图　片
5	单击选中名称为“juxing”的例行程序，单击“显示例行程序”，可进行重新编写	
6	可在图中高显为蓝色的地方添加程序	

(3)设定机器人初始位置

设定机器人初始位置，步骤见表 5-16。

表 5-16　设定机器人初始位置操作步骤

序　号	说　明	图　片
1	在名称为“juxing”的例行程序中，单击添加“MoveAbsJ”指令(MoveAbsJ 是机器人绝对位置运动指令，指令中“*”代表目标位置数据，是机器人 6 个轴和外轴的角度值定义的绝对位置，更改“*”的数据值就可以设置初始位置)	

续表

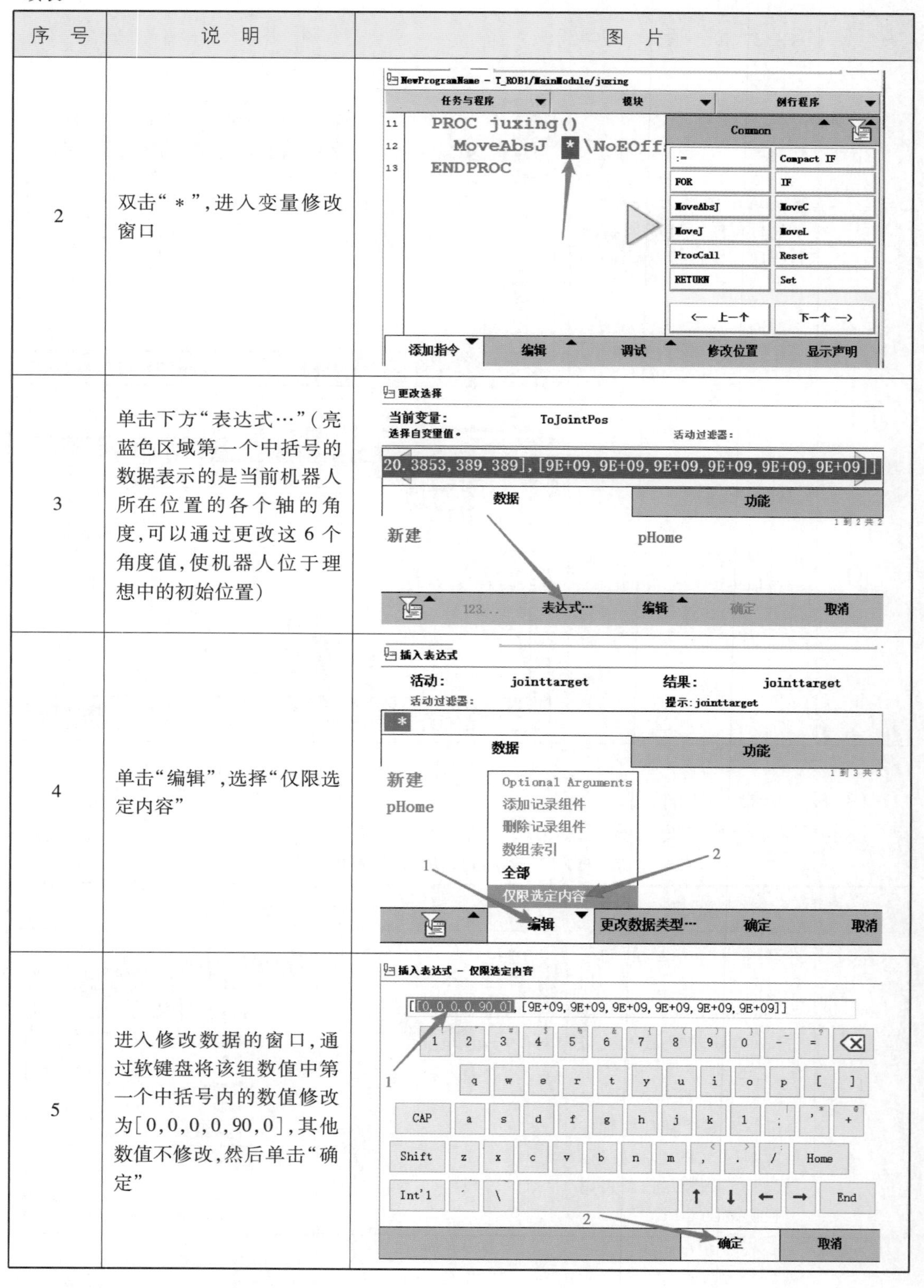

序　号	说　明	图　片
2	双击“ * ”，进入变量修改窗口	
3	单击下方“表达式…”（亮蓝色区域第一个中括号的数据表示的是当前机器人所在位置的各个轴的角度，可以通过更改这 6 个角度值，使机器人位于理想中的初始位置）	
4	单击“编辑”，选择“仅限选定内容”	
5	进入修改数据的窗口，通过软键盘将该组数值中第一个中括号内的数值修改为[0,0,0,0,90,0]，其他数值不修改，然后单击“确定”	

续表

序 号	说 明	图 片
6	MoveAbsJ 指令参数修改完成后,程序如图所示	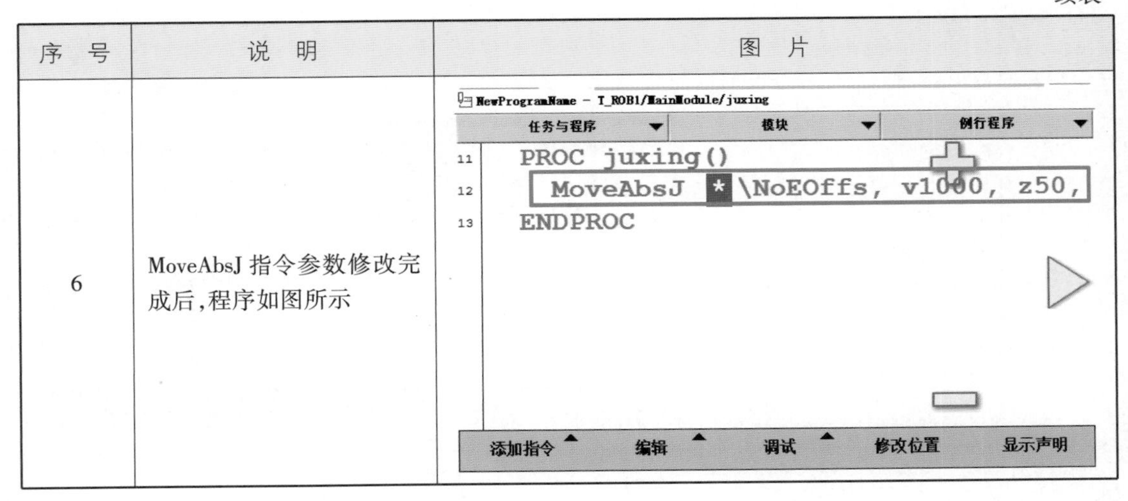

以上是通过设定固定的角度来设定初始位置的方法,也可以根据程序的需要将机器人运行到想要的初始位置上,步骤见表 5-17。

表 5-17 设定初始位置操作步骤

序 号	说 明	图 片
1	在程序数据窗口中找到"jointtarget"型数据,选中后单击"显示数据"	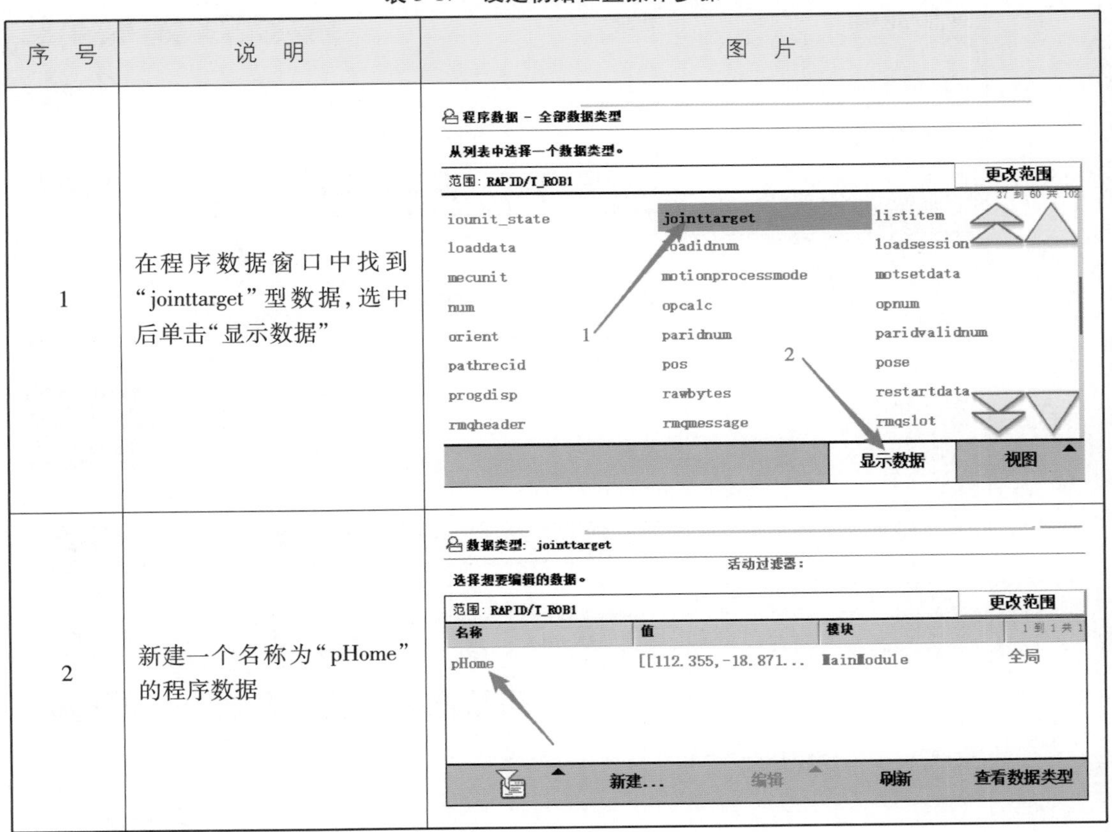
2	新建一个名称为"pHome"的程序数据	

续表

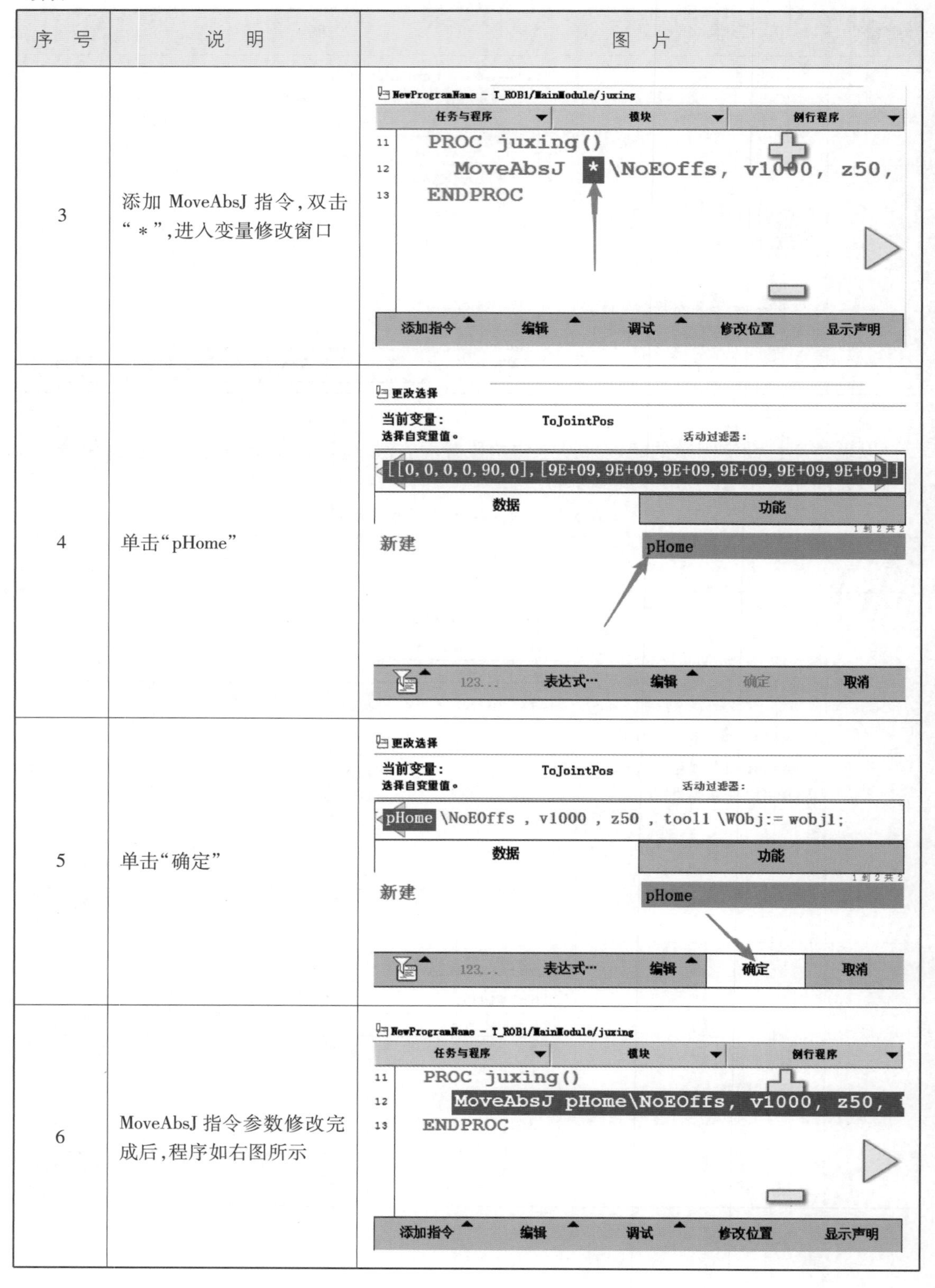

序　号	说　明	图　片
3	添加 MoveAbsJ 指令，双击“ * ”，进入变量修改窗口	
4	单击“pHome”	
5	单击“确定”	
6	MoveAbsJ 指令参数修改完成后，程序如右图所示	

该方法设定机器人初始位置有利于避免管理混乱。编程者可以根据实际需要选择设定机器人初始位置的方法。

(4)矩形轨迹编程

设定好初始位置后,就要开始进行轨迹点的示教编程,矩形轨迹如图 5-1 所示,轨迹示教点为 p10、p20、p30、p40,轨迹运动的规划为:机器人 TCP 先从初始化位置运动到 p10 点上方,然后依次是 p10、p20、p30、p40、p10 点,完成矩形轨迹的运行后,回到 p10 点上方,最后回到初始位置。矩形轨迹示教编程操作步骤见表 5-18。

表 5-18　矩形轨迹示教编程操作步骤

序　号	说　明	图　片
1	在手动操纵窗口,将工具坐标系和工件坐标系更改为对应的工具的工具坐标系 tool1 和轨迹路径模块的工件坐标系 wobj1	 手动操纵 单击属性并更改 机械单元: ROB_1... 绝对精度: Off 动作模式: 线性... 坐标系: 工具... 工具坐标: tool1.. 工件坐标: wobj1.. 有效载荷: load0... 操纵杆锁定: 无... 增量: 无... 位置 坐标中的位置: WorkObject X: 18.01 mm Y: 62.64 mm Z: 87.95 mm q1: 0.00000 q2: 0.00000 q3: -0.99989 q4: -0.01460 位置格式... 操纵杆方向 X Y Z 对准... 转到... 启动...
2	回到程序编辑器窗口,在 MoveAbsJ 指令下方添加 MoveJ 指令(MoveJ 是机器人关节运动指令,关节运动的路径精度不高,机器人在关节运动中各轴的姿态都可以变化,轨迹不一定是直线)	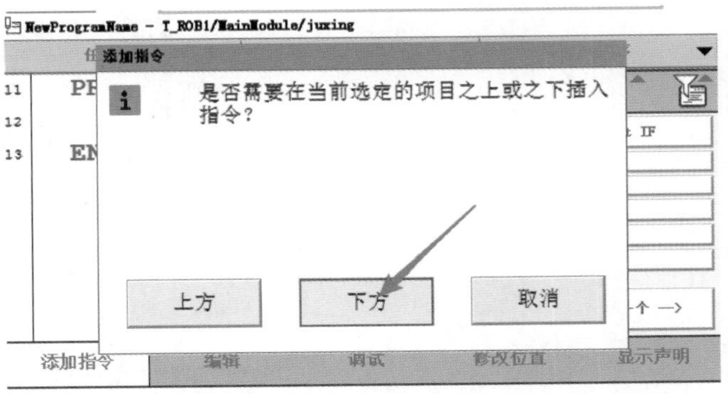 NewProgramName - T_ROB1/MainModule/juxing 添加指令 是否需要在当前选定的项目之上或之下插入指令? 上方 下方 取消 添加指令 编辑 调试 修改位置 显示声明
3	添加这一指令是使机器人运动到轨迹点 p10 的上方工作区域,然后再运动到 p10 轨迹点	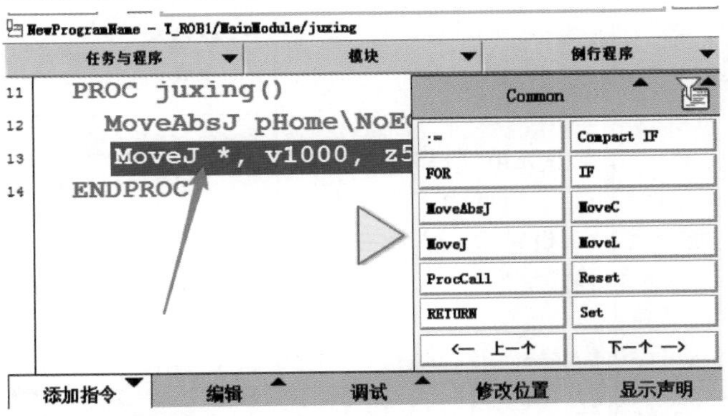 NewProgramName - T_ROB1/MainModule/juxing 任务与程序 模块 例行程序 11 PROC juxing() 12 MoveAbsJ pHome\NoE 13 MoveJ *, v1000, z5 14 ENDPROC Common := Compact IF FOR IF MoveAbsJ MoveC MoveJ MoveL ProcCall Reset RETURN Set ← 上一个 下一个 → 添加指令 编辑 调试 修改位置 显示声明

续表

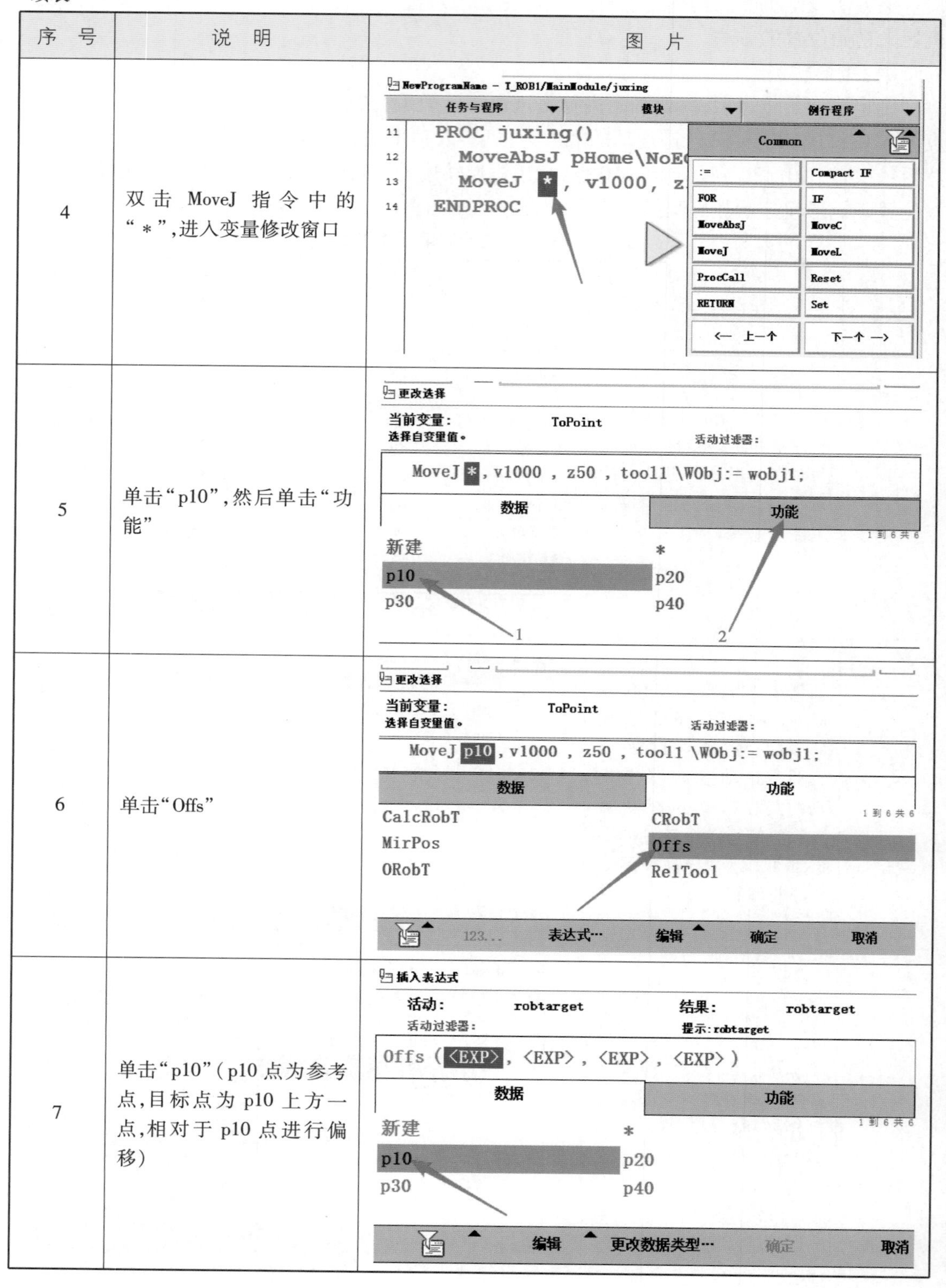

序号	说明	图片
4	双击 MoveJ 指令中的“＊”,进入变量修改窗口	
5	单击“p10”,然后单击“功能”	
6	单击“Offs”	
7	单击“p10”(p10 点为参考点,目标点为 p10 上方一点,相对于 p10 点进行偏移)	

续表

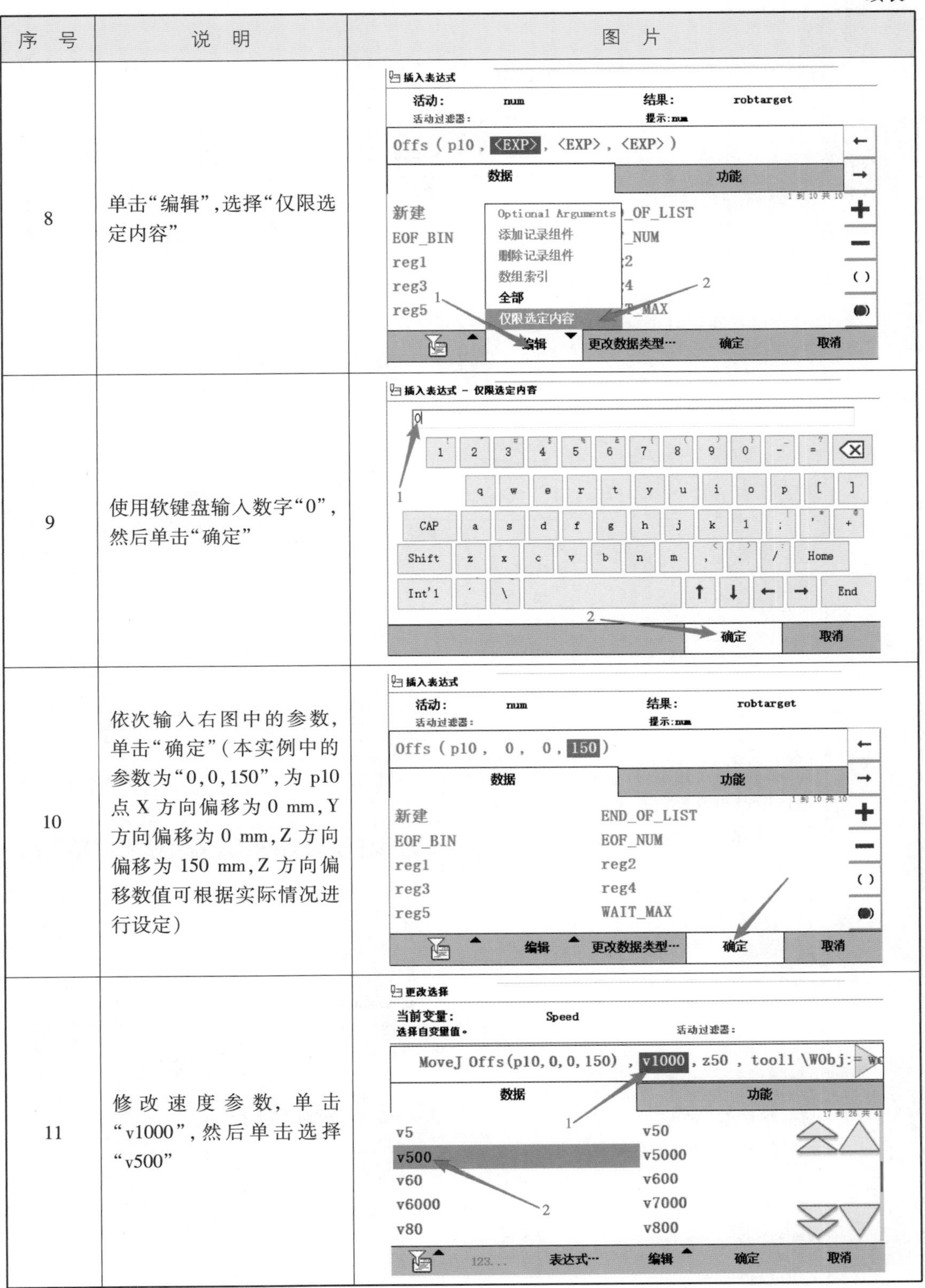

序　号	说　明	图　片
8	单击“编辑”，选择“仅限选定内容”	
9	使用软键盘输入数字“0”，然后单击“确定”	
10	依次输入右图中的参数，单击“确定”（本实例中的参数为“0，0，150”，为 p10 点 X 方向偏移为 0 mm，Y 方向偏移为 0 mm，Z 方向偏移为 150 mm，Z 方向偏移数值可根据实际情况进行设定）	
11	修改速度参数，单击“v1000”，然后单击选择“v500”	

续表

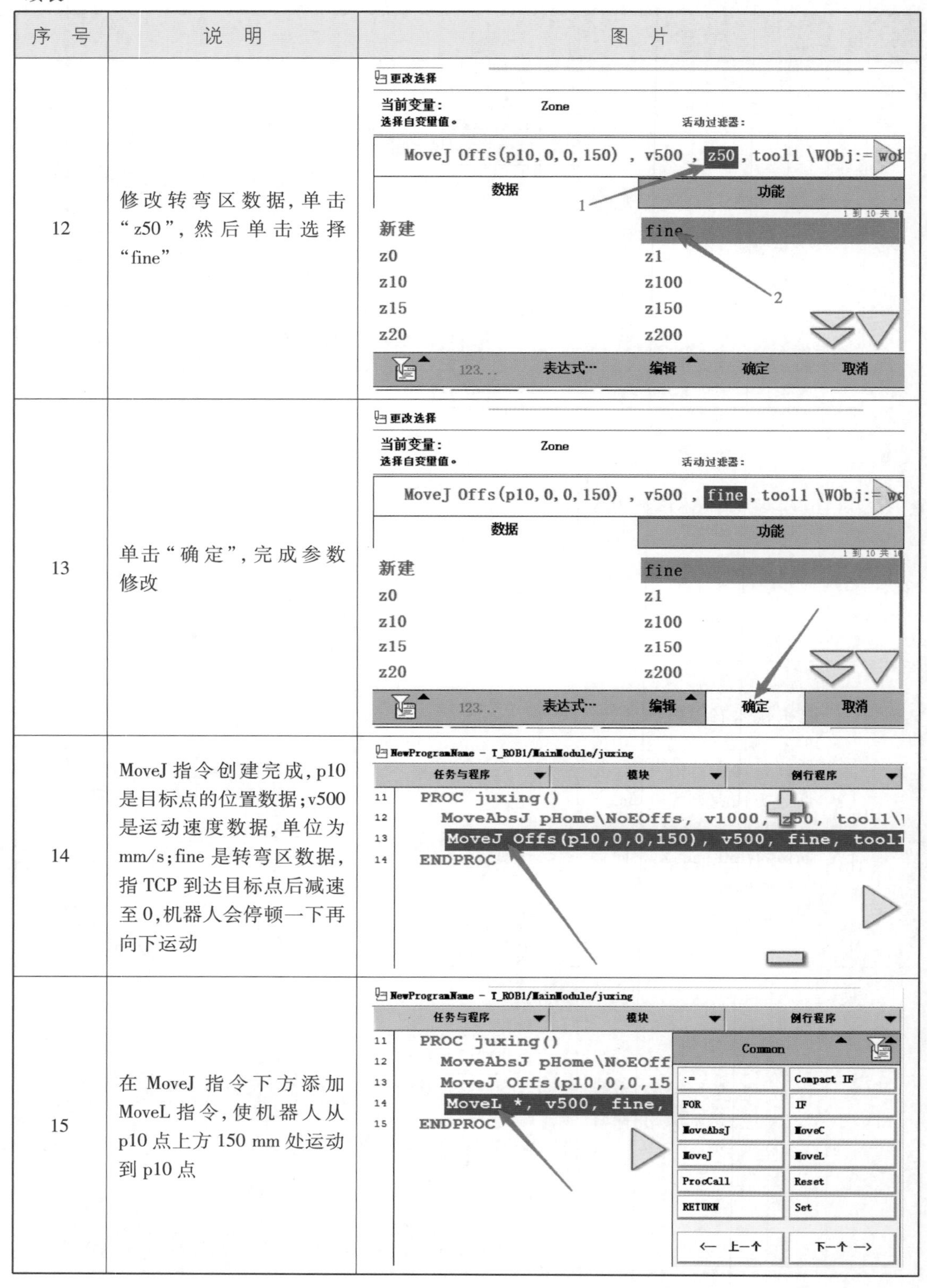

序　号	说　明	图　片
12	修改转弯区数据，单击“z50”，然后单击选择“fine”	
13	单击“确定”，完成参数修改	
14	MoveJ 指令创建完成，p10 是目标点的位置数据；v500 是运动速度数据，单位为 mm/s；fine 是转弯区数据，指 TCP 到达目标点后减速至 0，机器人会停顿一下再向下运动	
15	在 MoveJ 指令下方添加 MoveL 指令，使机器人从 p10 点上方 150 mm 处运动到 p10 点	

续表

序 号	说 明	图 片
16	双击“ * ”,进入变量修改窗口	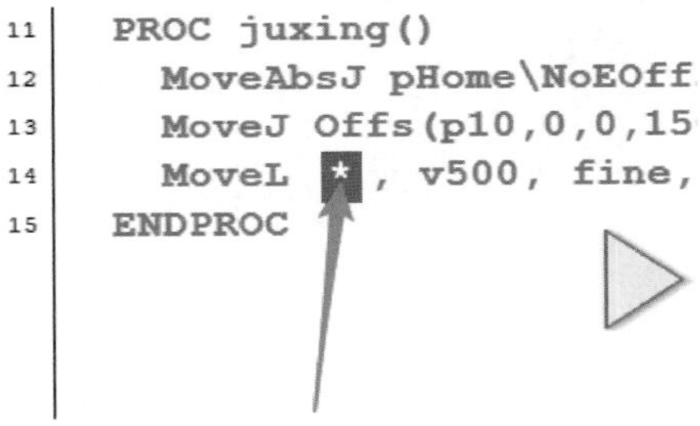 11 PROC juxing() 12 MoveAbsJ pHome\NoEOff 13 MoveJ Offs(p10,0,0,15 14 MoveL * , v500, fine, 15 ENDPROC
17	单击“p10”,然后单击“确定”	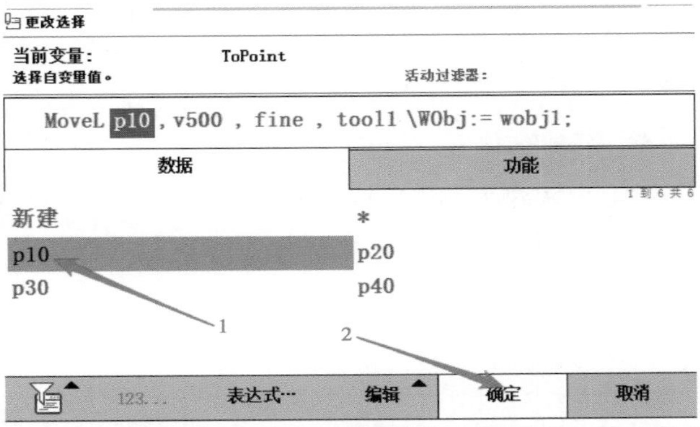 更改选择 当前变量: ToPoint 选择自变量值。 活动过滤器: MoveL p10 , v500 , fine , tool1 \WObj:= wobj1; 数据 功能 新建 * p10 p20 p30 p40 123... 表达式… 编辑 确定 取消
18	进行示教,使用示教器手动操控机器人,使 TCP 尖端运动到轨迹路线模块第一个目标点 p10 点处	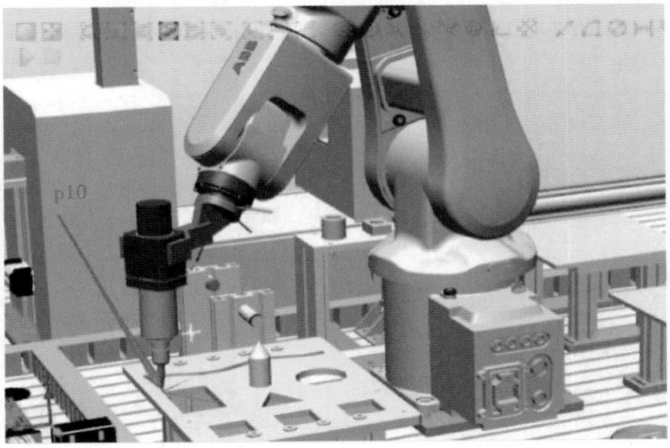 p10
19	切换到程序数据窗口,选中 p10,然后单击“编辑”,选择“修改位置”	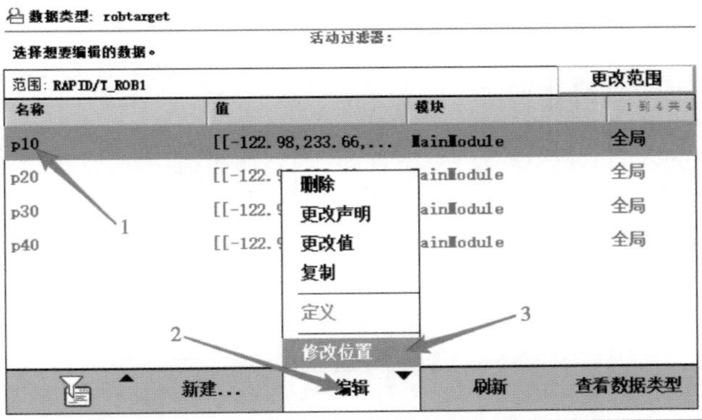 数据类型: robtarget 选择想要编辑的数据。 活动过滤器: 范围: RAPID/T_ROB1 更改范围 名称 值 模块 p10 [[-122.98,233.66,... MainModule 全局 p20 [[-122.9 MainModule 全局 p30 [[-122.9 MainModule 全局 p40 [[-122.9 MainModule 全局 删除 更改声明 更改值 复制 定义 修改位置 新建... 编辑 刷新 查看数据类型

续表

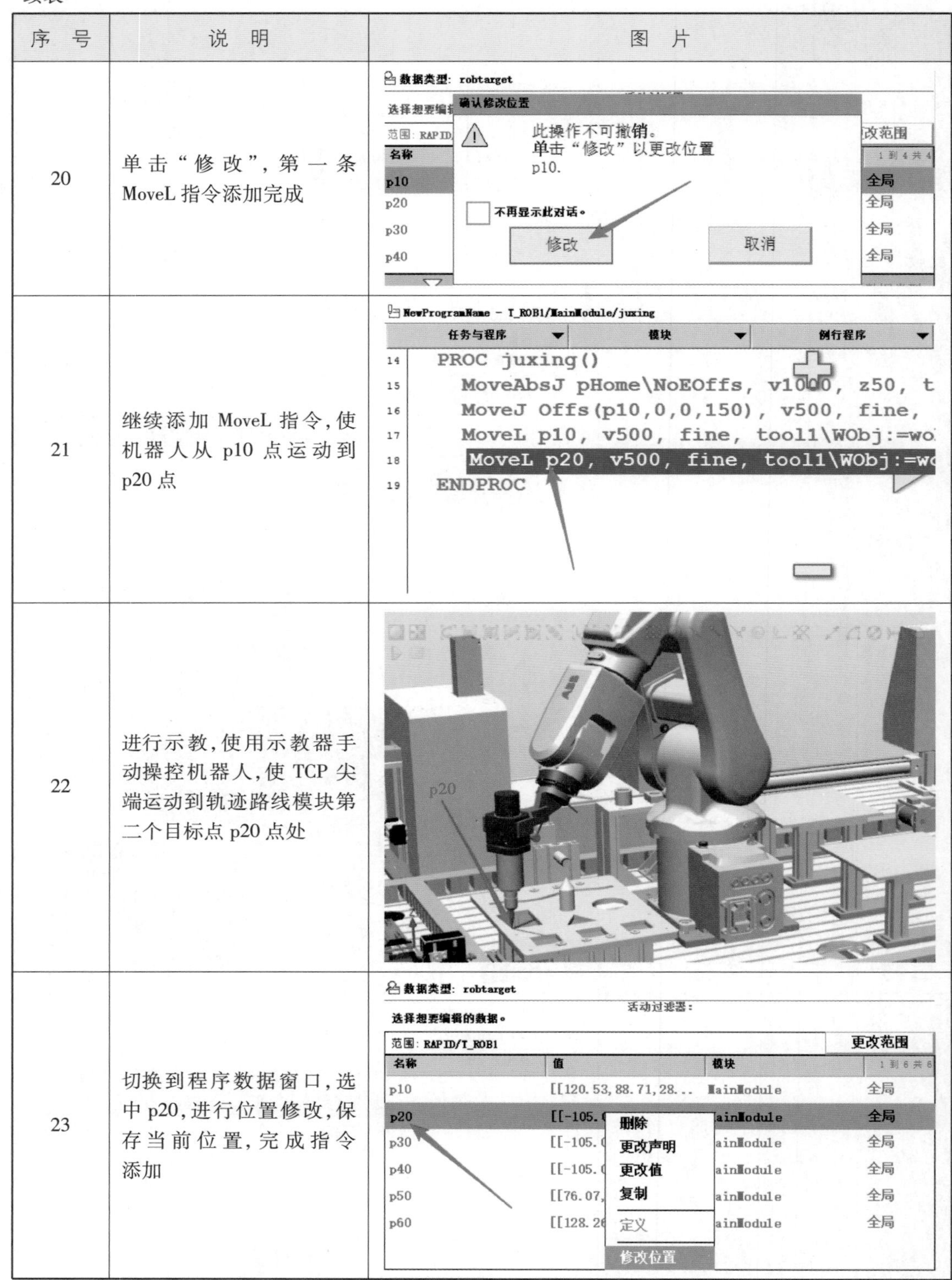

序　号	说　明	图　片
20	单击“修改”，第一条 MoveL 指令添加完成	
21	继续添加 MoveL 指令，使机器人从 p10 点运动到 p20 点	
22	进行示教，使用示教器手动操控机器人，使 TCP 尖端运动到轨迹路线模块第二个目标点 p20 点处	
23	切换到程序数据窗口，选中 p20，进行位置修改，保存当前位置，完成指令添加	

续表

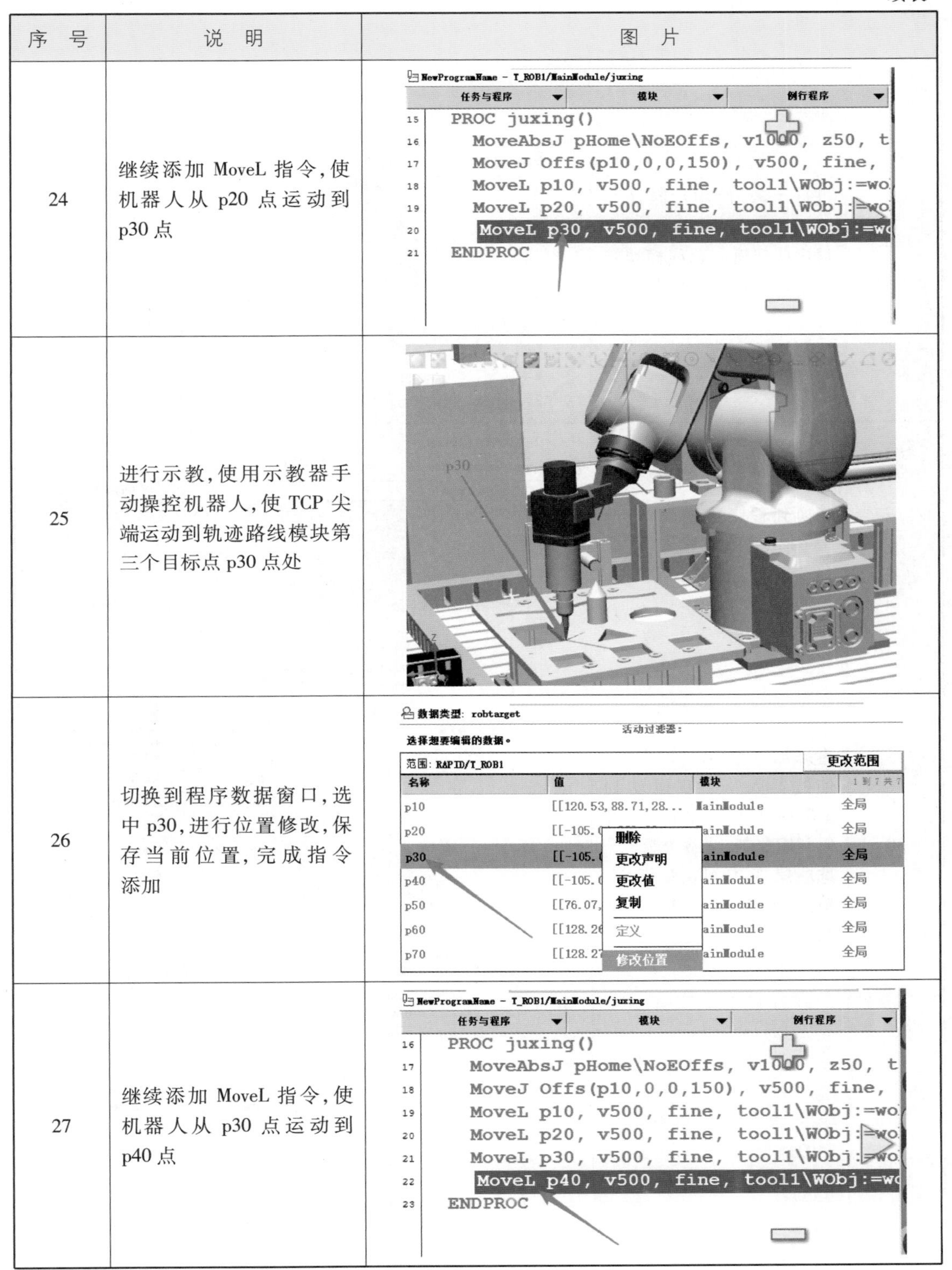

序　号	说　明	图　片
24	继续添加 MoveL 指令，使机器人从 p20 点运动到 p30 点	
25	进行示教，使用示教器手动操控机器人，使 TCP 尖端运动到轨迹路线模块第三个目标点 p30 点处	
26	切换到程序数据窗口，选中 p30，进行位置修改，保存当前位置，完成指令添加	
27	继续添加 MoveL 指令，使机器人从 p30 点运动到 p40 点	

续表

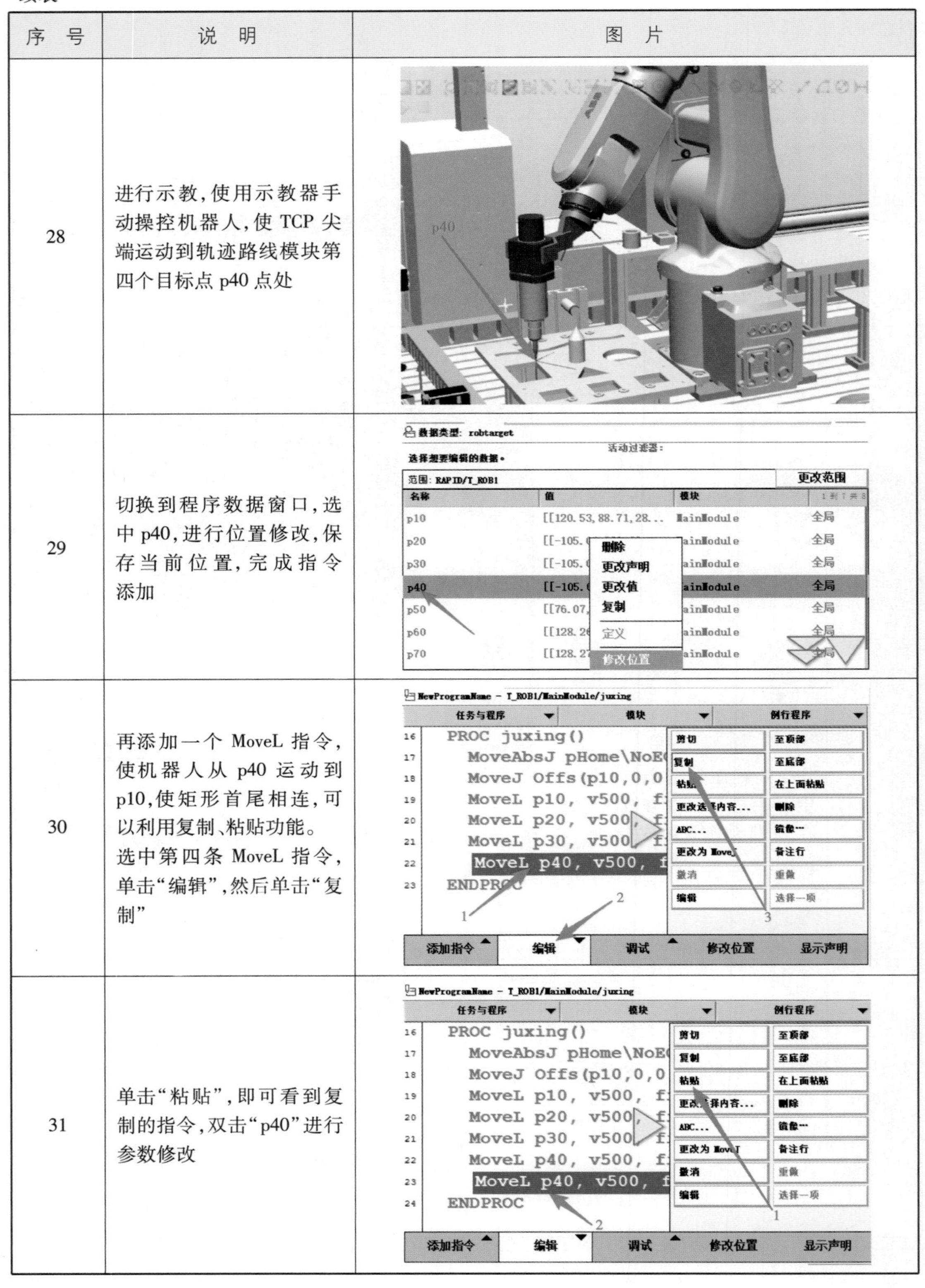

序　号	说　明	图　片
28	进行示教，使用示教器手动操控机器人，使 TCP 尖端运动到轨迹路线模块第四个目标点 p40 点处	
29	切换到程序数据窗口，选中 p40，进行位置修改，保存当前位置，完成指令添加	
30	再添加一个 MoveL 指令，使机器人从 p40 运动到 p10，使矩形首尾相连，可以利用复制、粘贴功能。 选中第四条 MoveL 指令，单击“编辑”，然后单击“复制”	
31	单击“粘贴”，即可看到复制的指令，双击“p40”进行参数修改	

续表

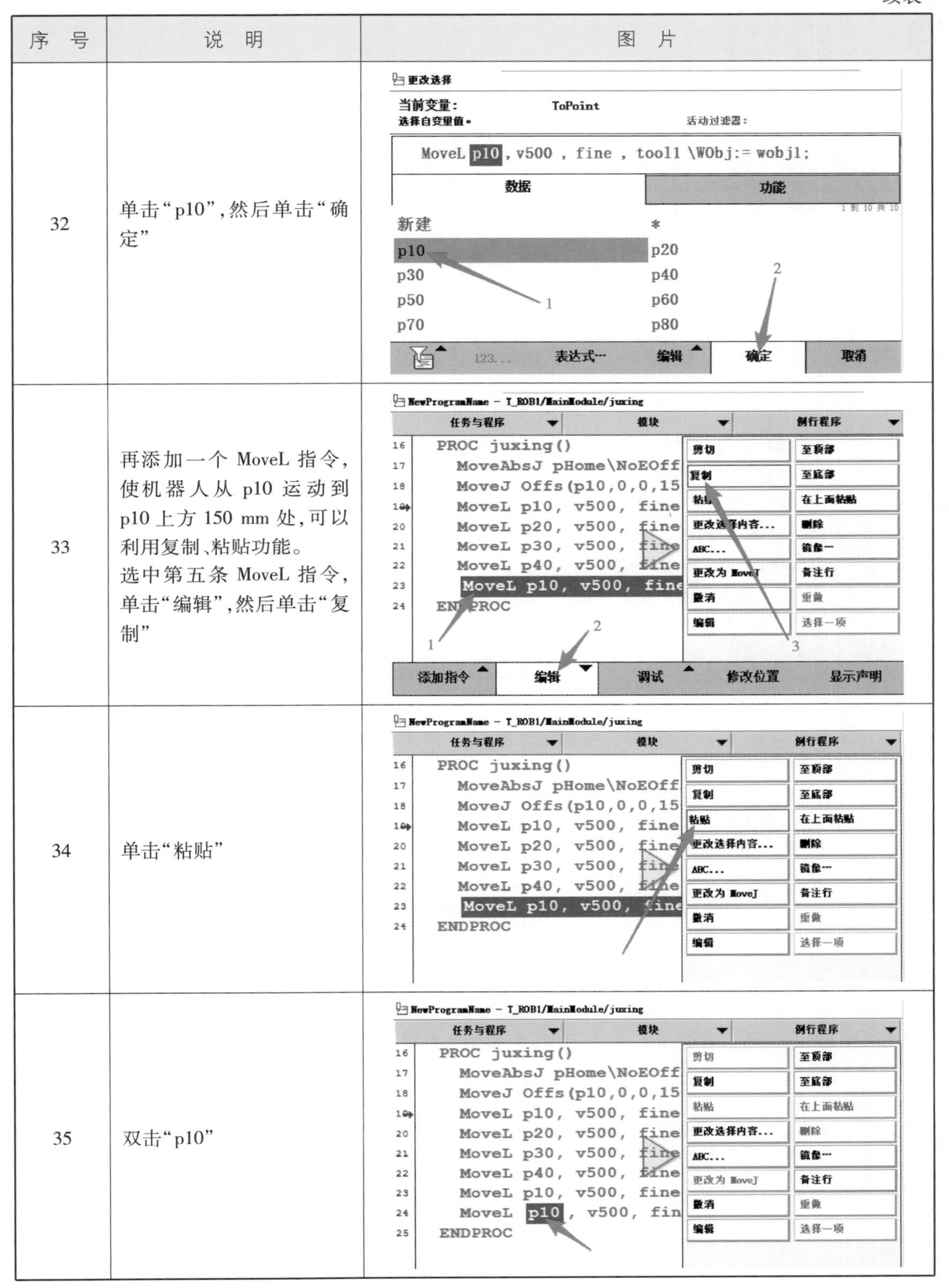

序 号	说 明	图 片
32	单击“p10”，然后单击“确定”	
33	再添加一个 MoveL 指令，使机器人从 p10 运动到 p10 上方 150 mm 处，可以利用复制、粘贴功能。 选中第五条 MoveL 指令，单击“编辑”，然后单击“复制”	
34	单击“粘贴”	
35	双击“p10”	

续表

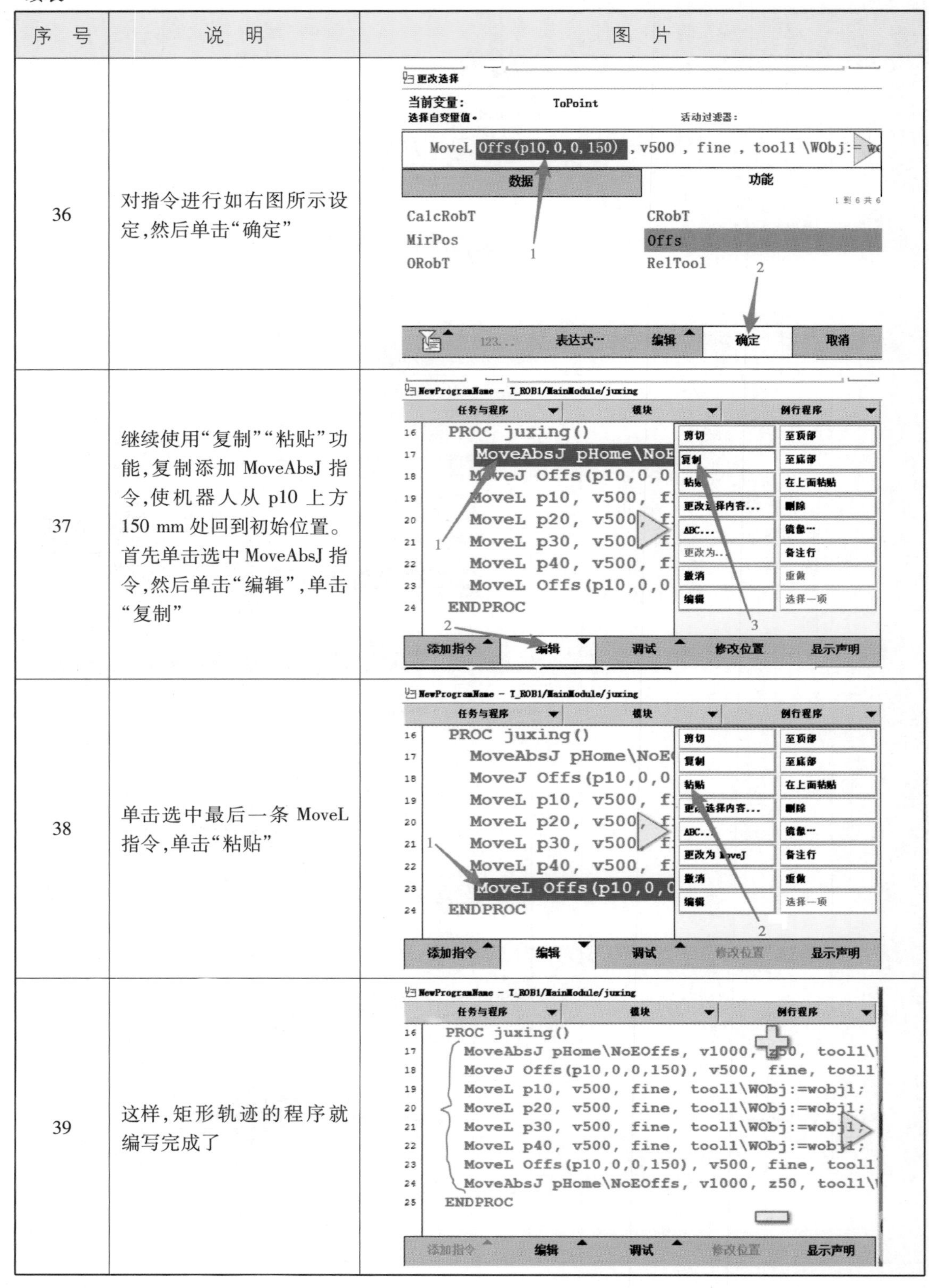

序　号	说　明	图　片
36	对指令进行如右图所示设定，然后单击“确定”	
37	继续使用“复制”“粘贴”功能，复制添加 MoveAbsJ 指令，使机器人从 p10 上方 150 mm 处回到初始位置。首先单击选中 MoveAbsJ 指令，然后单击“编辑”，单击“复制”	
38	单击选中最后一条 MoveL 指令，单击“粘贴”	
39	这样，矩形轨迹的程序就编写完成了	

(5)测试程序

矩形轨迹的示教编程完成后,要进行程序的测试,操作步骤见表 5-19。

表 5-19　测试程序的操作步骤

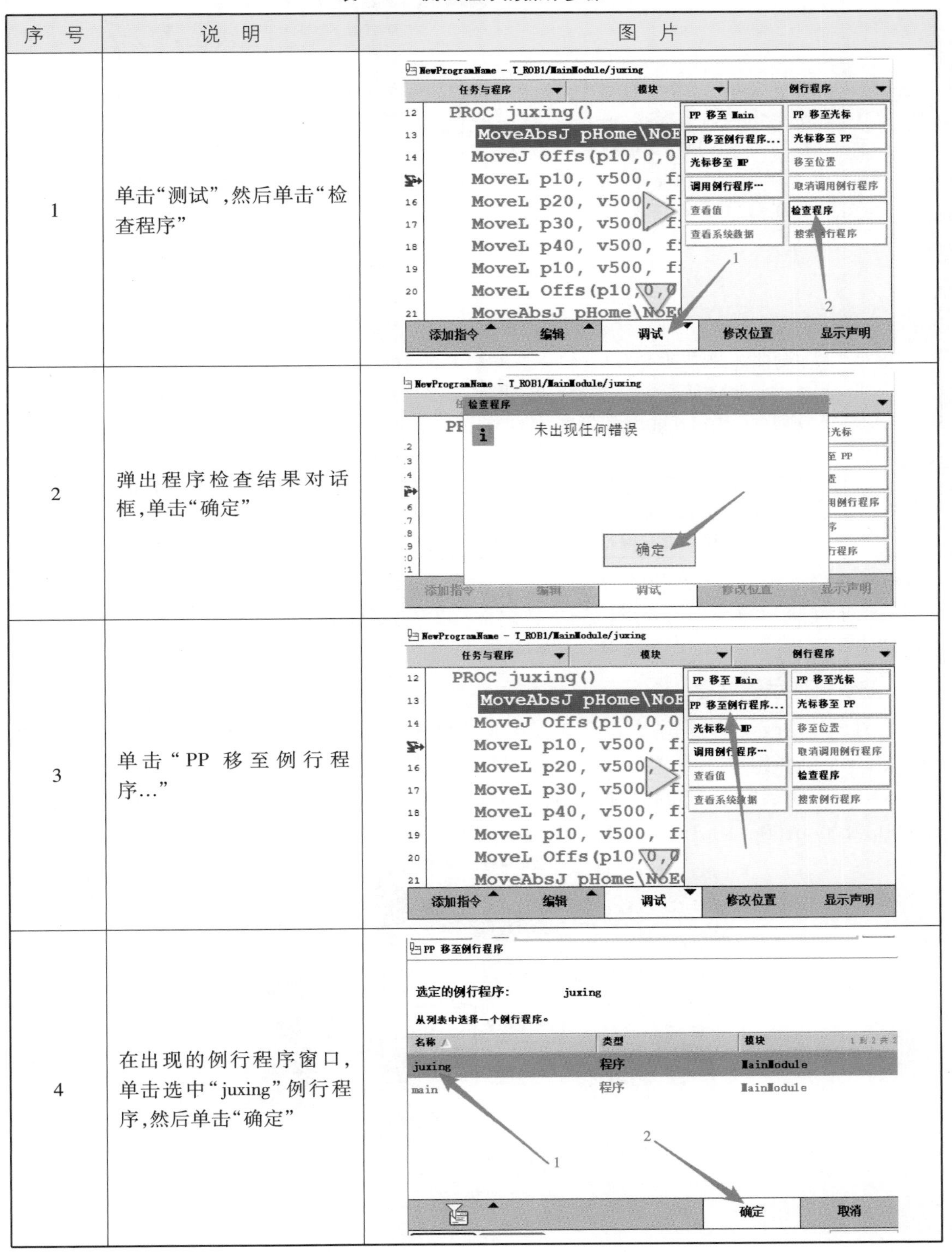

序　号	说　明	图　片
1	单击“测试”,然后单击“检查程序”	
2	弹出程序检查结果对话框,单击“确定”	
3	单击“PP 移至例行程序…”	
4	在出现的例行程序窗口,单击选中“juxing”例行程序,然后单击“确定”	

续表

序　号	说　明	图　片
5	在程序编辑器的第一行指令旁会出现箭头标志，表明机器人准备执行第一行指令，然后按下使能键，按下程序运行按钮，观察机器人程序运行情况	NewProgramName - T_ROB1/MainModule/juxing 任务与程序　模块 12 PROC juxing() 13 MoveAbsJ pHome\NoE 14 MoveJ Offs(p10,0,0 15 MoveL p10, v500, f 16 MoveL p20, v500, f 17 MoveL p30, v500, f 18 MoveL p40, v500, f 19 MoveL p10, v500, f 20 MoveL Offs(p10,0,0 21 MoveAbsJ pHome\NoE
6	按下使能键，然后按下单步运行按钮，机器人立即执行箭头所指的一行指令，然后逐步执行每一条指令，通过逐行运行，检查机器人是否按照预定轨迹移动，若轨迹移动不正确，则将机器人移动至正确位置后，修改位置点（注意：当轨迹出现偏差时，应立即松开使能键，避免发生设备碰撞）	
7	上述检查完成后，再单击"调试"，然后单击"PP 移至例行程序"，在使能键处于第一挡位状态下，按下程序运行按钮，使机器人连续运行轨迹，观察机器人执行指令是否会使轨迹出现偏差，如果轨迹移动没有偏差，则轨迹示教编程完成	

三角形轨迹示教编程与矩形轨迹示教编程的步骤大体相同，具体操作步骤请参考矩形轨迹示教编程过程。

2.曲线轨迹示教编程

如图 5-12 所示，曲线轨迹示教点依次为 p80、p90、p100、p110、p120、p130、p140、p150、p160，由 3 个圆弧组成。机器人会从初始位置运行到 p80 点上方，然后运行曲线轨迹，再运行到 p160 点上方，最后回到初始位置，结束轨迹的运行。由图得 4 条圆弧曲线为：p80p90p9100、p100p110p120、p120p130p140、p140p150p160。

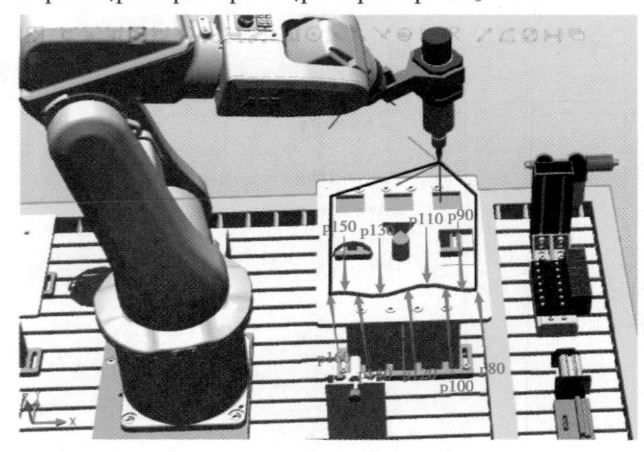

图 5-12　曲线轨迹示教编程示意图

表 5-20　曲线轨迹示教编程操作步骤

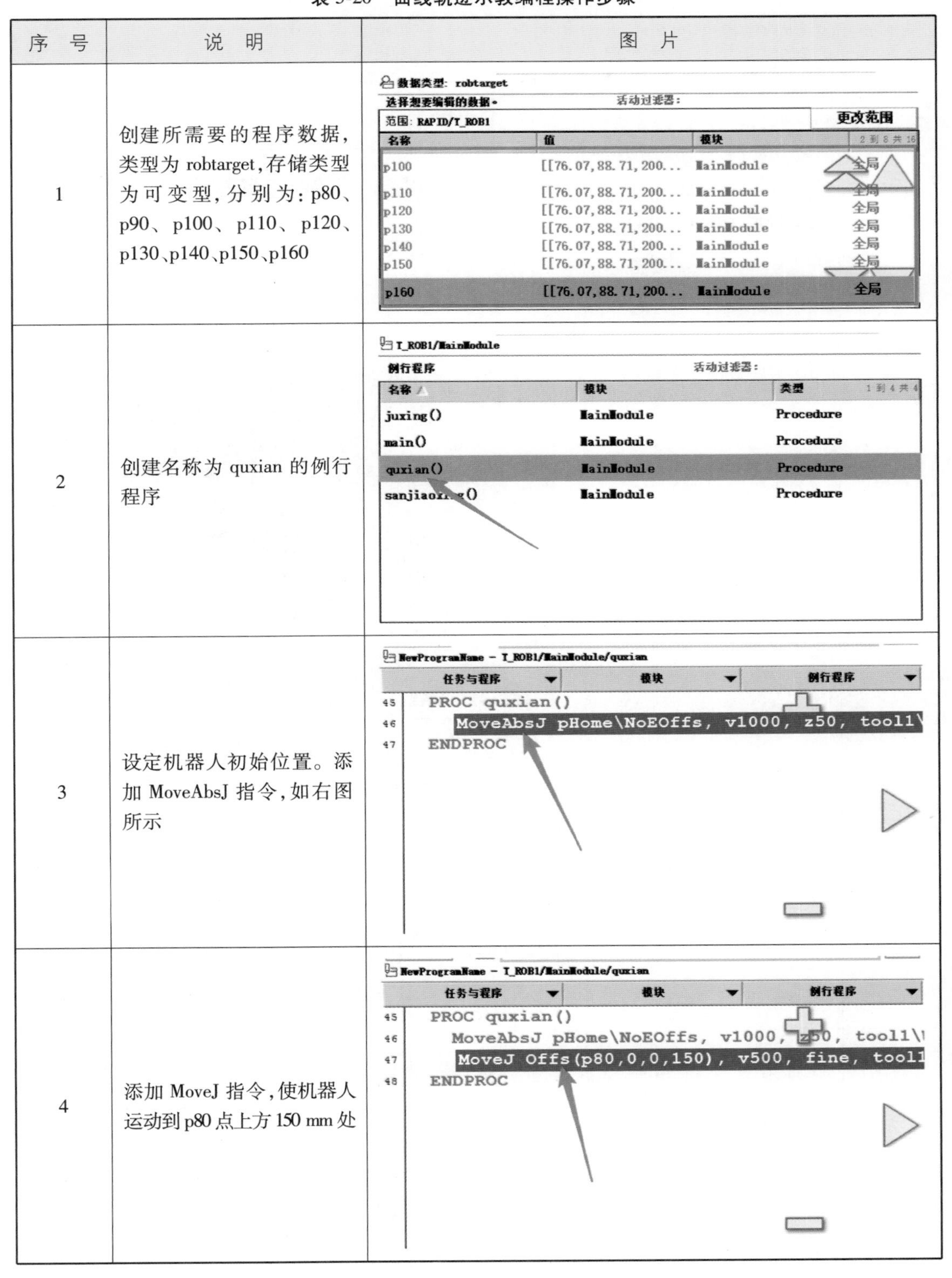

序　号	说　明	图　片
1	创建所需要的程序数据，类型为 robtarget，存储类型为可变型，分别为：p80、p90、p100、p110、p120、p130、p140、p150、p160	
2	创建名称为 quxian 的例行程序	
3	设定机器人初始位置。添加 MoveAbsJ 指令，如右图所示	
4	添加 MoveJ 指令，使机器人运动到 p80 点上方 150 mm 处	

续表

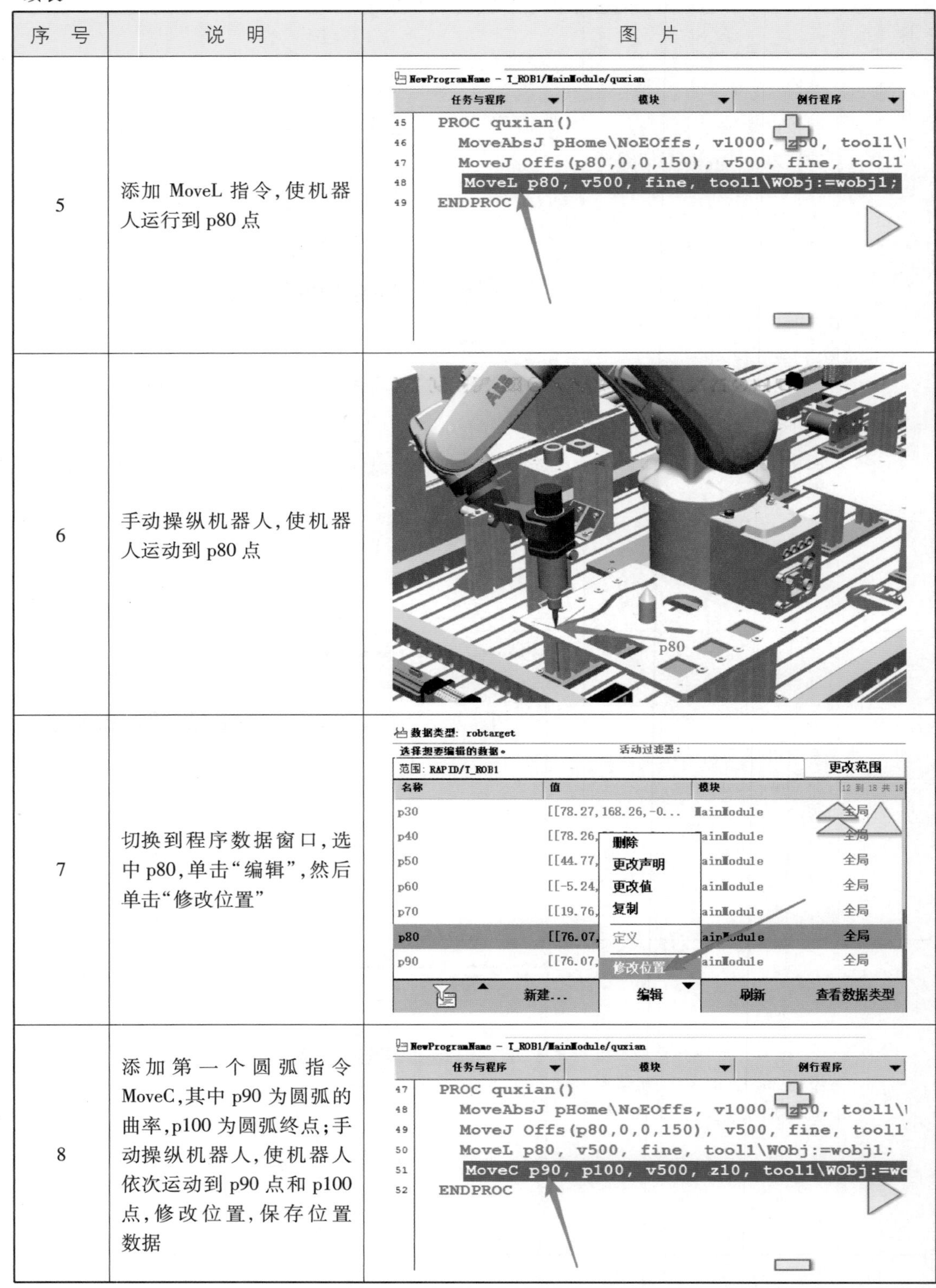

序　号	说　明	图　片
5	添加 MoveL 指令,使机器人运行到 p80 点	
6	手动操纵机器人,使机器人运动到 p80 点	
7	切换到程序数据窗口,选中 p80,单击“编辑”,然后单击“修改位置”	
8	添加第一个圆弧指令 MoveC,其中 p90 为圆弧的曲率,p100 为圆弧终点;手动操纵机器人,使机器人依次运动到 p90 点和 p100 点,修改位置,保存位置数据	

续表

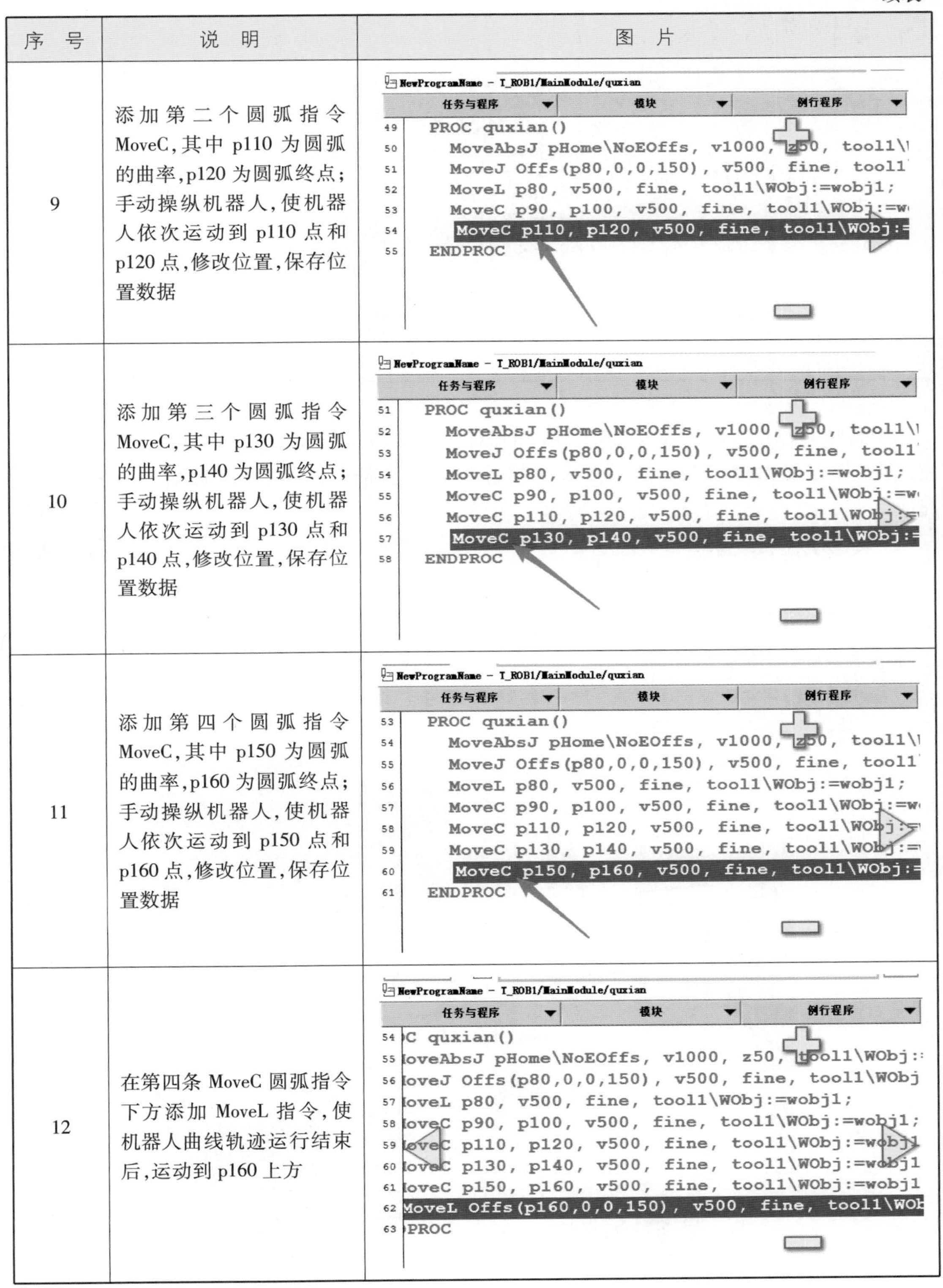

序　号	说　明	图　片
9	添加第二个圆弧指令 MoveC，其中 p110 为圆弧的曲率，p120 为圆弧终点；手动操纵机器人，使机器人依次运动到 p110 点和 p120 点，修改位置，保存位置数据	NewProgramName - T_ROB1/MainModule/quxian 任务与程序 模块 例行程序 49 PROC quxian() 50 MoveAbsJ pHome\NoEOffs, v1000, z50, tool1\ 51 MoveJ Offs(p80,0,0,150), v500, fine, tool1 52 MoveL p80, v500, fine, tool1\WObj:=wobj1; 53 MoveC p90, p100, v500, fine, tool1\WObj:=w 54 MoveC p110, p120, v500, fine, tool1\WObj:= 55 ENDPROC
10	添加第三个圆弧指令 MoveC，其中 p130 为圆弧的曲率，p140 为圆弧终点；手动操纵机器人，使机器人依次运动到 p130 点和 p140 点，修改位置，保存位置数据	NewProgramName - T_ROB1/MainModule/quxian 任务与程序 模块 例行程序 51 PROC quxian() 52 MoveAbsJ pHome\NoEOffs, v1000, z50, tool1\ 53 MoveJ Offs(p80,0,0,150), v500, fine, tool1 54 MoveL p80, v500, fine, tool1\WObj:=wobj1; 55 MoveC p90, p100, v500, fine, tool1\WObj:=w 56 MoveC p110, p120, v500, fine, tool1\WObj:= 57 MoveC p130, p140, v500, fine, tool1\WObj:= 58 ENDPROC
11	添加第四个圆弧指令 MoveC，其中 p150 为圆弧的曲率，p160 为圆弧终点；手动操纵机器人，使机器人依次运动到 p150 点和 p160 点，修改位置，保存位置数据	NewProgramName - T_ROB1/MainModule/quxian 任务与程序 模块 例行程序 53 PROC quxian() 54 MoveAbsJ pHome\NoEOffs, v1000, z50, tool1\ 55 MoveJ Offs(p80,0,0,150), v500, fine, tool1 56 MoveL p80, v500, fine, tool1\WObj:=wobj1; 57 MoveC p90, p100, v500, fine, tool1\WObj:=w 58 MoveC p110, p120, v500, fine, tool1\WObj:= 59 MoveC p130, p140, v500, fine, tool1\WObj:= 60 MoveC p150, p160, v500, fine, tool1\WObj:= 61 ENDPROC
12	在第四条 MoveC 圆弧指令下方添加 MoveL 指令，使机器人曲线轨迹运行结束后，运动到 p160 上方	NewProgramName - T_ROB1/MainModule/quxian 任务与程序 模块 例行程序 54 C quxian() 55 oveAbsJ pHome\NoEOffs, v1000, z50, tool1\WObj: 56 oveJ Offs(p80,0,0,150), v500, fine, tool1\WObj 57 oveL p80, v500, fine, tool1\WObj:=wobj1; 58 oveC p90, p100, v500, fine, tool1\WObj:=wobj1; 59 oveC p110, p120, v500, fine, tool1\WObj:=wobj1 60 oveC p130, p140, v500, fine, tool1\WObj:=wobj1 61 oveC p150, p160, v500, fine, tool1\WObj:=wobj1 62 MoveL Offs(p160,0,0,150), v500, fine, tool1\WOb 63 PROC

续表

序 号	说 明	图 片
13	复制第一行 MoveAbsJ 指令到最后一行，使机器人回到初始位置，程序编写完成	NewProgramName - T_ROB1/MainModule/quxian 任务与程序 模块 例行程序 54 C quxian() 55 loveAbsJ pHome\NoEOffs, v1000, z50, tool1\WObj: 56 loveJ Offs(p80,0,0,150), v500, fine, tool1\WObj 57 loveL p80, v500, fine, tool1\WObj:=wobj1; 58 loveC p90, p100, v500, fine, tool1\WObj:=wobj1; 59 loveC p110, p120, v500, fine, tool1\WObj:=wobj1 60 loveC p130, p140, v500, fine, tool1\WObj:=wobj1 61 loveC p150, p160, v500, fine, tool1\WObj:=wobj1 62 loveL Offs(p160,0,0,150), v500, fine, tool1\WOb 63 MoveAbsJ pHome\NoEOffs, v1000, z50, tool1\WObj: 64 PROC

编辑完曲线轨迹的程序后，进行程序的测试，方法与矩形程序和三角形程序的测试方法相同，这里不做过多说明。测试后如果轨迹移动没有偏差，则轨迹示教编程完成。

圆弧、圆形轨迹程序

3.圆形轨迹示教编程

综合实训平台中的轨迹路径模块中还提供了圆形轨迹，圆形轨迹属于曲线轨迹的一种特殊形式，第一个轨迹点和最后一个轨迹点重合，如图 5-13 所示，圆形轨迹示教点依次为 p170、p180、p190、p200，在程序编辑时，先将机器人初始位置运行到 p170 点的上方，再运行到 p170 点，然后需要添加两个 MoveC 圆弧运动指令来完成圆形轨迹的运行，将圆形拆分为两个圆弧，即 p170p180p190 和 p190p200p170。

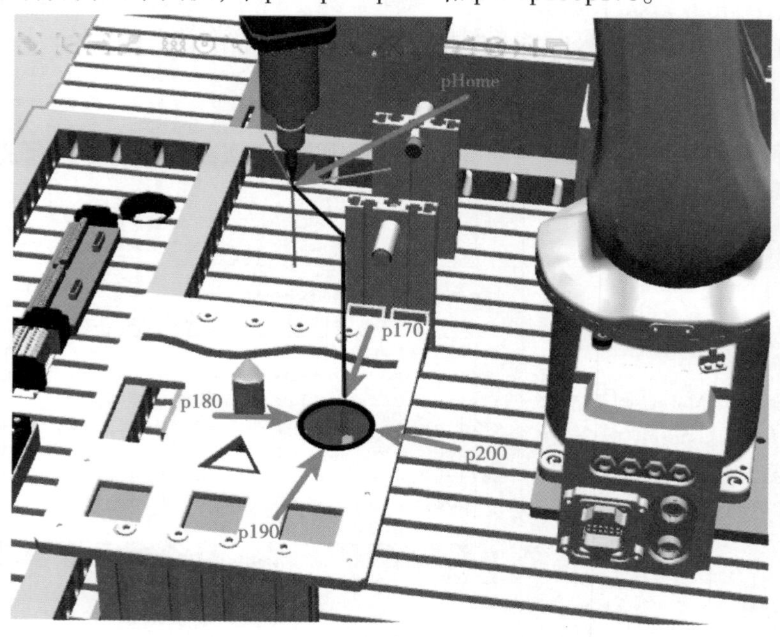

图 5-13 圆形轨迹示教编程示意图

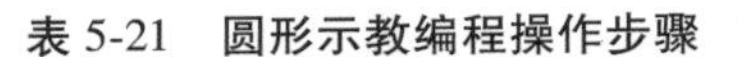
表 5-21　圆形示教编程操作步骤

序　号	说　明	图　片
1	新建程序数据类型为 robtarget 型，p170、p180、p190、p200，存储类型为可变量	
2	新建名称为 yuanxing 的例行程序	
3	设定机器人初始位置，添加 MoveAbsJ 指令，如右图所示	
4	添加 MoveJ 指令，使机器人运行到 p170 上方	

续表

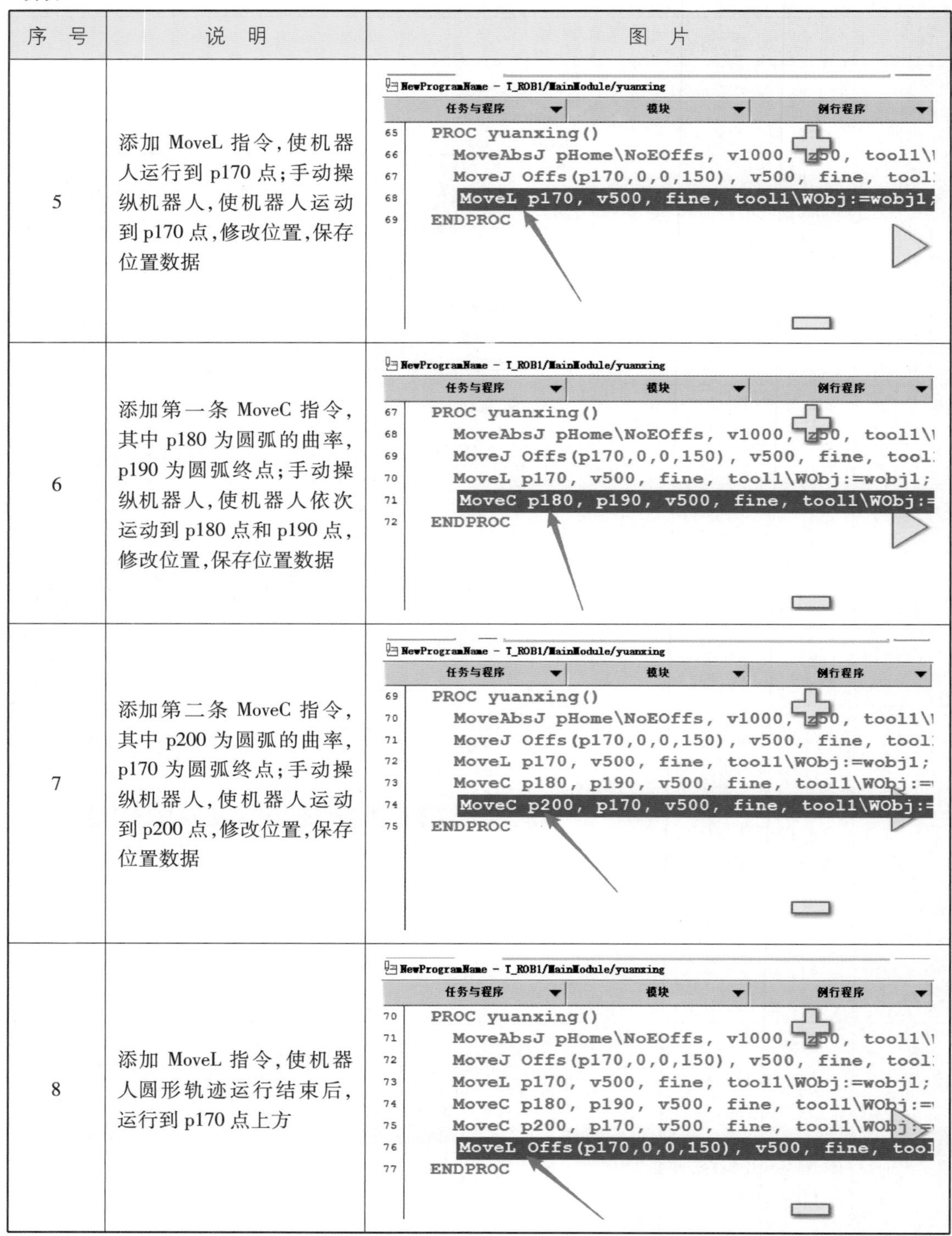

序　号	说　明	图　片
5	添加 MoveL 指令，使机器人运行到 p170 点；手动操纵机器人，使机器人运动到 p170 点，修改位置，保存位置数据	
6	添加第一条 MoveC 指令，其中 p180 为圆弧的曲率，p190 为圆弧终点；手动操纵机器人，使机器人依次运动到 p180 点和 p190 点，修改位置，保存位置数据	
7	添加第二条 MoveC 指令，其中 p200 为圆弧的曲率，p170 为圆弧终点；手动操纵机器人，使机器人运动到 p200 点，修改位置，保存位置数据	
8	添加 MoveL 指令，使机器人圆形轨迹运行结束后，运行到 p170 点上方	

续表

序　号	说　明	图　片
9	复制第一行 MoveAbsJ 指令到最后一行，使机器人回到初始位置，程序编写完成	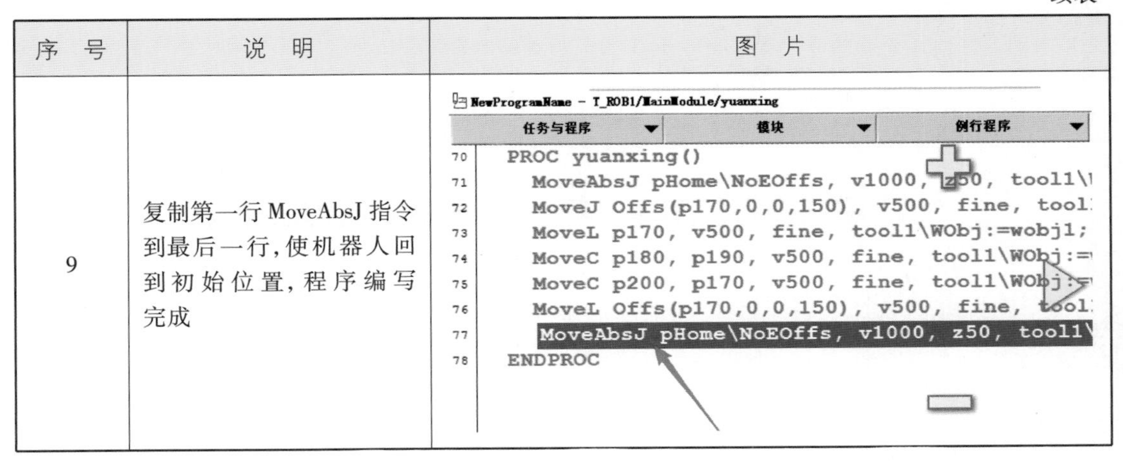

编辑完圆形轨迹的程序后，进行重新测试，方法与矩形程序和三角形程序的测试方法相同，这里不做过多说明。测试后如果轨迹移动没有偏差，则轨迹示教编程完成。

任务 5-6　RAPID 程序编程调试

RAPID 程序编程调试(1)建立程序模块、例行程序及程序数据

RAPID 程序调试(2)添加指令

任务描述：

在大概了解了 RAPID 程序编程的相关操作及基本指令后，现在就通过一个实例来体验一下 ABB 机器人的程序编辑。

知识学习：

1.编辑一个程序的基本流程

1）首先确定需要多少个程序模块，多少个程序模块是由应用的复杂性所决定的，比如可以将位置计算、程序数据、逻辑控制等分配到不同的程序模块，方便管理，如图 5-14 所示。

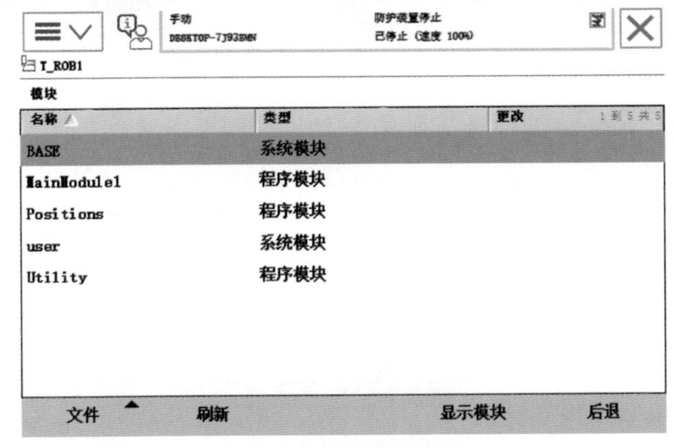

图 5-14　程序模块

2）确定各个程序模块中要建立的例行程序，不同的功能被放到不同的程序模块中去，如夹

具打开、夹具关闭这样的功能就可以分别建立成例行程序，方便调用与管理，如图 5-15 所示。

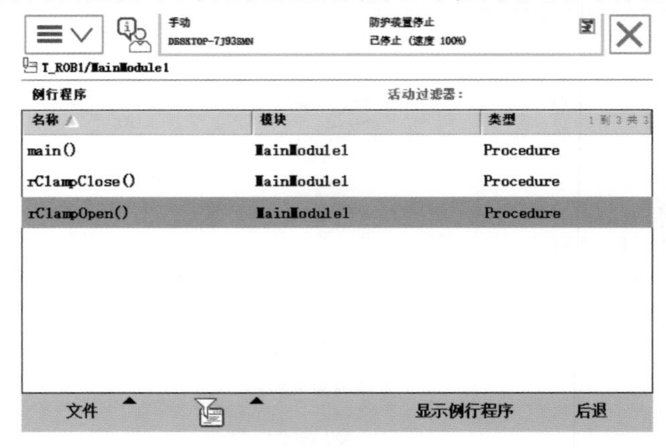

图 5-15 例行程序

本实例建立 RAPID 程序实例的工作要求是：机器人不工作时，在位置点 pHome 等待；当外部信号 di1 输入为 1 时，机器人沿着物体的一边从 p10 到 p20 走一条直线，结束后回到 pHome 点，如图 5-16 所示。

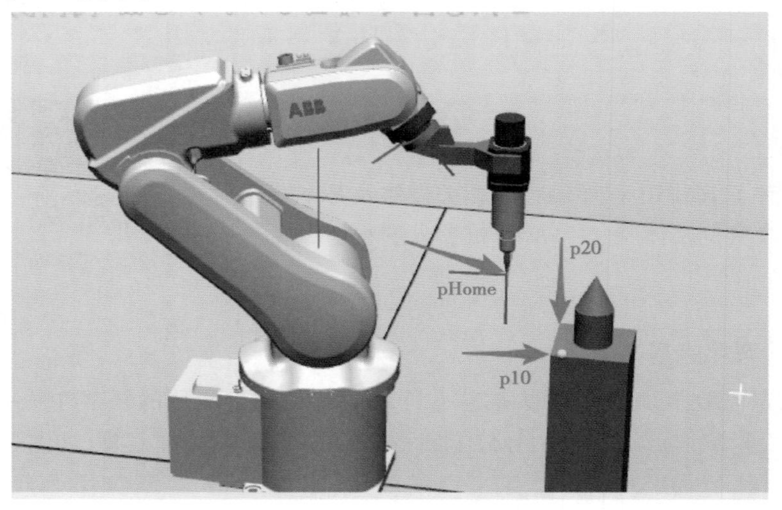

图 5-16 运动轨迹图

(1)建立 RAPID 程序

表 5-22 建立 RAPID 程序的步骤

序　号	说　明	图　片
1	建立 RAPID 程序所需要的 robtarget 程序数据 pHome、p10、p20，且数据类型为可变量	数据类型: robtarget 活动过滤器: 选择想要编辑的数据。 范围: RAPID/T_ROB1　更改范围 名称 / 值 / 模块 / 1 到 3 共 3 p10　[[0, 80.74, 0], [2.8...　Utility　全局 p20　[[0, 80.74, 0], [2.8...　Utility　全局 pHome　[[0, 80.74, 0], [2.8...　Utility　全局

续表

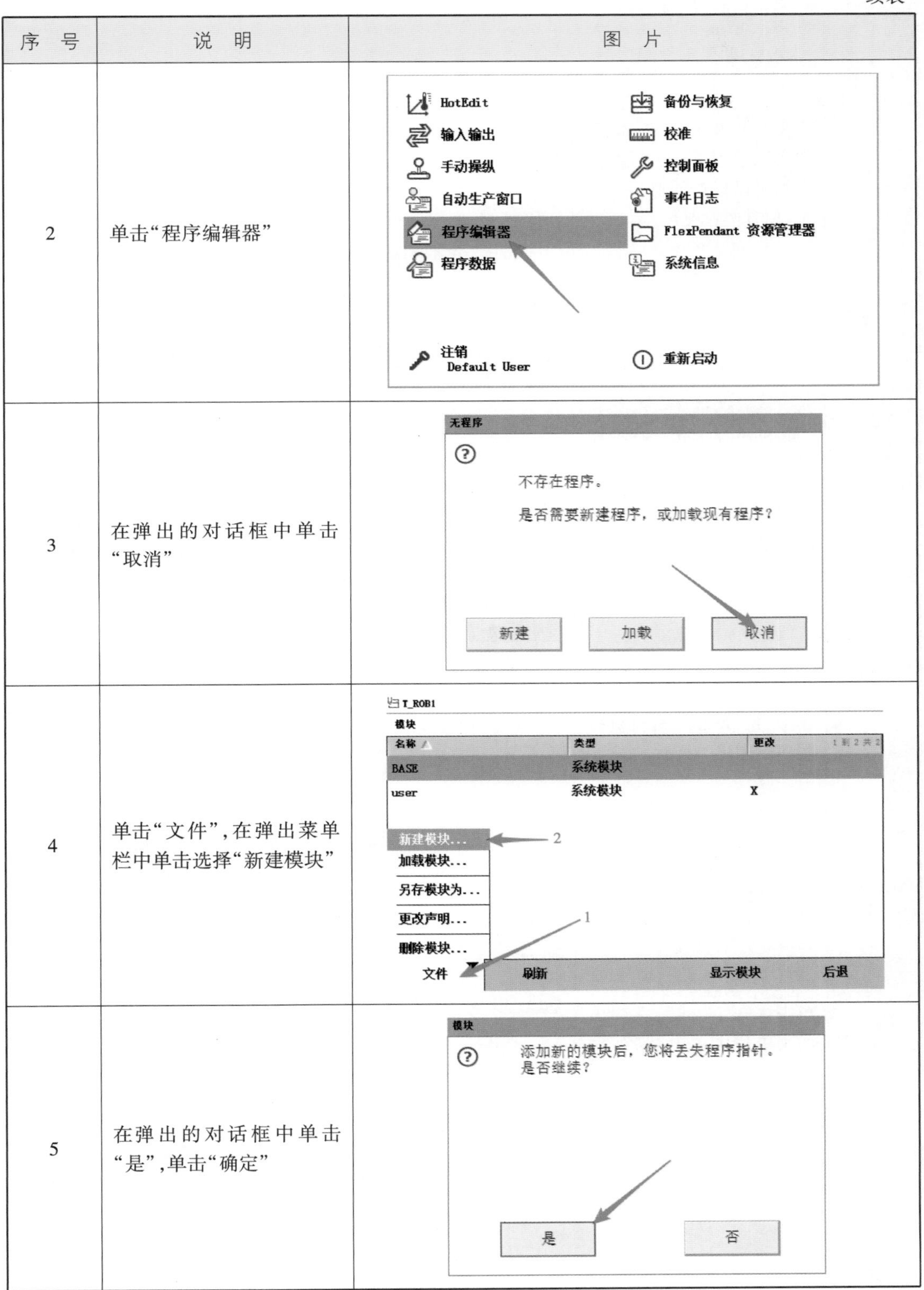

序　号	说　明	图　片
2	单击“程序编辑器”	
3	在弹出的对话框中单击“取消”	
4	单击“文件”，在弹出菜单栏中单击选择“新建模块”	
5	在弹出的对话框中单击“是”，单击“确定”	

续表

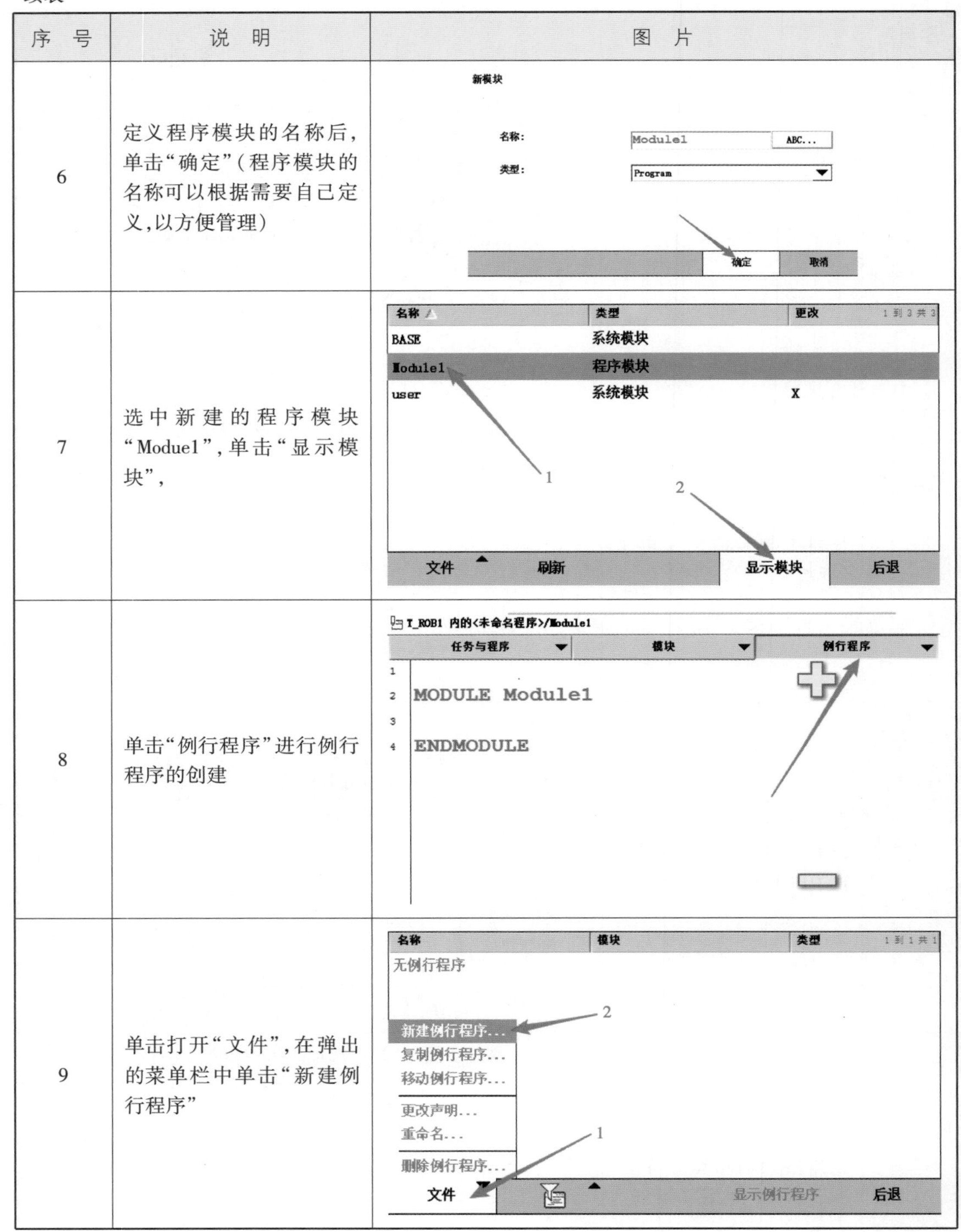

序　号	说　明	图　片
6	定义程序模块的名称后，单击“确定”(程序模块的名称可以根据需要自己定义，以方便管理)	
7	选中新建的程序模块“Modue1”，单击“显示模块”，	
8	单击“例行程序”进行例行程序的创建	
9	单击打开“文件”，在弹出的菜单栏中单击“新建例行程序”	

续表

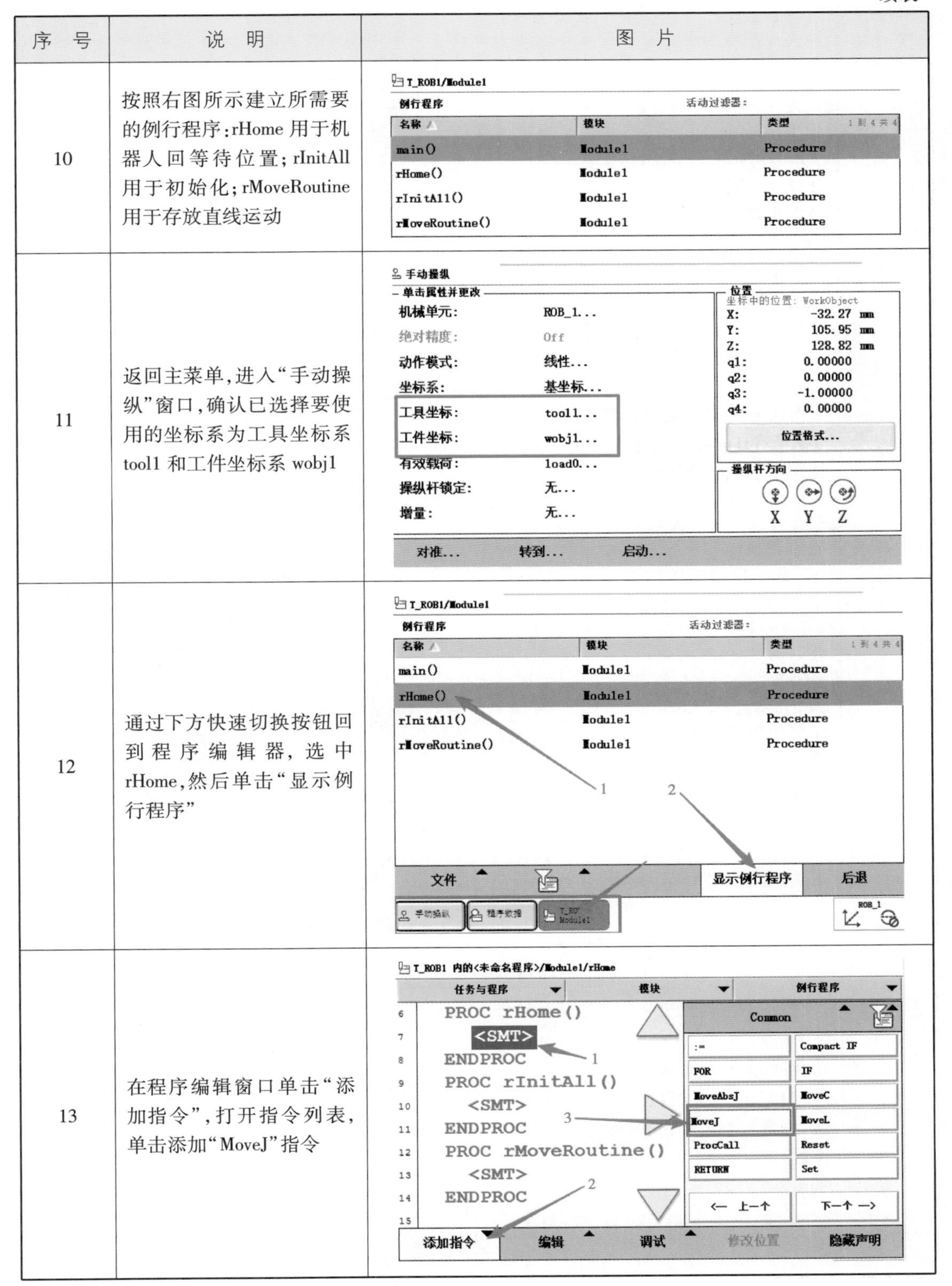

序　号	说　明	图　片
10	按照右图所示建立所需要的例行程序：rHome 用于机器人回等待位置；rInitAll 用于初始化；rMoveRoutine 用于存放直线运动	
11	返回主菜单，进入“手动操纵”窗口，确认已选择要使用的坐标系为工具坐标系 tool1 和工件坐标系 wobj1	
12	通过下方快速切换按钮回到程序编辑器，选中 rHome，然后单击“显示例行程序”	
13	在程序编辑窗口单击“添加指令”，打开指令列表，单击添加“MoveJ”指令	

续表

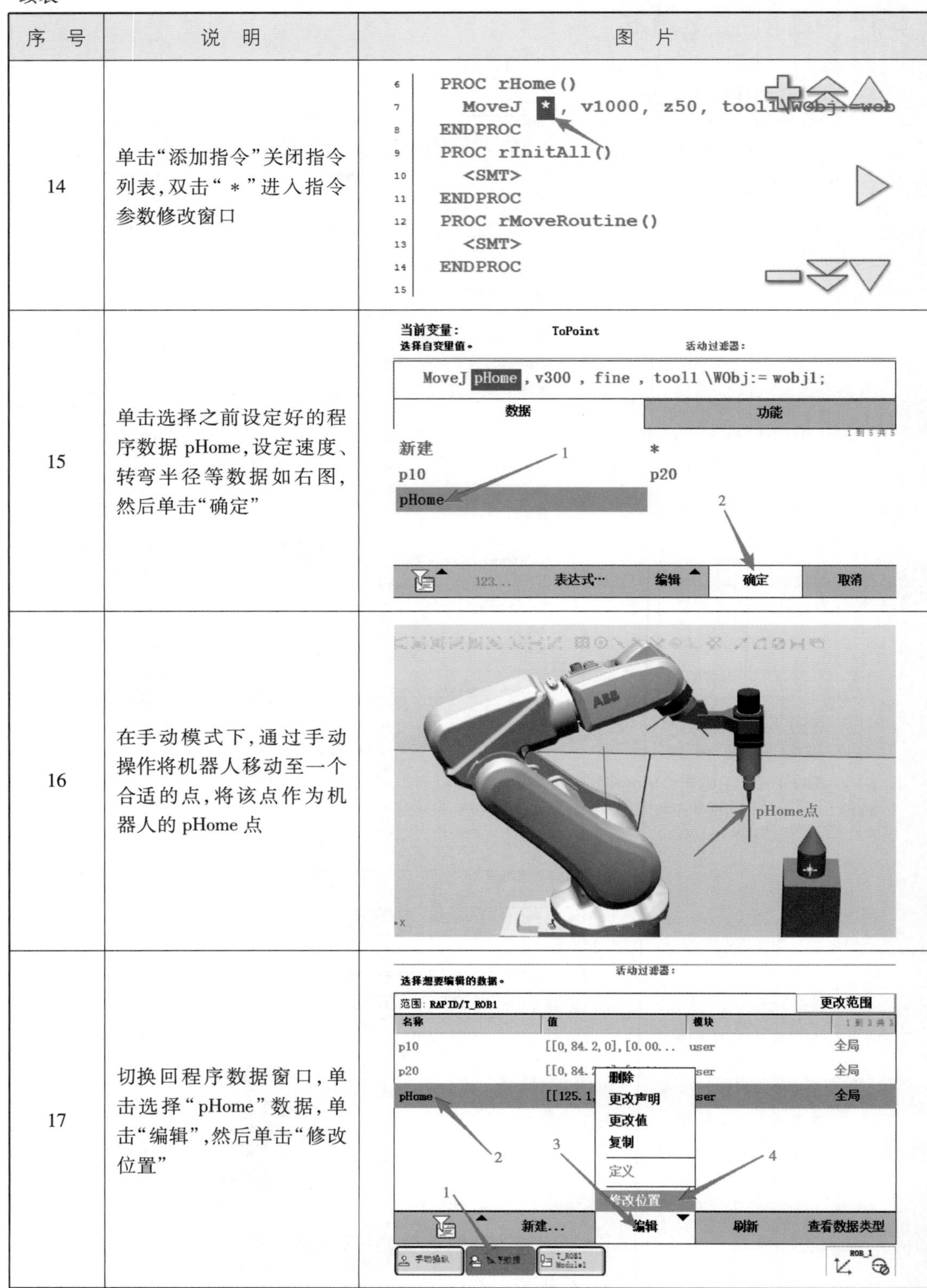

序号	说明	图片
14	单击“添加指令”关闭指令列表，双击“ * ”进入指令参数修改窗口	
15	单击选择之前设定好的程序数据 pHome，设定速度、转弯半径等数据如右图，然后单击“确定”	
16	在手动模式下，通过手动操作将机器人移动至一个合适的点，将该点作为机器人的 pHome 点	
17	切换回程序数据窗口，单击选择“pHome”数据，单击“编辑”，然后单击“修改位置”	

续表

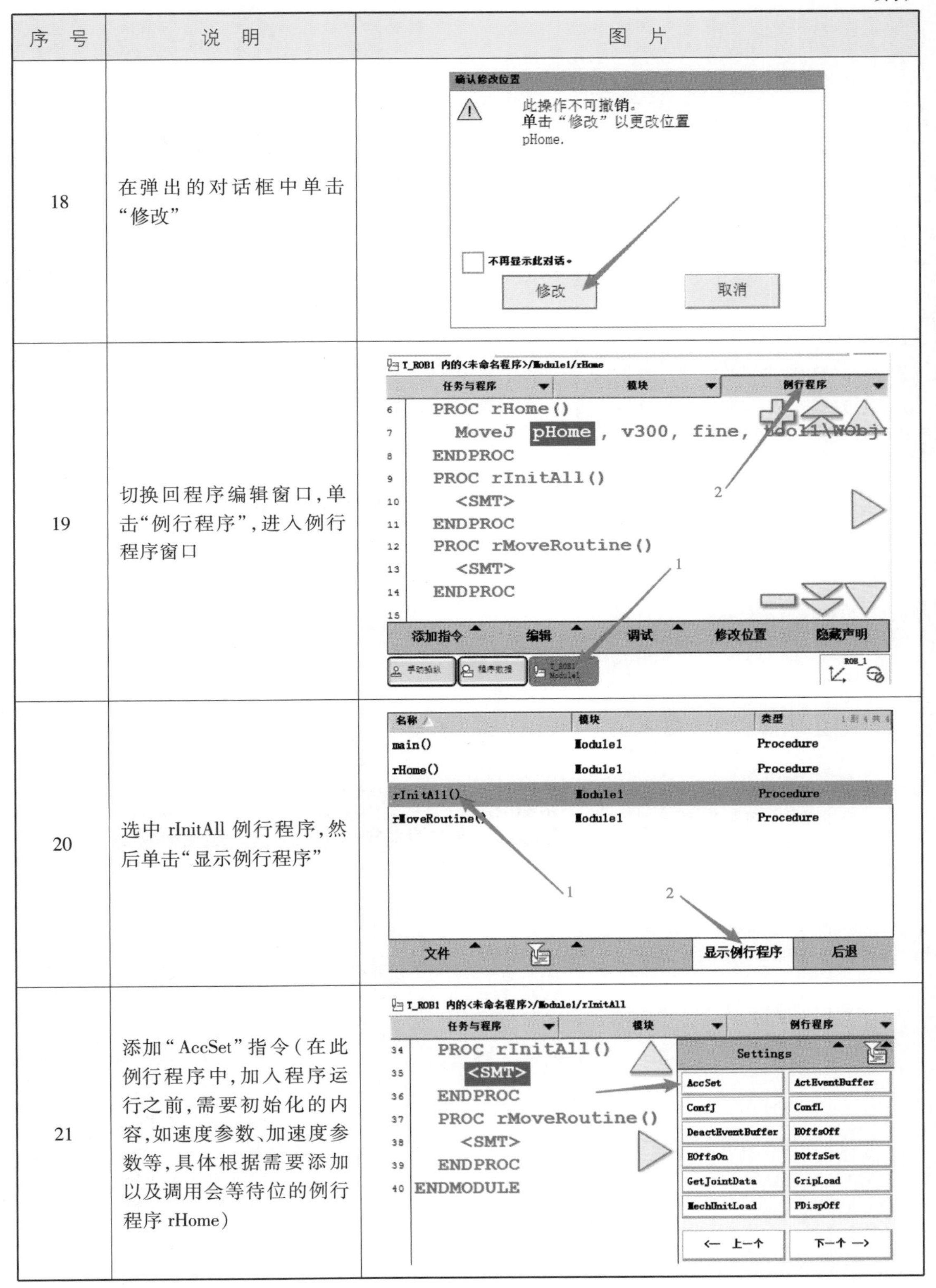

序　号	说　明	图　片
18	在弹出的对话框中单击“修改”	
19	切换回程序编辑窗口，单击“例行程序”，进入例行程序窗口	
20	选中 rInitAll 例行程序，然后单击“显示例行程序”	
21	添加“AccSet”指令（在此例行程序中，加入程序运行之前，需要初始化的内容，如速度参数、加速度参数等，具体根据需要添加以及调用会等待位的例行程序 rHome）	

续表

序　号	说　明	图　片
22	现添加两条速度控制的指令	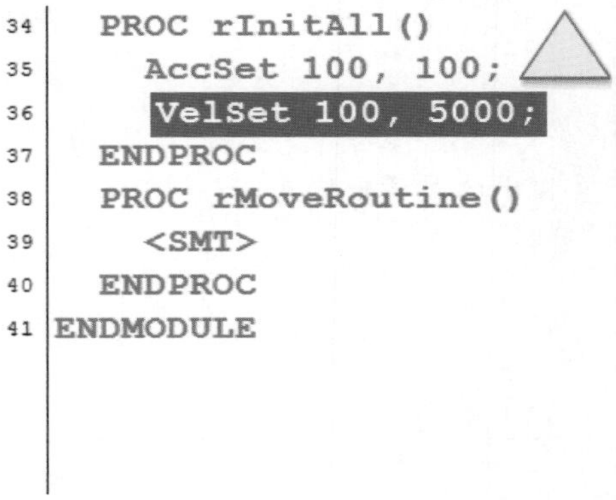 34 PROC rInitAll() 35 AccSet 100, 100; 36 VelSet 100, 5000; 37 ENDPROC 38 PROC rMoveRoutine() 39 <SMT> 40 ENDPROC 41 ENDMODULE
23	添加调用回等待位的例行程序 rHome	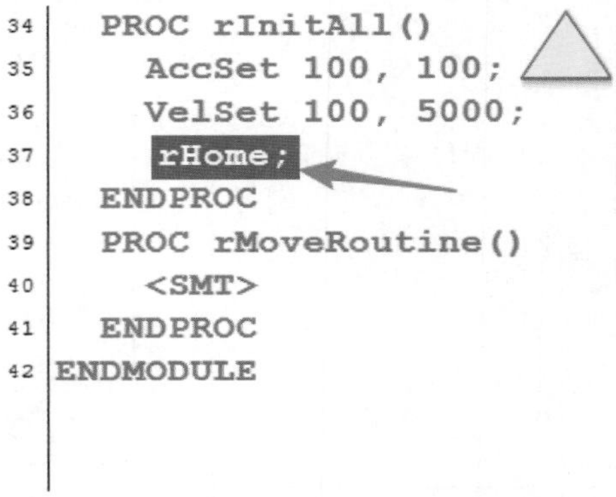 34 PROC rInitAll() 35 AccSet 100, 100; 36 VelSet 100, 5000; 37 rHome; 38 ENDPROC 39 PROC rMoveRoutine() 40 <SMT> 41 ENDPROC 42 ENDMODULE
24	单击“例行程序”，返回例行程序窗口，单击选择 rMoveRoutine 例行程序，然后单击“显示例行程序”	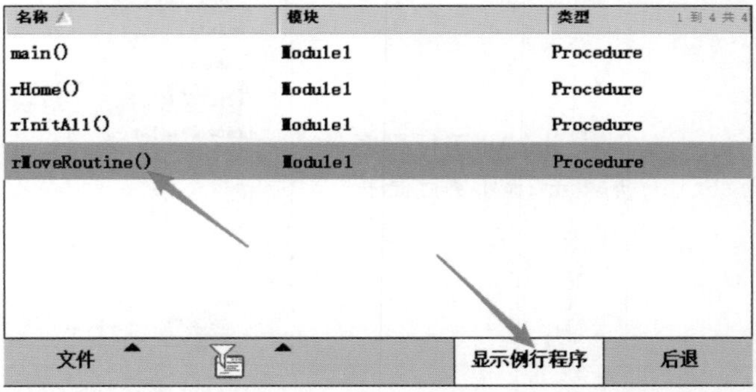 名称 / 模块 / 类型 1 到 4 共 4 main() Module1 Procedure rHome() Module1 Procedure rInitAll() Module1 Procedure rMoveRoutine() Module1 Procedure 文件 显示例行程序 后退
25	添加运动指令“MoveJ”	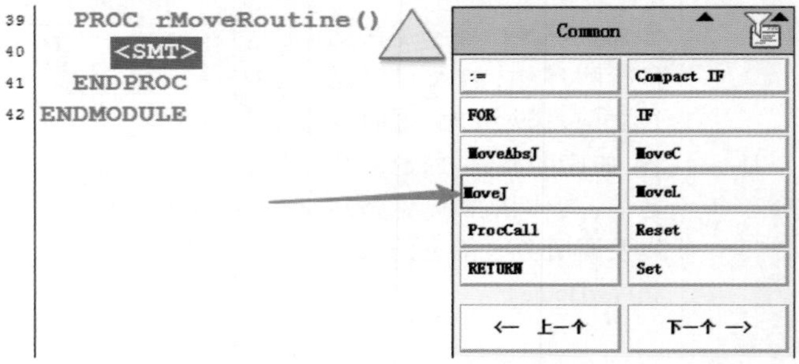 39 PROC rMoveRoutine() 40 <SMT> 41 ENDPROC 42 ENDMODULE Common := Compact IF FOR IF MoveAbsJ MoveC MoveJ MoveL ProcCall Reset RETURN Set ← 上一个 下一个 →

续表

序　号	说　明	图　片
26	设定参数,如右图所示	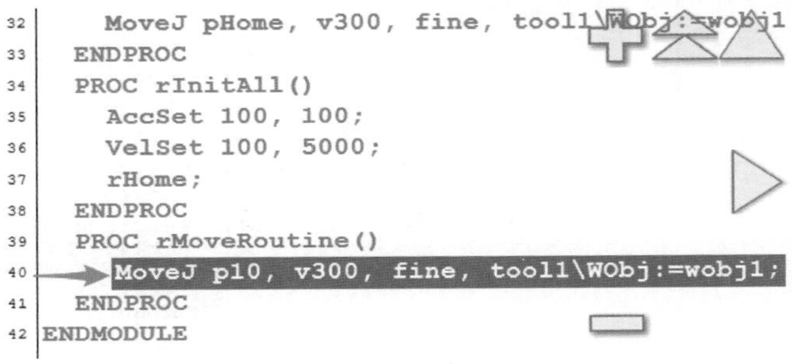 32 MoveJ pHome, v300, fine, tool1\WObj:=wobj1 33 ENDPROC 34 PROC rInitAll() 35 AccSet 100, 100; 36 VelSet 100, 5000; 37 rHome; 38 ENDPROC 39 PROC rMoveRoutine() 40 MoveJ p10, v300, fine, tool1\WObj:=wobj1; 41 ENDPROC 42 ENDMODULE
27	在手动模式下,通过手动操作将机器人移动至设定的 p10 点	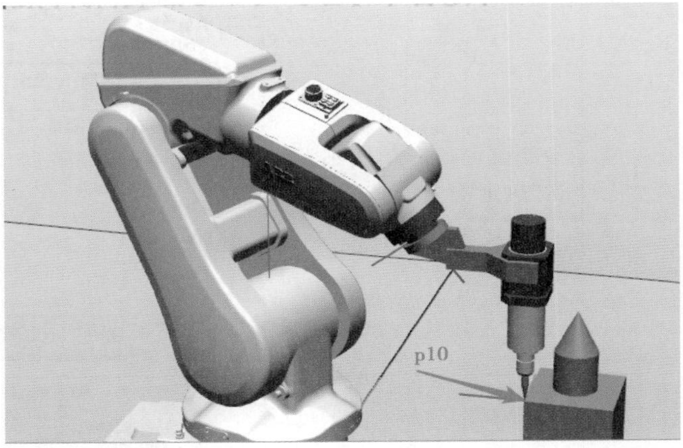
28	切换回程序数据窗口,单击选择“p10”数据,单击“编辑”,然后单击“修改位置”	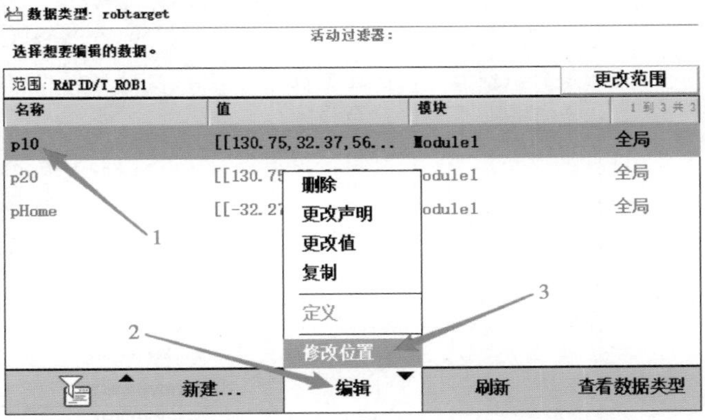
29	在弹出的对话框中单击“修改”	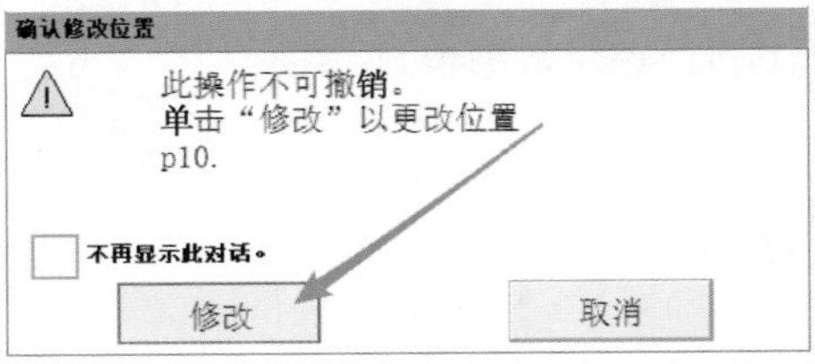

续表

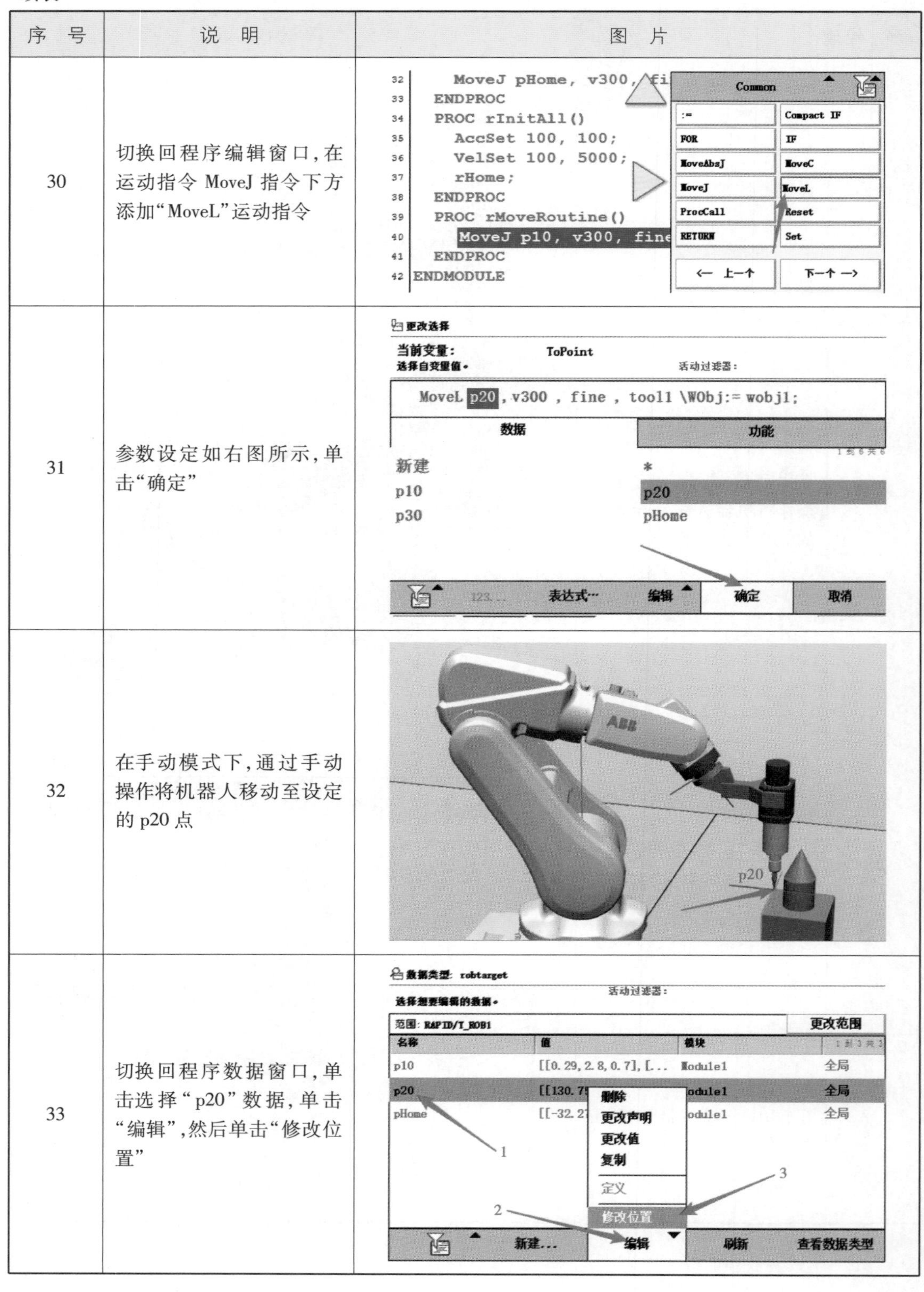

序　号	说　明	图　片
30	切换回程序编辑窗口，在运动指令 MoveJ 指令下方添加“MoveL”运动指令	
31	参数设定如右图所示，单击“确定”	
32	在手动模式下，通过手动操作将机器人移动至设定的 p20 点	
33	切换回程序数据窗口，单击选择“p20”数据，单击“编辑”，然后单击“修改位置”	

续表

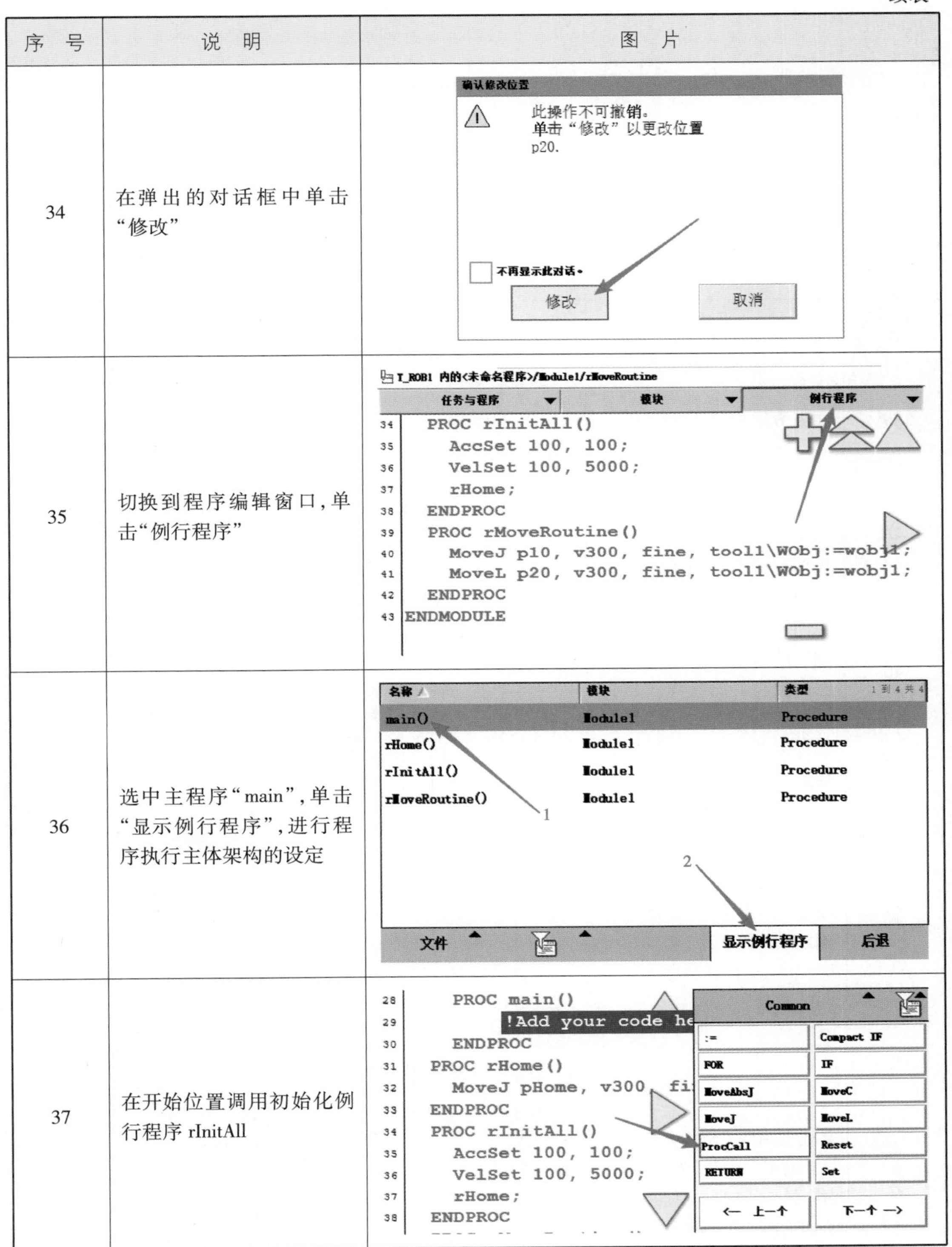

序 号	说 明	图 片
34	在弹出的对话框中单击“修改”	
35	切换到程序编辑窗口，单击“例行程序”	
36	选中主程序“main”，单击“显示例行程序”，进行程序执行主体架构的设定	
37	在开始位置调用初始化例行程序 rInitAll	

续表

序 号	说 明	图 片
38	添加调用程序如右图所示	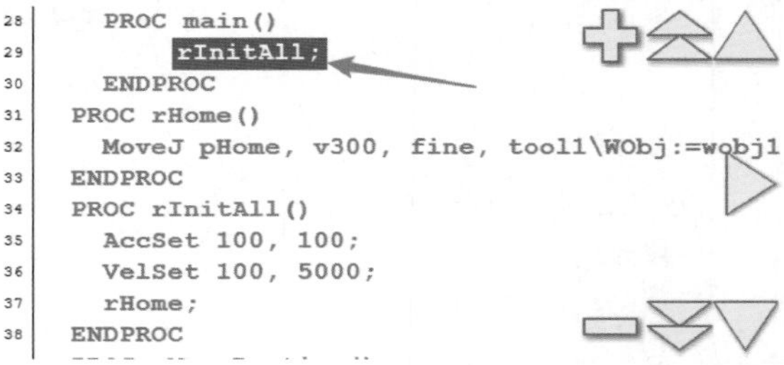
39	在下方添加“WHILE”指令	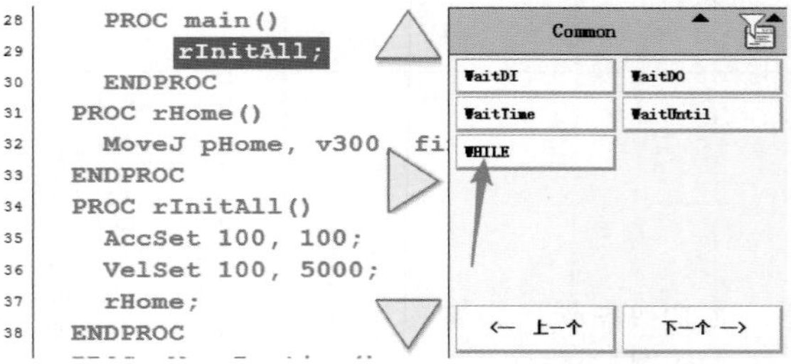
40	将条件设定为“TRUE”(使用 WHILE 指令构建一个死循环的目的在于将初始化程序与正常运行的程序隔离开。初始化程序只在一开始时执行一次,然后就根据条件循环执行路径运动)	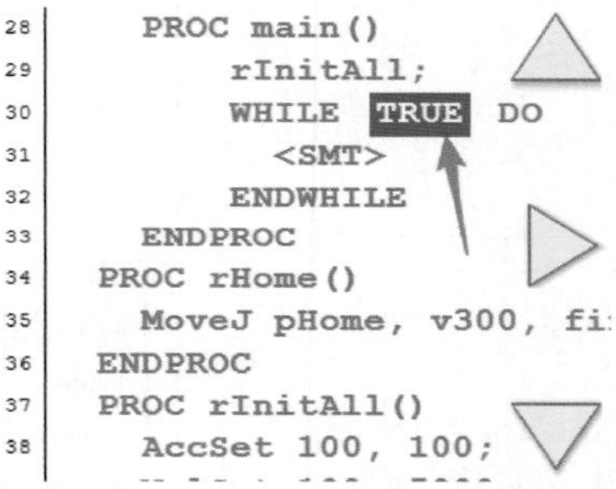
41	单击“<SMT>”,添加“IF”指令(选用 IF 指令是为了判断 di1 的状态,当 di1 = 1 时,才能执行路径运动)	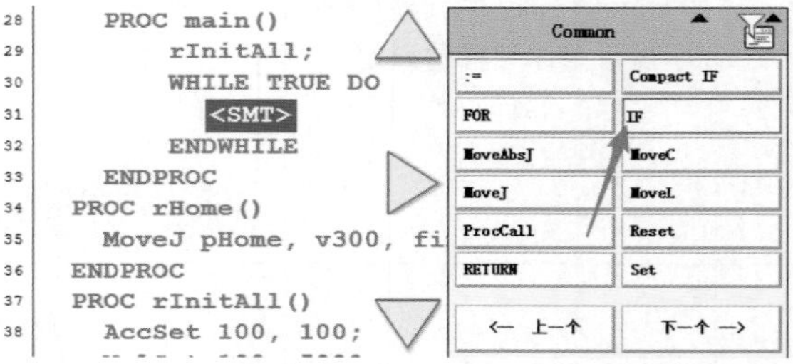
42	单击选中<EXP>,单击下方“编辑”按钮,然后在右侧弹出框中单击“ABC...”,进行编辑	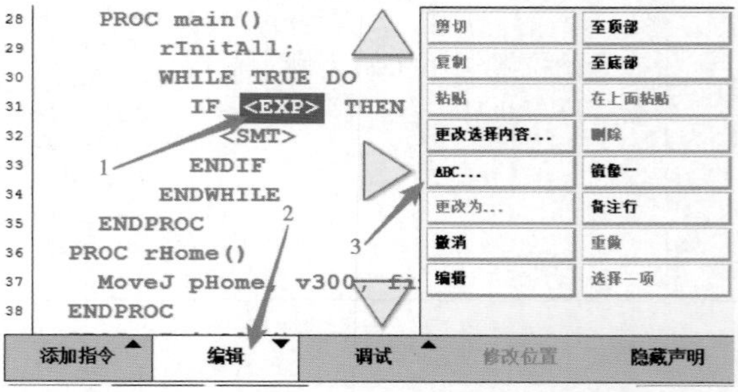

续表

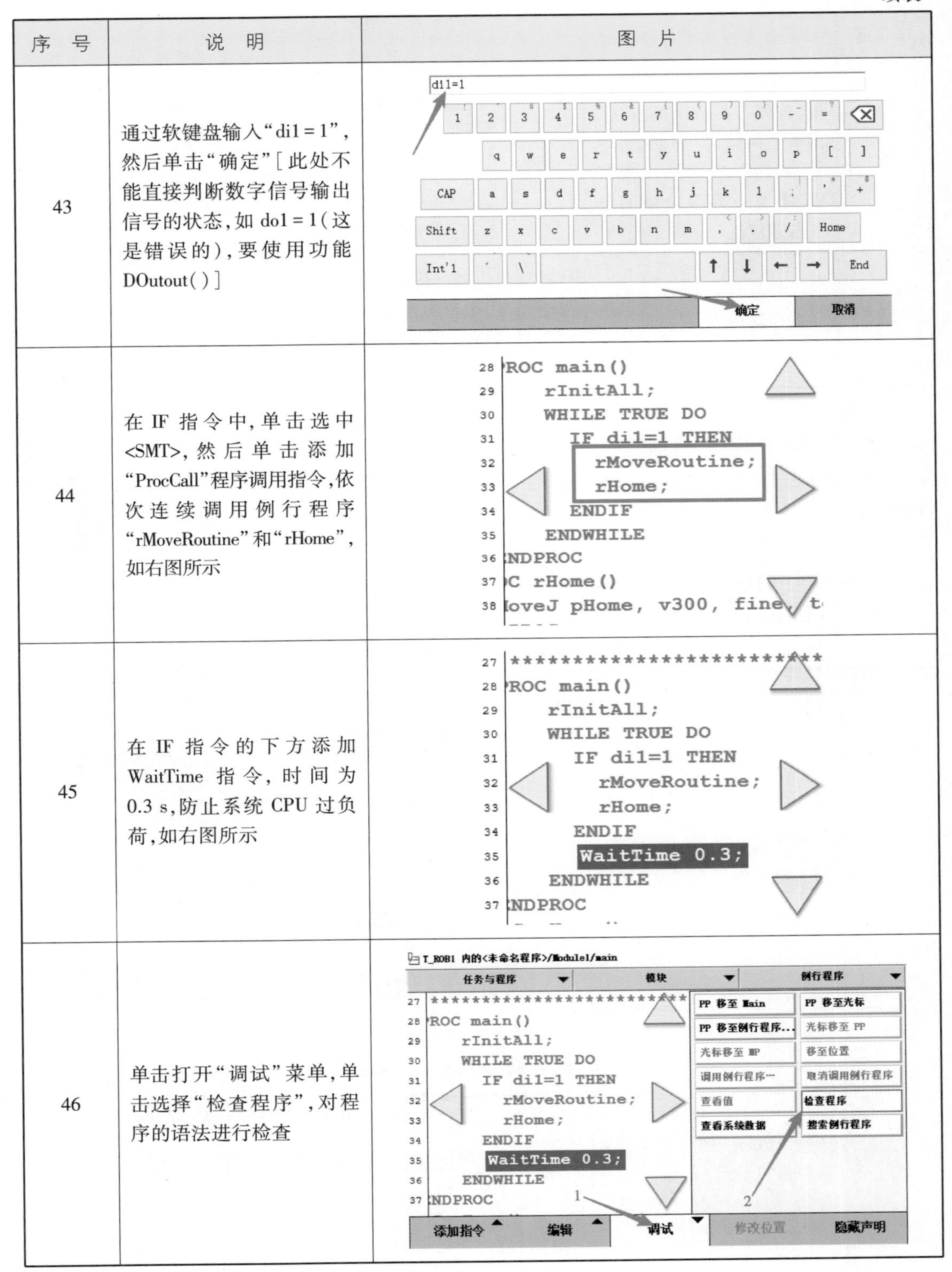

序　号	说　明	图　片
43	通过软键盘输入“di1 = 1”，然后单击“确定”[此处不能直接判断数字信号输出信号的状态，如 do1 = 1（这是错误的），要使用功能 DOutout( )]	
44	在 IF 指令中，单击选中 <SMT>，然后单击添加“ProcCall”程序调用指令，依次连续调用例行程序“rMoveRoutine”和“rHome”，如右图所示	
45	在 IF 指令的下方添加 WaitTime 指令，时间为 0.3 s，防止系统 CPU 过负荷，如右图所示	
46	单击打开“调试”菜单，单击选择“检查程序”，对程序的语法进行检查	

续表

序　号	说　明	图　片
47	弹出检查程序结果对话框，若如右图所示显示“未出现任何错误”对话框，单击“确定”；若语法出现错误，系统会提示出错的位置与建议	
48	主程序解读	①首先进入初始化程序进行相关初始化设定 ②进行 WHILE 的死循环，目的是将初始化程序隔离开 ③如果 di1 = 1，则机器人执行对应的路径程序 ④等待 0.3 s 的这个指令的目的是防止系统 CPU 过负荷而设定的

(2)对 RAPID 程序进行调试

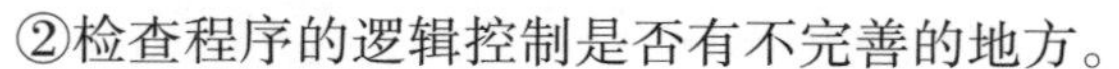
在完成了程序的编辑以后，接下来的工作就是对这个程序进行调试，调试的目的有以下两个：

RAPID 程序编程调试

①检查程序的位置点是否正确。

②检查程序的逻辑控制是否有不完善的地方。

a.调试 pHome 例行程序

表 5-23　调试 pHome 例行程序操作步骤

序　号	说　明	图　片
1	打开“调试”菜单，选择“PP 移至例行程序...”	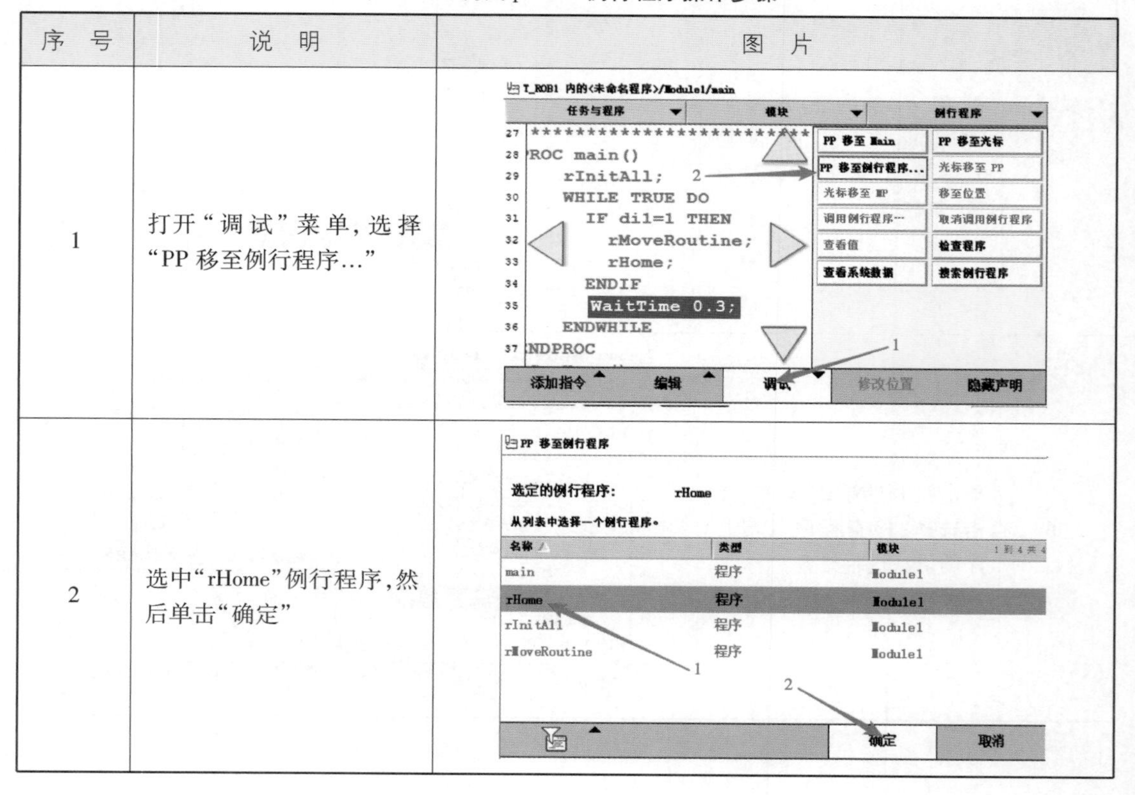
2	选中“rHome”例行程序，然后单击“确定”	

续表

序　号	说　明	图　片
3	PP 是程序指针（黄色小箭头）的简称。程序指针永远指向将要执行的指令。所以图中的指令将会是被执行的指令	
4	左手按下使能键，进入“电机开启”状态。按一下“单步向前”按键，并小心观察机器人的移动；在按下“程序停止”键后，才可松开使能键 程序启动 单步向前 程序停止 单步后退 左手按下使能键	
5	在指令左侧出现一个小机器人，说明机器人已到达 pHome 这个等待位置	
6	机器人回到了 pHome 这个等待位置	

b.调试 rMoveRoutine 例行程序

表 5-24　调试 rMoveRoutine 例行程序操作步骤

序　号	说　明	图　片
1	打开“调试”菜单，选择“PP 移至例行程序…”	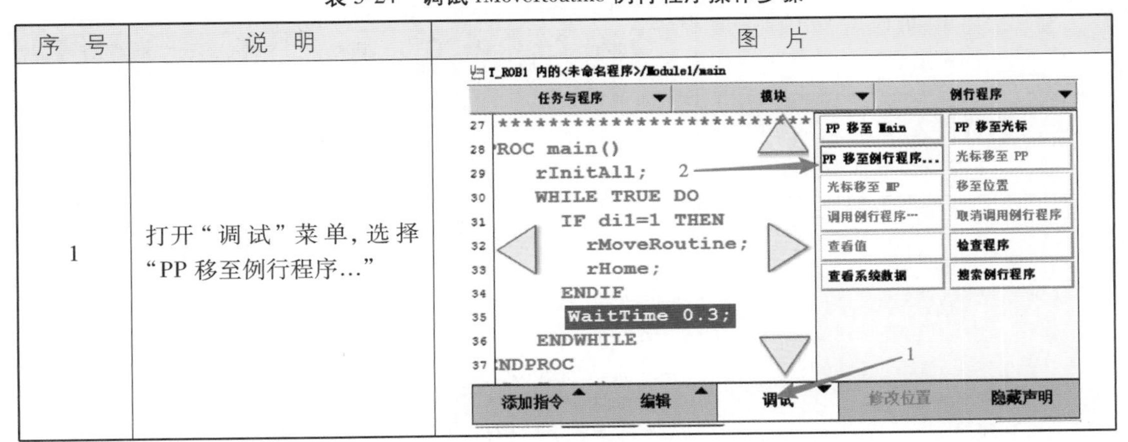

续表

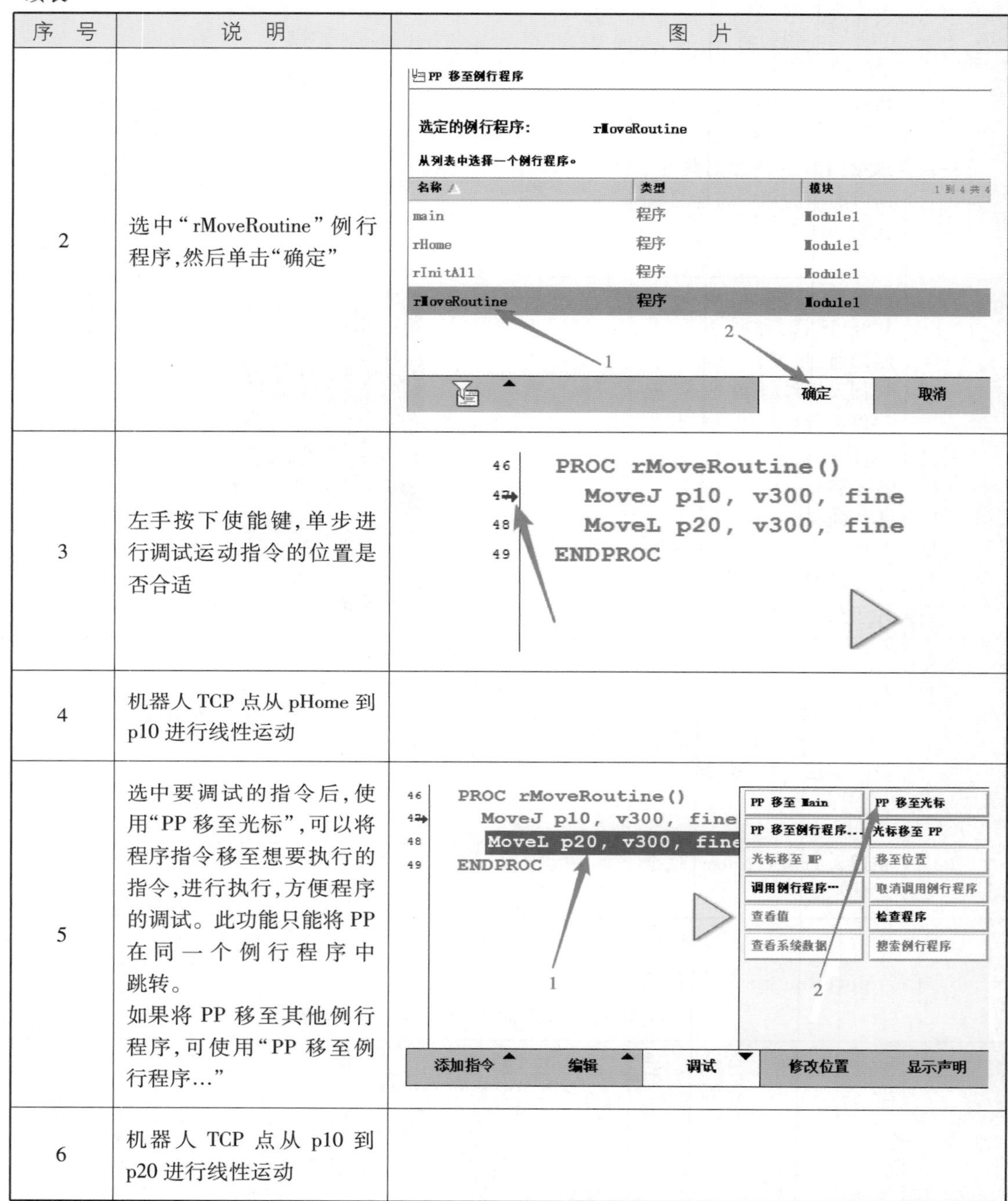

序　号	说　明	图　片
2	选中“rMoveRoutine”例行程序，然后单击“确定”	
3	左手按下使能键，单步进行调试运动指令的位置是否合适	
4	机器人 TCP 点从 pHome 到 p10 进行线性运动	
5	选中要调试的指令后，使用“PP 移至光标”，可以将程序指令移至想要执行的指令，进行执行，方便程序的调试。此功能只能将 PP 在同一个例行程序中跳转。 如果将 PP 移至其他例行程序，可使用“PP 移至例行程序...”	
6	机器人 TCP 点从 p10 到 p20 进行线性运动	

c.调试 main 主程序

表 5-25　调试 main 例行程序操作步骤

序　号	说　明	图　片
1	打开“调试”菜单，选择“PP 移至 Main”	46 PROC rMoveRoutine() 47 MoveJ p10, v300, fine 48 MoveL p20, v300, fine 49 ENDPROC PP 移至 Main　PP 移至光标 PP 移至例行程序…　光标移至 PP 光标移至 MP　移至位置 调用例行程序…　取消调用例行程序 查看值　检查程序 查看系统数据　搜索例行程序
2	PP 便会自动指向主程序的第一句指令	28 PROC main() 29 rInitAll; 30 WHILE TRUE DO 31 IF di1=1 THEN 32 rMoveRoutine; 33 rHome; 34 ENDIF 35 WaitTime 0.3; 36 ENDWHILE 37 ENDPROC
3	左手按下使能键，进入“电机开启”状态，按一下“程序启动”按键，并小心观察机器人的移动（在按下“程序停止”按键后，才可以松开使能键）	机开启 停止（速度 100%） 例行程序 PP 移至 Main　PP 移至光标 PP 移至例行程序…　光标移至 PP 光标移至 MP　移至位置 调用例行程序…　取消调用例行程序 查看值　检查程序 查看系统数据　搜索例行程序 修改位置　显示声明 ROB_1 Enable Hold To Run
4	机器人 TCP 点从 pHome 到 p10 再到 p20 运动	

2.RAPID 程序自动运行的操作

在手动状态下,完成了调试确认运动与逻辑控制正确之后,就可以将机器人系统投入自动运行状态,表 5-26 就是 RAPID 程序自动运行的操作步骤。

表 5-26　RAPID 程序自动运行操作步骤

序　号	说　明	图　片
1	在控制器上将状态钥匙左旋至左侧的自动状态位置	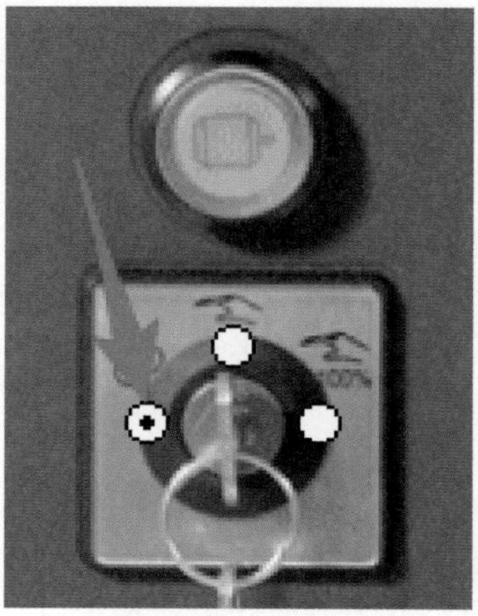
2	在弹出的对话框中单击“确认”,确认状态的切换	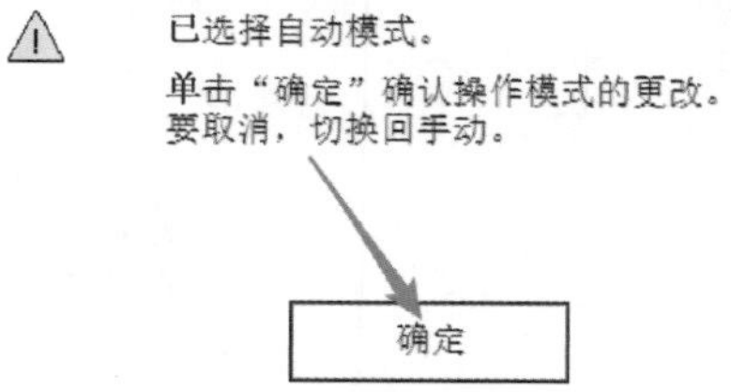 已选择自动模式。 单击“确定”确认操作模式的更改。 要取消,切换回手动。 确定
3	单击“PP 移至 Main”,将 PP 指向主程序的第一句指令	28 PROC main() 29 rInitAll; 30 WHILE TRUE DO 31 IF di1=1 THEN 32 rMoveRoutine; 33 rHome; 34 ENDIF 35 WaitTime 0.3; 36 ENDWHILE 37 ENDPROC 38 PROC rHome() 39 MoveJ pHome, v300, fine, tool1\WObj:=wobj1; 40 ENDPROC 41 PROC rInitAll() 加载程序... PP 移至 Main 调试
4	在弹出的重置程序指针对话框中单击“是”	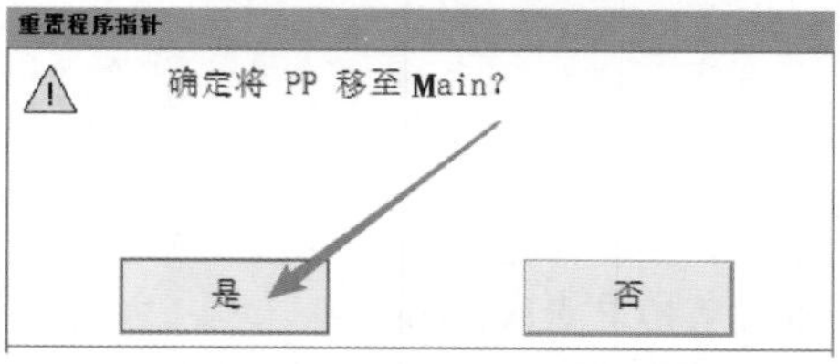 重置程序指针 确定将 PP 移至 Main? 是 否

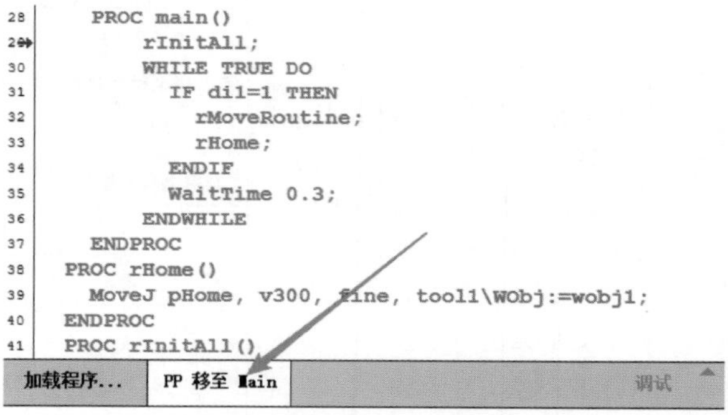

续表

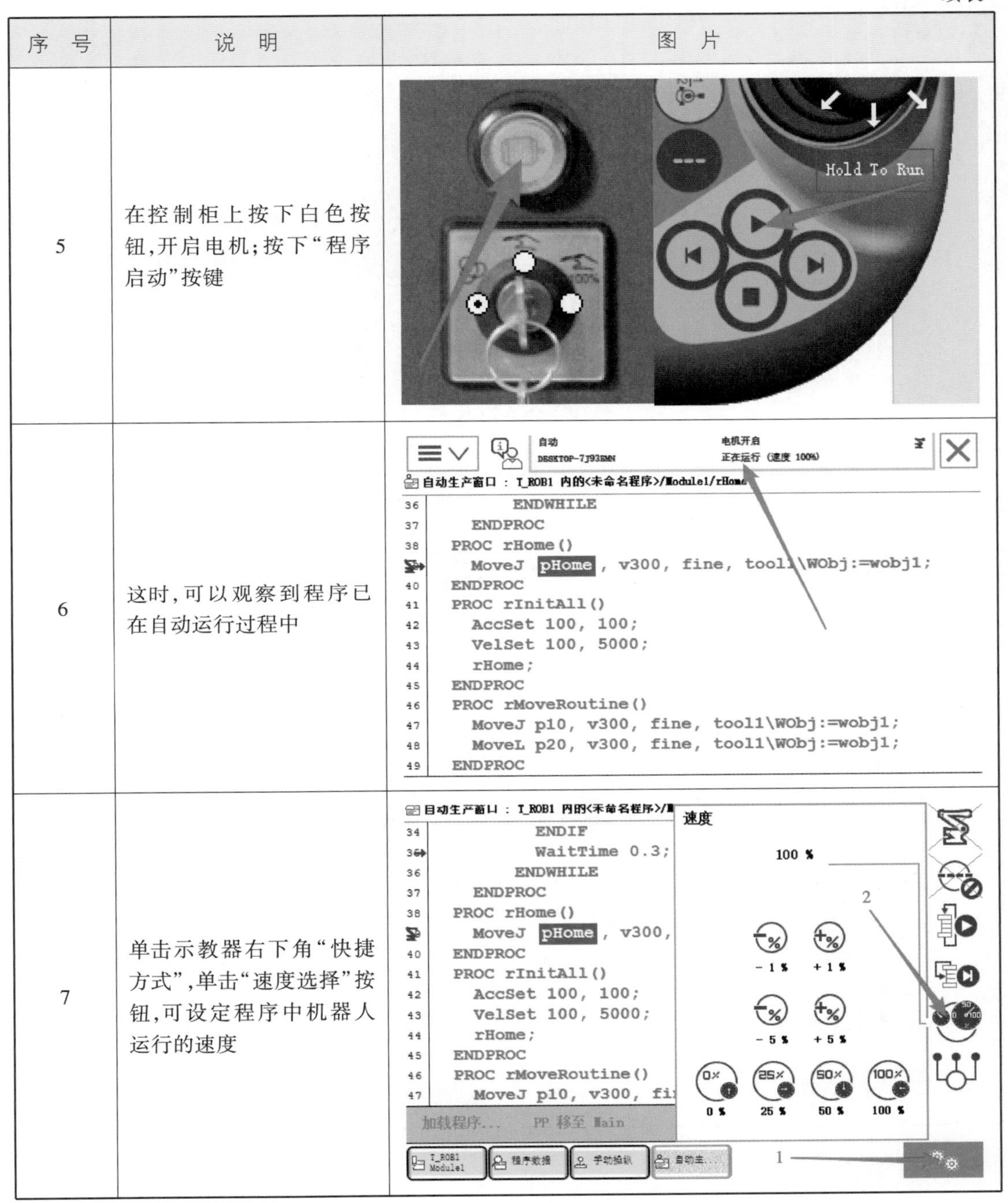

序　号	说　明	图　片
5	在控制柜上按下白色按钮，开启电机；按下“程序启动”按键	
6	这时，可以观察到程序已在自动运行过程中	
7	单击示教器右下角“快捷方式”，单击“速度选择”按钮，可设定程序中机器人运行的速度	

3.RAPID 程序模块的保存

在调试完成并且在自动运行确认符合设计要求后，就要对程序模块做一个保存的操作。

可根据需要将程序模块保存在机器人的硬盘或 U 盘上，操作步骤见表 5-27。

表 5-27　RAPID 程序模块的保存操作步骤

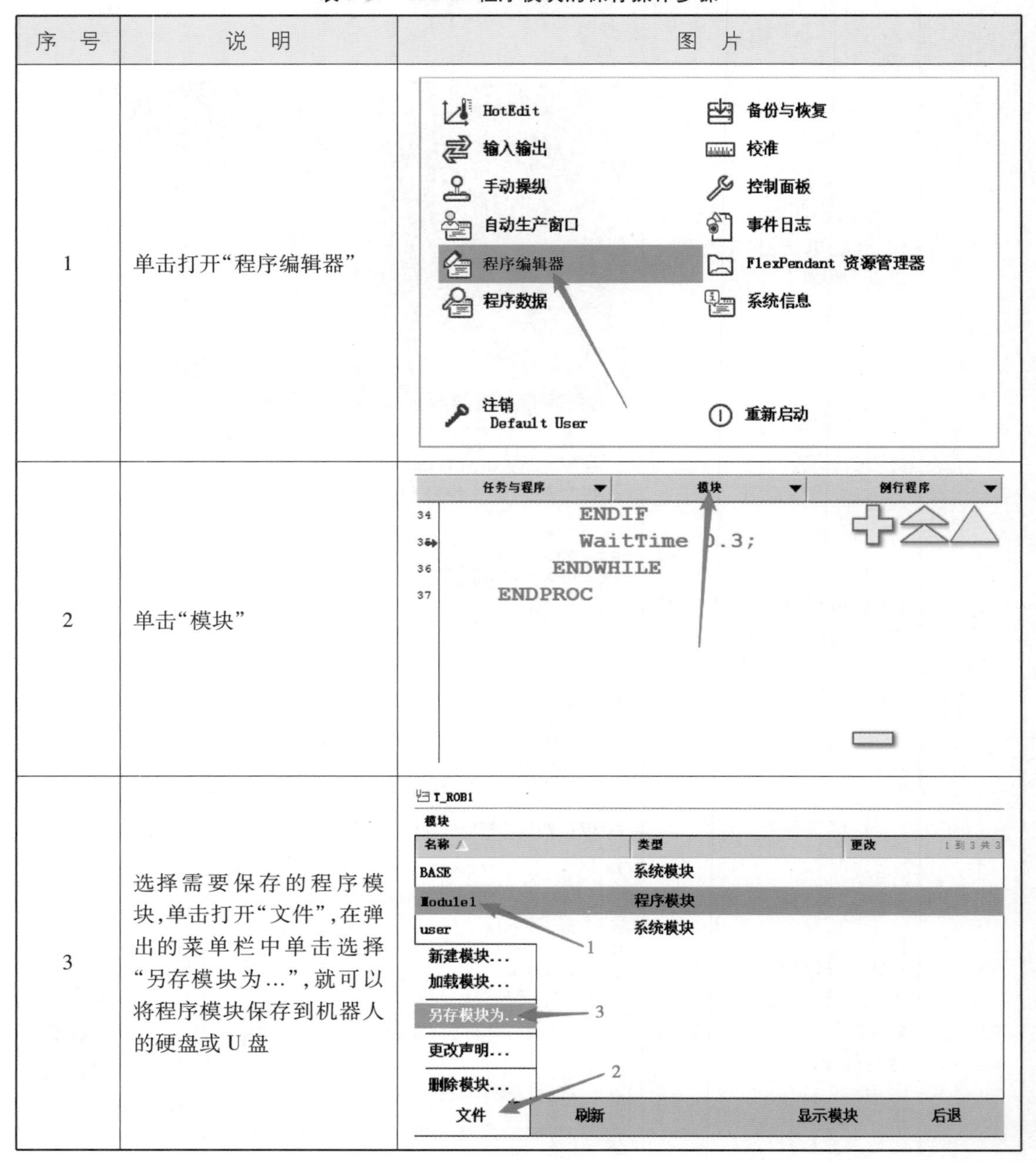

序　号	说　明	图　片
1	单击打开“程序编辑器”	
2	单击“模块”	
3	选择需要保存的程序模块，单击打开“文件”，在弹出的菜单栏中单击选择“另存模块为…”，就可以将程序模块保存到机器人的硬盘或U盘	

任务 5-7　管理机器人例行程序

管理机器人例行程序

任务描述：

对创建好的例行程序进行新建、复制、删除、移动等操作。

知识学习：

1.机器人例行程序的新建

例行程序的新建，可以根据自己的需要新建例行程序，用于被主程序 main 调用或例行程序互相调用，例行程序的名称可以在系统保留字段之外自由定义，其操作步骤见表 5-28。

表 5-28　例行程序新建操作步骤

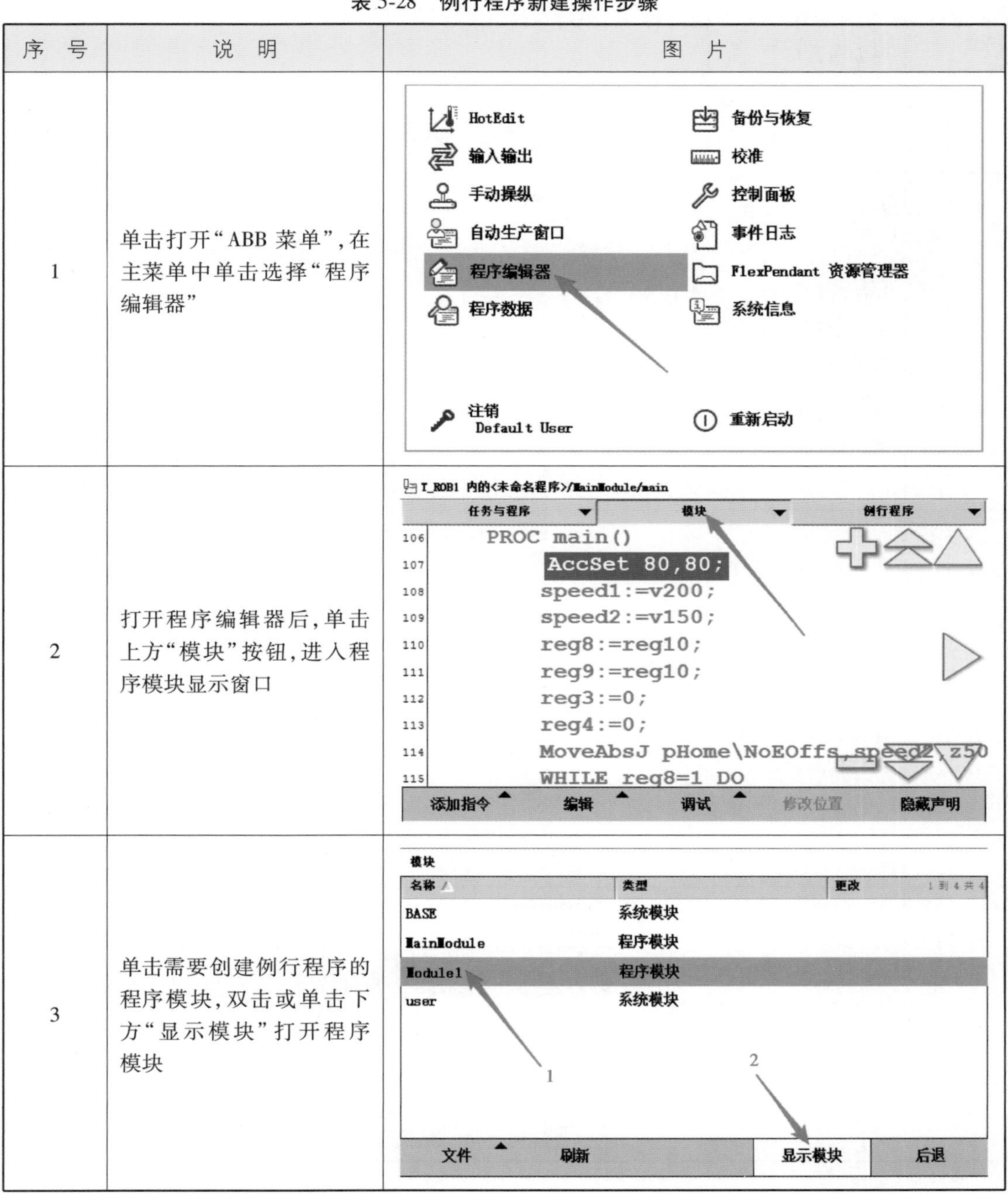

序　号	说　明	图　片
1	单击打开“ABB 菜单”，在主菜单中单击选择“程序编辑器”	
2	打开程序编辑器后，单击上方“模块”按钮，进入程序模块显示窗口	
3	单击需要创建例行程序的程序模块，双击或单击下方“显示模块”打开程序模块	

续表

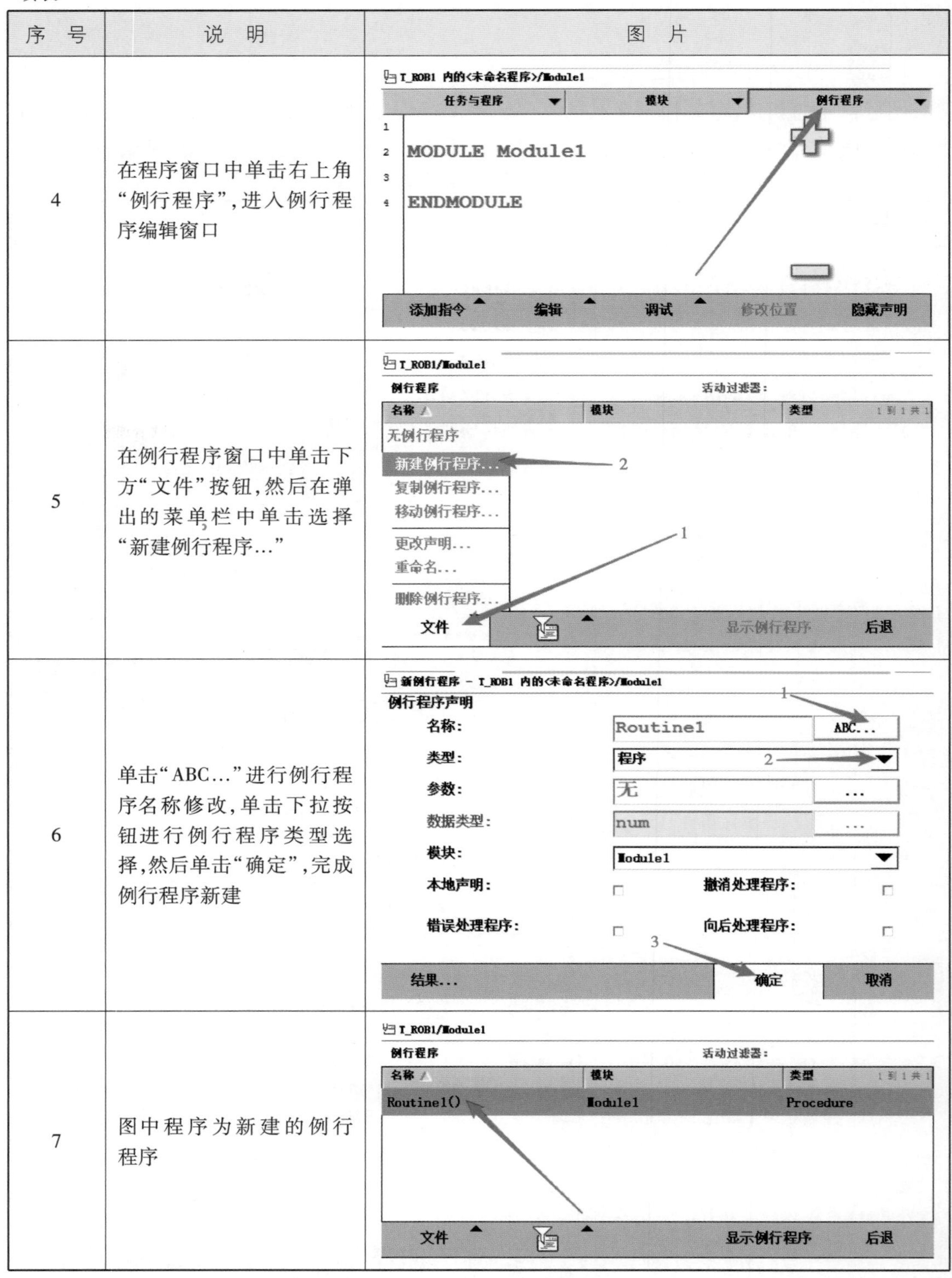

序　号	说　明	图　片
4	在程序窗口中单击右上角“例行程序”，进入例行程序编辑窗口	
5	在例行程序窗口中单击下方“文件”按钮，然后在弹出的菜单栏中单击选择“新建例行程序…”	
6	单击“ABC…”进行例行程序名称修改，单击下拉按钮进行例行程序类型选择，然后单击“确定”，完成例行程序新建	
7	图中程序为新建的例行程序	

2.机器人例行程序的复制

机器人例行程序的复制，其操作步骤见表 5-29。

表 5-29　例行程序复制操作步骤

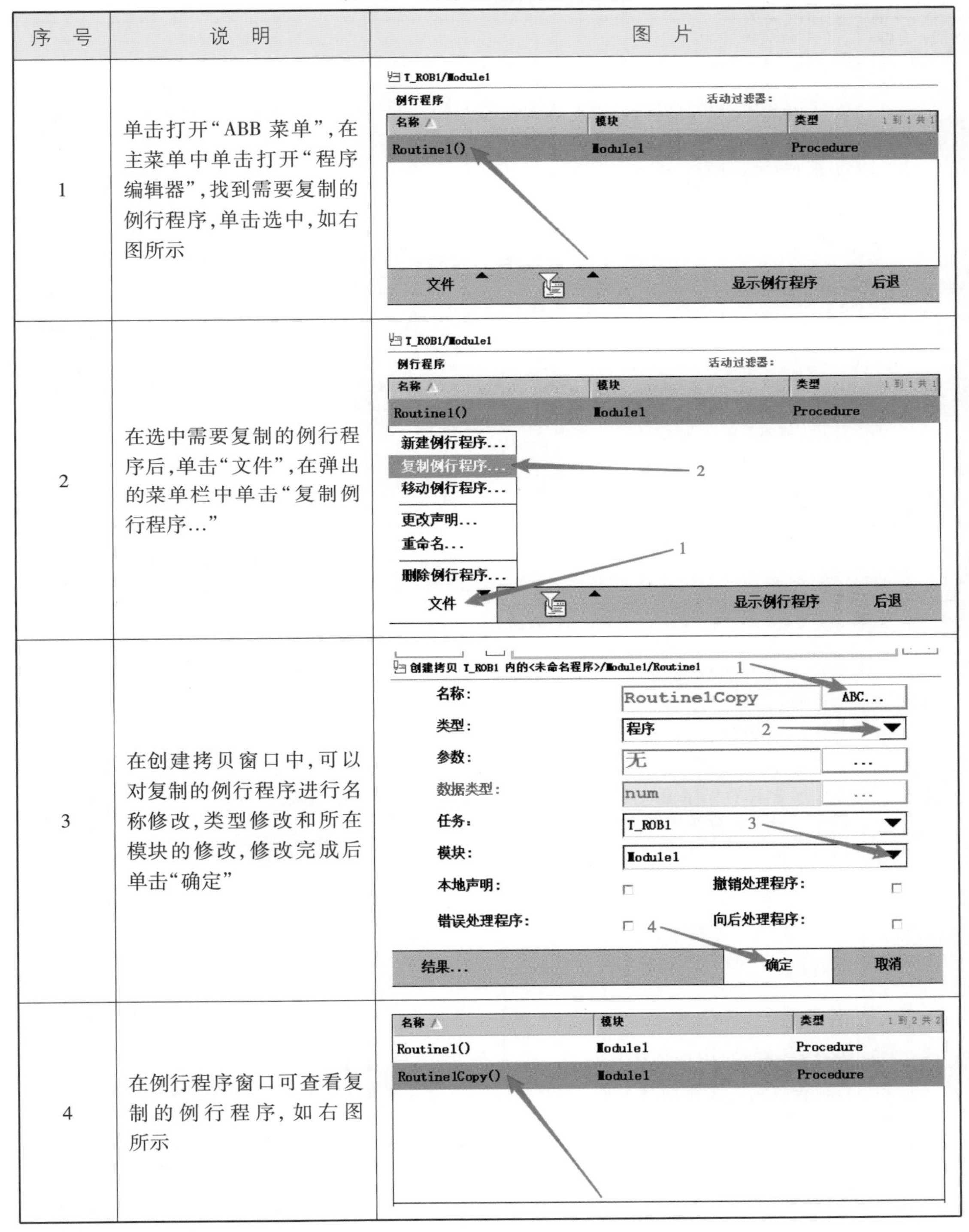

序号	说明	图片
1	单击打开“ABB 菜单”，在主菜单中单击打开“程序编辑器”，找到需要复制的例行程序，单击选中，如右图所示	
2	在选中需要复制的例行程序后，单击“文件”，在弹出的菜单栏中单击“复制例行程序...”	
3	在创建拷贝窗口中，可以对复制的例行程序进行名称修改，类型修改和所在模块的修改，修改完成后单击“确定”	
4	在例行程序窗口可查看复制的例行程序，如右图所示	

3.机器人例行程序的移动

机器人例行程序的移动,其操作步骤见表 5-30。

表 5-30 例行程序移动操作步骤

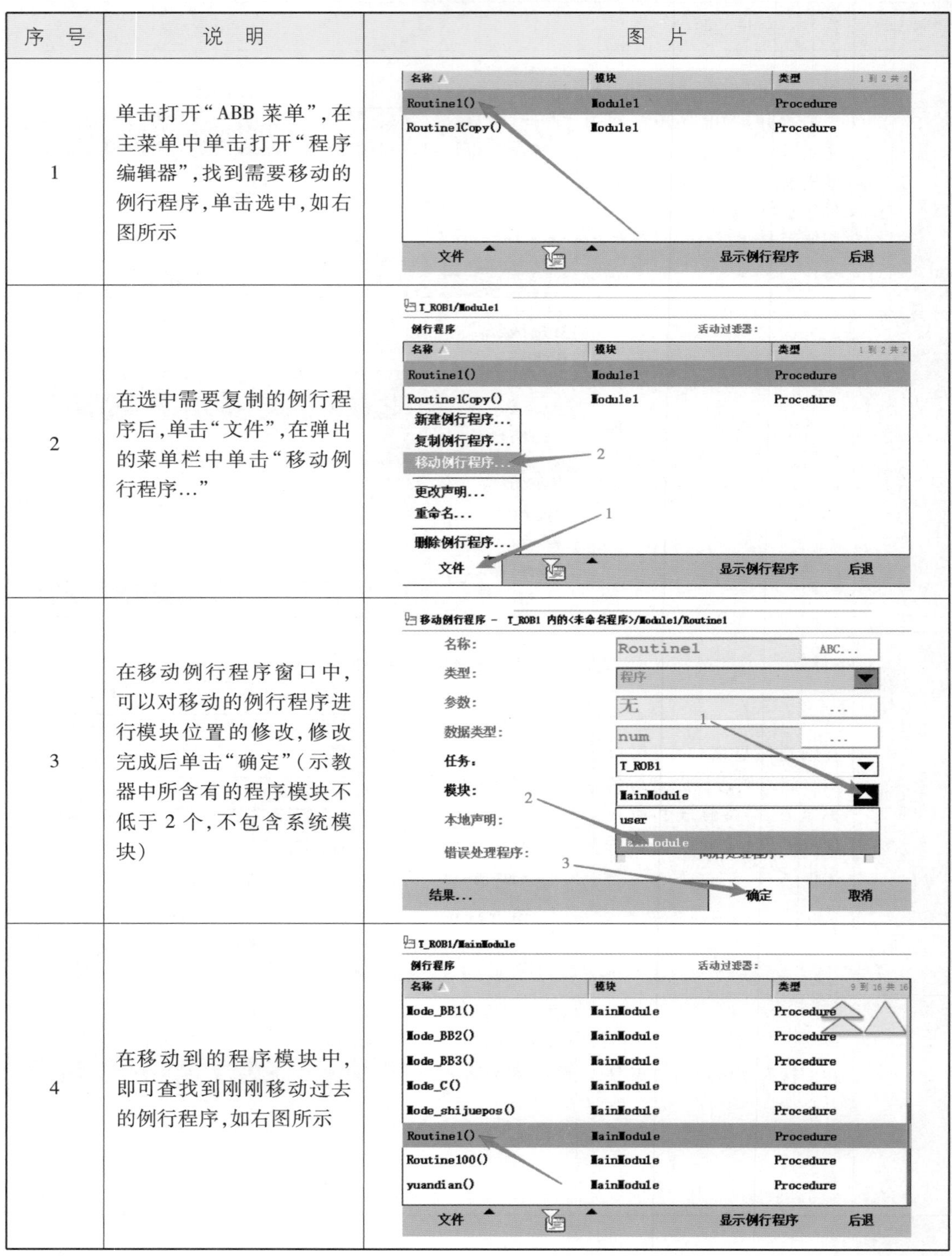

序 号	说 明	图 片
1	单击打开“ABB 菜单”,在主菜单中单击打开“程序编辑器”,找到需要移动的例行程序,单击选中,如右图所示	
2	在选中需要复制的例行程序后,单击“文件”,在弹出的菜单栏中单击“移动例行程序...”	
3	在移动例行程序窗口中,可以对移动的例行程序进行模块位置的修改,修改完成后单击“确定”(示教器中所含有的程序模块不低于 2 个,不包含系统模块)	
4	在移动到的程序模块中,即可查找到刚刚移动过去的例行程序,如右图所示	

4.机器人例行程序的更改声明

机器人例行程序的更改声明，其操作步骤见表 5-31。

表 5-31　例行程序更改声明操作步骤

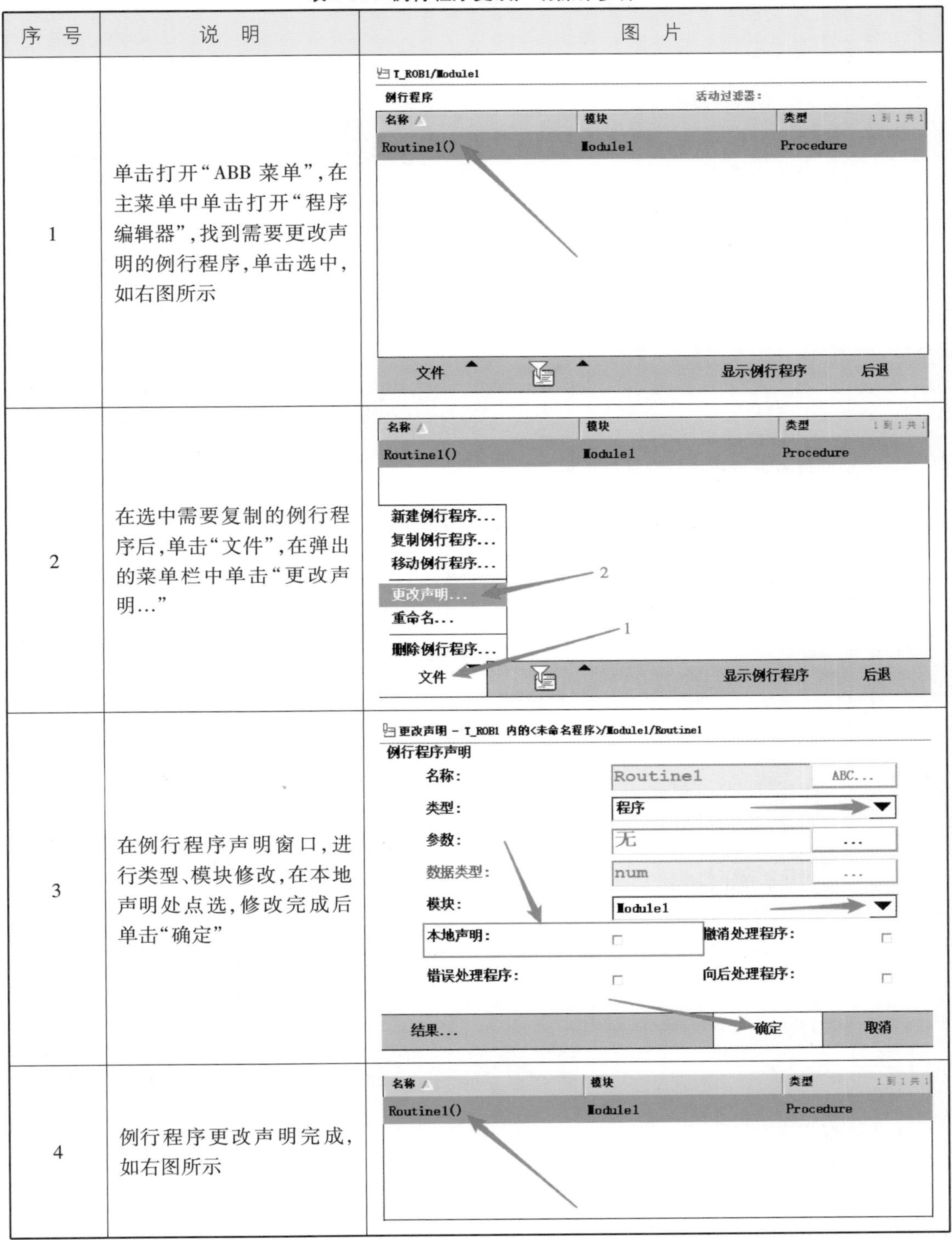

序　号	说　明	图　片
1	单击打开“ABB 菜单”，在主菜单中单击打开“程序编辑器”，找到需要更改声明的例行程序，单击选中，如右图所示	
2	在选中需要复制的例行程序后，单击“文件”，在弹出的菜单栏中单击“更改声明...”	
3	在例行程序声明窗口，进行类型、模块修改，在本地声明处点选，修改完成后单击“确定”	
4	例行程序更改声明完成，如右图所示	

5.机器人例行程序的重命名

机器人例行程序的重命名,其操作步骤见表 5-32。

表 5-32　例行程序重命名操作步骤

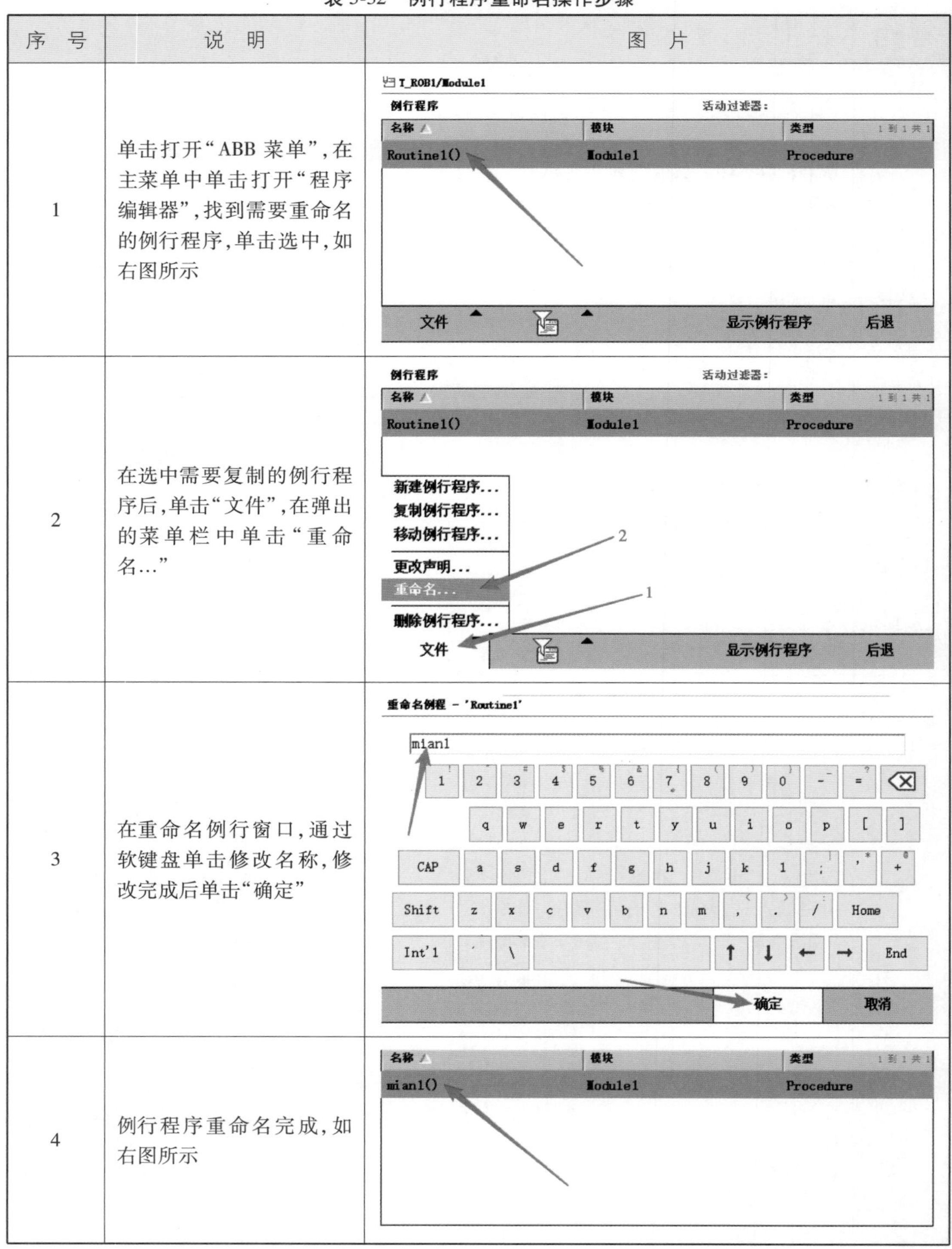

序　号	说　明	图　片
1	单击打开“ABB 菜单”,在主菜单中单击打开“程序编辑器”,找到需要重命名的例行程序,单击选中,如右图所示	
2	在选中需要复制的例行程序后,单击“文件”,在弹出的菜单栏中单击“重命名...”	
3	在重命名例行窗口,通过软键盘单击修改名称,修改完成后单击“确定”	
4	例行程序重命名完成,如右图所示	

6.机器人例行程序的删除

机器人例行程序的删除，其操作步骤见表 5-33。

表 5-33　例行程序删除操作步骤

序　号	说　明	图　片
1	单击打开"ABB 菜单"，在主菜单中单击打开"程序编辑器"，找到需要删除的例行程序，单击选中，如右图所示	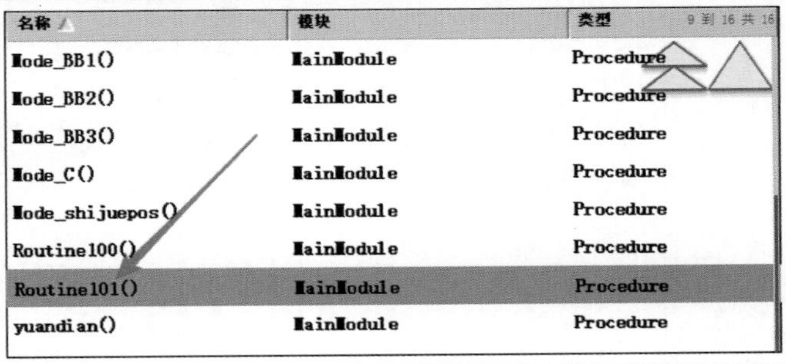
2	在选中需要复制的例行程序后，单击"文件"，在弹出的菜单栏中单击"删除例行程序…"	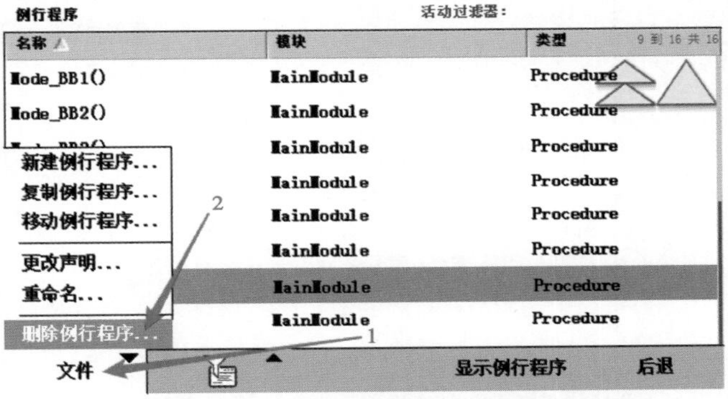
3	在弹出的删除对话框中单击"确定"	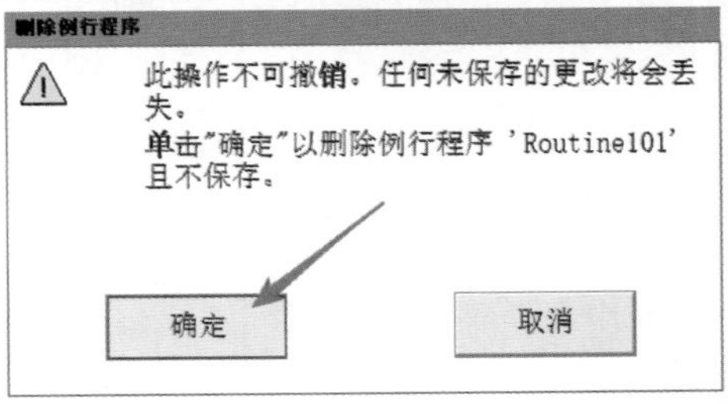

任务 5-8　管理机器人程序模块

任务描述：

对创建好的程序模块进行新建、删除、重命名、移动等操作。

管理机器人程序模块

知识学习：

1.机器人程序模块的创建

表 5-34 所列为创建程序模块的步骤。

表 5-34　常见程序模块创建步骤

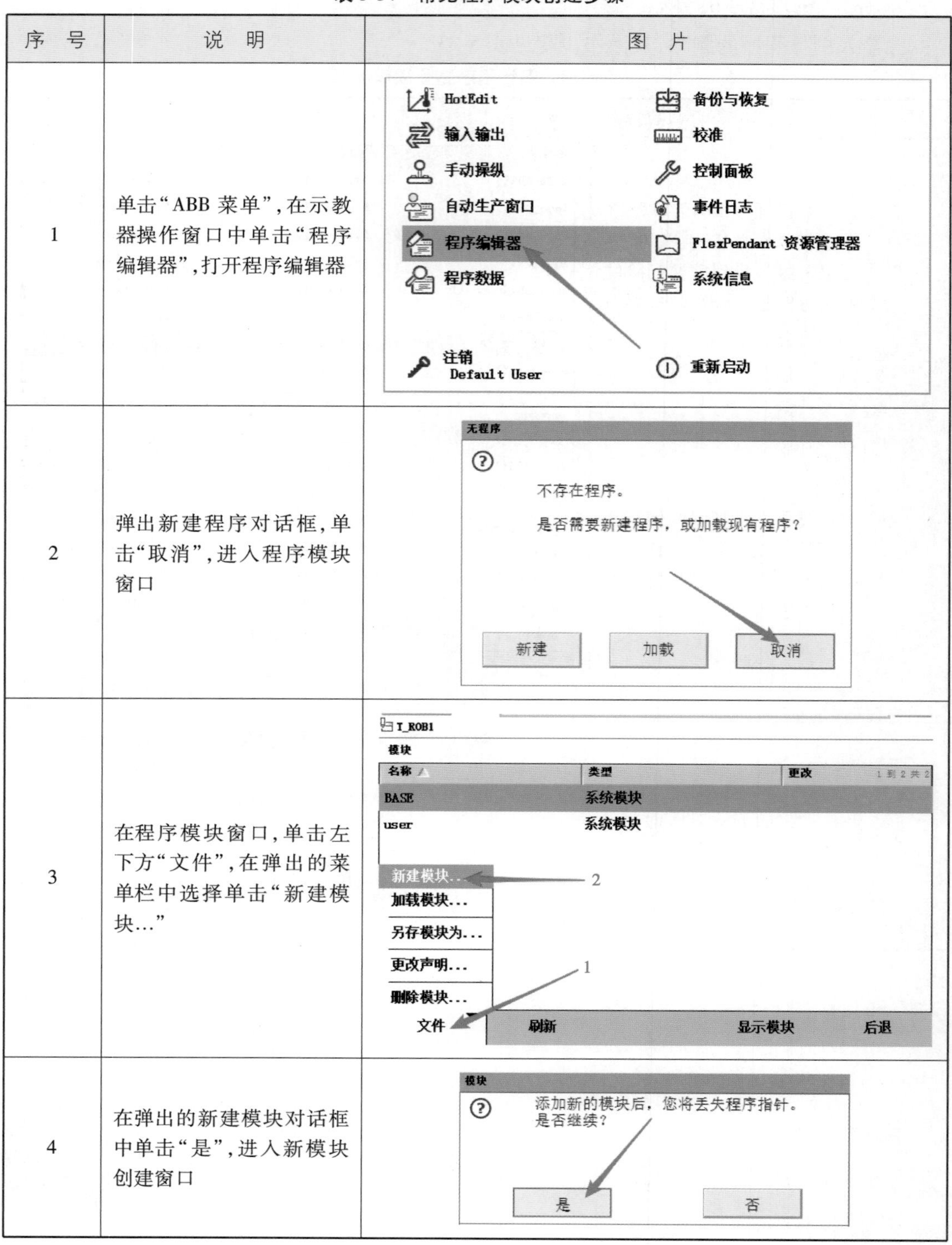

序　号	说　明	图　片
1	单击“ABB 菜单”，在示教器操作窗口中单击“程序编辑器”，打开程序编辑器	
2	弹出新建程序对话框，单击“取消”，进入程序模块窗口	
3	在程序模块窗口，单击左下方“文件”，在弹出的菜单栏中选择单击“新建模块...”	
4	在弹出的新建模块对话框中单击“是”，进入新模块创建窗口	

续表

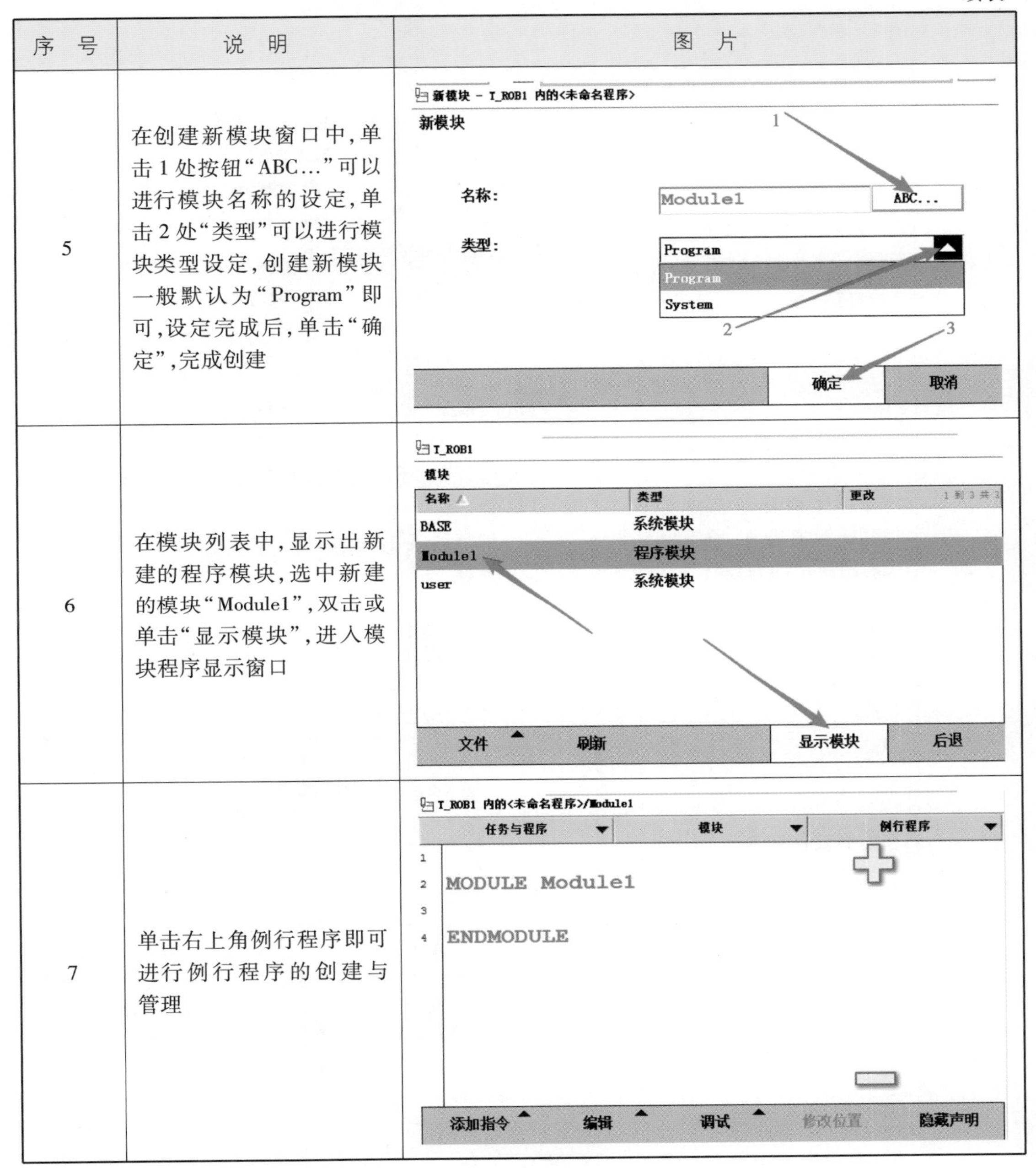

序　号	说　明	图　片
5	在创建新模块窗口中，单击 1 处按钮“ABC…”可以进行模块名称的设定，单击 2 处“类型”可以进行模块类型设定，创建新模块一般默认为“Program”即可，设定完成后，单击“确定”，完成创建	
6	在模块列表中，显示出新建的程序模块，选中新建的模块“Module1”，双击或单击“显示模块”，进入模块程序显示窗口	
7	单击右上角例行程序即可进行例行程序的创建与管理	

2.机器人程序模块的加载

程序模块的导入主要是用于将离线编程或文字编程生成的代码，用 U 盘导入机器人中，即加载需要使用的模块，主要操作步骤见表 5-35。

表 5-35　机器人程序模块加载操作步骤

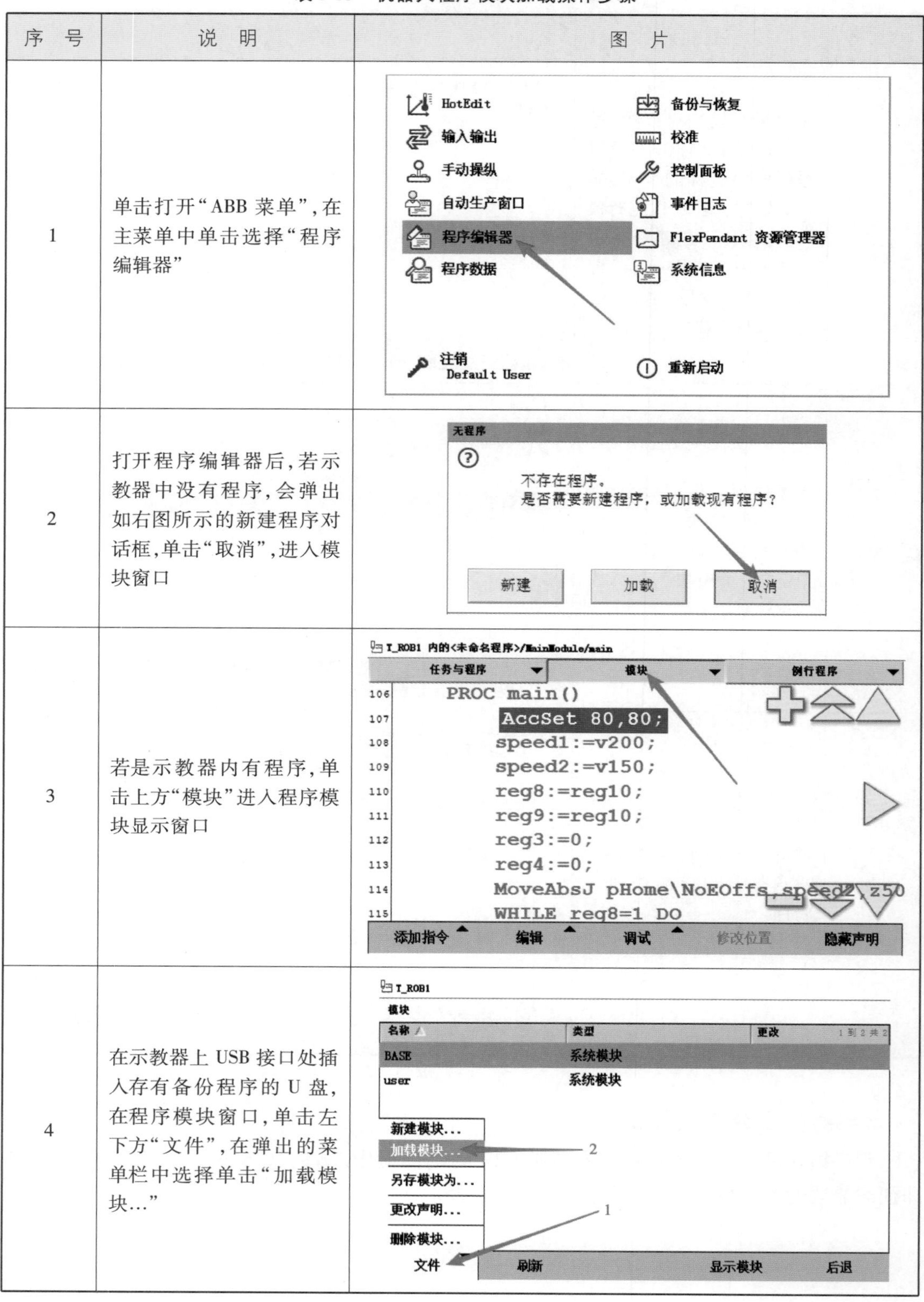

序　号	说　明	图　片
1	单击打开“ABB 菜单”，在主菜单中单击选择“程序编辑器”	
2	打开程序编辑器后，若示教器中没有程序，会弹出如右图所示的新建程序对话框，单击“取消”，进入模块窗口	
3	若是示教器内有程序，单击上方“模块”进入程序模块显示窗口	
4	在示教器上 USB 接口处插入存有备份程序的 U 盘，在程序模块窗口，单击左下方“文件”，在弹出的菜单栏中选择单击“加载模块…”	

续表

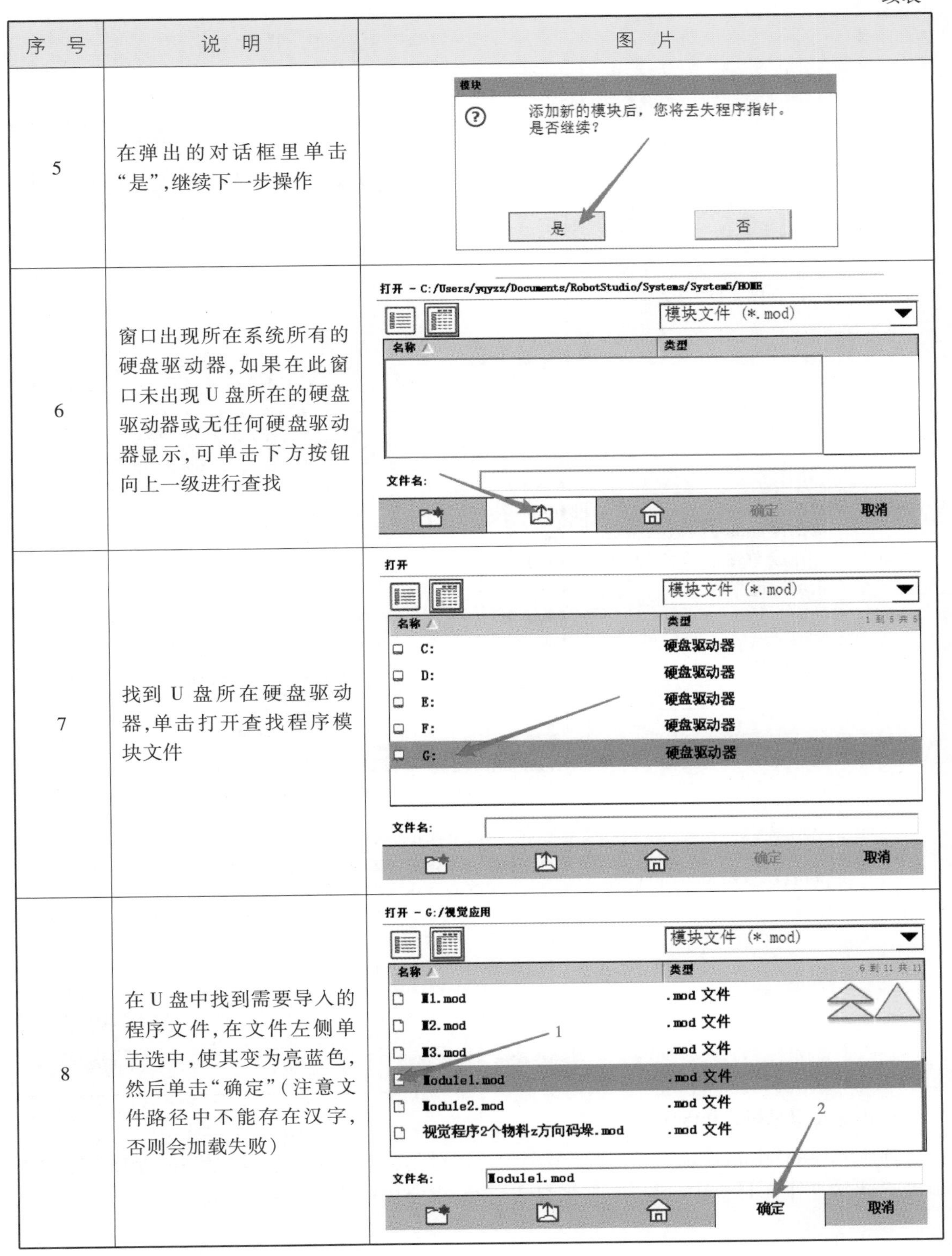

序　号	说　明	图　片
5	在弹出的对话框里单击“是”,继续下一步操作	
6	窗口出现所在系统所有的硬盘驱动器,如果在此窗口未出现 U 盘所在的硬盘驱动器或无任何硬盘驱动器显示,可单击下方按钮向上一级进行查找	
7	找到 U 盘所在硬盘驱动器,单击打开查找程序模块文件	
8	在 U 盘中找到需要导入的程序文件,在文件左侧单击选中,使其变为亮蓝色,然后单击“确定”(注意文件路径中不能存在汉字,否则会加载失败)	

续表

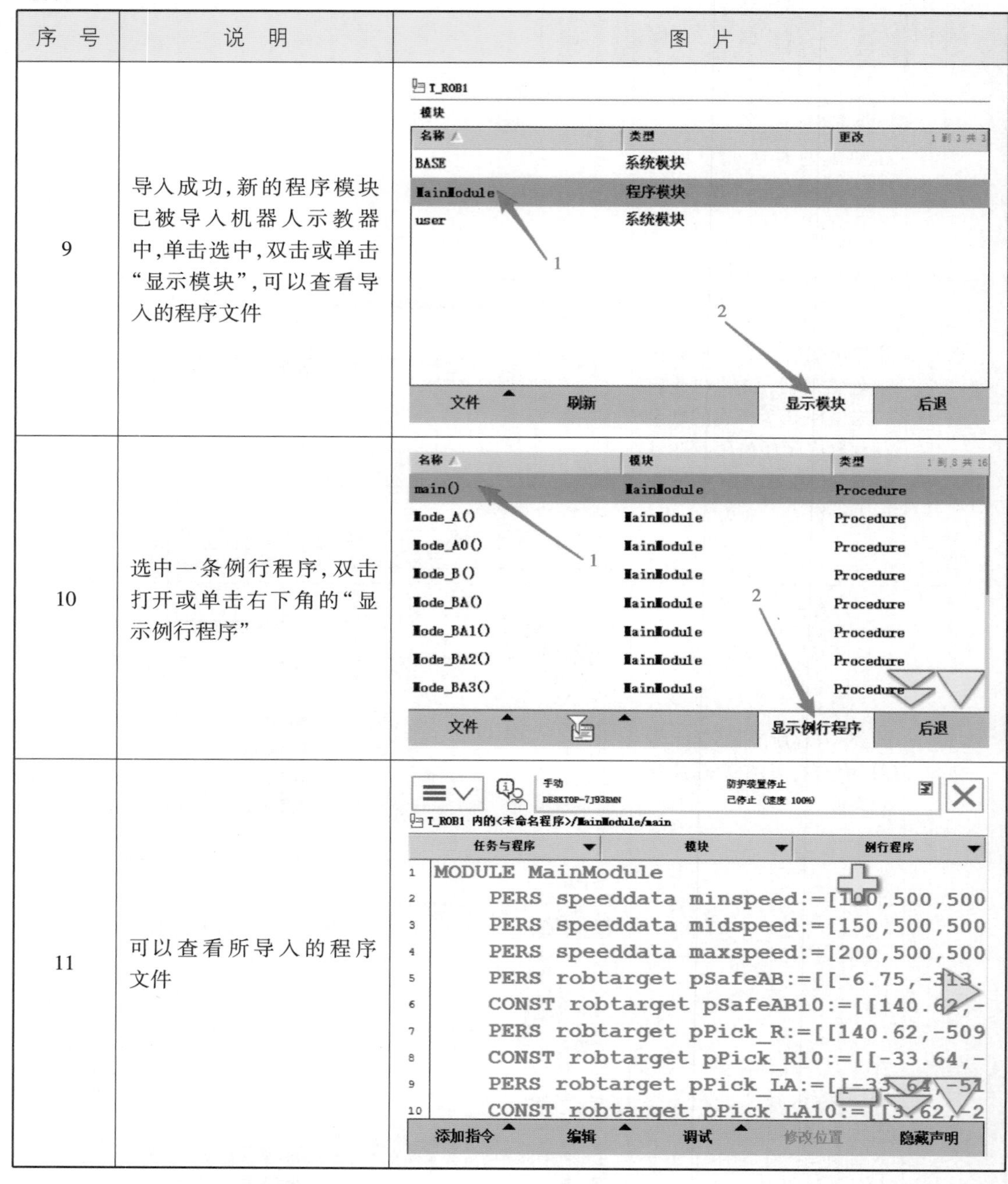

序号	说明	图片
9	导入成功，新的程序模块已被导入机器人示教器中，单击选中，双击或单击“显示模块”，可以查看导入的程序文件	
10	选中一条例行程序，双击打开或单击右下角的“显示例行程序”	
11	可以查看所导入的程序文件	

3.机器人程序模块的另存

程序模块的“另存模块为…”主要是用于将通过示教器上编程生成的代码，保存在示教器硬盘驱动器或外置 U 盘中，用于数据恢复或移动，主要操作步骤见表 5-36。

表 5-36　程序模块另存的操作步骤

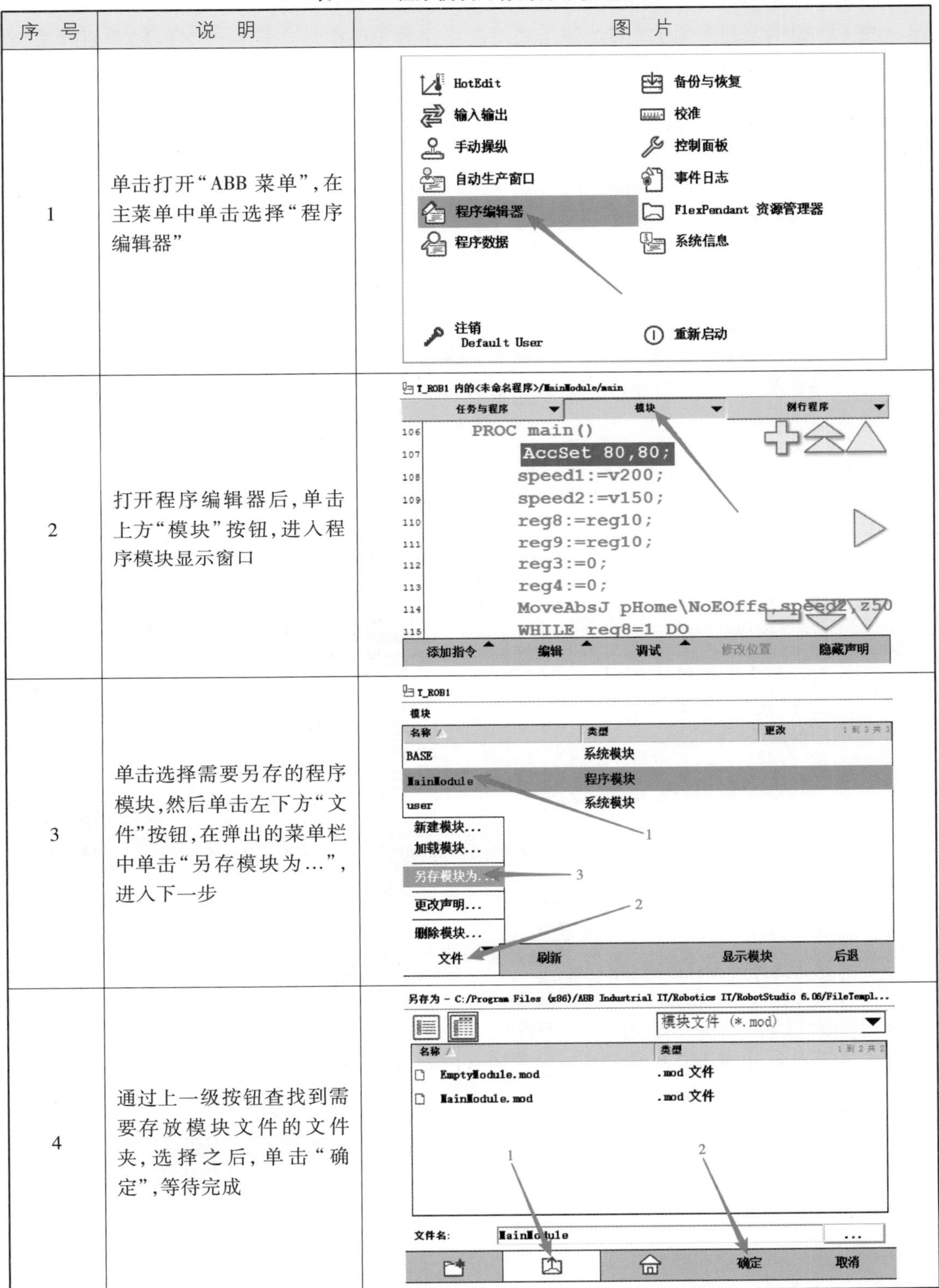

序　号	说　明	图　片
1	单击打开“ABB 菜单”，在主菜单中单击选择“程序编辑器”	
2	打开程序编辑器后，单击上方“模块”按钮，进入程序模块显示窗口	
3	单击选择需要另存的程序模块，然后单击左下方“文件”按钮，在弹出的菜单栏中单击“另存模块为...”，进入下一步	
4	通过上一级按钮查找到需要存放模块文件的文件夹，选择之后，单击“确定”，等待完成	

4.机器人程序模块的更改声明

机器人程序模块的更改声明功能用来对已存在的程序模块进行修改名称和类型的选择。表 5-37 为程序模块更改声明的操作步骤。

表 5-37　程序模块更改声明的操作步骤

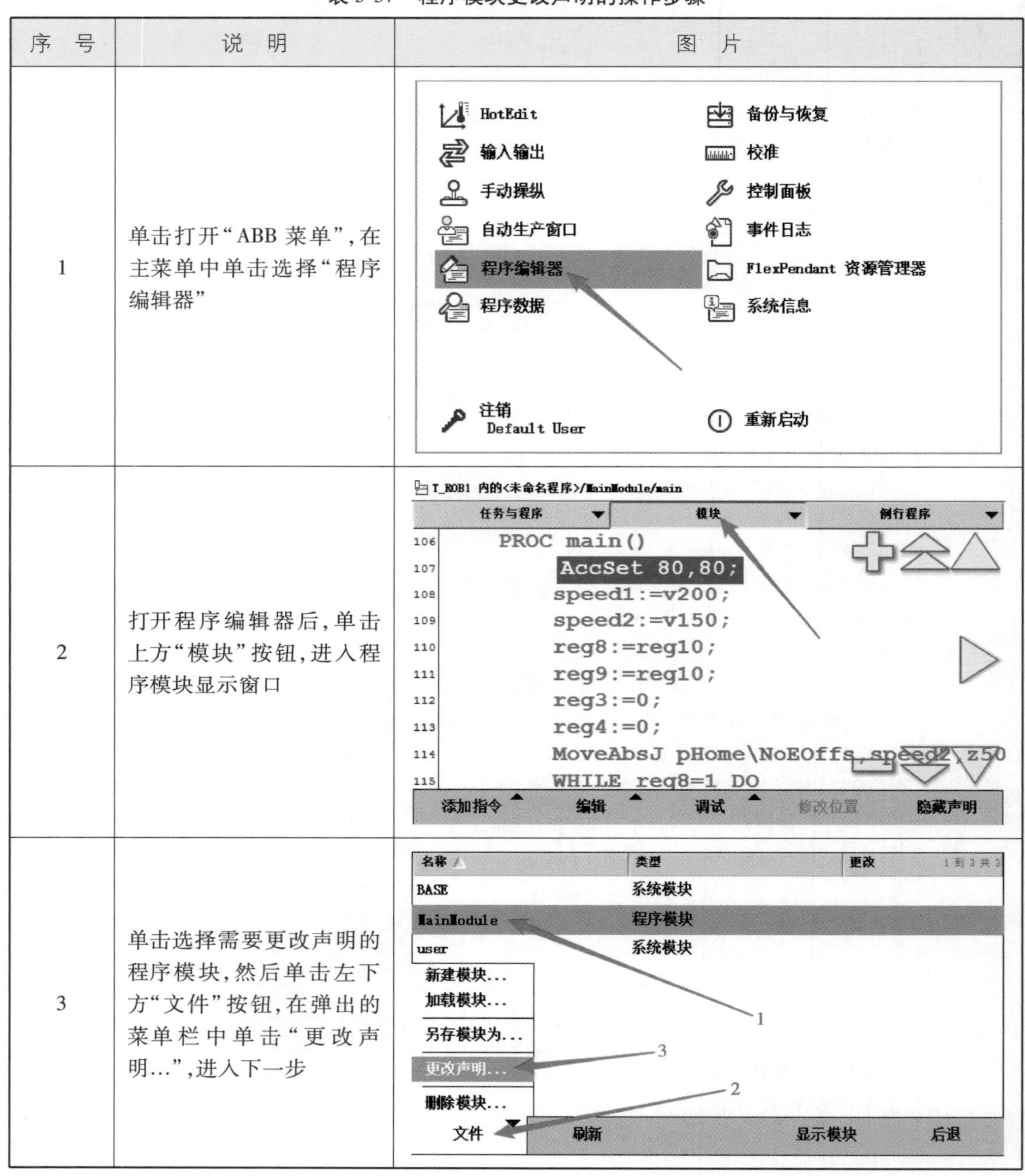

序　号	说　明	图　片
1	单击打开“ABB 菜单”，在主菜单中单击选择“程序编辑器”	
2	打开程序编辑器后，单击上方“模块”按钮，进入程序模块显示窗口	
3	单击选择需要更改声明的程序模块，然后单击左下方“文件”按钮，在弹出的菜单栏中单击“更改声明…”，进入下一步	

续表

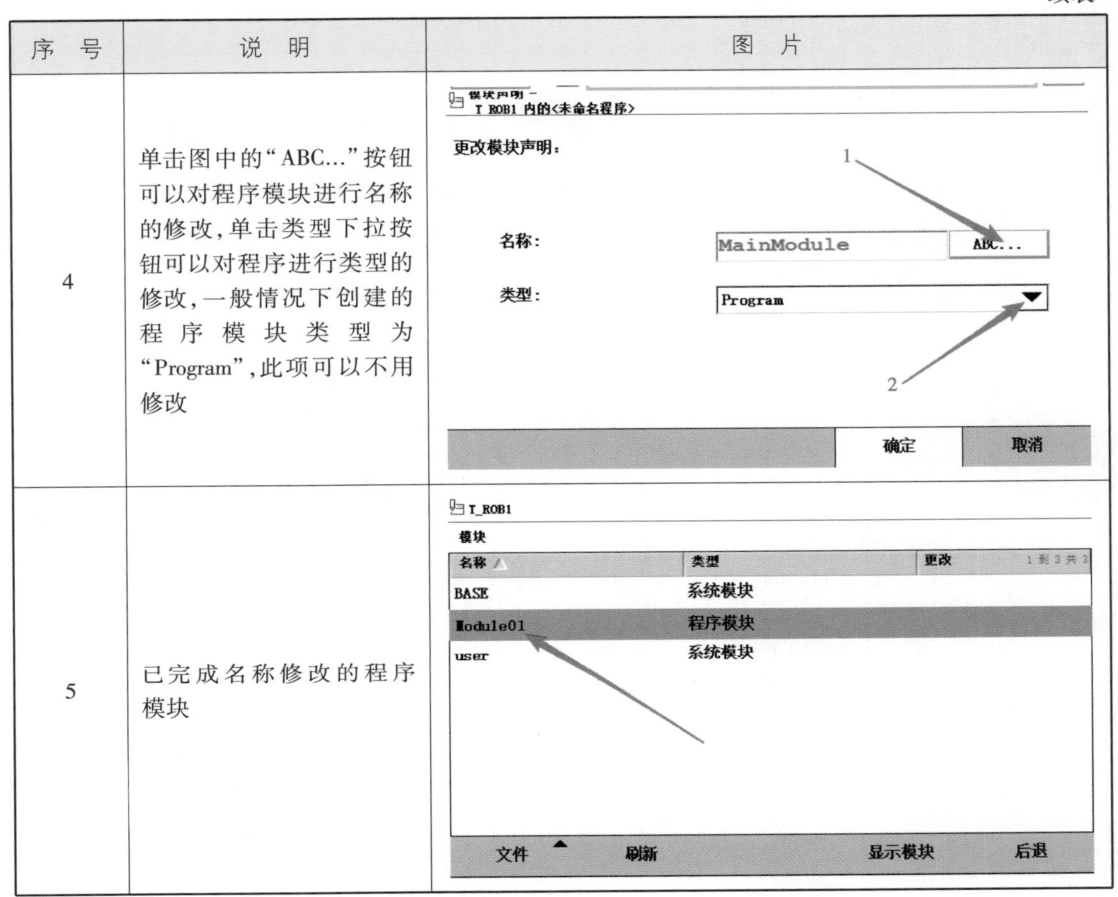

序　号	说　明	图　片
4	单击图中的“ABC...”按钮可以对程序模块进行名称的修改，单击类型下拉按钮可以对程序进行类型的修改，一般情况下创建的程序模块类型为“Program”，此项可以不用修改	
5	已完成名称修改的程序模块	

5.机器人程序模块的删除

将模块从运行内存删除，但不影响已在硬盘保存的模块，其删除操作步骤见表 5-38。

表 5-38　程序模块删除的操作步骤

序　号	说　明	图　片
1	单击打开“ABB 菜单”，在主菜单中单击选择“程序编辑器”	HotEdit　备份与恢复　输入输出　校准　手动操纵　控制面板　自动生产窗口　事件日志　程序编辑器　FlexPendant 资源管理器　程序数据　系统信息　注销 Default User　重新启动

续表

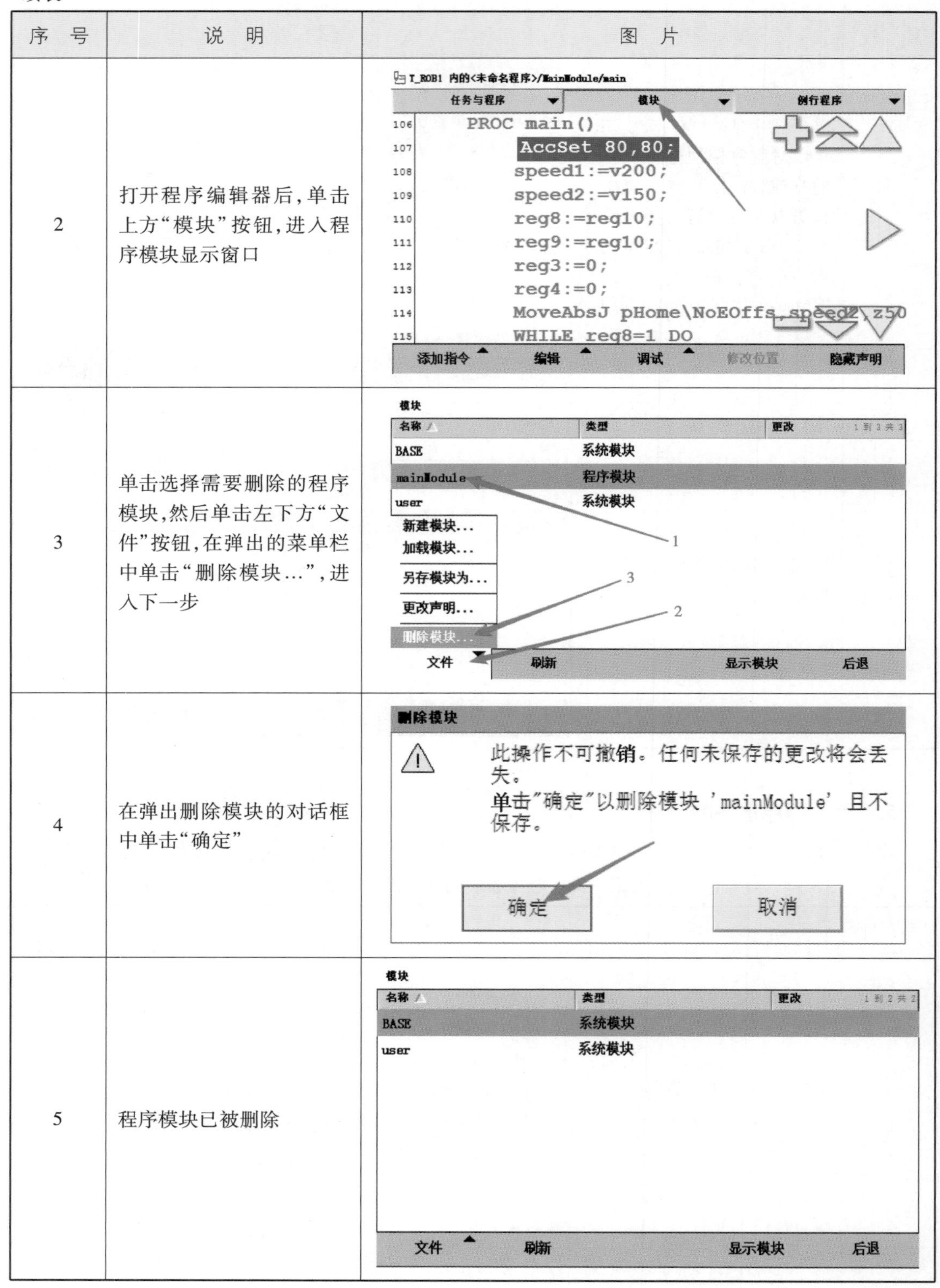

序　号	说　明	图　片
2	打开程序编辑器后，单击上方“模块”按钮，进入程序模块显示窗口	
3	单击选择需要删除的程序模块，然后单击左下方“文件”按钮，在弹出的菜单栏中单击“删除模块...”，进入下一步	
4	在弹出删除模块的对话框中单击“确定”	
5	程序模块已被删除	

学习检测

自我学习测评见下表。

学习目标	自我评价			备　注
	掌握	了解	重学	
了解 ABB 机器人的编程语言 RAPID				
了解 RAPID 任务、程序模块、例行程序之间的关系				
掌握 MoveL 运动指令				
掌握 MoveJ 运动指令				
掌握 MoveC 运动指令				
掌握 MoveAbsj 运动指令				
理解 ABB 机器人程序数据				
掌握 RAPID 程序的创建及调试方法				
学会程序模块和例行程序的管理				

练习题

1.简述 RAPID 程序架构组成。
2.请列出 ABB 机器人常用的一些程序数据。
3.简述 ABB 四个常用运动指令的区别和用法。
4.简述程序调试的步骤。
5.对例行程序、程序模块进行管理。

项目六

工业机器人高级编程

项目目标：

- 了解 ABB 机器人的条件逻辑判断指令。
- 掌握常用的 I/O 控制指令。
- 了解常用的 RAPID 指令（如赋值指令、程序调用指令等）。
- 了解中断相关的指令应用。
- 创建由信号 di1 触发的中断程序。
- 理解什么是功能 FUNCTION。
- 掌握在示教器中添加功能 FUNCTION。

任务描述：

通过本项目的学习，掌握 ABB 工业机器人的条件逻辑判断指令、I/O 控制指令、中断程序及功能程序并能灵活运用。

任务 6-1　条件逻辑判断指令

任务描述：

条件逻辑判断指令用于对条件进行判断后执行相应的操作，是 RAPID 的重要组成部分。

条件逻辑判断指令　　赋值指令

知识学习：

（1）Compact IF 紧凑型条件判断指令

Compact IF 紧凑型条件判断指令用于当一个条件满足了以后，就执行一句指令。添加 Compact IF 紧凑型条件判断指令的操作步骤见表 6-1。

表 6-1　添加 Compact IF 紧凑型条件判断指令的操作步骤

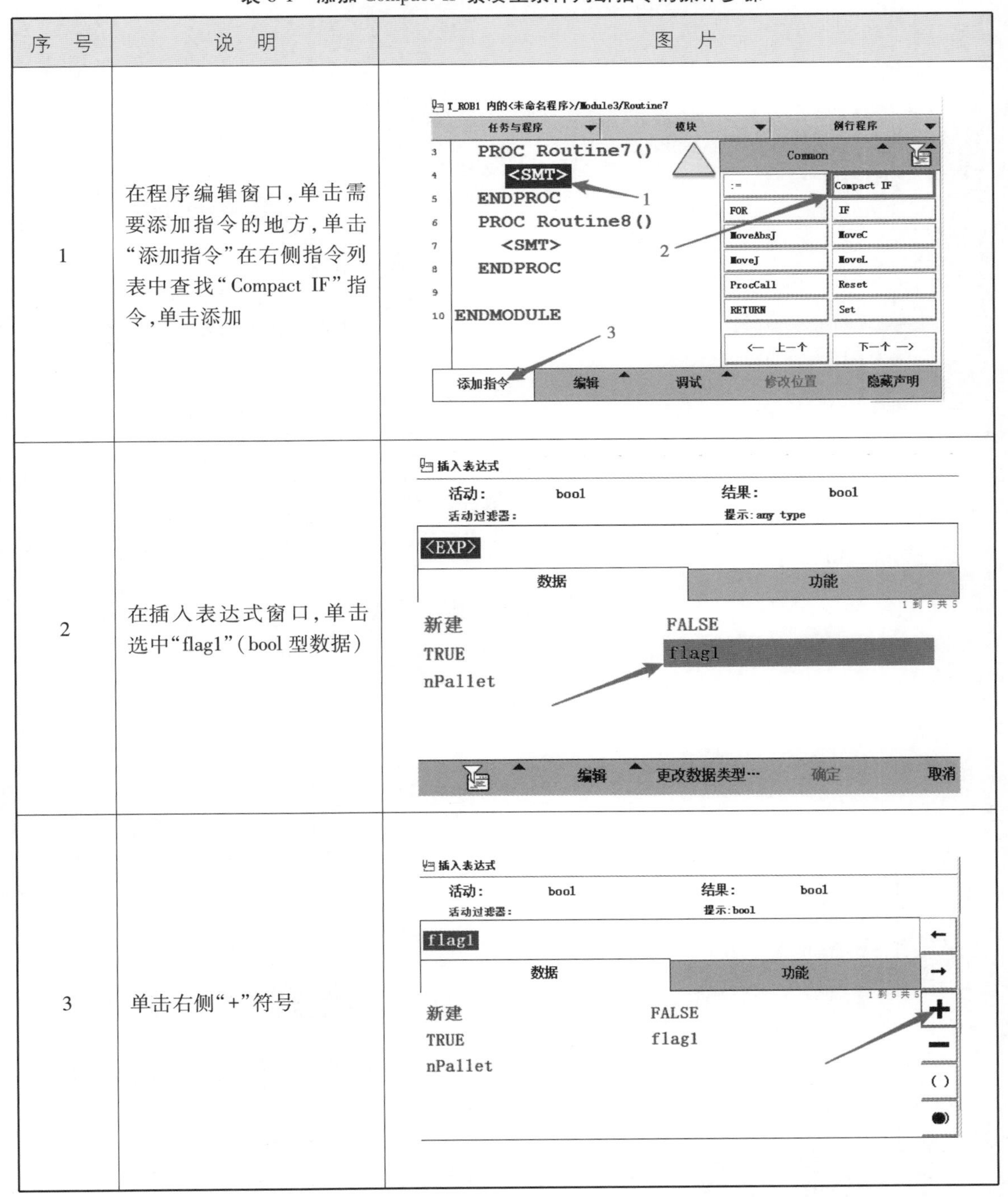

序　号	说　明	图　片
1	在程序编辑窗口，单击需要添加指令的地方，单击“添加指令”在右侧指令列表中查找“Compact IF”指令，单击添加	
2	在插入表达式窗口，单击选中“flag1”（bool 型数据）	
3	单击右侧“+”符号	

续表

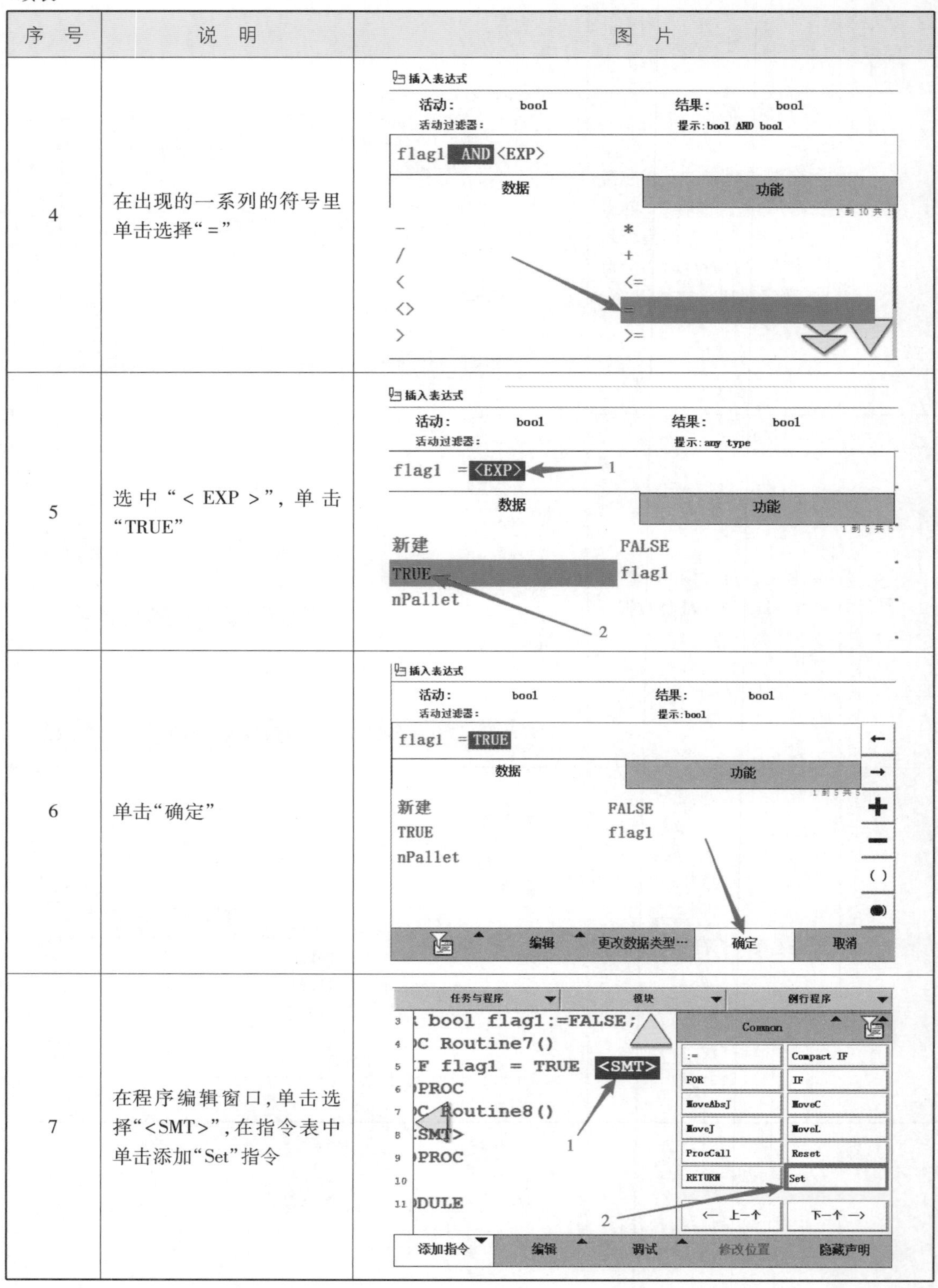

序　号	说　明	图　片
4	在出现的一系列的符号里单击选择“=”	
5	选中“<EXP>”，单击“TRUE”	
6	单击“确定”	
7	在程序编辑窗口，单击选择“<SMT>”，在指令表中单击添加“Set”指令	

续表

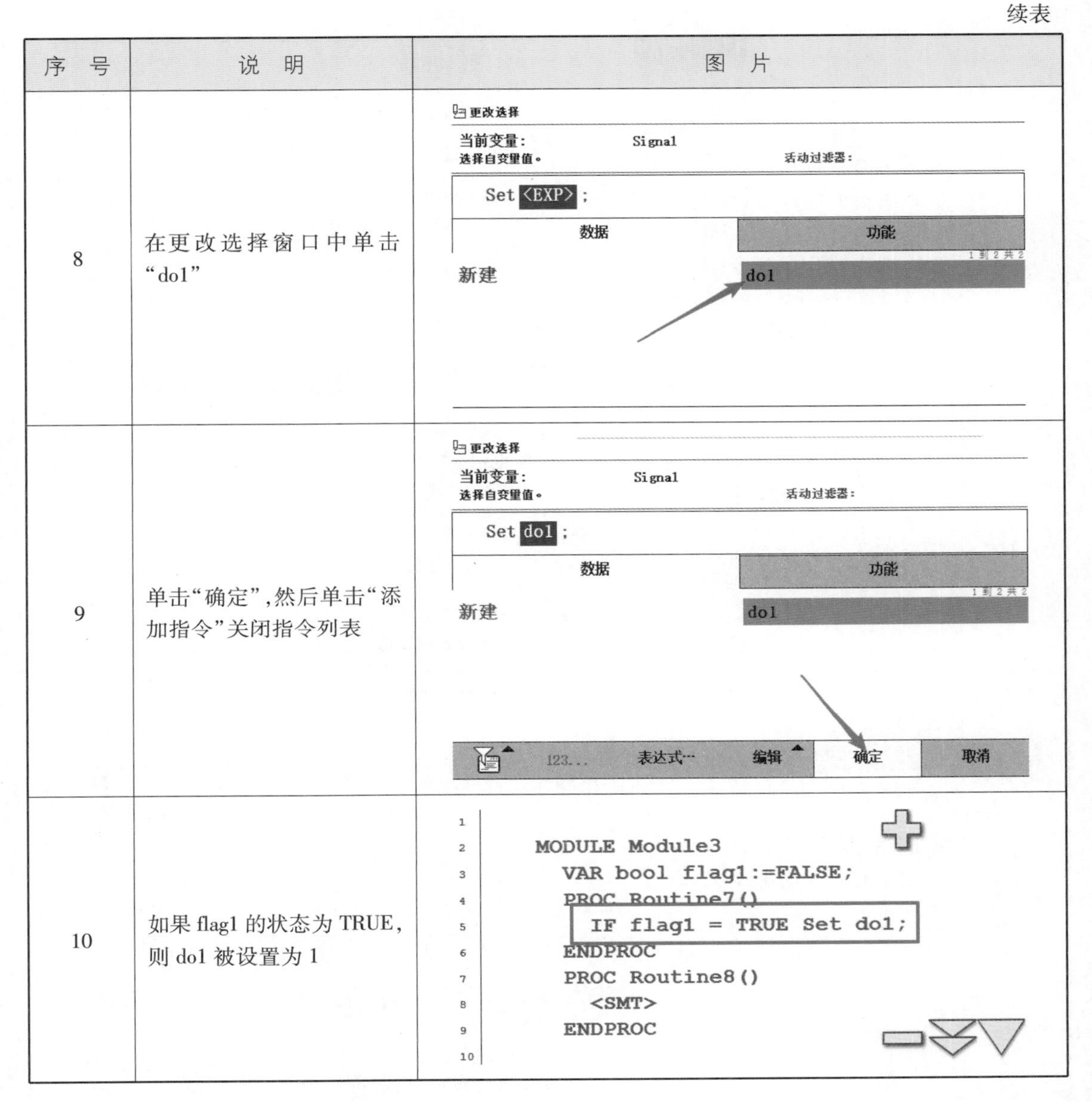

序　号	说　明	图　片
8	在更改选择窗口中单击“do1”	
9	单击“确定”，然后单击“添加指令”关闭指令列表	
10	如果 flag1 的状态为 TRUE，则 do1 被设置为 1	

(2) FOR 重复执行判断指令

FOR 重复执行判断指令用于一个或多个指令需要重复执行数次的情况。添加 FOR 重复执行判断指令的操作步骤见表 6-2。

表 6-2 添加 FOR 重复执行判断指令的操作步骤

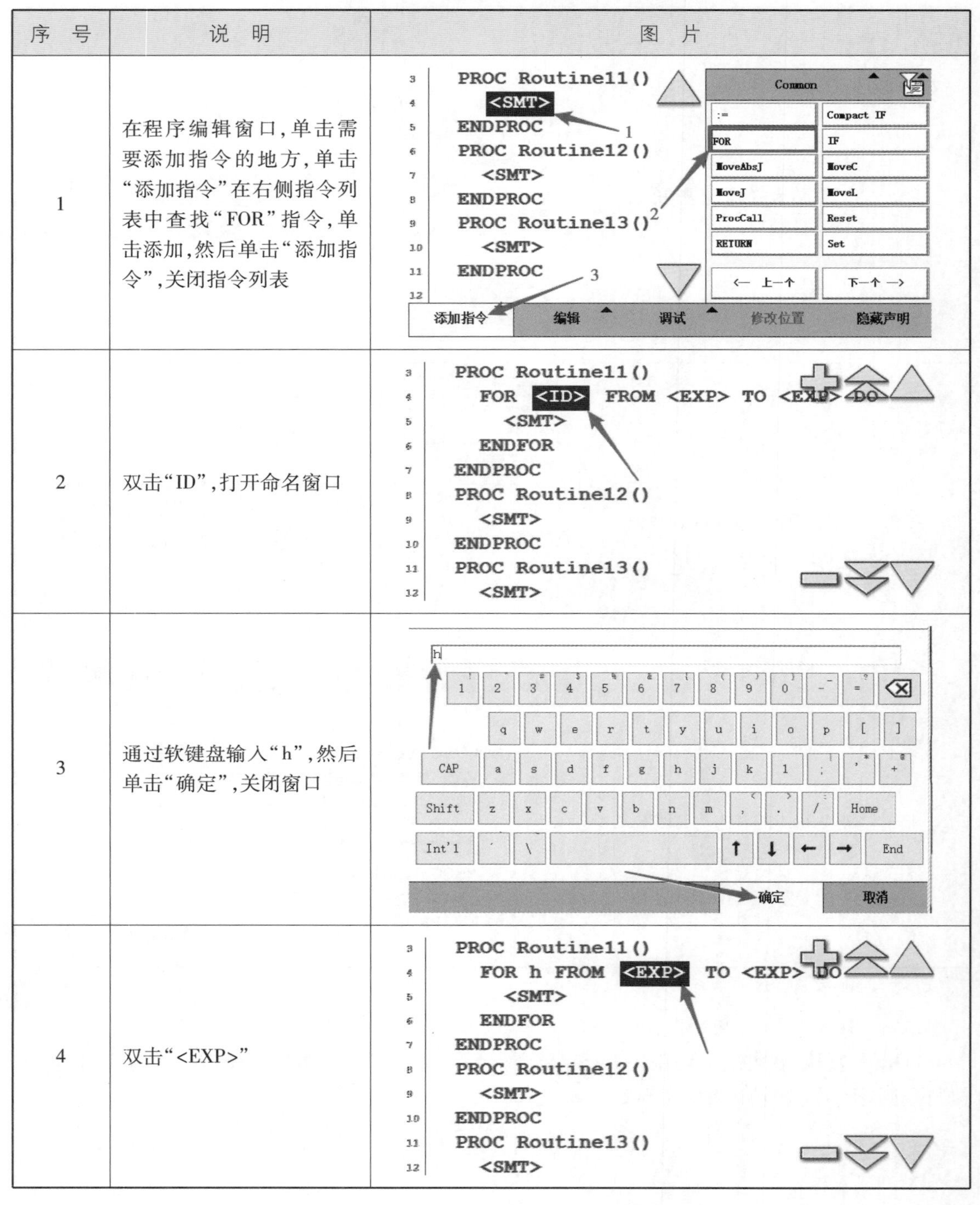

序　号	说　明	图　片
1	在程序编辑窗口，单击需要添加指令的地方，单击“添加指令”在右侧指令列表中查找“FOR”指令，单击添加，然后单击“添加指令”，关闭指令列表	
2	双击“ID”，打开命名窗口	
3	通过软键盘输入“h”，然后单击“确定”，关闭窗口	
4	双击“<EXP>”	

续表

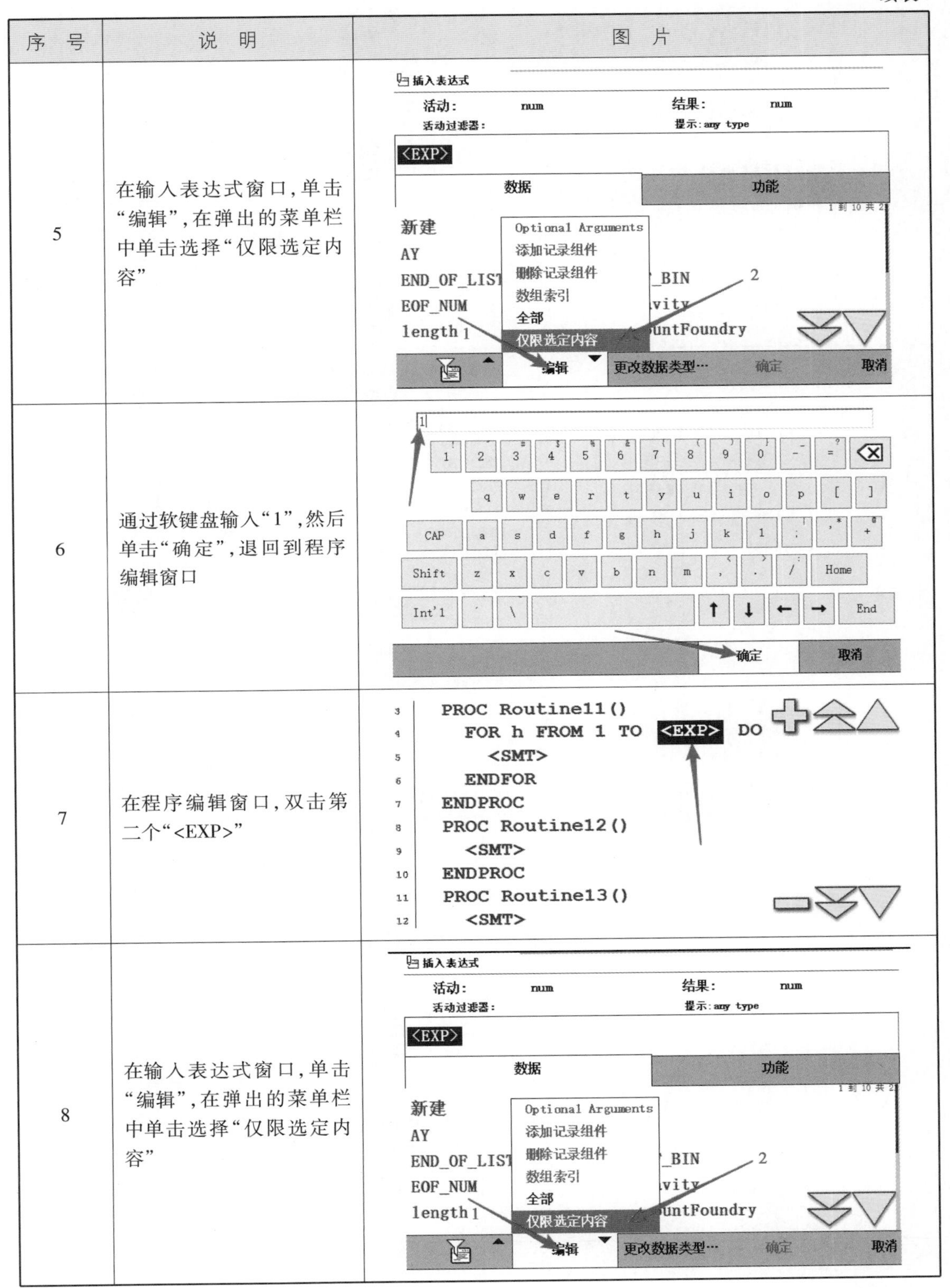

序　号	说　明	图　片
5	在输入表达式窗口，单击“编辑”，在弹出的菜单栏中单击选择“仅限选定内容”	
6	通过软键盘输入“1”，然后单击“确定”，退回到程序编辑窗口	
7	在程序编辑窗口，双击第二个“<EXP>”	
8	在输入表达式窗口，单击“编辑”，在弹出的菜单栏中单击选择“仅限选定内容”	

续表

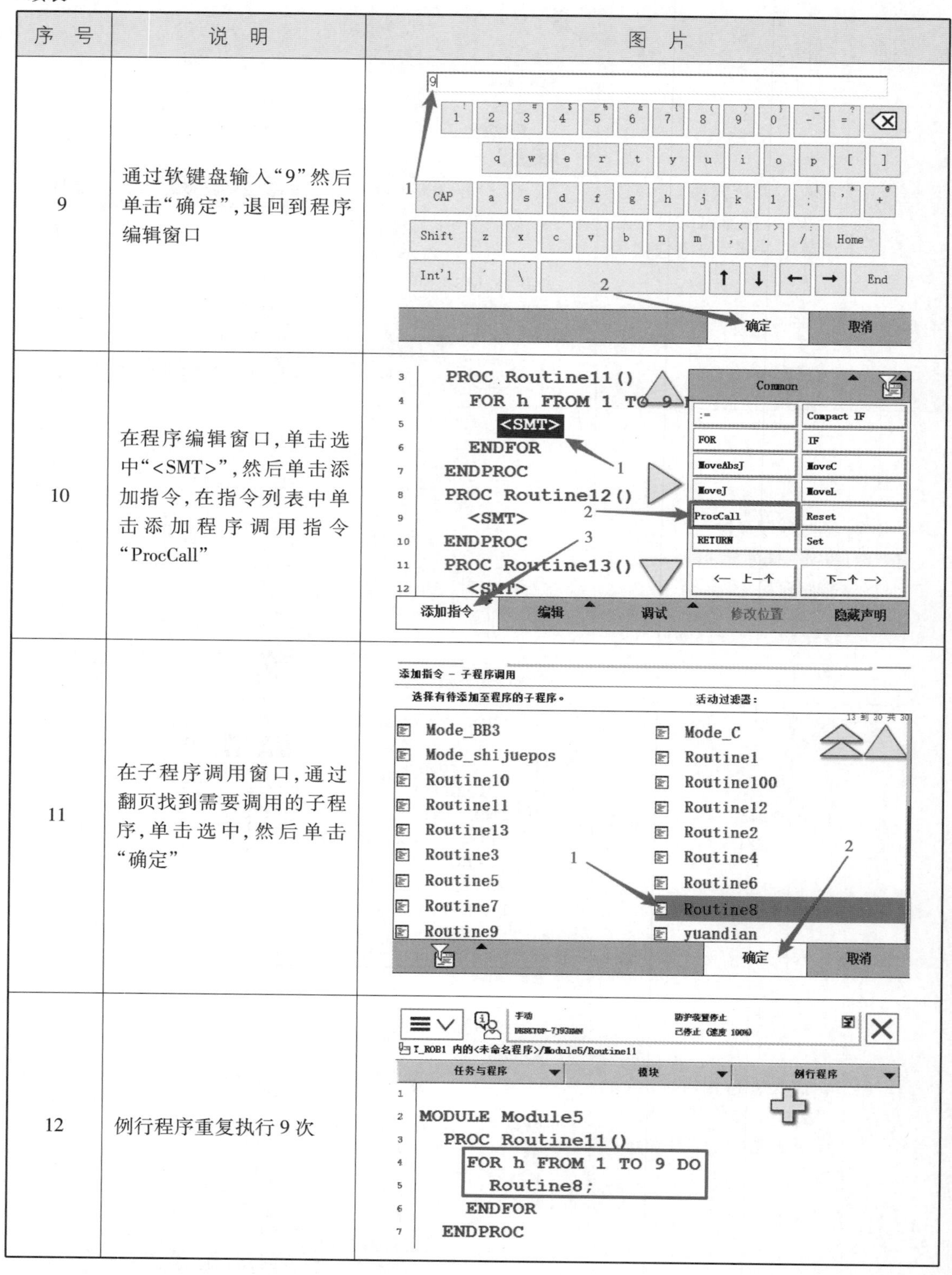

序　号	说　明	图　片
9	通过软键盘输入“9”然后单击“确定”，退回到程序编辑窗口	
10	在程序编辑窗口，单击选中“<SMT>”，然后单击添加指令，在指令列表中单击添加程序调用指令“ProcCall”	
11	在子程序调用窗口，通过翻页找到需要调用的子程序，单击选中，然后单击“确定”	
12	例行程序重复执行 9 次	

(3) IF 条件判断指令

IF 条件判断指令就是根据不同的条件去执行不同的指令。条件判定的数量可以根据实际情况增加与减少。添加 FOR 重复执行判断指令的操作步骤见表 6-3。

赋值指令

表 6-3　添加 IF 条件判断指令的操作步骤

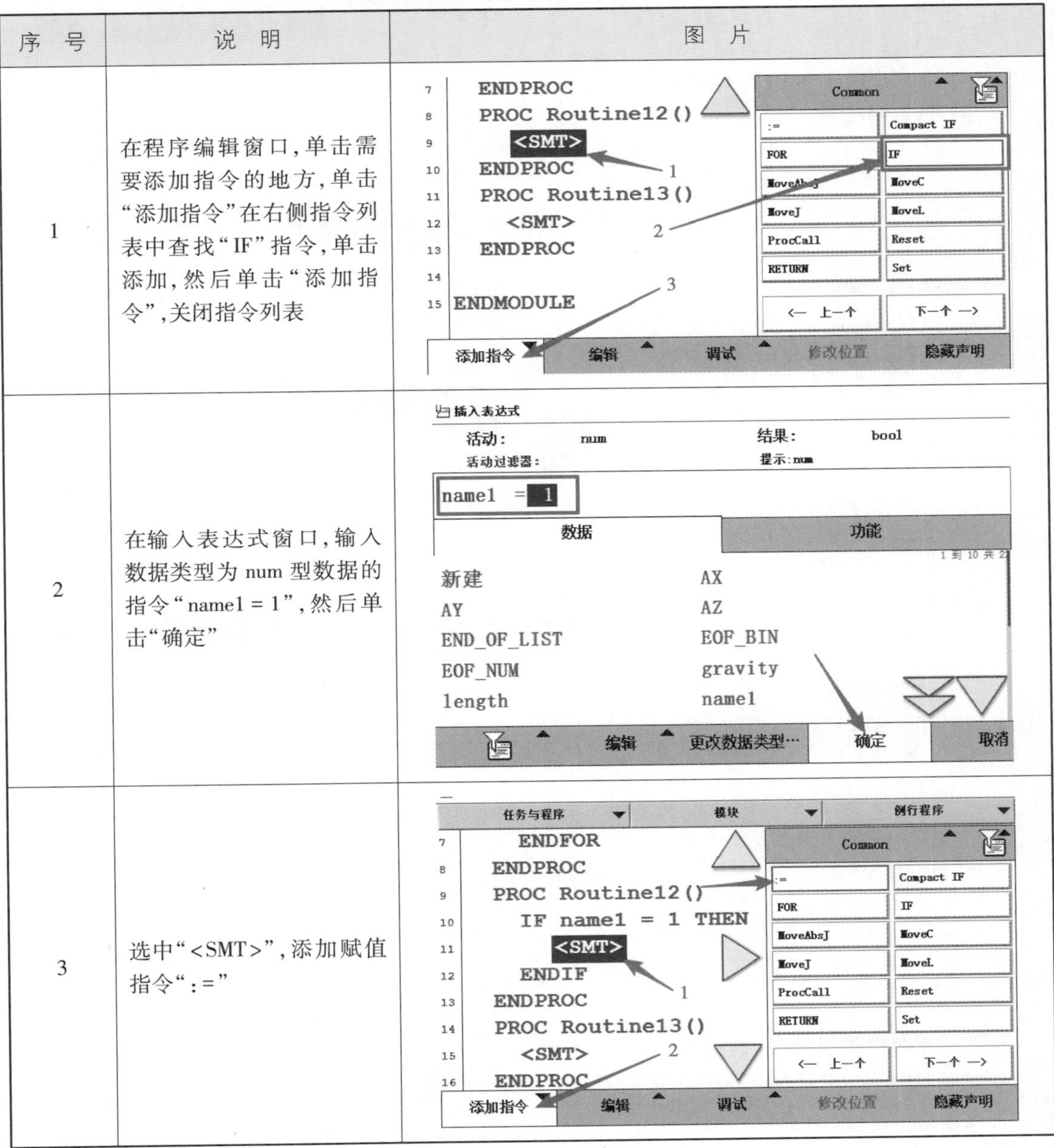

序　号	说　明	图　片
1	在程序编辑窗口，单击需要添加指令的地方，单击“添加指令”在右侧指令列表中查找“IF”指令，单击添加，然后单击“添加指令”，关闭指令列表	
2	在输入表达式窗口，输入数据类型为 num 型数据的指令“name1 = 1”，然后单击“确定”	
3	选中“<SMT>”，添加赋值指令“:=”	

续表

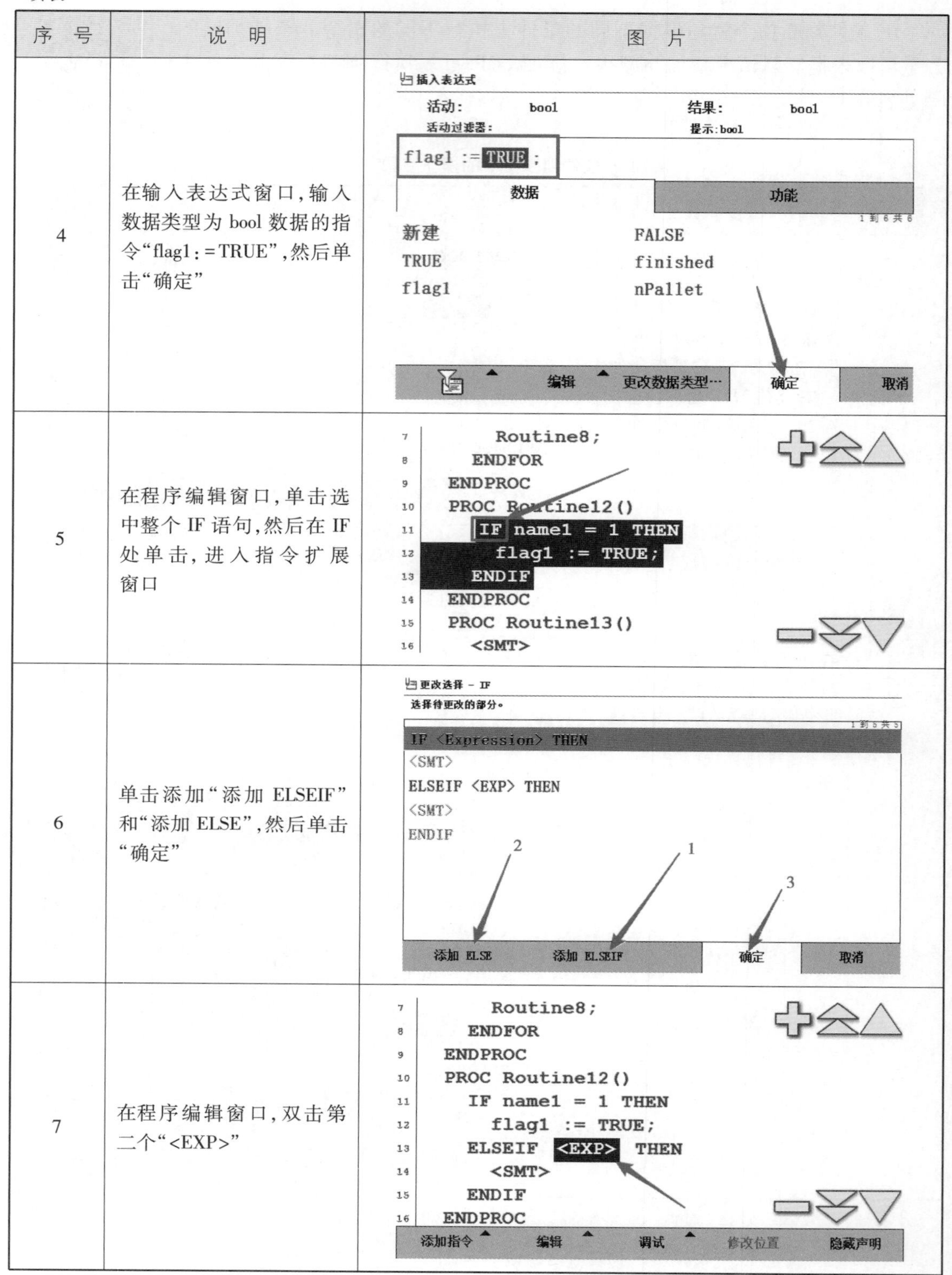

序　号	说　明	图　片
4	在输入表达式窗口，输入数据类型为 bool 数据的指令“flag1：=TRUE”，然后单击“确定”	
5	在程序编辑窗口，单击选中整个 IF 语句，然后在 IF 处单击，进入指令扩展窗口	
6	单击添加“添加 ELSEIF”和“添加 ELSE”，然后单击“确定”	
7	在程序编辑窗口，双击第二个“<EXP>”	

续表

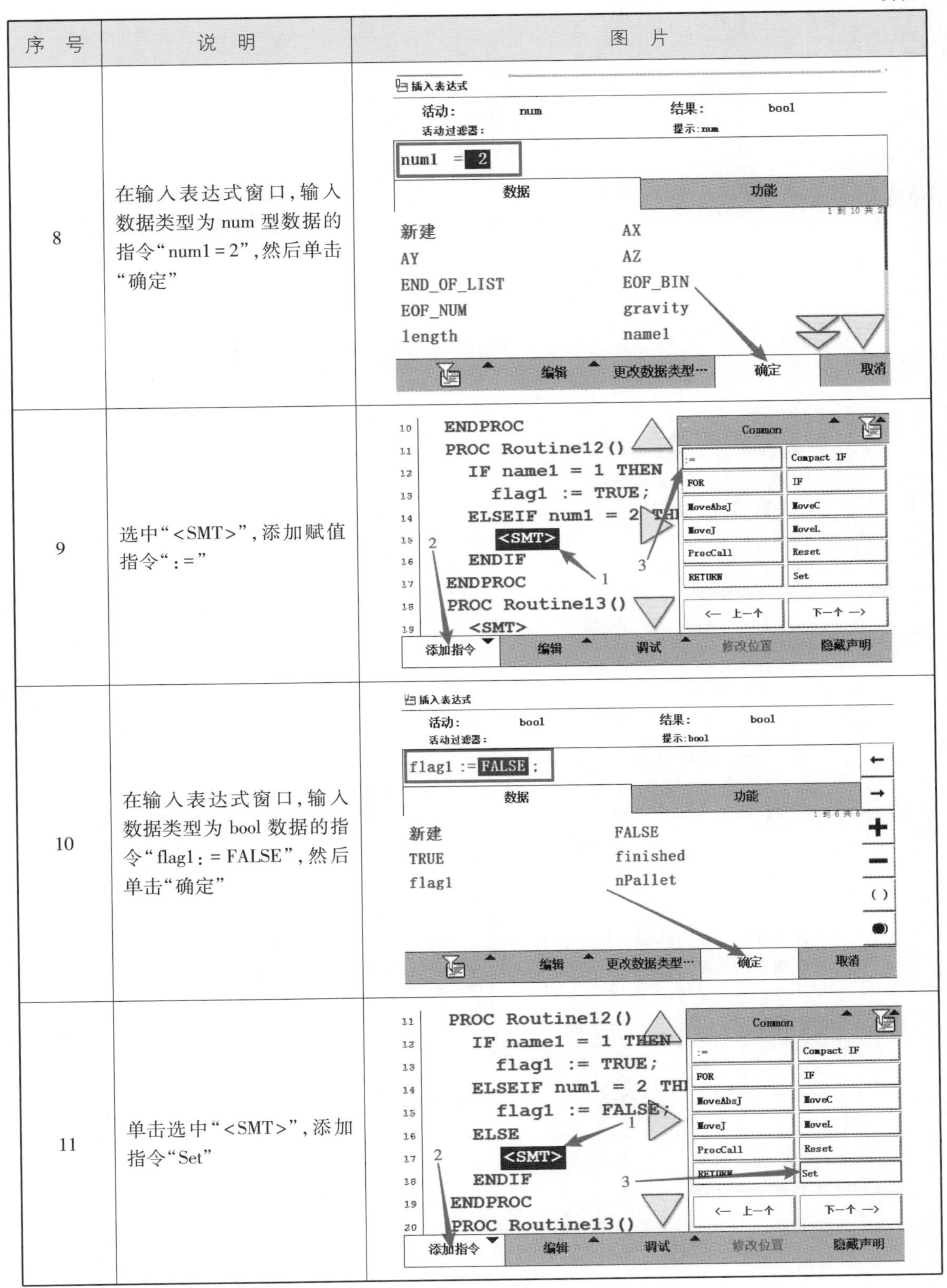

序　号	说　明	图　片
8	在输入表达式窗口，输入数据类型为 num 型数据的指令“num1 = 2”，然后单击“确定”	
9	选中“<SMT>”，添加赋值指令“:=”	
10	在输入表达式窗口，输入数据类型为 bool 数据的指令“flag1 := FALSE”，然后单击“确定”	
11	单击选中“<SMT>”，添加指令“Set”	

续表

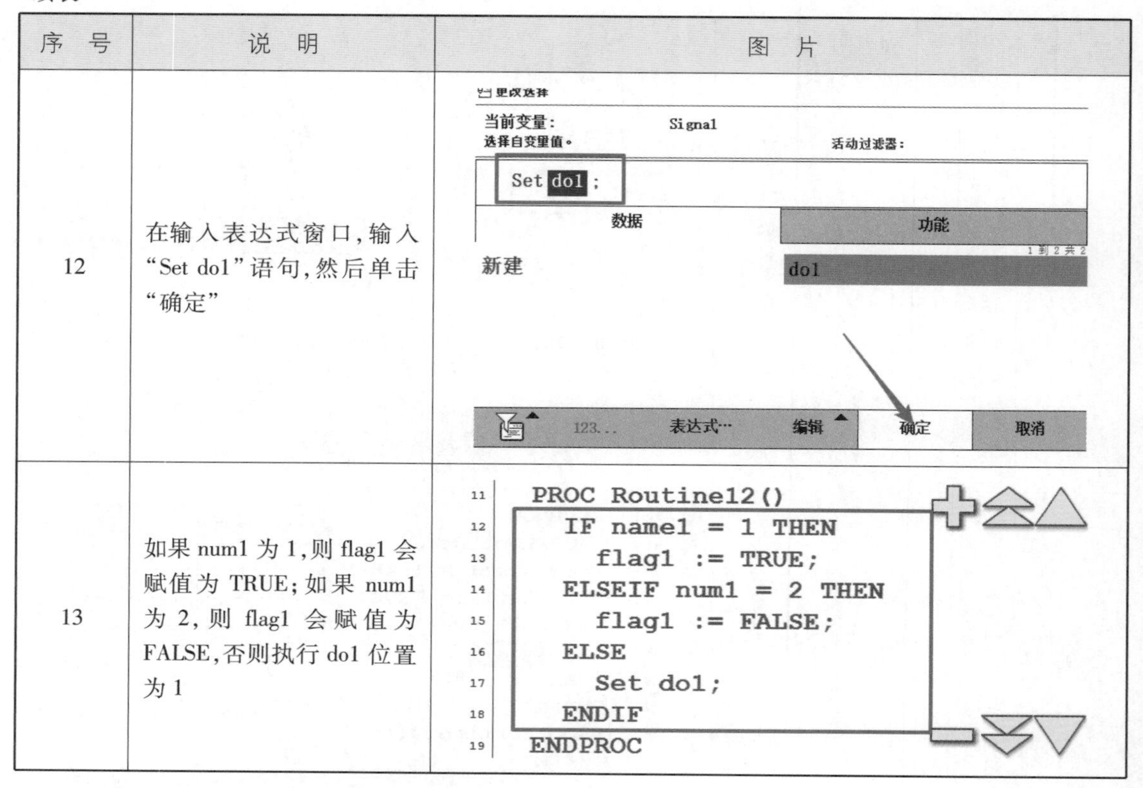

序 号	说 明	图 片
12	在输入表达式窗口,输入"Set do1"语句,然后单击"确定"	
13	如果 num1 为 1,则 flag1 会赋值为 TRUE;如果 num1 为 2,则 flag1 会赋值为 FALSE,否则执行 do1 位置为 1	

(4)WHILE 条件判断指令

WHILE 条件判断指令用于在给定条件满足的情况下,一直重复执行对应的指令。添加 WHILE 条件判断指令的操作步骤见表 6-4。

表 6-4 添加 WHILE 条件判断指令的操作步骤

序 号	说 明	图 片
1	在程序编辑窗口,单击需要添加指令的地方,单击"添加指令"在右侧指令列表中查找"WHILE"指令,单击添加	

续表

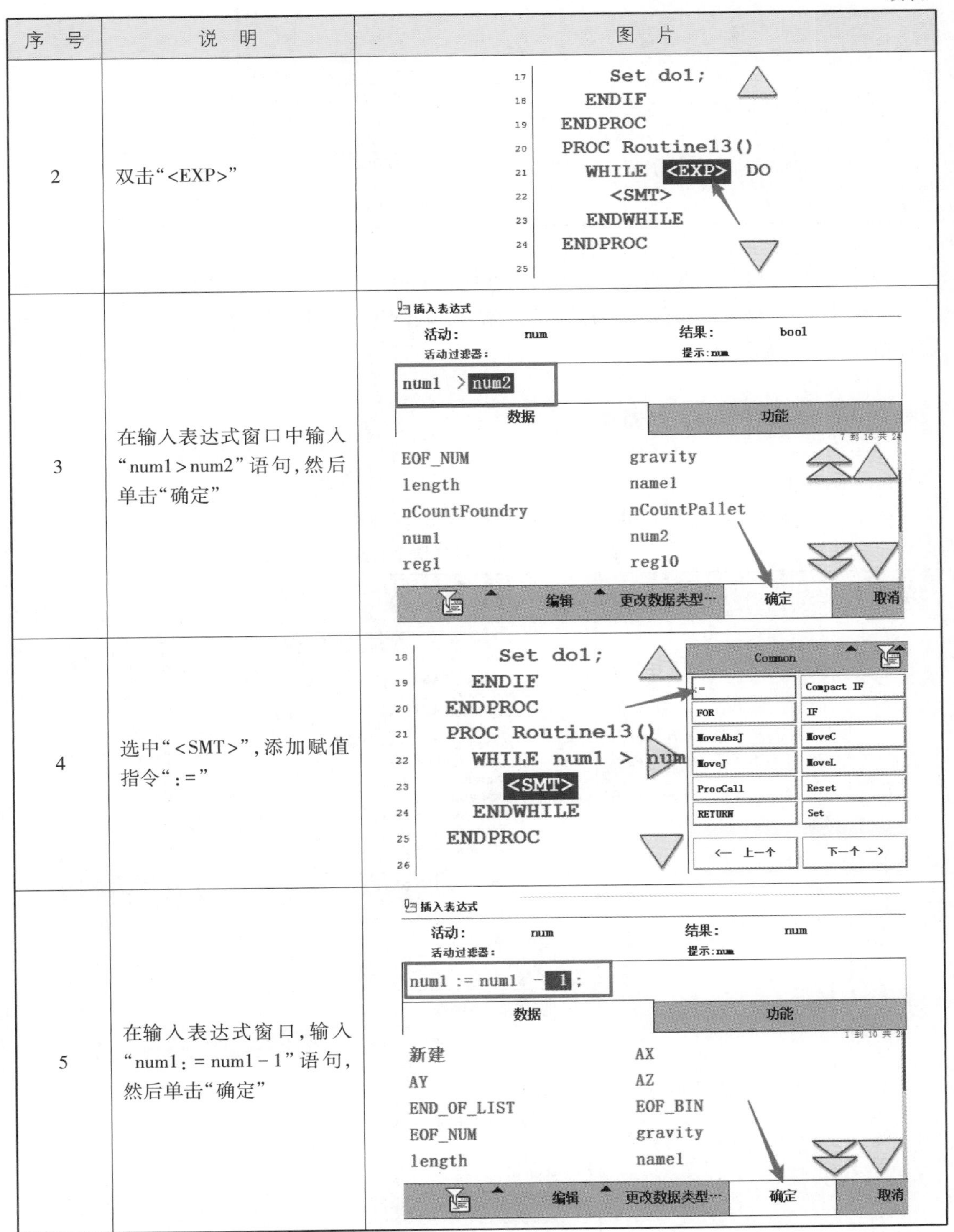

序　号	说　明	图　片
2	双击“<EXP>”	
3	在输入表达式窗口中输入“num1>num2”语句，然后单击“确定”	
4	选中“<SMT>”，添加赋值指令“:=”	
5	在输入表达式窗口，输入“num1:=num1-1”语句，然后单击“确定”	

续表

序　号	说　明	图　片

6	在 num1>num2 的条件满足情况下，就一直执行 num1:=num1-1 的操作	PROC Routine13()
		WHILE num1 > num2 DO
		num1 := num1 - 1;
		ENDWHILE
		ENDPROC
		ENDMODULE

程序循环指令——WHILE,是指当前指令通过判断相应的条件,如果符合判断条件就执行循环内指令,直到判断条件不满足才跳出循环,继续执行循环以后的指令,需要注意,当前循环指令存在死循环。

具体语句如下：

WHILE　CONDITION(判断条件)　DO

……………………(执行指令)

ENDWHILE

添加程序循环指令实操步骤见表 6-5。

表 6-5　添加程序循环指令的步骤

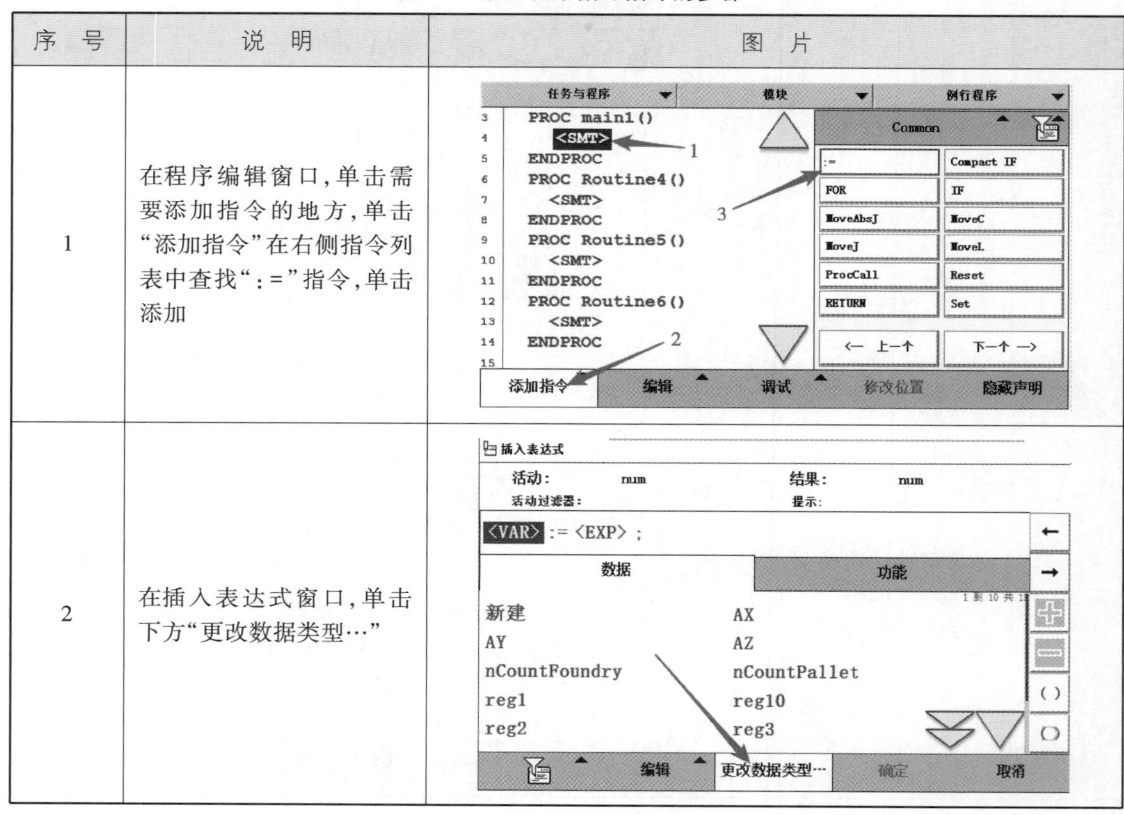

序　号	说　明	图　片
1	在程序编辑窗口,单击需要添加指令的地方,单击“添加指令”在右侧指令列表中查找“:=”指令,单击添加	
2	在插入表达式窗口,单击下方“更改数据类型…”	

续表

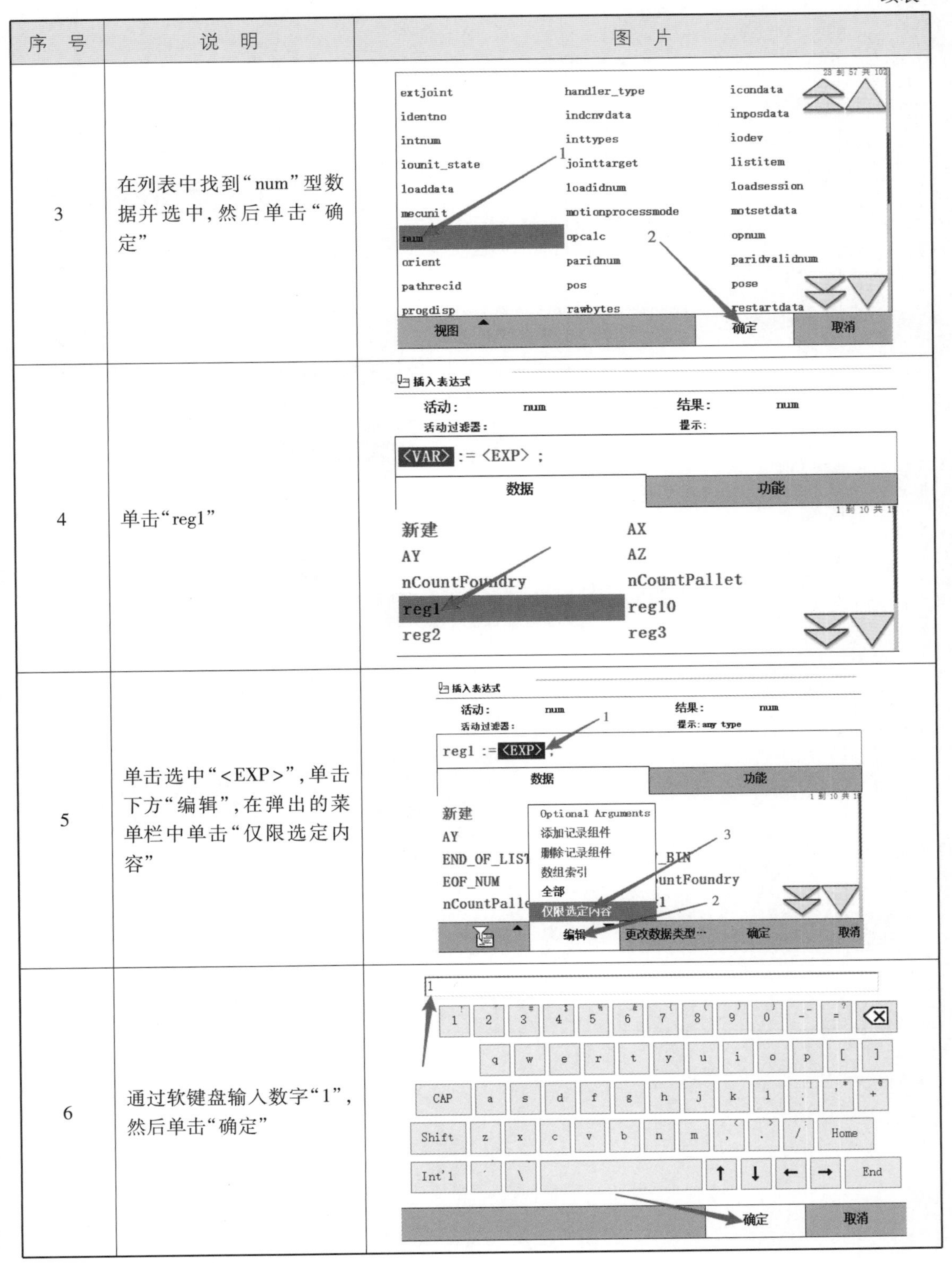

序　号	说　明	图　片
3	在列表中找到“num”型数据并选中，然后单击“确定”	
4	单击“reg1”	
5	单击选中“<EXP>”，单击下方“编辑”，在弹出的菜单栏中单击“仅限选定内容”	
6	通过软键盘输入数字“1”，然后单击“确定”	

续表

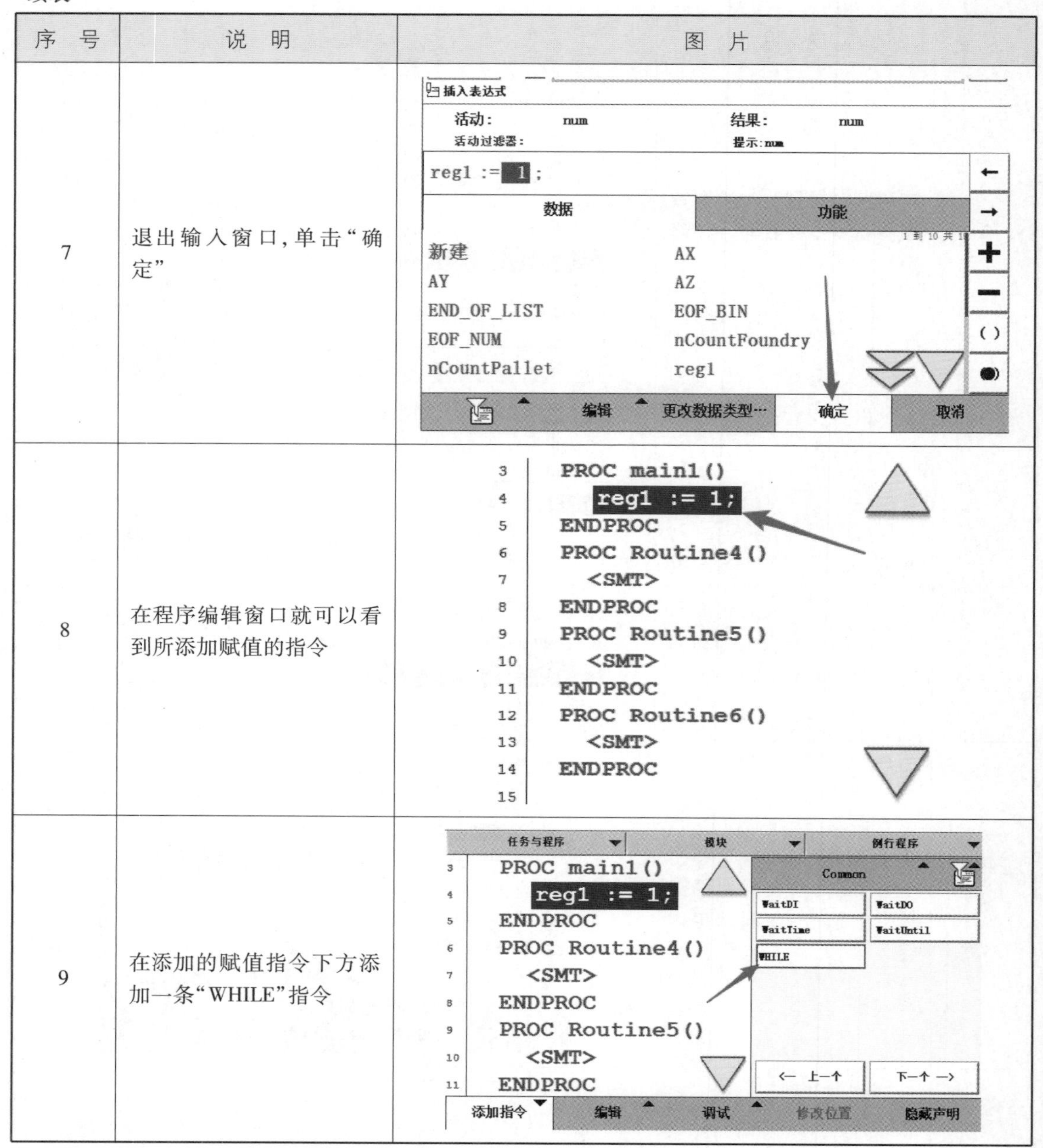

序 号	说 明	图 片
7	退出输入窗口，单击“确定”	
8	在程序编辑窗口就可以看到所添加赋值的指令	
9	在添加的赋值指令下方添加一条“WHILE”指令	

续表

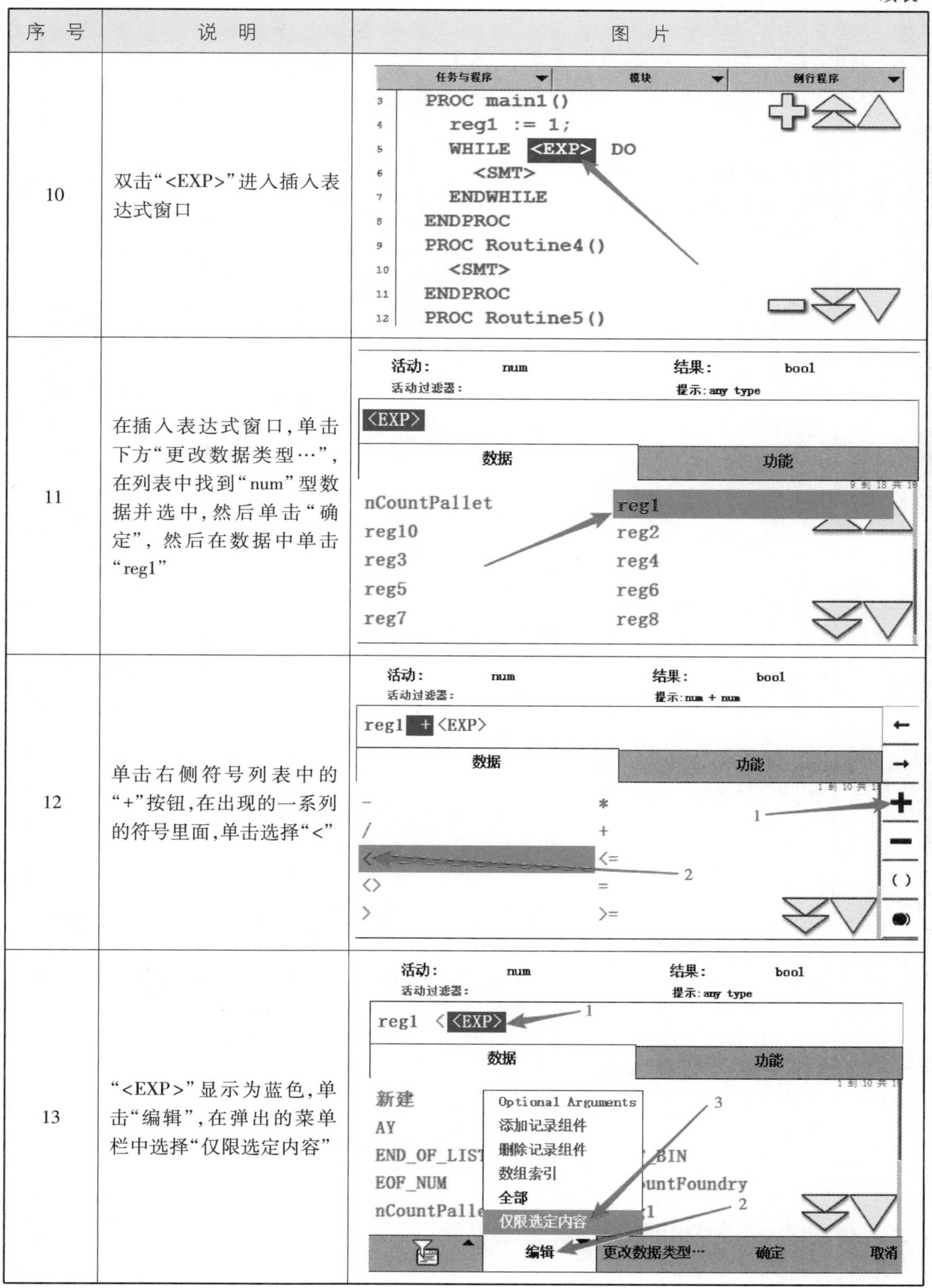

序　号	说　明	图　片
10	双击“<EXP>”进入插入表达式窗口	
11	在插入表达式窗口，单击下方“更改数据类型…”，在列表中找到“num”型数据并选中，然后单击“确定”，然后在数据中单击“reg1”	
12	单击右侧符号列表中的“+”按钮，在出现的一系列的符号里面，单击选择“<”	
13	“<EXP>”显示为蓝色，单击“编辑”，在弹出的菜单栏中选择“仅限选定内容”	

续表

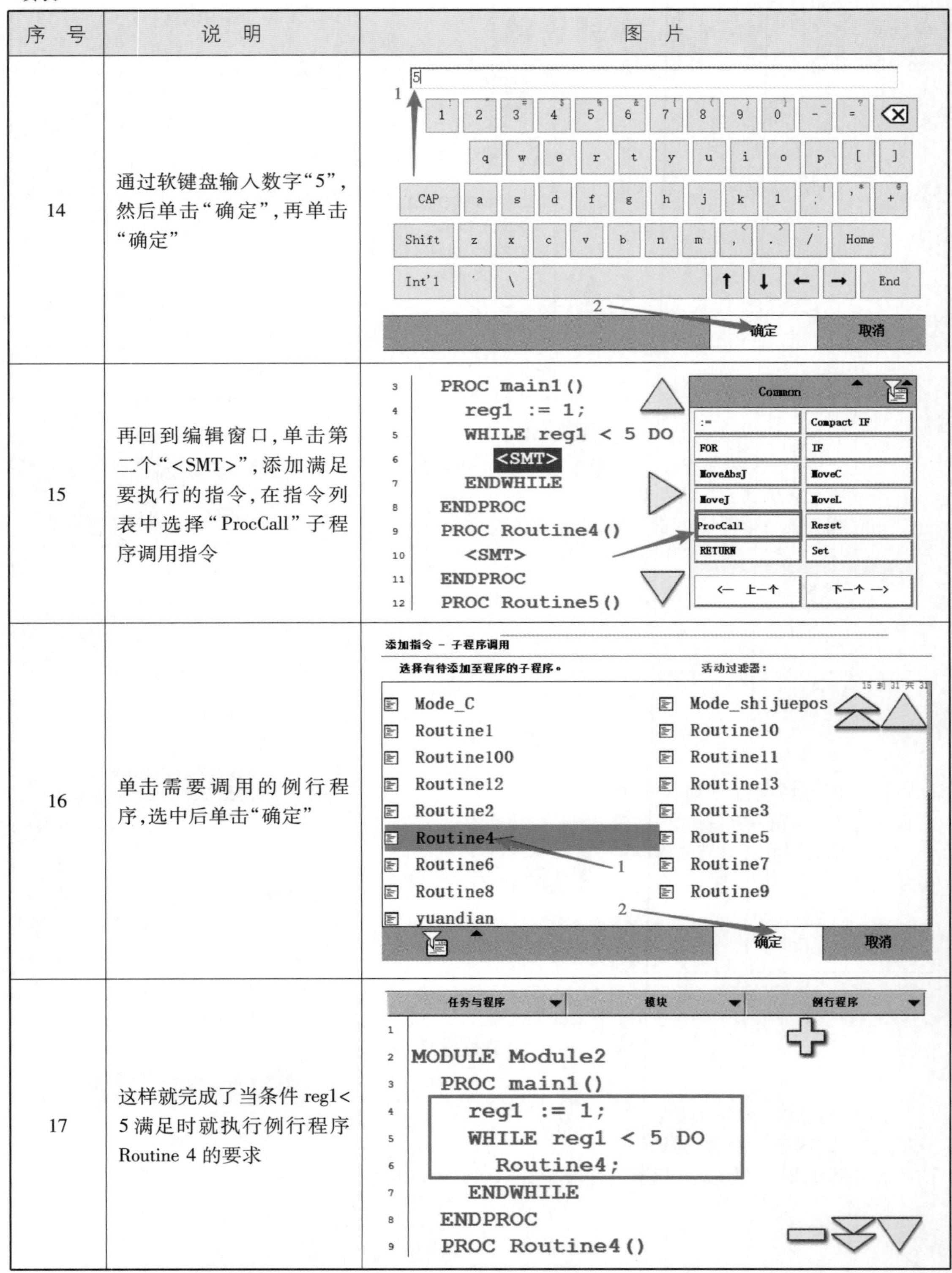

序　号	说　明	图　片
14	通过软键盘输入数字“5”，然后单击“确定”，再单击“确定”	
15	再回到编辑窗口，单击第二个“<SMT>”，添加满足要执行的指令，在指令列表中选择“ProcCall”子程序调用指令	
16	单击需要调用的例行程序，选中后单击“确定”	
17	这样就完成了当条件 reg1< 5 满足时就执行例行程序 Routine 4 的要求	

续表

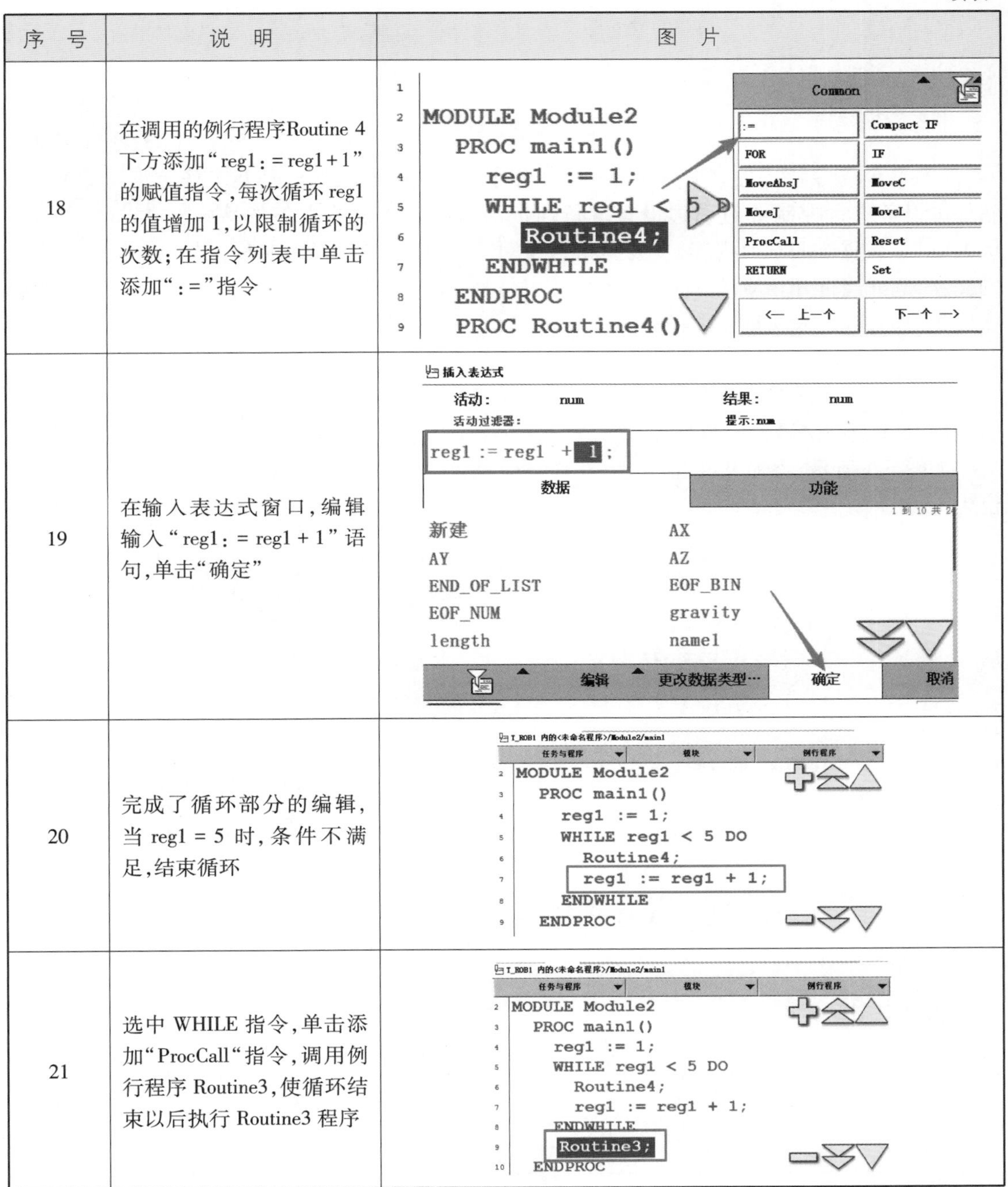

序　号	说　明	图　片
18	在调用的例行程序Routine 4下方添加“reg1 := reg1+1”的赋值指令，每次循环 reg1 的值增加 1，以限制循环的次数；在指令列表中单击添加“:=”指令	
19	在输入表达式窗口，编辑输入“reg1 := reg1 + 1”语句，单击“确定”	
20	完成了循环部分的编辑，当 reg1 = 5 时，条件不满足，结束循环	
21	选中 WHILE 指令，单击添加“ProcCall“指令，调用例行程序 Routine3，使循环结束以后执行 Routine3 程序	

任务 6-2　I/O 控制指令

I/O 控制指令

任务描述：

I/O 控制指令用于控制 I/O 信号，以达到对工业机器人末端夹具及工作站外围设备进行控制或对周边设备进行通信的目的。在机器人工作站中，I/O通信是很重要的学习内容，主要是指通过对 PLC 的通信设置来实现信号的交互，例如当打开相应的开关，使 PLC 输出信号，而机器人就会接收到这个输入信号，然后做出相应的反应，来实现某项任务。

知识学习：

(1) Set 数字信号置位指令

如图 6-1 所示，添加“Set”指令。Set 数字信号置位指令用于将数字输出 Digital Output 置位为 1。

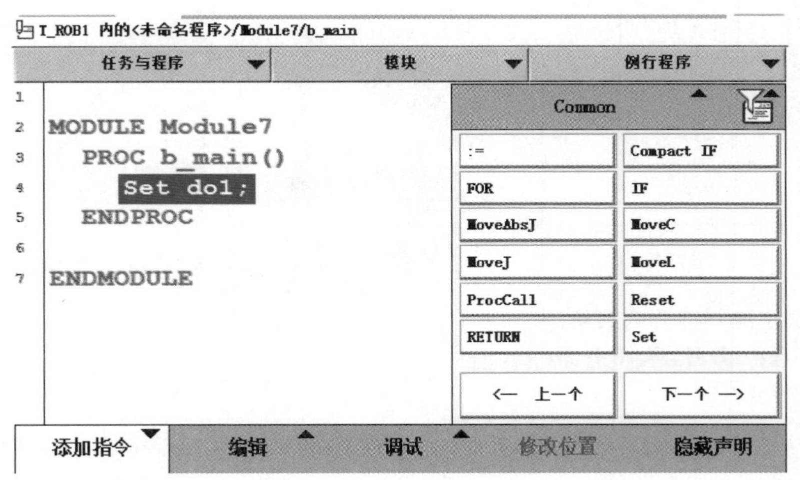

图 6-1　Set 指令

Set do1 指令解析见表 6-6。

表 6-6　Set do1 指令解析

参　数	含　义
do1	数字输出信号

(2) Reset 数字信号复位指令

如图 6-2 所示，添加 Reset 指令。Reset 数字信号复位指令用于将数字输出 Digital Output 置位为 0。

如果在 Set、Reset 指令前有运动指令 MoveL、MoveJ、MoveC、MoveAbsJ 的转弯区数据，必须使用 fine 才可以准确地输出 I/O 信号状态的变化。

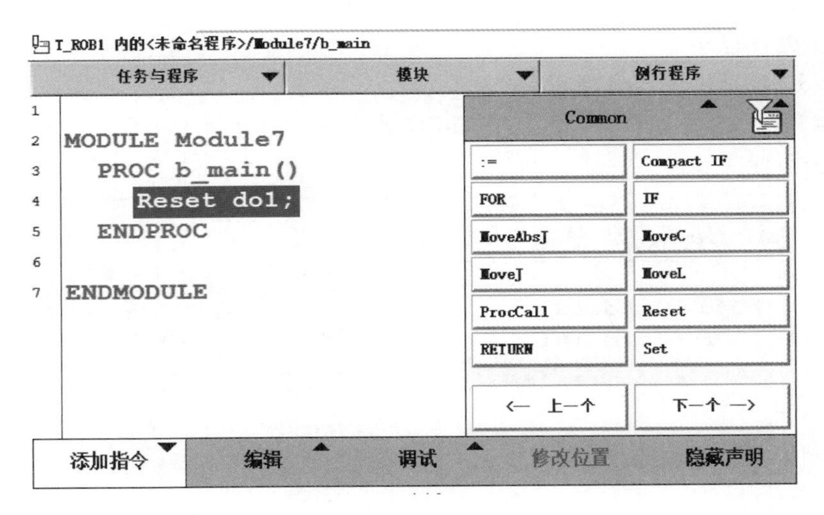

图 6-2　Reset 指令

（3）WaitDI 数字输入信号判断指令

如图 6-3 所示，添加 WaitDI 指令。WaitDI 数字输入信号判断指令用于判断数字输入信号的值是否与目标一致。

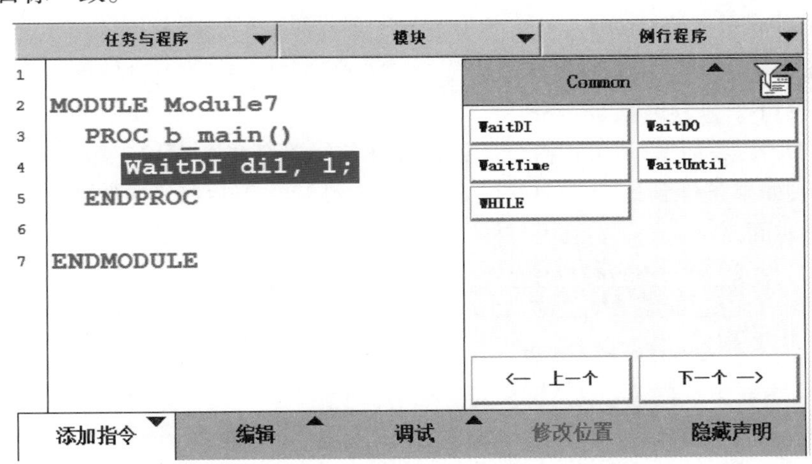

图 6-3　WaitDI 指令

WaitDI 指令解析见表 6-7。

表 6-7　WaitDI 指令解析

参　数	含　义
di1	数字输入信号
1	判断的目标值

在程序执行此指令时，等待 di1 的值为 1。如果 di1 为 1，则程序继续往下执行；如果达到最大等待时间 300 s（此事件可以根据实际需要进行设定）以后，di1 的值还不为 1，则机器人报

警或进入出错处理程序。

(4) WaitDO 数字输出信号判断指令

如图 6-4 所示，添加 WaitDO 指令。WaitDO 数字输出信号判断指令用于判断数字输出信号的值是否与目标一致。

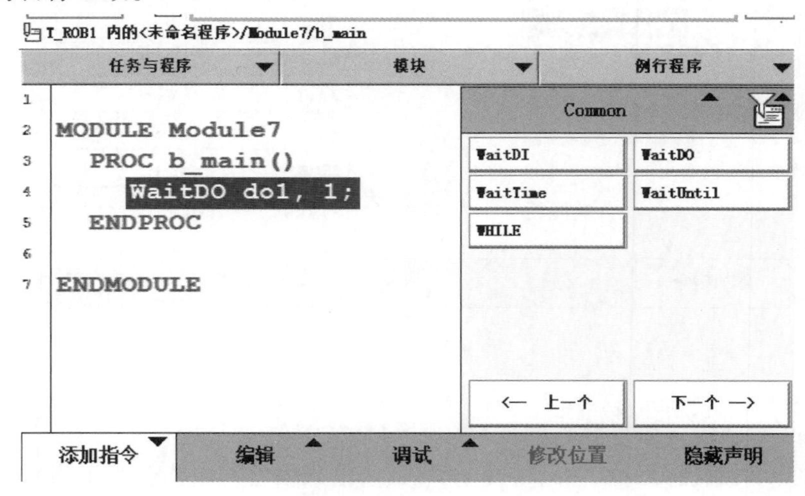

图 6-4 WaitDO 指令

在程序执行此指令时，等待 do1 的值为 1。如果 do1 为 1，则程序继续往下执行；如果达到最大等待时间 300 s 以后，do1 的值还不为 1，则机器人报警或进入出错处理程序。

(5) WaitUntil 信号判断指令

如图 6-5 所示，添加 WaitUntil 指令。WaitUntil 信号判断指令可用于布尔量、数字量和I/O 信号值的判断，如果条件到达指令中的设定值，程序继续往下执行，否则就一直等待，除非设定了最大等待时间。

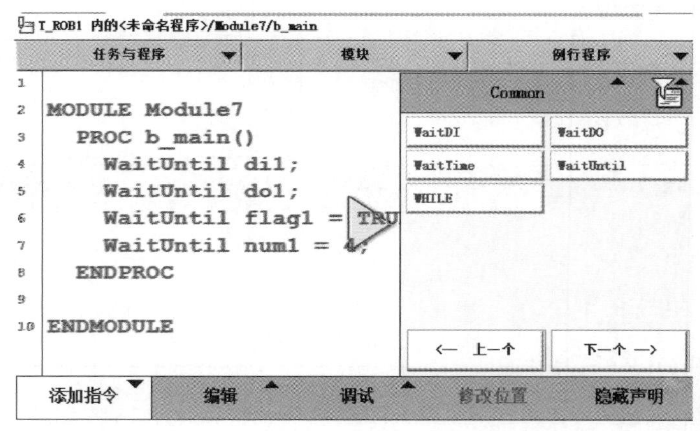

图 6-5 WaitUntil 指令

任务 6-3　使用中断指令 TRAP

任务描述：

在 RAPID 程序执行过程中，如果出现需要紧急处理的情况，机器人会中断当前的执行。程序指针 PP 马上跳转到专门的程序中对紧急的情况进行相应的处理，处理结束后程序指针 PP 返回到原来被中断的地方，继续往下执行程序。这种专门用来处理紧急情况的专门程序，称作中断程序。

知识学习：

现以对一个传感器的信号进行实时监控为例编写一个中断程序。

①在正常情况下，di1 的信号为 0。

②如果 di1 的信号从 0 变为 1，就对 reg1 数据进行加 1 的操作。添加中断指令的操作步骤见表 6-8。

表 6-8　添加中断指令的操作步骤

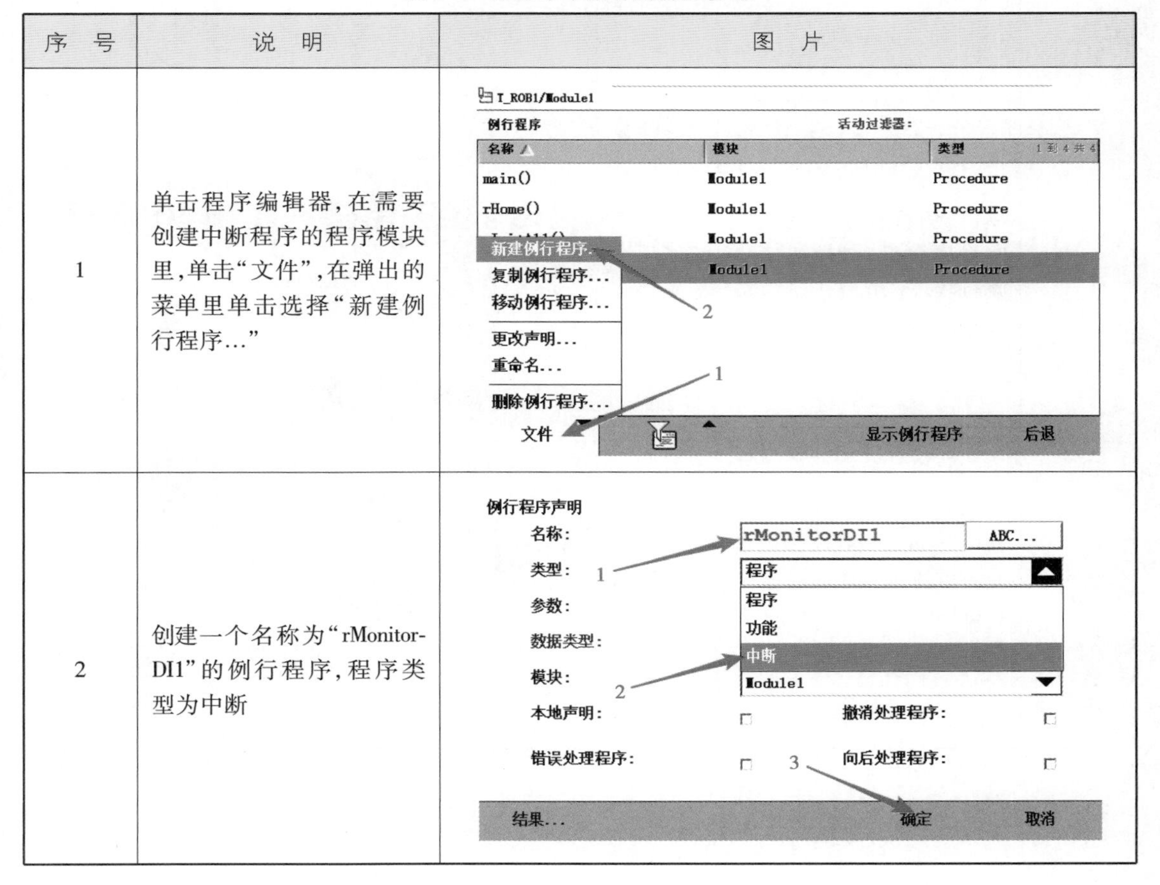

序　号	说　明	图　片
1	单击程序编辑器，在需要创建中断程序的程序模块里，单击“文件”，在弹出的菜单里单击选择“新建例行程序...”	
2	创建一个名称为“rMonitorDI1”的例行程序，程序类型为中断	

续表

序　号	说　明	图　片
3	选中新建的中断类型的例行程序，单击"显示例行程序"	
4	在中断程序中，添加":="赋值指令，指令语句如右图所示	
5	单击"例行程序"，返回例行程序窗口，选择初始化例行程序"rInitAll()"，然后单击"显示例行程序"	
6	选中"rHome"指令，在此指令下方添加"IDelete"指令（IDelete：取消指定的中断）	

续表

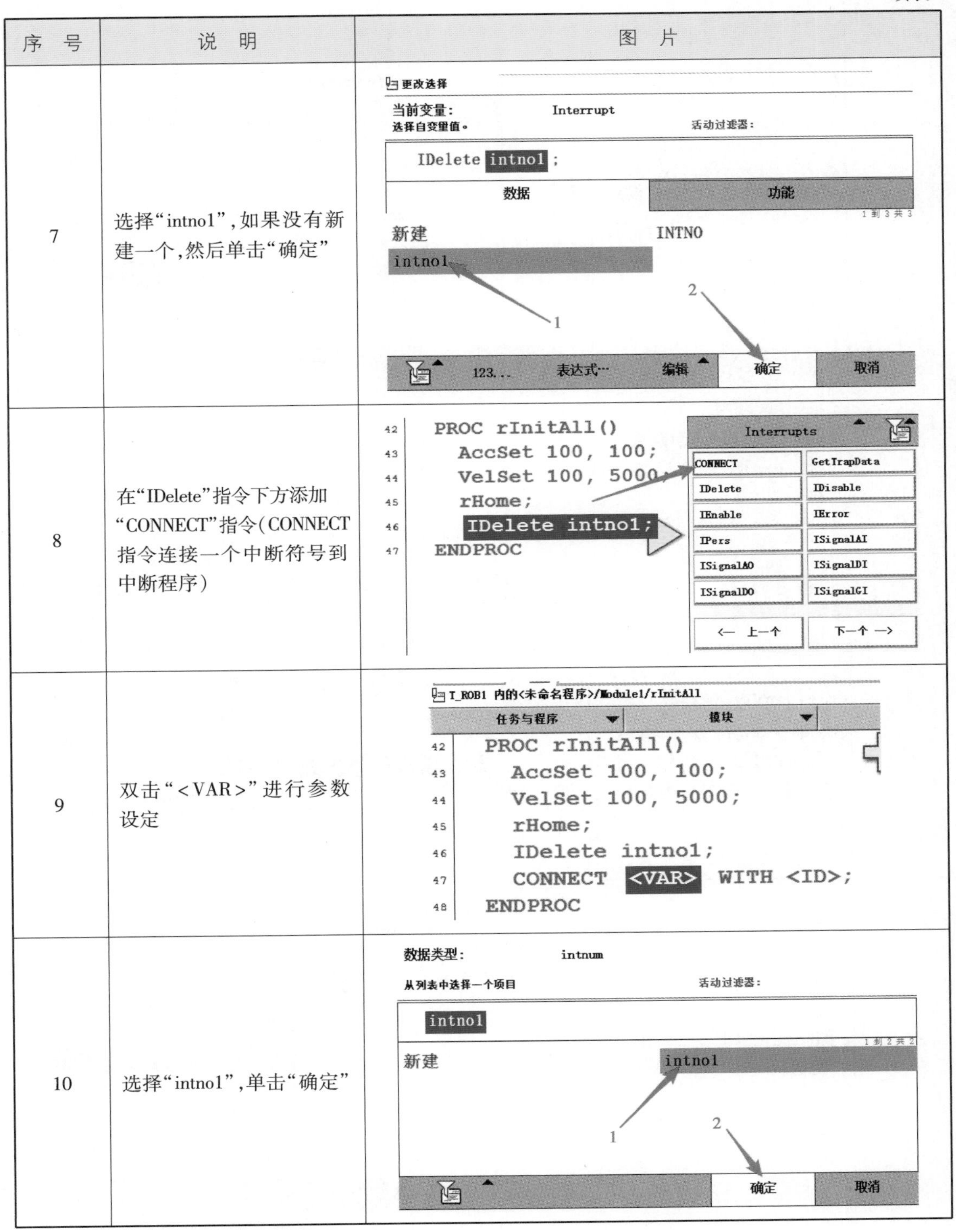

序　号	说　明	图　片
7	选择“intno1”，如果没有新建一个，然后单击“确定”	
8	在“IDelete”指令下方添加“CONNECT”指令(CONNECT 指令连接一个中断符号到中断程序)	
9	双击“<VAR>”进行参数设定	
10	选择“intno1”，单击“确定”	

续表

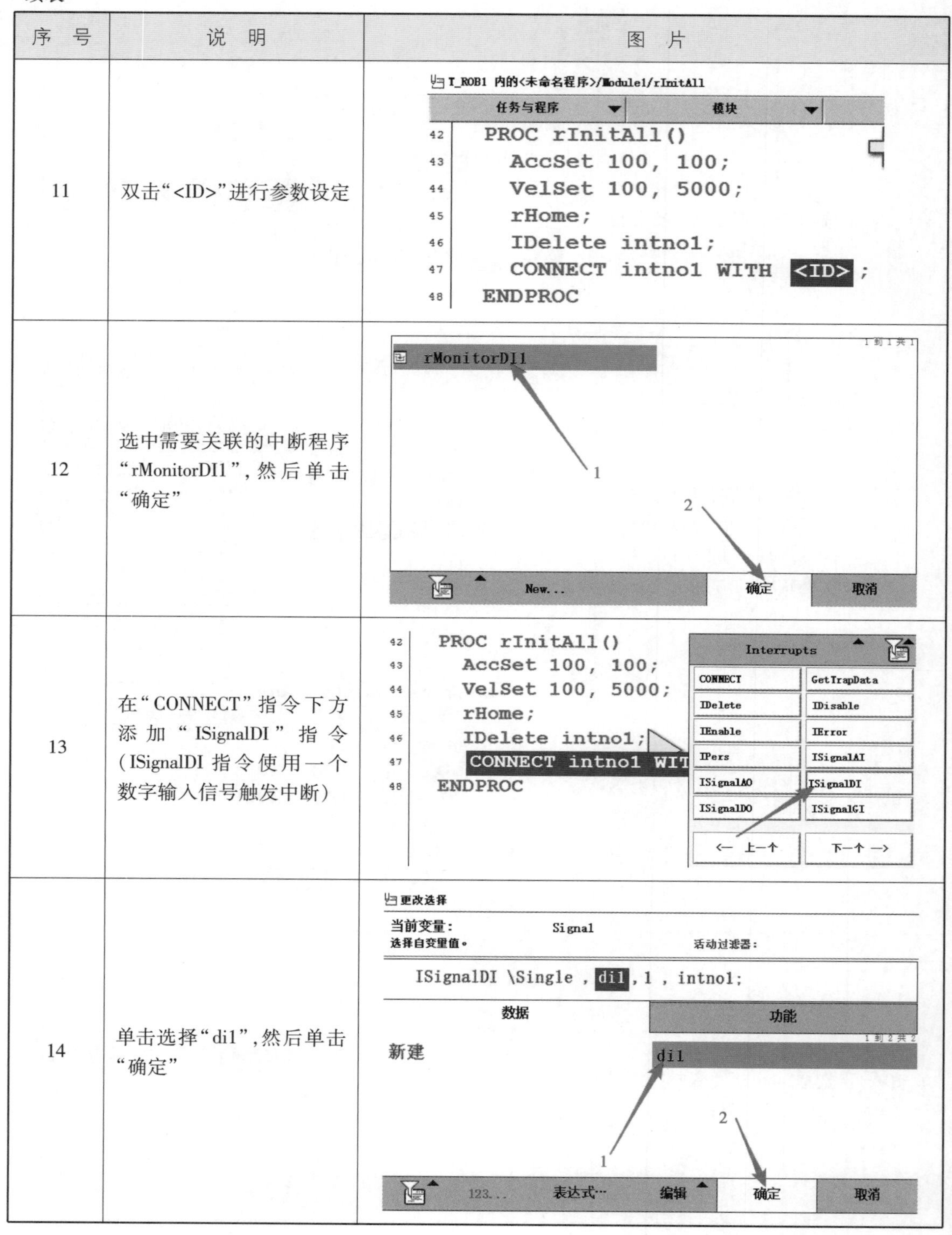

序号	说明	图片
11	双击“<ID>”进行参数设定	
12	选中需要关联的中断程序“rMonitorDI1”，然后单击“确定”	
13	在“CONNECT”指令下方添加“ISignalDI”指令（ISignalDI 指令使用一个数字输入信号触发中断）	
14	单击选择“di1”，然后单击“确定”	

续表

序　号	说　明	图　片
15	双击此指令(ISignalDI 中 Single 参数启用,则此中断只会响应 di1 一次;若要重复响应,则将其去掉)	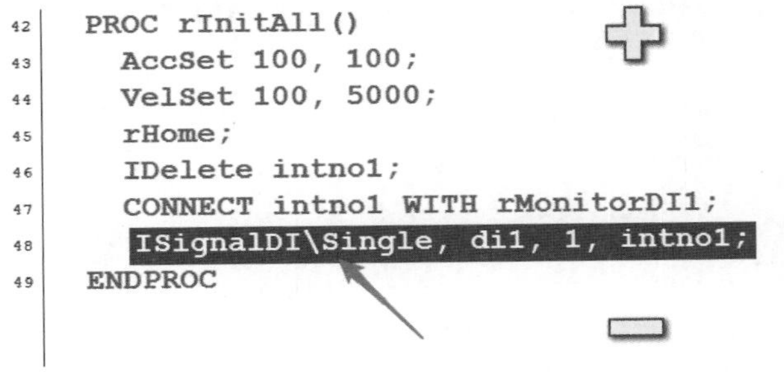 42 PROC rInitAll() 43 AccSet 100, 100; 44 VelSet 100, 5000; 45 rHome; 46 IDelete intno1; 47 CONNECT intno1 WITH rMonitorDI1; 48 ISignalDI\Single, di1, 1, intno1; 49 ENDPROC
16	单击“可选变量”	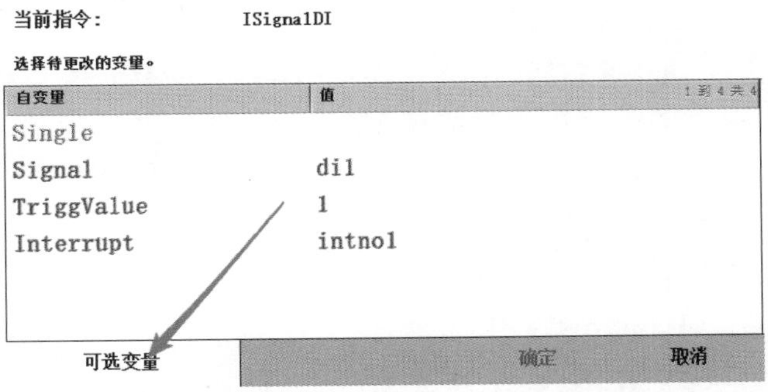 当前指令: ISignalDI 选择待更改的变量。 自变量 值 1 到 4 共 4 Single Signal di1 TriggValue 1 Interrupt intno1 可选变量 确定 取消
17	单击“\Single”进入设定画面	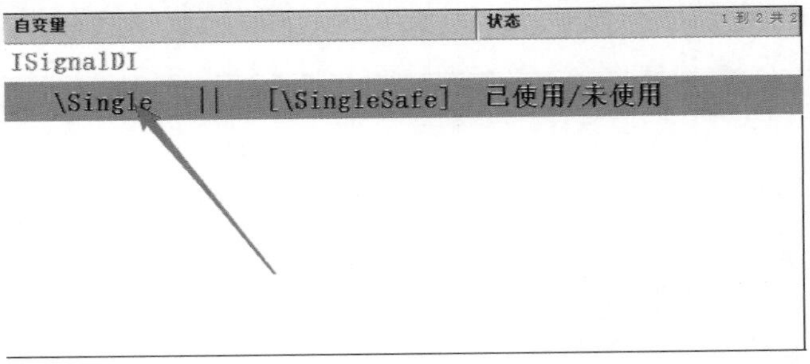 自变量 状态 1 到 2 共 2 ISignalDI \Single || [\SingleSafe] 已使用/未使用
18	选中“\Single”,然后单击“不使用”	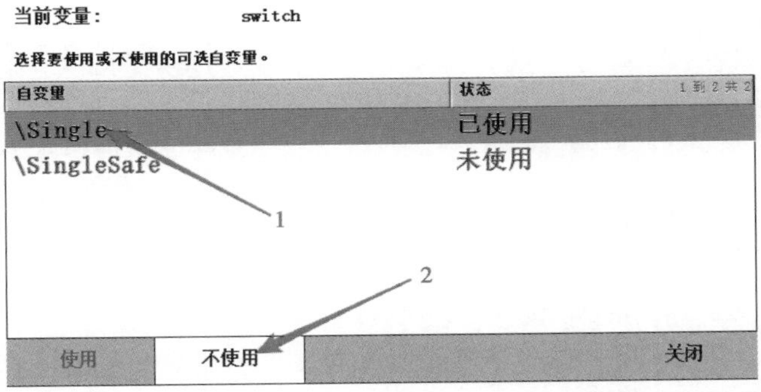 当前变量: switch 选择要使用或不使用的可选自变量。 自变量 状态 1 到 2 共 2 \Single 已使用 \SingleSafe 未使用 1 2 使用 不使用 关闭

续表

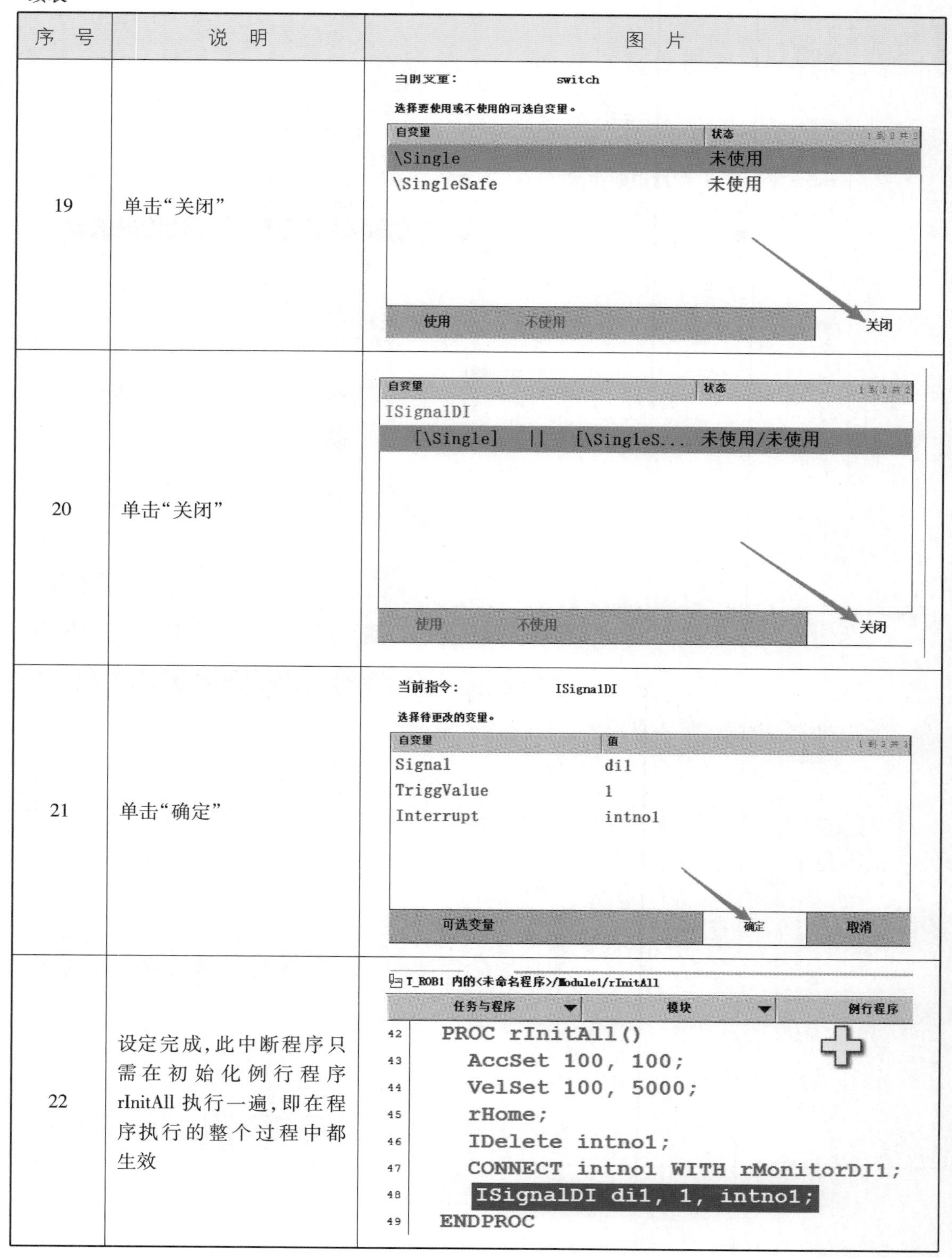

序　号	说　明	图　片
19	单击“关闭”	
20	单击“关闭”	
21	单击“确定”	
22	设定完成，此中断程序只需在初始化例行程序rInitAll执行一遍，即在程序执行的整个过程中都生效	

任务 6-4　使用 FUNCTION 功能

任务描述:

Function
功能指令

ABB 工业机器人的 RAPID 编程中的功能 FUNCTION 可以看作带返回值的例行程序,并且已经封装成一个指定功能的模块,只需输入指定类型的数据就可以返回一个值存放到对应的程序数据。

知识学习:

1.功能 Abs

添加功能 Abs 的操作步骤见表 6-9。

表 6-9　添加功能 Abs 的操作步骤

序　号	说　明	图　片
1	在程序编辑窗口,单击添加":="赋值指令	PROC a_main() <SMT> ENDPROC Common := / Compact IF / FOR / IF / MoveAbsJ / MoveC / MoveJ / MoveL / ProcCall / Reset / RETURN / Set ← 上一个　下一个 →
2	单击更改数据类型,修改为 num 型,然后选择"reg1"	插入表达式 活动: num　结果: num 活动过滤器:　提示: num reg1 := <EXP> ; 数据　功能 1 到 6 共 6 新建　reg1 reg2　reg3 reg4　reg5
3	单击"功能"	插入表达式 活动: num　结果: num 活动过滤器:　提示: any type reg1 := <EXP> ; 数据　功能 1 到 10 共 10 新建　END_OF_LIST EOF_BIN　EOF_NUM reg1　reg2 reg3　reg4 reg5　WAIT_MAX

续表

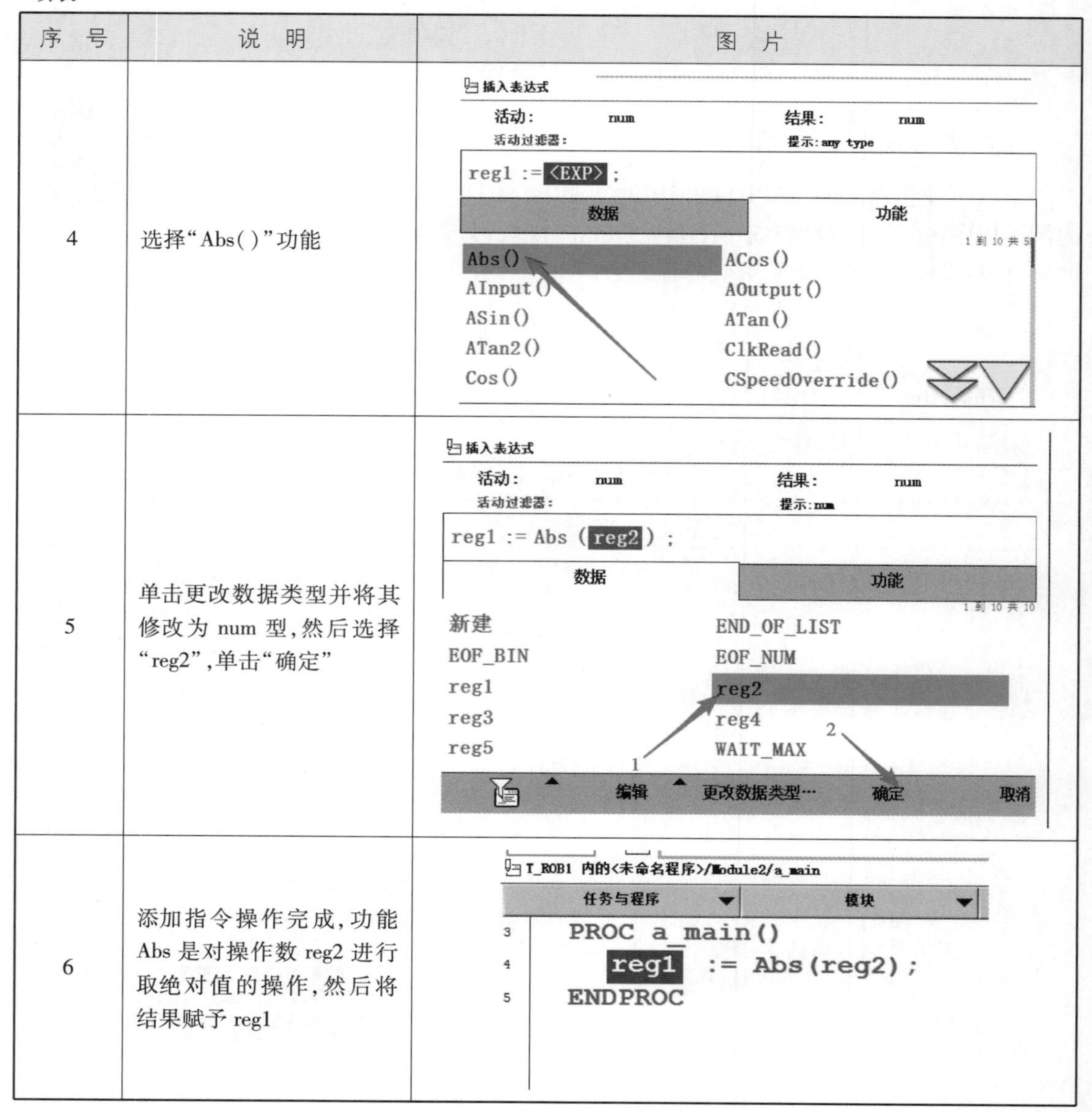

序　号	说　明	图　片
4	选择“Abs( )”功能	
5	单击更改数据类型并将其修改为 num 型,然后选择“reg2”,单击“确定”	
6	添加指令操作完成,功能 Abs 是对操作数 reg2 进行取绝对值的操作,然后将结果赋予 reg1	

2.**功能** Offs

添加功能 Offs 的操作步骤见表 6-10。

表 6-10　添加功能 Offs 的操作步骤

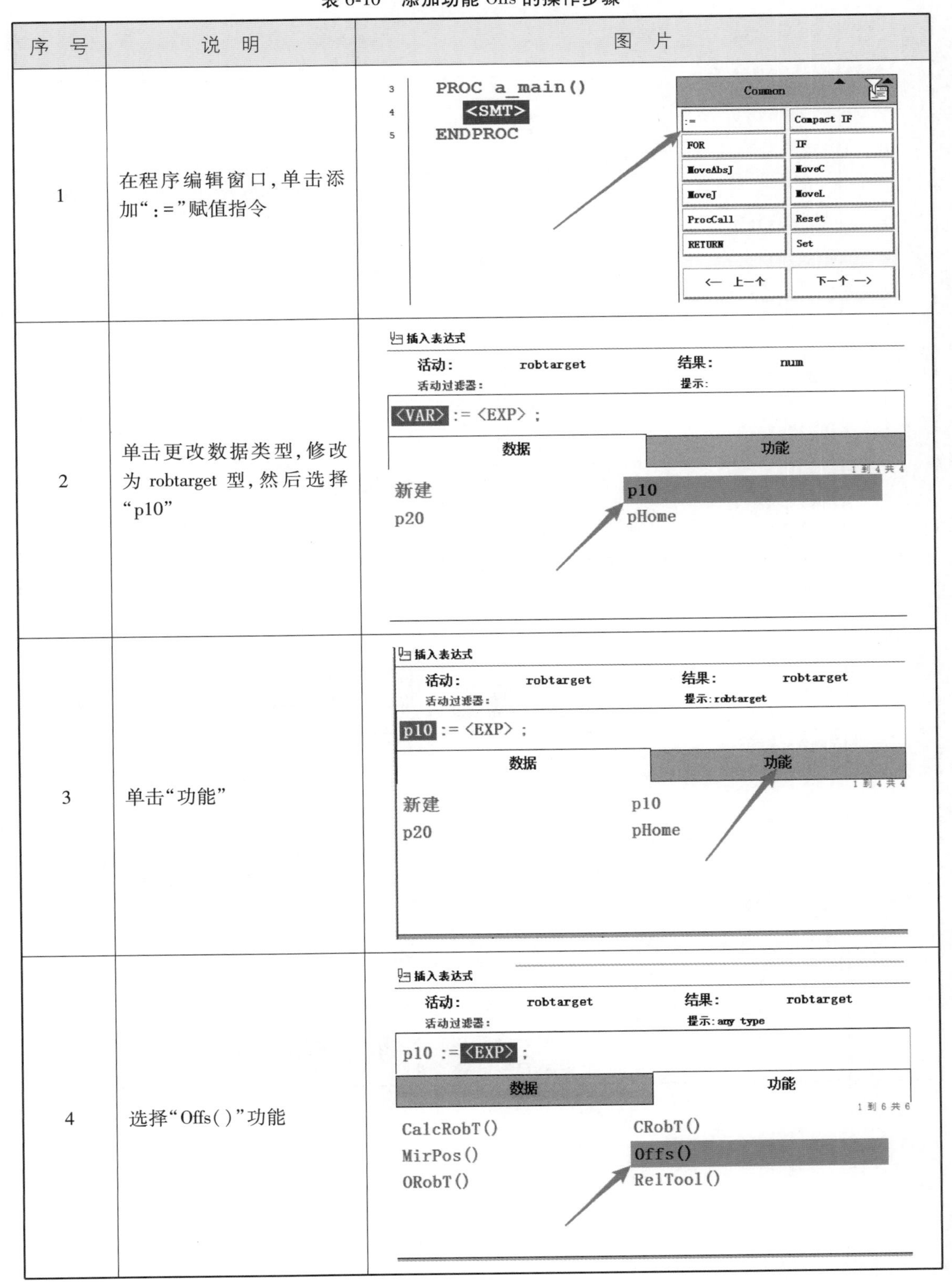

序　号	说　明	图　片
1	在程序编辑窗口，单击添加“:=”赋值指令	
2	单击更改数据类型，修改为 robtarget 型，然后选择“p10”	
3	单击“功能”	
4	选择“Offs( )”功能	

续表

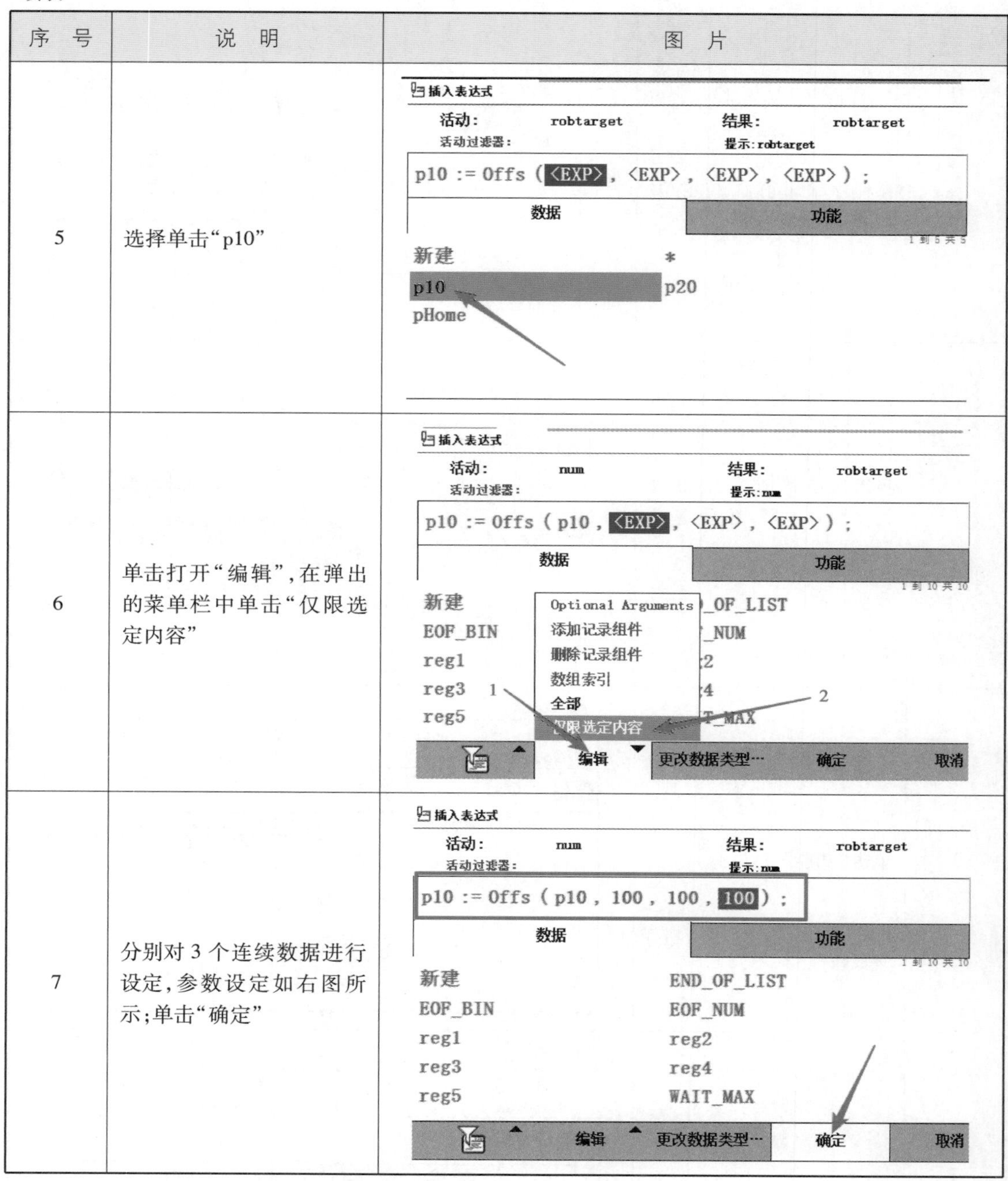

序号	说明	图片
5	选择单击“p10”	
6	单击打开“编辑”，在弹出的菜单栏中单击“仅限选定内容”	
7	分别对3个连续数据进行设定，参数设定如右图所示；单击“确定”	

续表

序　号	说　明	图　片
8	添加功能 Offs 指令操作完成； 对 p10 点进行偏移：X 方向偏移 100 mm；Y 方向偏移 100 mm；Z 方向偏移 100 mm	T_ROB1 内的<未命名程序>/Module2/a_main 任务与程序　模块　例行程序 3　PROC a_main() 4　p10 := Offs(p10,100,100,100); 5　ENDPROC

任务 6-5　其他常用指令介绍

任务描述：

ABB 工业机器人提供了丰富的 RAPID 程序指令，为方便大家对程序的编制，同时也为复杂应用的实现提供可能。下面按照 RAPID 程序指令、功能的用途进行了一个分类，并对每一个指令作了说明，如需对指令的应用及参数进行详细的了解，可以查看 ABB 工业机器人随机电子手册中详细的说明。

知识学习：

1.程序执行的控制指令

(1)程序的调用

指　令	说　明
ProcCall	调用例行程序
CallByVar	通过带变量的例行程序名称调用例行程序
RETURN	返回原例行程序

(2)例行程序内的逻辑控制

指　令	说　明
Compact IF	如果满足条件，就执行一条指令
IF	当满足不同的条件时，执行对应的程序
FOR	根据指定的次数，重复执行对应的程序

续表

指　令	说　明
WHILE	如果条件满足,重复执行对应的程序
TEST	对一个变量进行判断,从而执行不同的程序
GOTO	跳转到例行程序内标签的位置
Label	跳转标签

(3)停止程序的执行

指　令	说　明
Stop	停止程序执行
EXIT	停止程序执行并禁止在停止处再开始
Break	临时停止程序的执行,用于手动调试
SystemStopAction	停止程序执行与机器人运动
ExitCycle	中止当前程序的运行并将程序指针 PP 复位到主程序的第一条指令。如果选择了程序连续运行模式,程序将从主程序的第一句重新执行

2.变量指令与功能

变量指令主要用于以下 4 个方面:

①对数据进行赋值;

②等待指令;

③注释指令;

④程序模块控制指令。

(1)赋值指令

指　令	说　明
:=	对程序数据进行赋值

(2)例行程序内的逻辑控制

指　令	说　明
WaitTime	等待一个指定的时间,程序再往下执行
WaitUntil	等待一个条件满足后,程序继续往下执行
WaitDI	等待一个输入信号状态为设定值
WaitDO	等待一个输出信号状态为设定值

(3)程序注释

指　令	说　明
comment	对程序进行注释

(4)程序模块加载

指　令	说　明
Load	从机器人硬盘加载一个程序模块到运行内存
UnLoad	从运行内存中卸载一个程序模块
Start Load	在程序执行的过程中,加载一个程序模块到运行内存中
Wait Load	当 Start Load 使用后,使用此指令将程序模块连续到任务中使用
CanceLoad	取消加载程序模块
Checkprogref	检查程序引用
Save	保存程序模块
EraseModule	从运行内存删除程序模块

(5)变量功能

指　令	说　明
TryInt	判断数据是否是有效的整数
OpMode	读取当前机器人的操作模式
RunMode	读取当前机器人程序的运行模式
NonMotionMode	读取程序任务当前是否无运动的执行模式
Dim	获取一个数组的维数

续表

指　令	说　明
Present	读取带参数例行程序的可选参数值
Ispers	判断一个参数是不是可变量
Isvar	判断一个参数值是不是变量

(6)转换功能

指　令	说　明
StrToByte	将字符串转换为指定格式的字节数据
ByteToStr	将字符数据转换成字符串

3.运动设定

(1)速度设定

指　令	说　明
MaxRobSpeed	获取当前型号机器人可实现的最大 TCP 速度
VelSet	设定最大的速度与倍率
SpeedRefresh	更新当前运动的速度倍率
AceSet	定义机器人的加速度
WorldAccLim	设定大地坐标中工具与载荷的加速度
PathAccLim	设定运动路径中 TCP 的加速度

(2)轴配置管理

指　令	说　明
ConfJ	关节运动的轴配置控制
confL	线性运动的轴配置控制

(3)奇异点的管理

指　令	说　明
SingArea	设定机器人运动时,在奇异点的插补方法

(4)轴配置管理

指　令	说　明
PDispOn	激活位置偏置
PDispSet	激活指定数值的位置偏置
PDispOff	关闭位置偏置
EOffsOn	激活外轴偏置
EOffsSet	激活指定数值的外轴偏置
EOffsOff	关闭外轴位置偏置
DefDFrame	通过 3 个位置数据计算出位置的偏置
DefFrame	通过 6 个位置数据计算出位置的偏置
ORobT	从一个位置数据删除位置偏置
DefAccFrame	从原始位置和替换位置定义一个框架

(5)软伺服功能

指　令	说　明
SoftAct	激活一个或多个轴的软伺服功能
SoftDeact	关闭软伺服功能

(6)机器人参数调整功能

指　令	说　明
TuneServo	伺服调整
TuneReset	伺服调整复位
PathResol	几何路径精度调整
CirPathMode	在圆弧插补运动时,工具姿态的变换方式

(7)空间监控管理

指　令	说　明
TuneServo	伺服调整
TuneReset	伺服调整复位
PathResol	几何路径精度调整
CirPathMode	在圆弧插补运动时,工具姿态的变换方式

注:这些功能需要选项“World zones”配合。

4.运动控制

(1)机器人运动控制

指　令	说　明
MoveC	TCP 圆弧运动
MoveJ	关节运动
MoveL	TCP 线性运动
MoveAbsJ	绝对角度运动
MoveExtJ	外部直线轴和旋转轴运动
MoveCDO	TCP 圆弧运动的同时触发一个输出信号
MoveJDO	关节运动的同时触发一个输出信号
MoveLDO	TCP 线性运动的同时触发一个输出信号
MoveCSync	TCP 圆弧运动的同时执行一个例行程序
MoveJSync	关节运动的同时执行一个例行程序
MoveLSync	TCP 线性运动的同时执行一个例行程序

(2)搜索功能

指　令	说　明
SearchC	TCP 圆弧搜索运动
SearchL	TCP 线性搜索运动
SearchExtJ	外轴搜索运动

5.输入/输出信号的处理

(1)对输入/输出信号的值进行设定

指　令	说　明
InverDO	对一个数字输出信号的值置返
PulseDO	对数字输出信号进行脉冲输出
Reset	将数字输出信号置为 0
Set	将数字输出信号置为 1
SetAO	设定模拟输出信号的值
SetDO	设定数字输出信号的值
SetGO	设定组输出信号的值

(2)IO 模块的控制

指　令	说　明
IODisable	关闭一个 I/O 模块
IOEnable	开启一个 I/O 模块

(3)读取输入/输出信号值

功　能	说　明
AOutput	读取模拟输出信号的值
DOutput	读取数字输出信号的值
GOutput	读取组输出信号的值
TestDI	检查一个数字输入信号已置 1
ValidIO	检查 I/O 信号是否有效

6.通信功能

(1)示教器上人机界面的功能

指　令	说　明
TPErase	清屏
TPWrite	在示教器操作界面上写信息

续表

指　令	说　明
ErrWrite	在示教器事件日志中写报警信息并储存
TPReadFK	互动的功能键操作
TPReadNum	互动的数字键盘操作
TPShow	通过 RAPID 程序打开指定的窗口

(2)Sockets 通信

指　令	说　明
SocketCreate	创建新的 Socket
SocketConnect	连接远程计算机
SocketSend	发送数据到远程计算机
SocketReceive	从远程计算机接受数据
SocketClose	关闭 Socket

7.中断程序

(1)中断设定

指　令	说　明
CONNECT	连接一个中断符号到中断程序
ISignalDI	使用一个数字输入信号触发中断
ISignalDO	使用一个数字输出信号触发中断
ISignalGI	使用一个组输入信号触发中断
ISignalGO	使用一个组输出信号触发中断
ISignalAI	使用一个模拟输入信号触发中断
ISignalAO	使用一个模拟输出信号触发中断
ITimer	计时中断
TriggInt	在一个指定的位置触发中断
IPers	使用一个可变量触发中断
IError	当一个错误发生时触发中断
IDelete	取消中断

(2)中断的控制

指　令	说　明
ISleep	关闭一个中断
IWatch	激活一个中断
IDisable	关闭所有中断
IEnable	激活所有中断

8.系统相关的指令

时间控制

指　令	说　明
ClkReset	计时器复位
ClkStart	计时器开始计时
ClkStop	计时器停止计时
ClkRead	读取计时器数值

9.数学运算

(1)简单运算

指　令	说　明
Clear	清空数值
Add	加或减操作
Incr	加 1 操作
Decr	减 1 操作

(2)算术功能

功　能	说　明
Abs	取绝对值
Round	四舍五入
Trunc	舍位操作

续表

功　能	说　明
Sqrt	计算二次根
Exp	计算指数值 e^x
Pow	计算指数值
Acos	计算圆弧余弦值
ASin	计算圆弧正弦值
ATan	计算圆弧正切值[-90,90]
ATan2	计算圆弧正切值[-180,180]
Cos	计算余弦值
Sin	计算正弦值
Tan	计算正切值
EulerZYX	从姿态计算欧拉角
OrientZYX	从欧拉角计算姿态

学习检测

自我学习测评表见下表。

学习目标	自我评价			备　注
	掌握	了解	重学	
掌握常用的逻辑判断指令				
掌握常用的 I/O 控制指令				
掌握中断程序的使用				
掌握功能的使用				
了解其他常用的指令				

练习题

1.请创建一个中断程序,要求:当 do1 的信号从 0 变 1 时,对 regTrap 进行加 1 的操作。

2.请按照如下要求,设计可运行的机器人程序。

要求：

①按下机器人操作台上的启动按钮(di2),机器人开始从半径为 100 mm 的半圆起点 A 处沿半圆轨迹运动到终点 B 处,轨迹如图 6-6 所示。

图 6-6

②每个周期运动 10 次,用参数 C1 计数。

③当运动 10 次后,即 C1 = 10 后,计数指示灯(do1)变亮,10 s 后指示灯灭。

④最后机器人返回工作原点 p_home。

项目七

附　件

实验一　学会点动机器人

实验目的：

1.熟悉 ABB 机器人的操作面板，菜单。

2.熟悉 ABB 机器人示教器的操作方法。

3.熟悉 ABB 机器人的坐标系，如关节坐标、大地坐标、工具坐标、工件坐标等。

实验设备（请查看您所用的设备填写）：

ABB 机器人一台，本体型号：______________________________

控制柜型号：______________________________________

I/O 板卡型号：_____________________________________

实验内容和步骤

1.打开电源开关，并调至手动限速模式。

2.在状态栏中确认机器人当前运动状态为手动状态。

3.熟悉速度倍率键的使用。

4.按住示教器背后的使能开关（注意按的力度和位置要适中），在机器人手动操作的过程中，请不要松开使能开关。

5.熟悉机器人的关节坐标 JOINT。

1）将动作模式改成关节模式；

2）调整机器人当前的位置数据与图 7-1 数据一致，并让指导老师检查；

3）在轴 1—3 模式下操作操纵杆，观察机器人的姿态变化；

4）在轴 4—6 模式下操作操纵杆，观察机器人的姿态变化。

6.在表 7-1 和表 7-2 中完成图 7-2 中各关节的运动方向标定和 IRB120 主要技术参数的填写。

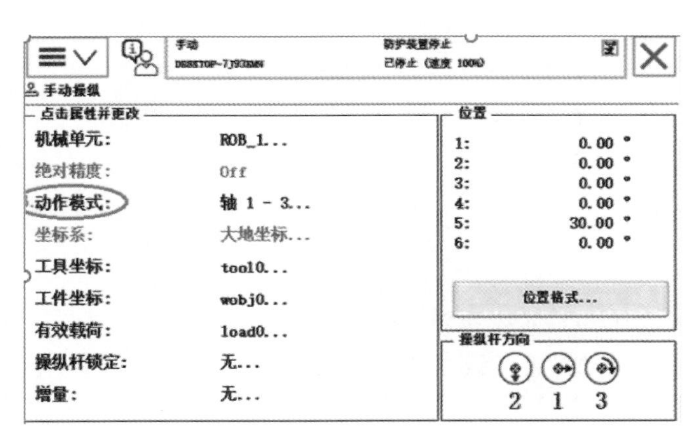

图 7-1

图 7-2

表 7-1

型　号	IRB120
有效载重	
工作范围	
重复定位精度	
机器人重量	
防护等级	IP30
控制轴数	
供电电源	200～600 V,50/60 Hz

表 7-2

轴运动	工作范围	最大速度
轴 1 旋转	+165°～−165°	250°/s
轴 2 手臂		
轴 3 手臂		
轴 4 手腕		
轴 5 弯曲		
轴 6 翻转		

7.熟悉 ABB 机器人的线性运动。

1)将动作模式改成线性模式;

2)将坐标系改成大地坐标,操作操纵杆观察机器人的运动;

3)将坐标系改成工具坐标 tool0,操作操纵杆观察机器人的运动;

4)在两种不同的坐标系下,机器人的运动方向是否一致;

5)工业机器人线性运动的方向和什么有关。

8.熟悉 ABB 机器人的重定位运动。

1)将动作模式改成重定位模式;

2)将坐标系改成大地坐标,操作操纵杆观察机器人的运动;

3)将坐标系改成工具坐标 tool0,操作操纵杆观察机器人的运动;

4)在两种不同的坐标系下,机器人的运动是否一致;

5)工业机器人重定位运动的方向和什么有关。

9.手动操纵的快捷操作。

在示教器的操作面板上设置有关于手动操纵的快捷键,方便在操作机器人运动时可以直接使用,不用返回到主菜单进行设置,请填写表 7-3 各按键的作用。

表 7-3　示教器的操作面板上手动操纵的快捷键

说　明	图　片
A:可编程程序键 B:机器人外轴的切换 C:________________ D:________________ E:________________ F:程序运行控制按钮	Enable Hold To Run A B C D E F

10.反复操作步骤 6、7、8,熟悉 ABB 工业机器人的关节运动、线性运动、重定位运动,并熟悉工业机器人的增量运动、转到、对准、摇杆锁定等。

11.将机器人的位置恢复至 HOME 位置,即

J1=0.000　　J2=0.000　　J3=0.000

J4=0.000　　J5=90.000　　J6=0.000

12.写出右侧画面中,如图 7-3 所示的报警信息的含义及解除方法________________

____

____

自动　紧急停止
USER-20180412PJ　已停止（速度 100%）

手动操纵

点击属性并更改

机械单元:	ROB_1...
绝对精度:	Off
动作模式:	轴 1 - 3...
坐标系:	大地坐标...
工具坐标:	tool0...
工件坐标:	wobj0...
有效载荷:	load0...
操纵杆锁定:	无...
增量:	无...

位置

1:	0.00 °
2:	0.00 °
3:	0.00 °
4:	0.00 °
5:	-68.82 °
6:	0.00 °

位置格式...

操纵杆方向　2　1　3

对准...　转到...　启动...

自动生...　手动操纵

图 7-3

错误未确认　50026 靠近奇点

事件日志 - 事件消息

事件消息 50026　2018-04-16 17:49:(

靠近奇点

说明
任务： -
机器人过于靠近奇点。
程序引用 -
（内部代码：45）

动作
修改机器人路径，使之远离奇点，或修改机器人控制模式为关节/轴手动操纵。如果机器人的位置取决于一个正被手动操纵的附加轴，则此相关性也可能需要被取消，这可以通过将手动操纵机器人坐标系统从世界座标修改为基座标来实现。

图 7-4

13.写出如图 7-4 所示画面中的报警信息的含义及解除方法________________

____

____

____

14.关机。

操作评分：________

指导老师：________

提问及笔记记录：

____

____

____

____

____

实验二　工具坐标系设置

实验目的

1.掌握工具坐标的四点法、六点法的设置及激活、检验的方法。

2.了解工具坐标系直接输入法的设置、激活及检验的方法。

实验设备

ABB 机器人一台,本体型号:________________

控制柜型号:________________

I/O 板卡型号:________________

实验内容和步骤

1.检查你所操作的设备是否配有 TCP 基准,并将该基准摆放到机器人的工作空间内,如果没有请告知指导老师。

注意:设置 TCP 的过程中,不允许移动基准;

2.根据当前机器人所安装的夹具,确定设置工具坐标系的方法为:________________

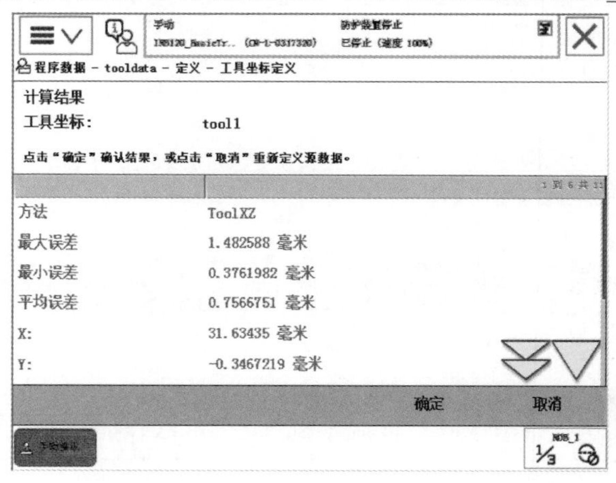

图 7-5

3.开机,选择正确的操作方式。

4.根据步骤 2 所确定的方法设置工具坐标系,并命名为 tool1。

5.请填写设置工具坐标系系统最后计算生产的结果,如图 7-5 所示的界面的数据:

方法:________________

平均误差:________________

最小误差:________________

6.激活所设置的工具坐标系。

7.注意:当你所设置的工具坐标系被激活后,机器人执行点即为你所设置的工具坐标系的 TCP,点动机器人即按你所设置的工具坐标的方向运动;

8.检验工具坐标系(将示教坐标系切换至 TOOL)。

①检验 X/Y/Z 方向,是否符合要求;

②检验 TCP 位置精度；
③检查所设工具坐标系的误差是否在±5 mm 之内。
9.操作结束,请指导老师检查。
10.将机器人恢复至 HOME 位置,即
①J1＝0.000　　J2＝0.000　　J3＝0.000
②J4＝0.000　　J5＝90.000　　J6＝0.000

操作评分：__________
指导老师：__________

提问及笔记记录：
____
____
____
____
____

实验三　工件坐标系设置

实验目的

了解工件坐标系三点法的设置、激活及验证。

实验设备

ABB 机器人一台，本体型号：________________

控制柜型号：________________

I/O 板卡型号：________________

实验内容和步骤

1.开机，选择正确的操作方式。

2.确定并激活实验二所设置的工具坐标系。

3.根据图 7-6 所示的示教板上方框内的工件坐标系，以三点法设置为 wobj1/ wobj2。

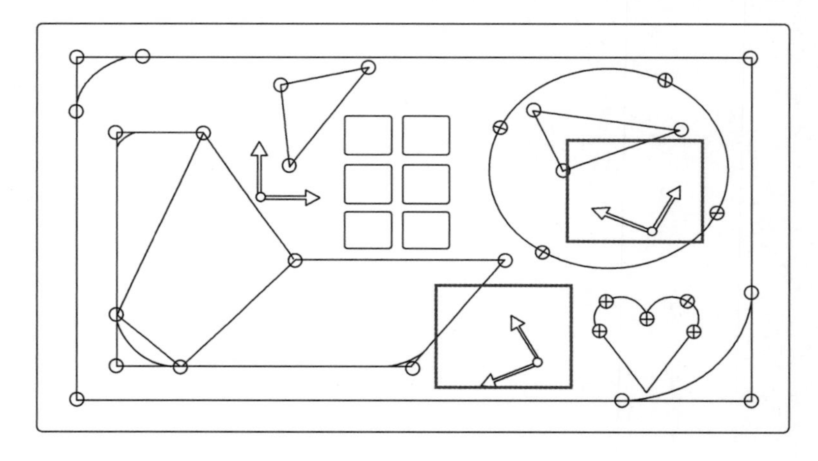

图 7-6　示教板上方框内的工件坐标系

4.激活当前工件坐标系。

5.检查所设置的工件坐标系的方向是否符合要求：________________

6.假设所加载的物料重 0.5 kg，重心为 x=50，y=0 和 z=50 mm。

7.完成有效载荷的设定：

①夹具夹紧，指定当前搬运对象的质量和重心 load1；

②夹具松开，指定当前搬运对象的质量和重心 load0。

8.操作结束，请指导老师检查。

9.将机器人恢复至 HOME 位置，即

J1=0.000　　J2=0.000　　J3=0.000

J4=0.000　　J5=90.000　　J6=0.000

10.关机。

操作评分：__________
指导老师：__________

提问及笔记记录：

____

____

____

____

____

实验四　I/O 信号设置

实验目的

1.了解 ABB 机器人标准 I/O 板 DSQC652 的配置。

2.掌握 ABB 机器人 I/O 通信接口。

3.掌握 ABB 机器人系统 I/O 信号的配置及使用。

实验设备

ABB 机器人一台,本体型号:________________

控制柜型号:________________

I/O 板卡型号:________________

实验内容和步骤

1.填写表 7-4 中各部分的内容。

表 7-4

A 部分为:数字输出信号指示灯	
B 部分为:	
C 部分为:	
D 部分为:	
E 部分为:模块状态指示灯	
F 部分为:	
G 部分为:数字输入信号指示灯	

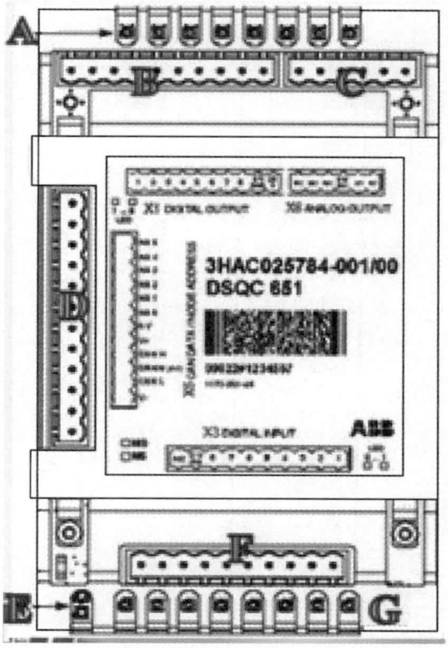

2.您所操作的设备上使用的 I/O 板型号为：__________，它有______个数字输入，______个数字输出，______个模拟信号。

3.在示教器中打开控制面板中的配置系统参数 DeviceNet Decice。

4.给您所操作的设备配置添加和设备对应的板卡，如表 7-5 所示，操作步骤如图 7-7—图 7-10 所示。

图 7-7

图 7-8

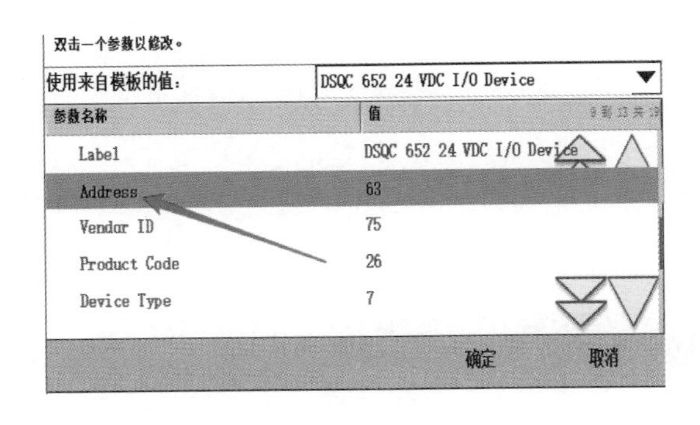

图 7-9

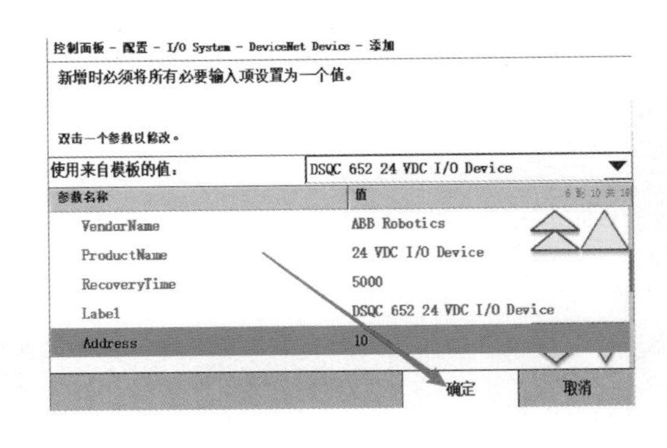

图 7-10

表 7-5

参数名称	设定值	说 明
Name	D652	设定 I/O 板在系统中的名字
Network	DeviceNet	设定 I/O 板连接的总线
Address	10	设定 I/O 板在总线中的地址

5.定义数字输出信号 do1、do2、do3、do4、do5、do6，每个信号对应的地址见表 7-6。

表 7-6

信号	do1	do2	do3	do4	do5	do6
地址	1	2	3	4	5	6

定义数字输入信号 di1、di2、di3、di4、di5、di6，每个信号对应的地址见表 7-7；

表 7-7

信　号	di1	di2	di3	di4	di5	di6
地　址	1	2	3	4	5	6

6.定义组输出信号 go1，名字为 go1，地址为 1—4。

7.为可编程按钮一配置为数字输出信号 do1 按 1 松 0/DO2 反转/DO3 置位/DO3 复位。

8.写出图 7-11 所示画面中的报警信息的含义及解除方法：________________________

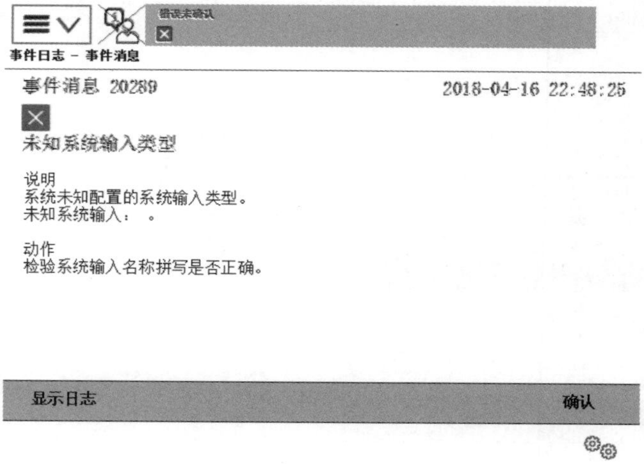

____

____

____

图 7-11

9.对实验四所配置的 I/O 信号进行监控，观察信号变化。

10.将机器人的位置恢复至 HOME 位置，即

J1＝0.000　　J2＝0.000　　J3＝0.000

J4＝0.000　　J5＝90.000　　J6＝0.000

11.关机。

操作评分：__________

指导老师：__________

提问及笔记记录：

____

____

____

____

____

实验五 程序编辑及手动执行程序

实验目的

1.学会程序模块的创建、选择、复制、删除,以及查看程序属性。

2.掌握基本动作指令,能根据指定的图形编辑轨迹。

3.能根据需要修改轨迹以及动作指令中的各项内容。

4.掌握顺序及逆序手动执行程序的方法。

实验设备

ABB 机器人一台,本体型号:________________________________

控制柜型号:________________________________

I/O 板卡型号:________________________________

实验内容和步骤

1.开机,选择正确的操作方式。

2.按要求完成以下轨迹,要求机器人轨迹的开始点和结束点为 HOME 点。

HOME 点的位置数据为:

J1=0.000	J2=0.000	J3=0.000
J4=0.000	J5=90.000	J6=0.000

操作题 1:完成图 7-12 所示的轨迹

①新建空白程序模块,命名为 LIANXI__XXX;

(XXX 代表学员姓名的首字母,例如:“张三”,则模块名为 LIANXI__ZS)

②创建程序名为 CXU1__XXX;

③激活实验二和实验三所创建的工具坐标系和工件坐标系;

④记录 HOME 点位置,用 MoveAbsJ 指令修改各关节轴度数回原点;

⑤示教机器人执行如图 7-12 所示的由点 1、2、3、4、5、6 组成的多边形轮廓轨迹;

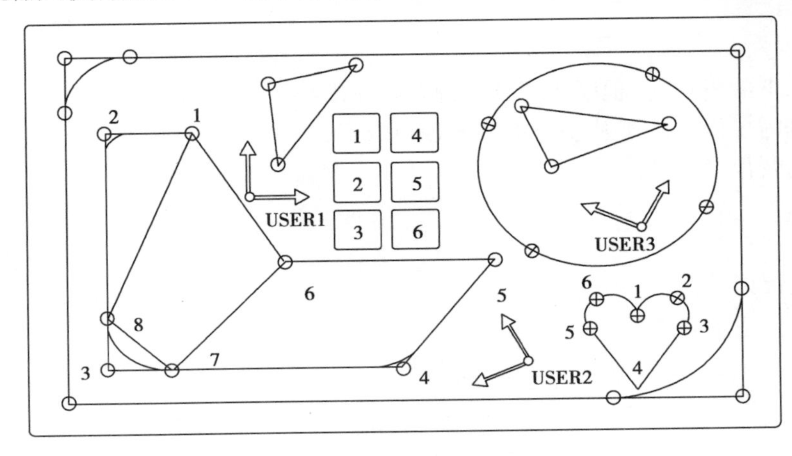

图 7-12

⑥示教并记录好所有位置后，选择单步模式，PP 移至例行程序 CXU1__XXX 单步运行程序；

⑦单步运行程序没有问题，取消单步模式，连续运行程序。

操作题 2：完成图 7-13 所示的轨迹

①创建程序 CXU2__XXX；

②激活实验二和实验三所创建的工具坐标系和工件坐标系；

③记录 HOME 位置；

④用示教机器人完成图 7-13 所示的心形轨迹；

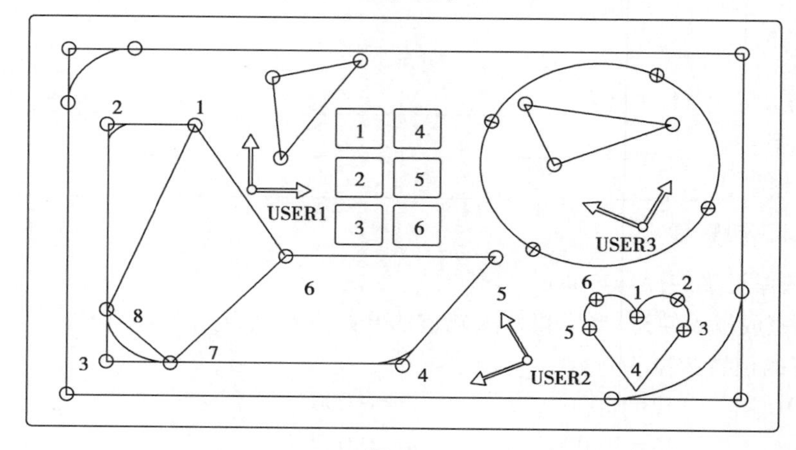

图 7-13

⑤示教并记录所有位置后，分别在单步及连续状态下运行程序；

⑥复制程序：将程序 CXU2__XXX 复制为 CXU2__XXX1；

⑦删除程序 CXU2__XXX；

⑧按照下图修改程序 CXU2__XXX1。

1）将点 2 位置修改为点 8，点 3 位置修改为点 7；

2）将程序 CXU2__XXX1 改名为 CXU2__XXX2。

⑨操作结束，请指导老师检查。

⑩关机。

附加题：

1）练习以下编辑功能：程序的复制、粘贴、删除指令等；

2）能根据需要修改轨迹及动作指令的各项内容；

3）程序的暂停及重新启动。

操作评分：__________

指导老师：__________

提问及笔记记录：

____

____

____

____

实验六 逻辑编程

实验目的

1.理解信号指令、条件判断指令、等待指令、跳转指令、标签、呼叫指令、循环指令、偏移指令等。

2.掌握以上指令的编程及应用。

3.掌握程序调试的过程。

实验设备

ABB 机器人一台,本体型号:________________

控制柜型号:________________

I/O 板卡型号:________________

实验内容和步骤

1.实验内容

取 3 个工件均匀放置于图 7-14 所示的位置 1、2、3 处(视工件形状和大小确定放置位置),选择合适的工具、工件坐标系,将工件 1 搬到位置 4、工件 2 搬到位置 5、工件 3 搬到位置 6。

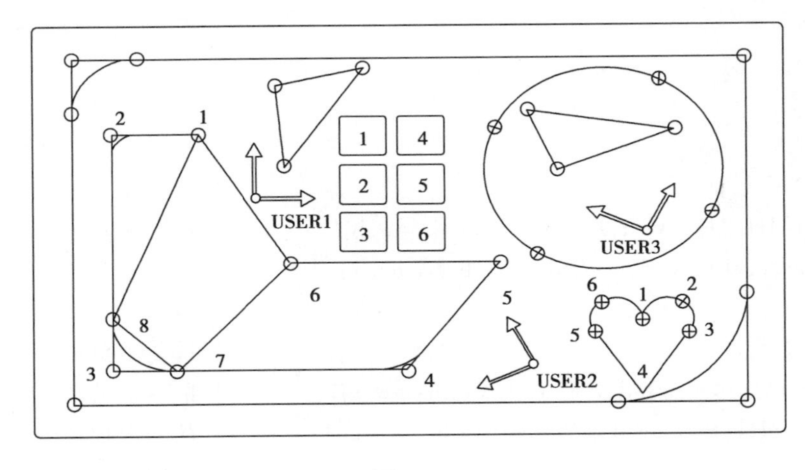

图 7-14

步骤:

1)开机;

2)创建新程序 CXU3__XXX;

3)创建新程序的 HOME 点;

4)运行速度控制在 30%~45%,最高速度限制在 300 mm/s;

5)加减速度设置为 50,50;

6)监控机器人 I/O 信号,找到需要使用的信号。

参考程序一:

```
MODULE MainMoudle
PROC Main( )                                        ! 主程序
Rhome;                                              ! 回安全位置子程序
Chushihua;                                          ! 初始化子程序
BANYUN1;                                            ! 搬运 1
BANYUN2;                                            ! 搬运 2
BANYUN3;                                            ! 搬运 3
Rhome;                                              ! 回安全位置子程序
ENDPROC                                             ! 主程序结束

PROC Rhome( )                                       ! 回安全位置子程序
MoveABSJ phome,v1000,z50,tool1\wobj:=wobj1;
ENDPROC

PROC Chushihua( )                                   ! 初始化子程序
AccSet 50,50;                                       ! 加减速度设置 50,50
VelSet 40,300;                                      ! 运行速度控制在 40%,最高
                                                      速度限制在 300 mm/s
Reset do4;                                          ! 初始化 I/O 信号;
Reset do5;
ENDPROC

PROC BANYUN1( )                                     ! 搬运 1
MoveJ PickH1,Maxspeed,Z50,tool1\wobj:=wobj1;        ! 取料上放点
MoveL Pick1,Minspeed,fine,tool1\wobj:=wobj1;        ! 取料点
Set do4;                                            ! 取料
WaitTime 0.5;                                       ! 等待 0.5 s
MoveL PickH1,Maxspeed,Z50,tool1\wobj:=wobj1;        ! 取料上放点
MoveJ PlaceH1,Maxspeed,Z50,tool1\wobj:=wobj1;       ! 放料上放点
MoveL Place1,Minspeed,fine,tool1\wobj:=wobj1;       ! 放料点
Reset do4;                                          ! 放料
WaitTime 0.5;                                       ! 等待 0.5 s
MoveL PlaceH1,Maxspeed,Z50,tool1\wobj:=wobj1;       ! 放料上放点
ENDPROC

PROC BANYUN2( )                                     ! 搬运 2
MoveJ PickH2,Maxspeed,Z50,tool1\wobj:=wobj1;        ! 取料上放点
MoveL Pick2,Minspeed,fine,tool1\wobj:=wobj1;        ! 取料点
Set do4;                                            ! 取料
```

```
WaitTime 0.5;                                         ! 等待 0.5 s
MoveL PickH2,Maxspeed,Z50,tool1\wobj:=wobj1;          ! 取料上放点
MoveJ PlaceH2,Maxspeed,Z50,tool1\wobj:=wobj1;         ! 放料上放点
MoveL Place2,Minspeed,fine,tool1\wobj:=wobj1;         ! 放料点
Reset do4;                                            ! 放料
WaitTime 0.5;                                         ! 等待 0.5 s
MoveL PlaceH2,Maxspeed,Z50,tool1\wobj:=wobj1;         ! 放料上放点
ENDPROC

PROC BANYUN3( )                                       ! 搬运 3
MoveJ PickH3,Maxspeed,Z50,tool1\wobj:=wobj1;          ! 取料上放点
MoveL Pick3,Minspeed,fine,tool1\wobj:=wobj1;          ! 取料点
Set do4;                                              ! 取料
WaitTime 0.5;                                         ! 等待 0.5 s
MoveL PickH3,Maxspeed,Z50,tool1\wobj:=wobj1;          ! 取料上放点
MoveJ PlaceH3,Maxspeed,Z50,tool1\wobj:=wobj1;         ! 放料上放点
MoveL Place3,Minspeed,fine,tool1\wobj:=wobj1;         ! 放料点
Reset do4;                                            ! 放料
WaitTime 0.5;                                         ! 等待 0.5 s
MoveL PlaceH3,Maxspeed,Z50,tool1\wobj:=wobj1;         ! 放料上放点
ENDPROC
ENDMODULE
```

参考程序二：

```
MODULE MainMoudle
PROC CXU3__XXX( )                                     ! 搬运 3
MoveABSJ  phome,v1000,z50,tool1\wobj:=wobj1;
AccSet 50,50;                                         ! 加减速度设置 50,50
VelSet 40,300;                                        ! 运行速度控制在 40%,最高
                                                        速度限制在 300 mm/s
Reset do4;                                            ! 初始化 I/O 信号;
Reset do5;
FOR a FROM  0 To 2  Do;
MoveJ  offs(pick,a*50,0,100),Maxspeed,Z50,tool1\wobj:=wobj1;
                                                      ! 取料上放点
MoveL  offs(pick,a*50,0,0),Maxspeed,fine,tool1\wobj:=wobj1;
                                                      ! 取料点
Set do4;                                              ! 取料
WaitTime 0.5;                                         ! 等待 0.5 s
MoveL  offs(pick,a*50,0,100),Maxspeed,Z50,tool1\wobj:=wobj1;
```

```
                                                        ! 取料上放点
MoveJ  offs(place,a * 50,0,100),Maxspeed,Z50,tool1\wobj:=wobj1;
                                                        ! 放料上放点
MoveL  offs(place,a * 50,0,0),Maxspeed,fine,tool1\wobj:=wobj1;
                                                        ! 放料点
Reset do4;                                              ! 放料
WaitTime 0.5;                                           ! 等待 0.5 s
MoveL  offs(place,a * 50,0,100),Maxspeed,Z50,tool1\wobj:=wobj1;
                                                        ! 放料上放点
ENDFOR
MoveABSJ phome,v1000,z50,tool1\wobj:=wobj1;
ENDPROC
ENDMODULE
```

2.编程结束,单步运行程序无错,改成自动运行,请指导老师检查。

操作评分:__________

指导老师:__________

实验七　码垛练习

实验目的

1.理解信号指令、条件判断指令、等待指令、跳转指令、标签、呼叫指令、循环指令、偏移指令等。

2.掌握以上指令的编程及应用。

3.掌握程序调试的过程。

实验设备

ABB 机器人一台,本体型号:____________________

控制柜型号:____________________

I/O 板卡型号:____________________

实验内容和步骤

1.实验内容

机器人的码垛站主要由供料单元装置、输送带、工业机器人、托盘等功能模块以及配套电气控制系统、气动回路等组成。机器人的码垛站结构简图如图 7-15 所示。

物料长 60 mm、宽 40 mm、高 40 mm,建议用二维数组设计程序。

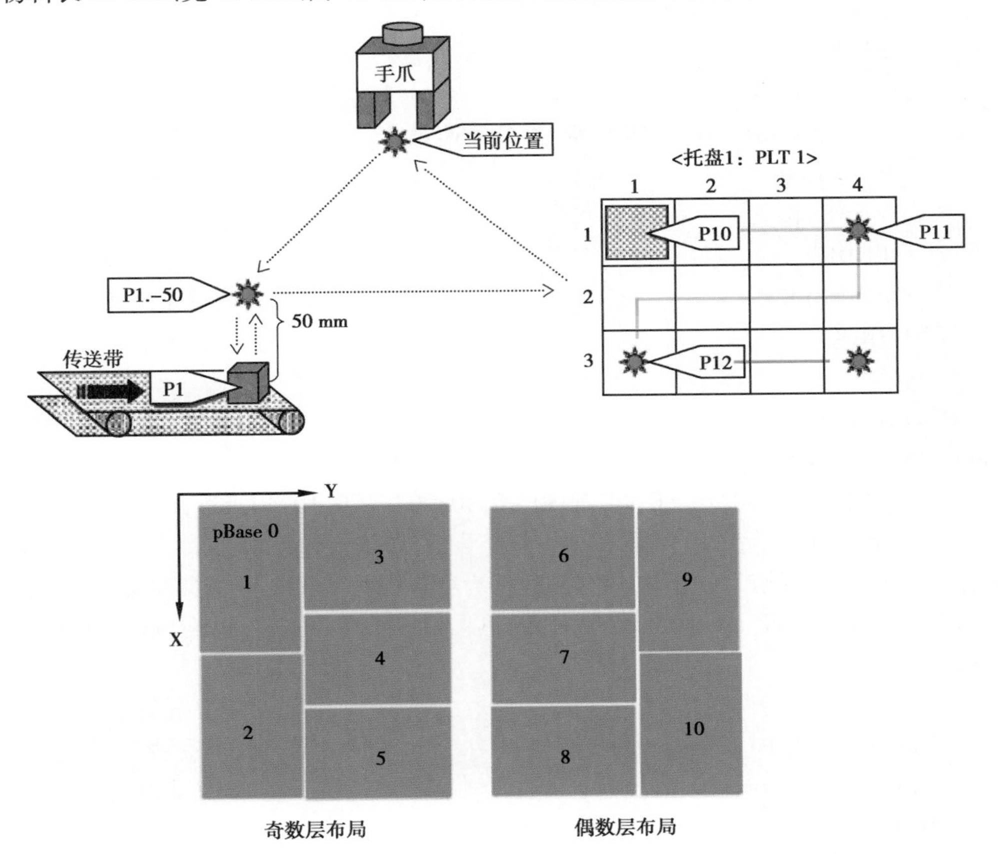

图 7-15　机器人的码垛站结构简图

步骤：

a)开机；

b)创建新程序 CXU4__XXX；

c)创建新程序的 HOME 点；

d)运行速度控制在 30%~45%，最高速度限制在 300 mm/s；

e)加减速度设置 50，50；

f)监控机器人 IO 信号，找到需要使用的信号；

注意：本参考程序仅供参考，需根据实际情况及要求进行编程。

```
MODULE M1                                          ! 模块 M1
    PROC main( )                                   ! 主程序
        rHome;                                     ! 回原点
        TPReadNum reg1, "PleaceWriteNum<=10";
                        ! 写入数据，自定义码垛个数，此处码垛个数最多为 10 个
        WHILE TRUE DO                              ! 死循环
        IF nCount <= reg1 THEN                     ! 条件判断
            rPoint;                                ! 取点计算子程序
            rPick;                                 ! 取料子程序
            rplace;                                ! 放料子程序
        nCount := nCount + 1;                      ! 计数
        ELSE
            TPErase;                               ! 清屏
            TPWrite "JIA GONG WAN CHENG";          ! 写屏
            rHome;                                 ! 回原点
            Stop;                                  ! 停止
        ENDIF                                      ! 结束条件判断
      ENDWHILE                                     ! 结束死循环
    ENDPROC                                        ! 子程序结束

  PROC rPoint( )                                   ! 取点计算子程序
VAR num nPos{10,4}:=[[0,0,0,0],[60,0,0,0],[-10,50,0,90],[30,50,0,90],[70,50,
        0,90],[-10,10,40,90],[30,10,40,90],[70,10,40,90],[0,60,40,0],[60,
        60,40,0]];
 ! 定义二维数组，有 12 个元素，储存的数据为物料相对于 pbase0 的偏移量
  pPlace := RelTool(pbase0,nPos{nCount,1},nPos{nCount,2},nPos{nCount,3}\RZ:=
  nPos{nCount,4})
                                                   ! 定义放置点位置
    pPlaceH := Offs(pPlace,0,0,120);               ! 定义放置上方点
    pickH := Offs(pick,0,0,120);                   ! 定义取料上方点
  ENDPROC                                          ! 子程序结束
```

```
PROC rPick()                                  ! 取料子程序
    WaitDI di1, 1;                            ! 等待物料到来
    MoveJ pickH, v400, z50, tool0;            ! 取料上放点
    MoveL pick, v100, fine,  tool0;           ! 取料点
    WaitTime 1;                               ! 等待 1 s
    Set do4;                                  ! 取料
    WaitTime 1;                               ! 等待 1 s
    MoveL pickH, v100, z50, tool0;            ! 取料上放点
ENDPROC
PROC rplace()                                 ! 放料子程序
    MoveL pPlaceH, v400, z50, tool0;          ! 放料上放点
    MoveL pPlace, v100, fine, tool0;          ! 放料点
    WaitTime 1;                               ! 等待 1 s
    Reset do4;                                ! 放料
    WaitTime 1;                               ! 等待 1 s
    MoveL pPlaceH, v100, z50, tool0;          ! 放料上放点
ENDPROC
PROC rHome()                                  ! 回原点子程序
    nCount := 1;                              ! 计数器复位
    MoveJ phome, v400, fine, tool0;           ! 回原点
    Reset do4;                                ! I/O 信号初始化
 ENDPROC                                      ! 子程序结束
ENDMODULE
```

2.编程结束,单步运行程序无错,改成自动运行,请指导老师检查。

操作评分:__________

指导老师:__________

参考文献

[1] 叶晖.工业机器人实操与应用技巧[M].北京:机械工业出版社,2017.
[2] 魏志丽,林燕文.工业机器人应用基础[M].北京:北京航空航天大学出版社,2016.
[3] 胡伟.工业机器人行业应用实训教程[M].北京:机械工业出版社,2015.
[4] 叶晖.工业机器人工程应用虚拟仿真教程[M].北京:机械工业出版社,2013.